高职高专教育“十二五”规划教材

图形图像处理 Photoshop CS 教程

主 编 张 峰 龚 毅

副主编 江铁城 吴元君 许明星 蔡立炉 史 丽 王 嵬

主 审 孙敬华

中国水利水电出版社
www.waterpub.com.cn

内 容 提 要

本书以 Photoshop CS 操作应用为基础而编写的项目案例教程。全书分为 10 章，内容包括：图形图像基础知识、选取操作、色彩调整、图像修饰、文字设计、图形图像绘制、图像合成、滤镜效果、网站制作、综合设计等。

本书结构清晰、语言流畅、图文并茂，讲解透彻到位，注重任务驱动。每章均由若干任务模块组成，读者可围绕任务模块并配合实际工作情境进行学习。定位准确，教学内容新颖、深度适当，在编写上依据高职教学规律，融入了大量的实际教学经验，非常适合教学实际。理论与实践的比例恰当，设计精良，结构合理，强调了应用技巧。

全书以平面设计专业的职业需求为基础，符合高职的教学要求，并能结合高职学生的教学实际与平面设计行业的岗位需求，适合作为高等职业院校相关专业的教材，也可作为社会培训班参加认证考试的教材及动画、后期制作、视频剪辑爱好者的自学参考书。

本书所用到的全部素材和结果以及电子教案，读者可以从中国水利水电出版社网站（http://www.waterpub.com.cn/softdown/）免费下载。

图书在版编目（CIP）数据

图形图像处理Photoshop CS教程 / 张峰，龚毅主编
. -- 北京 : 中国水利水电出版社，2013.7
高职高专教育“十二五”规划教材
ISBN 978-7-5170-1006-7

Ⅰ. ①图… Ⅱ. ①张… ②龚… Ⅲ. ①图象处理软件
—高等职业教育—教材 Ⅳ. ①TP391.41

中国版本图书馆CIP数据核字(2013)第146019号

策划编辑：向 辉　责任编辑：杨元泓　加工编辑：冯 玮　封面设计：李 佳

书 名	高职高专教育“十二五”规划教材 图形图像处理 Photoshop CS 教程
作 者	主 编 张 峰 龚 毅 副主编 江铁城 吴元君 许明星 蔡立炉 史 丽 王 嵬 主 审 孙敬华
出版发行	中国水利水电出版社 （北京市海淀区玉渊潭南路 1 号 D 座 100038） 网址：www.waterpub.com.cn E-mail：mchannel@263.net（万水） sales@waterpub.com.cn 电话：（010）68367658（发行部）、82562819（万水）
经 售	北京科水图书销售中心（零售） 电话：（010）88383994、63202643、68545874 全国各地新华书店和相关出版物销售网点
排 版	北京万水电子信息有限公司
印 刷	三河市铭浩彩色印装有限公司
规 格	184mm×260mm　16 开本　20.75 印张　510 千字
版 次	2013 年 8 月第 1 版　2013 年 8 月第 1 次印刷
印 数	0001—4000 册
定 价	35.00 元

凡购买我社图书，如有缺页、倒页、脱页的，本社发行部负责调换

前　言

近年来随着计算机与信息技术的高速发展，数字图像处理技术也得到了快速发展，目前已成为计算机科学、医学、生物学、工程学、信息科学等领域各学科之间学习和研究的对象。各行各业对数字图像有着海量的需求，所以数字图像的后期处理已经显得尤为重要了。本书依据平面设计的专业方向和职业需求对平面设计课程的教学要求，并结合高职学生的教学实际与平面设计行业的岗位需求而编写的。本书坚持“以服务为宗旨，以就业为导向”的职业教育办学方针，以满足学生需求和社会需求为目标的编写指导思想。

本书以目前流行的 Adobe 公司 Photoshop CS3 为基础软件编写。全书共 10 章，每章都以任务分析为起点，通过实施步骤为读者进行分析，在任务完成后还通过能力拓展对该章的内容进行提高，并通过习题训练对该章节进行巩固。本书还根据平面设计的教学特点，第 9 章网页设计以网页美工、3 个商业网站的平面设计贯通 Photoshop 在网页设计中的应用，第 10 章综合设计通过平面广告、室内效果、产品包装拓展 Photoshop 在平面广告、室内设计和产品外包装设计方面知识，使本书的其他章节的知识融会贯通。为了帮助读者更熟练地操作 Photoshop，更好地提升 Photoshop 的应用能力，还提供了 Photoshop 常用键盘快捷键，相信对读者会有很大的帮助。

为了保证编写的质量，本书联合了安徽省各大著名的高职院校长期从事该门课程的一线教学的老师，如安徽省水利水电职业学院、安徽广播影视职业技术学院、安徽财贸职业学院等。其中安徽水利水电职业学院张峰副教授，2009 年“图形图像处理 Photoshop”省级精品课程主持人、安徽财贸职业学院“图形图像处理”课程首席教师龚毅担任主编并统稿，国家级名师、国家级精品课程负责人孙敬华教授担任主审。由吴元君、许明星、蔡立炉、史丽、王嵬担任副主编。

本书第 1、4 章由安徽粮食工程职业学院倪欢欢老师、张峰老师编写；第 2 章由安徽水利水电职业学院刘婷婷、江铁成老师编写；第 3、5 章由安徽水利水电职业学院史丽、张峰老师编写；第 6 章由安徽广播影视职业技术学院江铁成、邢广老师编写；第 7 章由安徽工贸职业技术学院王嵬、江铁成老师编写；第 8 章由安徽财贸职业学院吴元君、龚毅老师编写；第 9 章由安徽财贸职业学院蔡立炉、龚毅老师编写；第 10 章由安徽财贸职业学院许明星、龚毅老师编写；附录（网上素材）由安徽财贸职业学院蔡立炉老师编写。

由于作者水平所限，书中瑕疵之处，敬请读者批评指正。

编　者

2013 年 6 月

目　　录

第 1 章　图形图像基础知识

1.1　色彩模式

在 Photoshop 中，了解模式的概念是很重要的，因为色彩模式决定显示和打印电子图像的色彩模型，即一幅电子图像用什么样的方式在计算机中显示或打印输出。

我们可以先从了解色彩模式中的颜色开始，然后再来理解多种的色彩模式。我们只有理解它们，才能很好地将理论知识运用到实际案例中去，与案例很好地相结合。

常见的色彩模式包括位图模式、灰度模式、双色调模式、HSB（色相、饱和度、亮度）模式、RGB（红、绿、蓝）模式、CMYK（青、洋红、黄、黑）模式、Lab 模式、索引色模式、多通道模式以及 8 位/16 位模式，每种模式的图像描述和重现色彩的原理及所能显示的颜色数量是不同的。

1.1.1　颜色

加色三原色：红色、绿色、蓝色，如图 1-1 所示。

红色＋绿色＝黄色

绿色＋蓝色＝青色

蓝色＋红色＝品红色

红色＋黄色＋蓝色＝白色

减色三原色：青色、品红色、黄色，如图 1-2 所示。

青色＋品红色＝蓝色

品红色＋黄色＝红色

黄色＋青色＝绿色

青色＋品红色＋黄色＝黑色

图 1-1　加色三原色

图 1-2　减色三原色

1.1.2 色彩模式

（1）RGB 模式

由红、绿、蓝三种原色组合而成，由这三种原色混合产生出成千上万种颜色。在 RGB 模式下的图像是三通道图像，每一个像素由 24 位的数据表示，其中 RGB 三种原色各使用了 8 位，每一种原色都可以表现出 256 种不同浓度的色调，所以三种原色混合起来就可以生成 1670 万种颜色，也就是我们常说的真彩色，所有显示器、投影设备以及电视机都是依赖于这种色彩模式来实现的。RGB 色彩模式是最佳的色彩模式。如图 1-3 所示。

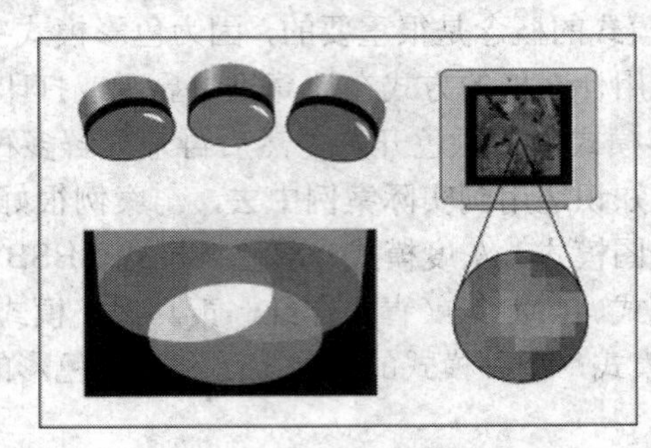

图 1-3　RGB 色彩模式

（2）CMYK 模式

CMYK 模式是一种印刷的模式。它由分色印刷的 4 种颜色组成，在本质上与 RGB 模式没什么区别。但它们产生色彩的方式不同，RGB 模式产生色彩的方式称为加色法，而 CMYK 模式产生色彩的方式称为减色法。假如我们采用了 RGB 颜色模式去打印一份作品，将不会产生颜色效果，因为打印油墨不会自己发光。因而只有采用一些能够吸收特定的光波而靠反射其他光波产生颜色的油墨，也就是说当所有的油墨加在一起时是纯黑色，油墨减少时才开始出现色彩，当没有油墨时就成为了白色，这样就产生了颜色，所以这种生成色彩的方式称为减色法。理论上，我们只要将生成 CMYK 模式中的三原色，即 100%的洋红色、100%的青色和 100%的黄色组合在一起就可以生成黑色，但实际上等量的 C、M、Y 三原色混合并不能产生完美的黑色或灰色。因此，只有再加上一种黑色后，才会产生图像中的黑色和灰色。为了与 RGB 模式中的蓝色区别，黑色就以 K 字母表示，这样就产生了 CMYK 模式。在 CMYK 模式下的图像是四通道图像，每一个像素由 32 位的数据表示。在处理图像时，我们一般不采用 CMYK 模式，因为这种模式文件大，会占用更多的磁盘空间和内存，因而通常都是在印刷时才转换成这种模式。如图 1-4 所示。

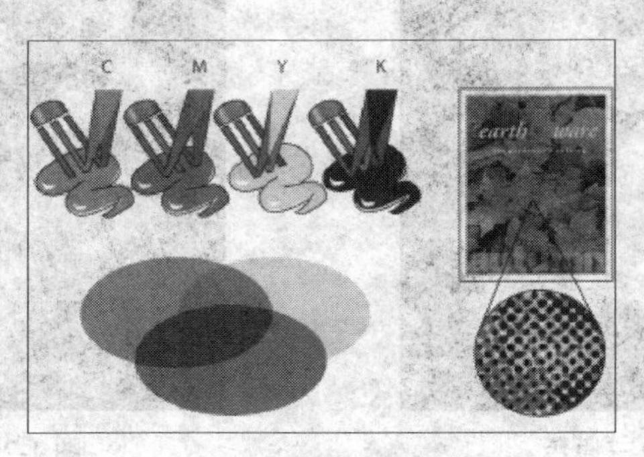

图 1-4　CMYK 色彩模式

（3）位图模式

位图模式，该模式只有黑色和白色两种颜色。它的每一个像素只包含 1 位数据，占用的磁盘空间最少。在该模式下不能制作出色调丰富的图像，只能制作一些黑白两色的图像。当要将一幅彩图转换成黑白图像时，必须转换成灰度模式的图像，然后再转换成只有黑白两色的图像，即位图模式图像。

（4）灰度模式

灰度模式中的像素是由 8 位的分辨率来记录的，因此能够表现出 256 种色调。利用 256 种色调我们就可以使黑白图像表现得相当完美。

（5）Lab 模式

Lab 模式是目前所有模式中包含色彩范围最广泛的模式，它能毫无偏差地在不同系统和平台之间进行交换。它由 3 种分量来表示颜色。此模式下的图像由三通道组成，每像素有 24 位的分辨率。如图 1-5 所示。

L：代表亮度，范围在 0－100。

a：是由绿到红的光谱变化，范围在-120－120 之间。

b：是由蓝到黄的光谱变化，范围在-120－120 之间。

（6）HSB 模式

HSB 模式是一种基于人的直觉的颜色模式，利用此模式可以很轻松自然地选择各种不同明亮度的颜色。如图 1-6 所示。

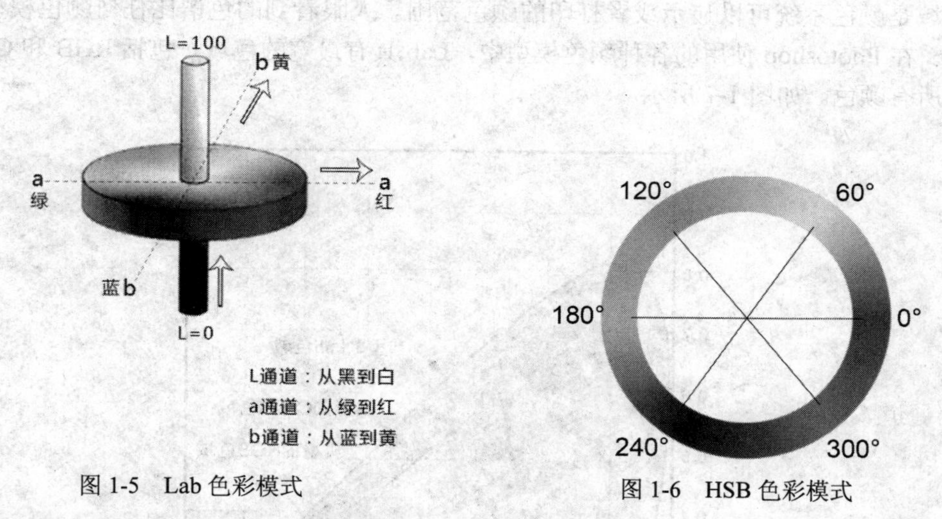

图 1-5　Lab 色彩模式　　图 1-6　HSB 色彩模式

HSB 模式描述的颜色有 3 个基本特征。

H：色相，用于调整颜色，范围 0°－360°。

S：饱和度，即彩度，范围 0%－100%，0%时为灰色，100%时为纯色。

B：亮度，颜色的相对明暗程序，范围 0%－100%。

（7）多通道模式

多通道模式在每个通道中使用 256 灰度级。多通道图像对特殊的打印非常有用，可以按照以下的准则将图像转换成多通道模式。

将一个以上通道合成的任何图像转换为多通道模式图像，原有通道将被转换为专色通道。

将彩色图像转换为多通道时，新的灰度信息基于每个通道中像素的颜色值。

将 CMYK 图像转换为多通道可创建青（cyan）、洋红（magenta）、黄（yellow）和黑（black）专色通道。

将 RGB 图像转换为多通道可创建青（cyan）、洋红（magenta）和黄（yellow）专色通道。

从 RGB、CMYK、或 Lab 图像中删除一个通道会自动将图像转换为多通道模式。

（8）双色调模式

双色调是用两种油墨打印的灰度图像。黑色油墨用于暗调部分，灰色油墨用于中间调和高光部分。但是，在实际过程中，更多地使用彩色油墨打印图像的高光颜色部分，因为双色调使用不同的彩色油墨重现不同的灰阶。要将其他模式的图像转换成双色调模式的图像，必须先转换成灰度模式才能转换成双色调模式。转换时，我们可以选择单色版、双色版、三色版和四色版，并选择各个色版的颜色。但要注意在双色调模式中颜色只是用来表示“色调”而已，所以在这种模式下彩色油墨只是用来创建灰度级的，不是创建彩色的。

（9）索引色模式

索引色模式在印刷中很少使用，但在制作多媒体或网页上却十分实用。因为这种模式的图像比 RGB 模式的图像小得多，大概只有 RGB 模式的 1/3，索引色模式的图像在 256 色 16 位彩色的显示屏幕下所表现出来的效果并没有很大区别，可以大大减少文件所占的磁盘空间。但它只能表现 256 种颜色，因此会有图像失真的现象，这是索引色模式的不足之处。

1.1.3 色域

色域是颜色系统可以显示或者打印的颜色范围。人眼看到的色谱比任何颜色模型中的色域都宽。在 Photoshop 使用的各种颜色模型中，Lab 具有最宽的色域，包括 RGB 和 CMYK 色域中的所有颜色。如图 1-7 所示。

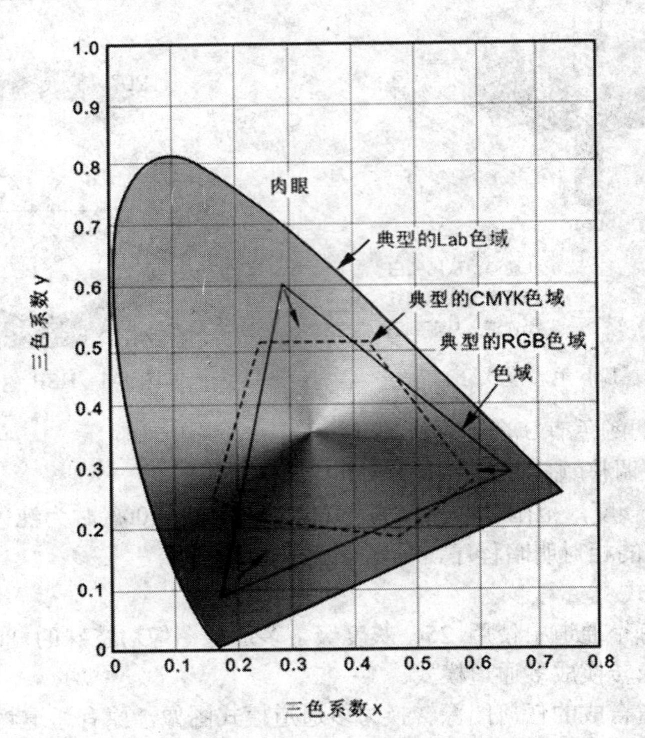

图 1-7　色域范围比对

CMYK 色域较窄，仅包含使用印刷色油墨能够打印的颜色。当不能打印的颜色显示在屏幕上时，称其为溢色，即超出 CMYK 色域之外。

1.2　基础操作

启动 Photoshop，新建文件、保存文件、关闭文件、打开文件、屏幕显示、标尺度量以及缩放等操作都是 Photoshop 最基本的操作，是使用 Photoshop 处理图像的基础，下面我们就具体来学习一下 Photoshop 的这些基础操作。

1.2.1　操作界面的认识

启动 Photoshop，界面由标题栏、菜单栏、工具箱、选项栏、调板、工作区等组成。如图 1-8 所示。

图 1-8　Photoshop 界面

（1）标题栏：位于窗口最顶端，左边主要显示软件名称以及编辑的文件名称。右边有三个按钮，最小化、还原或最大化、关闭。

（2）菜单栏：其中包括 9 个菜单，位于标题栏下方。软件所有的使用命令都集中在菜单栏，每一个菜单都是对应命令的分类，有利于我们记忆和识别。

（3）选项栏：位于菜单栏下方，可以随着工具选择的改变而改变。

（4）工具箱：位于工具栏的左下方，主要是存放制作时所能运用的工具。

（5）图像窗口：位于选项栏的正下方。用来显示图像的区域，用于编辑和修改图像。

（6）控制面版：窗口右侧的小窗口称为控制面版，用于改变图像的属性。

（7）状态栏：位于窗口底部，提供一些当前操作的帮助信息。

（8）Photoshop 桌面：Photoshop 窗口的灰色区域为桌面。其中包括显示工具箱、控制面板和图像窗口。

1.2.2　Photoshop 的基本操作

（1）建立新文件

单击【文件】|【新建】命令或者按下 Ctrl+N 快捷键。也可以按住鼠标左键双击 Photoshop

桌面也可以新键图像。“新建”对话框如图 1-9 所示。

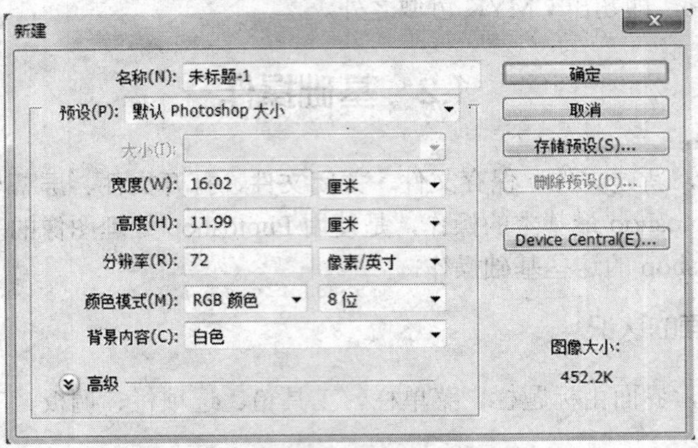

图 1-9　新建文件

预设尺寸包括宽度、高度的设置，注意单位的使用（cm 厘米、mm 毫米、pixels 像素、inches 英寸、point 点、picas 派卡和 columns 列）。

注意分辨率的设置，分辨率越大，图像文件越大，图像越清楚，存储时占的硬盘空间越大，在网上传播的速度越慢。

模式包括 RGB 颜色模式、位图模式、灰度模式、CMYK 颜色模式、Lab 颜色模式。

设定好这些各项参数后，单击【确定】按钮或按下回车键，就可以建立一个新文件。

（2）保存文件

选择【文件】|【保存】或者按 Ctrl+S 快捷键即可保存 Photoshop 的默认格式 psd 格式。

选择【文件】|【保存为】或者按 Shift+Ctrl+S 快捷键可以另存为其他的格式文件，有 TIF、BMP、JPEG/JPG/JPE、GIF 等格式。【另存为】对话框如图 1-10 所示。

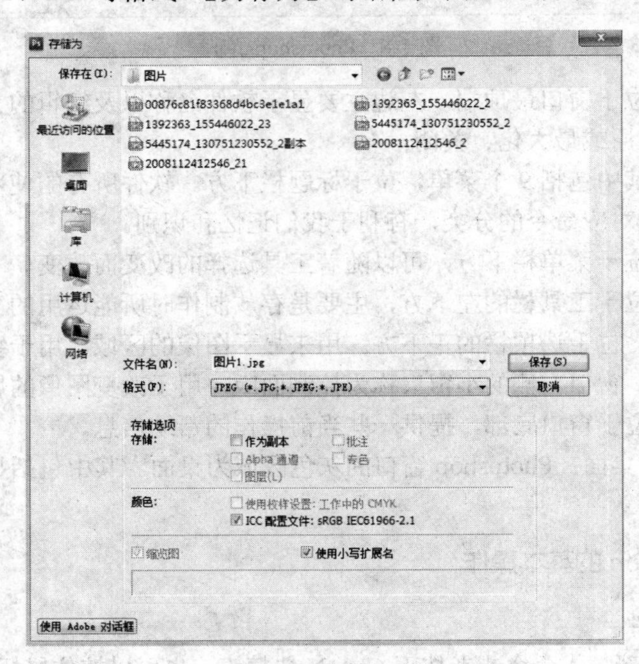

图 1-10　保存文件

（3）关闭文件

在 Photoshop 操作中，关闭文件可以用以下方法：

1）双击图像窗口标题栏左侧的图标按钮。

2）单击图像窗口标题栏右侧的关闭按钮。

3）单击【文件】|【关闭】命令。

4）按 Ctrl+W 或 Ctrl+F4 快捷键。

（4）打开文件

单击【文件】|【打开】命令或按 Ctrl+O 快捷键，或者双击屏幕也可以打开图像。如图 1-11 所示。

图 1-11　打开文件

如果想打开多个文件，可以按 Shift 键，选择连续的文件。

如果按 Ctrl 键，可以选择不连续的多个文件。

（5）切换屏幕显示模式

其中包含了三种屏幕模式分别是：标准屏幕模式、带有菜单栏的全屏模式和全屏模式。连续按 F 键即可以在这三种屏幕模式之间切换。Tab 键可以显示隐藏工具箱和各种控制面板。Shift+Tab 键可以显示隐藏各种控制面板。

（6）标尺和度量工具

标尺：单击【视图】|【标尺】命令，或按 Ctrl+R 快捷键，即可显示隐藏标尺。标尺的默认单位是厘米。

度量工具：用来测量图形任意两点的距离，也可以测量图形的角度。用户可以用信息面板来查看结果。其中 X、Y 代表坐标；A 代表角度；D 代表长度；W、H 代表图形的宽、高度。测量长度，直接在图形上拖动即可，按 Shift 键以水平、垂直或 45 度角的方向操作。测量角度，首先画出第一条测量线段，接着在第一条线段的终点处按 Alt 键拖出第二条测量的线段即可测量出角度。

（7）缩放工具

选择缩放工具后，变为放大镜工具，可以放大视图，按下 Alt 键可以变为缩小工具。我们也可以在菜单栏选择【视图】|【放大】或【缩小】命令，或使用快捷键 Ctrl+“+”、Ctrl+“-”。

1.2.3 分辨率

分辨率是指在单位长度内所含有的点（即像素）的多少。通常我们会将分辨率混淆，认为分辨率就是指图像分辨率，其实分辨率有很多种，可以分为以下几种类型。

（1）图像分辨率

图像分辨率就是每英寸图像含有多少个点或像素，分辨率的单位为点/英寸（英文缩写为dpi），例如 300dpi 就表示该图像每英寸含有 300 个点或像素。在 Photoshop 中也可以用 cm（厘米）为单位来计算分辨率。图像分辨率的默认单位是 dpi。

在数字化图像中，分辨率的大小直接影响图像的品质。分辨率越高，图像越清晰，所产生的文件也就越大，在工作中所需的内存和 CPU 处理时间也就越多。所以在制作图像时，不同品质的图像就需设置不同的分辨率，才能最经济有效地制作出作品，例如用于打印输出的图像的分辨率就需要高一些，如果只是在屏幕上显示的作品就可以低一些。

另外，图像的尺寸大小、图像的分辨率和图像文件大小三者之间有着很密切的关系。一个分辨率相同的图像，如果尺寸不同，它的文件大小也不同，尺寸越大所保存的文件也就越大。同样，增加一个图像的分辨率，也会使图像文件变大。

（2）设备分辨率

设备分辨率是指每单位输出长度所代表的点数和像素。它与图像分辨率有着不同之处，图像分辨率可以更改，而设备分辨率则不可以更改。

如平时常见的计算机显示器、扫描仪和数字照相机这些设备，各自都有一个固定的分辨率。

（3）屏幕分辨率

屏幕分辨率又称为屏幕频率，是指打印灰度级图像或分色所用的网屏上每英寸的点数，它是用每英寸上有多少行来测量的。

（4）位分辨率

位分辨率也称位深，用来衡量每个像素存储的信息位数。这个分辨率决定在图像的每个像素中存放多少颜色信息。如一个 24 位的 RGB 图像，即表示其各原色 R、G、B 均值，因此每一个像素所存储的位数即为 24 位。

（5）输出分辨率

输出分辨率是指激光打印机等输出设备在输出图像的每英寸上所产生的点数。

常用分辨率的设定：

屏幕显示分辨率：72dpi

打印分辨率：96dpi 或 150dpi

印刷分辨率：至少 300dpi

1.2.4 文件格式

（1）PSD 格式

PSD 格式是使用 Photoshop 软件生成的图像模式，这种模式支持 Photoshop 中所有的图层、通道、参考线、注释和颜色模式的格式。在保存图像时，若图像中包含有层，则一般都用

Photoshop（PSD）格式保存。若要将具有图层的 PSD 格式图像保存成其他格式的图像，则在保存时会合并图层，即保存后的图像将不具有任何图层。

PSD 格式在保存时会将文件压缩以减少占用磁盘空间，但由于 PSD 格式所包含图像数据信息较多（如图层、通道、剪辑路径、参考线等），因此比其他格式的图像文件要大得多。但由于 PSD 文件保留所有原图像数据信息，因而修改起来较为方便，这是 PSD 格式的优越之处。

（2）TIFF（TIF）格式

TIFF 格式便于在应用程序之间和计算机平台之间进行图像数据交换。因此，TIFF 格式应用非常广泛，可以在许多图像软件和平台之间转换，是一种灵活的位图图像格式。TIFF 格式支持 RGB、CMYK、Lab、IndexedColor、位图模式和灰度的颜色模式，并且在 RGB、CMYK 和灰度 3 种颜色模式中还支持使用通道、图层和路径的功能。

（3）BMP 格式

BMP 图像文件最早应用于微软公司推出的 Microsoft Windows 系统，是一种 Windows 标准的位图式图形文件格式，它支持 RGB、索引颜色、灰度和位图的颜色模式，但不支持 Alpha 通道。

（4）JPEG（JPG）格式

JPEG 格式的图像通常用于图像预览，JPEG 格式的最大特色就是文件比较小，经过高倍率的压缩，是目前所有格式中压缩率最高的格式。但是 JPGE 格式在压缩保存的过程中会以失真方式丢掉一些数据，因而保存后的图像与原图有所差别，没有原图像的质量好，因此印刷品最好不要用此图像格式。

（5）EPS 格式

EPS 格式应用非常广泛，可以用于绘图或排版，它的最大优点是可以在排版软件中以低分辨率预览，将插入的文件进行编辑排版，而在打印或出胶片时则以高分辨率输出，做到工作效率与图像输出质量两不误。

（6）GIF 格式

GIF 格式是 CompuServe 提供的一种图形格式，在通信传输时较为经济。它也可使用 LZW 压缩方式将文件压缩而不会太占磁盘空间，因此也是一种经过压缩的格式。这种格式可以支持位图、灰度和索引颜色的颜色模式。GIF 格式还可以广泛应用于因特网的 HTML 网页文档中，但它只能支持 8 位的图像文件。

（7）PNG 格式

PNG 格式是由 Netscape 公司开发出来的格式，可以用于网络图像，PNG 格式可以保存 24 位的真彩色图像，并且具有支持透明背景和消除锯齿边缘的功能，可以在不失真的情况下压缩保存图像。PNG 格式文件在 RGB 和灰度模式下支持 Alpha 通道，但在索引颜色和位图模式下不支持 Alpha 通道。

1.3　工具的使用

1.3.1　工具的认识

Photoshop 的工具箱包括了我们进行图形绘制和图形处理时所需要的大部分工具，如图 1-12 所示，我们可以利用工具来进行图形设计。工具箱中的工具不仅要认识，还必须非常熟练地掌握和应用，这样才能在创作时得心应手。

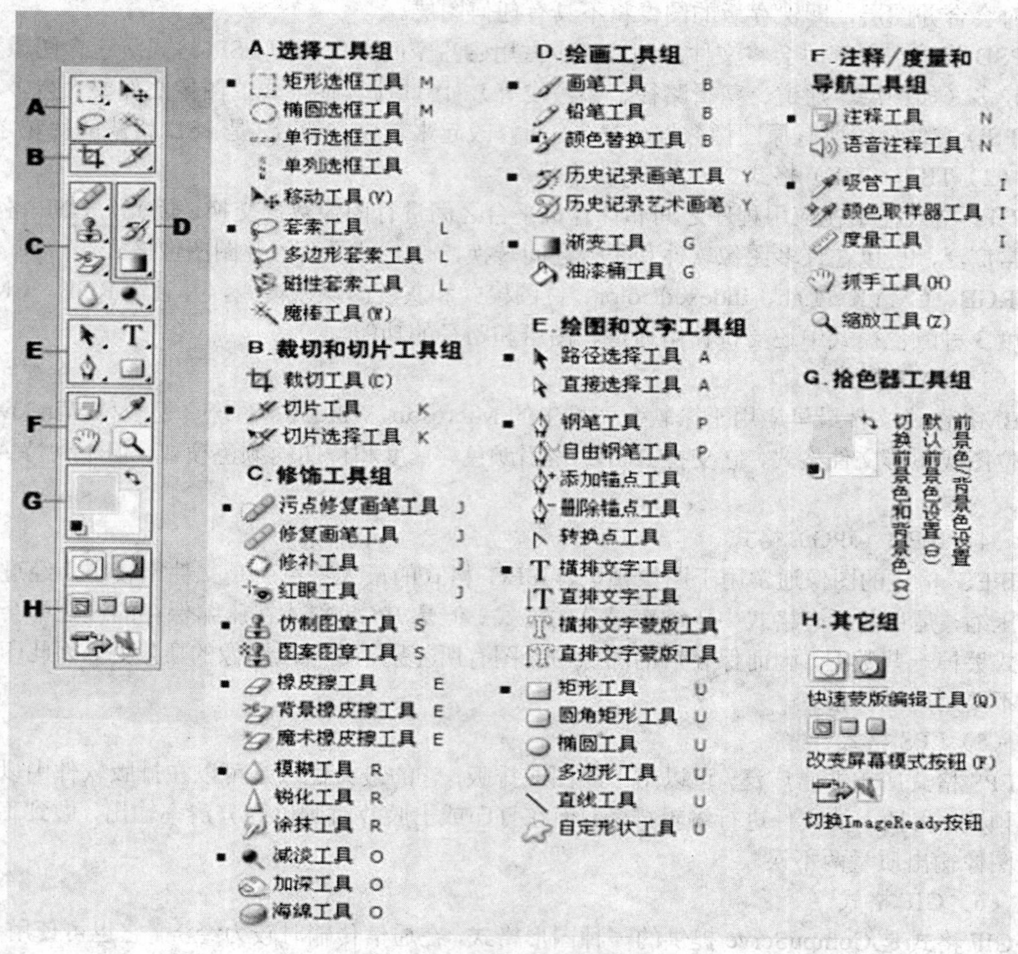

图 1-12 Photoshop 工具箱

1.3.2 工具的使用

工具右下角的小黑箭头即表示具有同级工具，按住该工具按钮不放，便会出现同级其他工具。下面我们简单介绍一下各个工具的使用方法。

（1）选择工具组

矩形选框/椭圆形选框：

- 矩形选框工具，同时按住 Shift 键，则为正方形形选框。
- 椭圆选框工具，同时按住 Shift 键，则为圆形选框。
- 在当前图像上选择一个像素宽的横向选区。
- 在当前图像上选择一个像素宽的纵向选区。

移动工具：移动工具，移动选区内的内容，如果没有选择，则移动整个图像。

套索工具：

- 套索：自由画出选区范围，适合选择较小的不规则区域。
- 多边形套索：自由画出首尾相接的多边形选区范围。

- 磁性套索：可以捕捉颜色边界和网格以及辅助线，其他功能同套索工具。

魔棒工具：根据图像中颜色的相似度来选取图形。

（2）裁切和切片工具组

裁切工具：裁切画面，使用此工具框选图像，选择外的内容则被切掉。

（3）修饰工具组

修饰工具：

- 修复画笔：修复图像中的缺陷，并能使修复的结果自然溶入周围图像。
- 修补工具：可以从图像的其他区域或使用图案来修补当前选中的区域。
- 红眼工具：用于修改红眼。

图章工具组：

- 仿制图章：可将一幅图像的内容复制到同一幅图像或另一幅图像中。
- 图案图章工具：可将预先设定好的图案进行复制。

橡皮擦工具组：

- 橡皮擦工具：将图像擦除至工具箱中的背景色。
- 背景橡皮擦工具：将图像上的颜色擦除变成透明的效果。
- 魔术橡皮擦工具：根据颜色近似程度决定图像擦除成透明的范围，去背景效果较好。

模糊工具组：

- 模糊工具：模糊局部的图像，使图像的边界柔和，图像虚化。
- 锐化工具：使图像的色彩变强烈，使柔和的边界变清晰，提亮图像。
- 涂抹工具：可制作出一种被水抹过的效果，像水彩画，产生一种模糊感。

减淡工具组：

- 变亮工具，增加经过部分图像的亮度。
- 变暗工具，降低经过部分图像的亮度。

海绵工具：海绵工具，增加经过部分图像的对比度。去色降低图像颜色的饱和度，加色提高图像颜色的饱和度。

（4）绘画工具组

画笔：用前景色在画布上绘画，模仿现实生活中的毛笔进行绘画。

铅笔：用于创建硬边界的线条。

历史记录工具：

- 历史记录画笔：将图像恢复成打开时的状态将它定位在 History 面板的某一步操作上，然后在画面中绘制，所经过的部分即出现那一步的效果。
- 历史记录艺术画笔：在画面中涂抹，产生印象派的绘画效果。

渐变工具：

- 线性渐变：从起点到终点以直线方式逐渐改变。
- 径向渐变：又称球形渐变，从起点到终点以圆形图案逐渐改变。
- 角度渐变：又称锥形渐变，围绕起点环绕逐渐改变。
- 对称渐变：以起点向两侧用对称方式改变。
- 菱形渐变：又称方形渐变，以起点向外以菱形图案逐渐改变。

油漆工具：以前景色填充选择区域。

（5）绘图和文字工具组

路径选择工具：

- 直接选择工具：选择锚点、移动锚点、调节曲线弧度。
- 路径选择工具：可选择整条路径。

路径工具组：

- 钢笔工具：勾画出首尾相接的路径。
- 捕捉锚点工具：有捕捉颜色界限和网格以及辅助线的功能。
- 自由钢笔工具：与自由套索工具相似，可随鼠标的拖动，绘制任意形状。
- 添加锚点工具：在当前路径上没有点的位置点击加锚点。
- 删除锚点工具：在锚点上单击删锚点。
- 转换点工具：直线、曲线相互转换，并可调整曲线弧度。

文字工具组：

- 横排文字工具：向图像中输入文字，建立横排文本，并创建一个单独的文本层。
- 横排文字蒙版：向图像中输入文字的选择范围，可制作文字形状的选区。
- 直排文字工具：向图像中输入纵向的文字，建立竖排文本，并创建一个单独的文本层。
- 直排文字蒙版：向图像中输入纵向的文字的选择范围，可制作文字形状的选区。

形状工具：形状工具包括矩形工具、圆角矩形工具、椭圆工具、多边形工具、直线工具、自定义形状工具。

（6）注释/度量和导航工具组

吸管工具组：

- 滴管工具：将所取位置的点的颜色作为前景色，如同时按住 Alt 键，则取为背景色。
- 色值取样工具：将所取位置的点的颜色值纪录入 Info 面板，最多可纪录四点的色值。按住 Alt 键点取样点，则将其删除。
- 抓手工具：在图像窗口小于图像时，使用此工具在窗口内移动图像。
- 缩放工具：放大图像，如果同时按住 Alt 键，则缩小图像。
- 标尺工具：精确定位两点之间的距离。

（7）拾色器工具组

颜色控件：上下两个色块分别代表当前的前景色和背景色，单击色块区域显示颜色拾取器，可以使用不同的颜色模式和数值定义前景色及背景色。单击右上方的图标可以切换当前的前景色和背景色。单击左下方的小图标可以将当前的前景色和背景色分别设为黑色和白色。

（8）其他工具组

快速蒙版和标准视图模式：表明当前图像的编辑状态。缺省状态下，打开的每幅图像都在标准模式下，这时可对图像进行正常的操作。在快速蒙版模式下，着色结果导致在图像表面上轻微的染上一层色，切换回标准模式后，着色的范围将变成选择区域。

屏幕模式按钮，用于切换 Photoshop 工作界面的不同显示状态。

第 2 章　选取操作

2.1　选区的初步认识

选区，Photoshop 中的大多数操作是针对选区进行的。如填充，渐变，滤镜等都是在特定图层特定选区上才能应用的，在选区外是不起作用的。用户创建完之后，闪烁的选区边界看上去就像是一个圈行军的蚂蚁，因此，选区又称为蚁行线。

2.1.1　任务布置

我们就利用选取工具学会创建选区，然后对选中的物体进行变换创作，例如将花朵变色，还有将花朵移动到其他位置上去。

2.1.2　任务分析

通常一张图片需要被处理，有的时候是仅仅处理这张图片中的一部分，有的时候是将局部图像分离出来另作他用。因而在处理的时候首先需要做的一件事情就是指定被处理的区域，这个时候就用到了选区，我们利用选区去选定需要被处理的区域，这样处理的时候就仅仅处理了选定的区域，而其他区域不会被破坏，从而达到了我们的目的。

例一：图 2-1 所示，为一幅花的图片，若是想把花朵变换颜色成为图 2-2 所示，则要选中了我们需要的花朵，然后我们才可以对其变换颜色。

图 2-1　花的原图

图 2-2　变换颜色的花

例二：若是想把花单独提取出来放置到其他图片中去，也要先选中花朵，然后复制粘贴到我们需要放置的图片上去即可。如图 2-3 效果图所示我们可以将花朵分离出来，放置到人物盘好的头发上。

图 2-3 效果图

2.1.3 实施步骤

例一：

（1）在 Photoshop 中打开这幅花的图片，如图 2-4 所示。

（2）选择磁性套索工具，在花的边缘拖拽形成选区，把花朵框选下来，如图 2-5 所示。

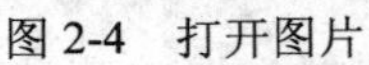

图 2-4 打开图片

图 2-5 创建选区

（3）利用菜单【图像】|【调整】|【色相/饱和度】命令，如图 2-6 所示对话框设置。效果图如图 2-7 所示。

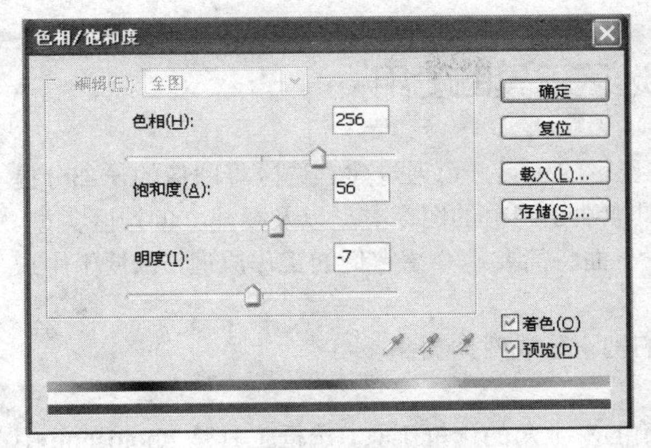

图 2-6　对话框设置

图 2-7　效果图

例二：

（1）在 Photoshop 中打开这幅花的图片，如图 2-4 所示。

（2）选择磁性套索工具，在花的边缘拖拽形成选区，把花朵框选下来，如图 2-5 所示。

（3）利用菜单【编辑】|【复制】命令。

（4）打开所要放置花朵的图片，执行【编辑】|【粘贴】命令，将花朵利用移动工具移动到合适的位置即可。效果图如图 2-8 所示。

图 2-8　效果图

2.2 规则类选区工具的使用

在工具箱的第一部分，有 3 个用于建立选区的工具，可通过建立选区将图像的一部分提取出来，以便对其进行编辑。具体使用哪种工具取决于当前的图像类型以及要建立的选区类型。有时候，具体使用哪种工具最合适并不明显。下面将简要地介绍它们的工作原理，以便于用户选择最好的工具快捷的建立选区。

创建选区的工具在工具箱里有 3 个，我们把它分成两大类：

1. 规则类的选取工具

规则类的选取工具就是用户看到的用具箱的左上角的选框工具，选框工具是 Photoshop 中最基本的选择工具，它们用来创建规则形状的选区。它包括四种工具：矩形选框工具、椭圆选框工具、单行选框工具、单列选框工具（如图 2-9 所示）。

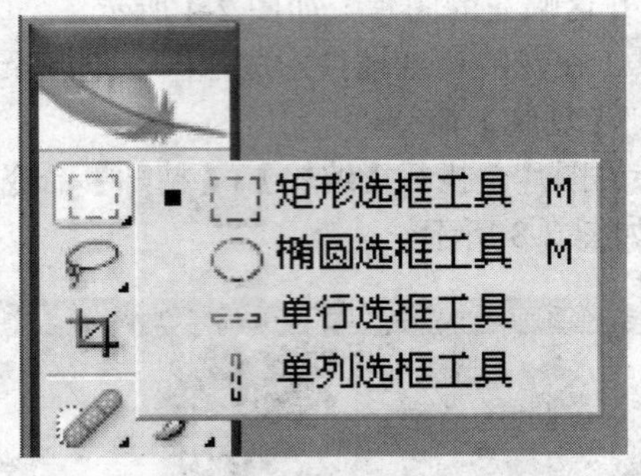

图 2-9 选框工具

在数字图像处理中经常需要使用选框工具来建立矩形或椭圆形选区。选框工具组还包含工具“单行”和“单列”，这些工具不常用，但在需要选取扫描仪或其他介质引入的宽度或高度为 1 像素的伪像，然后将其删除或仿制到其他区域时，它们很有用。如果要使用这两个工具，必须通过工具箱选择它们，因为它们没有快捷键。

2. 不规则类的选取工具

不规则类的选取工具就是用户看到的工具箱第二行的 2 个工具，它们用来创建不规则形状的选区。

不规则类的选取工具也有 4 个工具，分为两大类：套索类工具和魔棒工具，其中套索类工具分为：套索工具、多边形套索工具、磁性套索工具。如图 2-10 所示。

图 2-10 套索工具

2.2.1 任务布置

我们知道规则类选框工具有 4 个小工具，首先我们来具体学习一下规则类选框工具组的 4

个小工具的用法，再利用这些工具来绘制综合实例八卦图。

1. 用矩形选框工具绘制选区

选择矩形选框工具在画面中单击并向右下角拖动鼠标，放开鼠标即可创建矩形选区，如图 2-11 所示。

然后按下 Ctrl+D 快捷键取消选择，矩形浮动的选区将消失。

按住 Shift 键单击并拖动鼠标，在图像右侧添加一个选区，如图 2-12 所示。

图 2-11

图 2-12

按住 Alt 键单击并拖动鼠标，在图像右侧减去一个选区，如图 2-13 和图 2-14 所示。

图 2-13

图 2-14

注意：在使用矩形选框工具创建选区时，按住 Alt 键拖动鼠标，会以单击点为中心向外创建选区；按住 Shift 键可创建正方形选区；如果按住 Alt+Shift 快捷键，会从中心向外创建正方形选区。

2. 用椭圆选框工具绘制选区

选择椭圆选框，在画面中单击并拖动鼠标，创建一个椭圆选区，如图 2-15 所示。再拖动鼠标时，可以将鼠标移入选区中移动选区，使选区与所选区域对齐，例如图 2-15 中可以将绘制好的椭圆选区与玉环边缘重合，以便于用户扣选出图中的玉环，如图 2-16 所示。

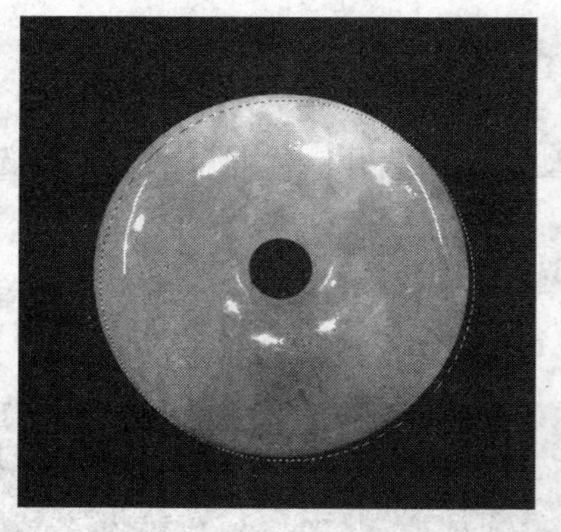

图 2-15

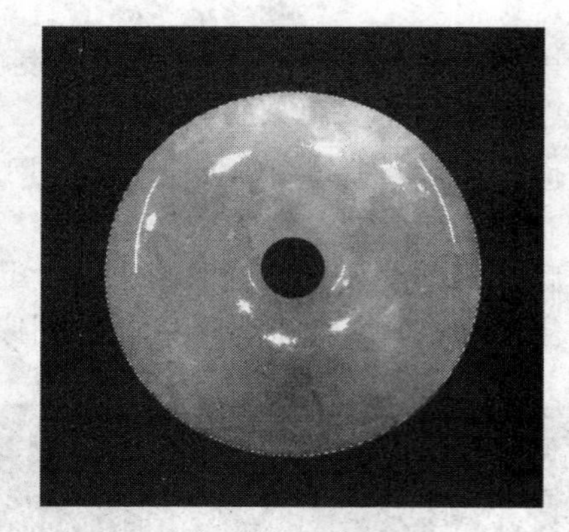

图 2-16

注意：绘制选区时，如果按住 Shift 键移动鼠标，可以创建正圆形选区；按住 Alt 键，会以单击点为中心向外创建选区；按住 Shift+Alt 快捷键，会以单击点为中心向外创建圆形选区。

3. 使用单行、单列选取工具绘制

可创建一个像素宽的横行或竖列区域。可放大视图来观察选区。

注意：当图像中已有一条选择线，可按 Shift 键或使用添加模式增加一条选择线。按 Alt 键或减少模式删除该选择线。

使用箭头可移动选择线，每次移动 1 像素，按 Shift 键移动，每次移动 10 像素。

2.2.2 任务分析

八卦图的绘制可以说是把我们规则类的选区工具结合起来使用的很好的例子，这里，我们只是简单了解工具的基本方法是不够的，还要学习一下每个工具的属性，本例就要频繁使用到选区的交互模式，因此只有学会了工具的属性，才能彻底地掌握一个工具。下面我们就要对工具的具体属性加以介绍。

1. 矩形选框工具选项栏

这些选项在部分或全部选取工具的选项栏中都有。

（1）选区交互：

在选项栏中，工具预设图标的右边有 4 个图标，它们控制着选区如何与当前的选区交互。

默认为“新选区”：即建立的选区将取代当前选区；接下来是“添加到选区”，这种功能也可在建立新选区时按住 Shift 键来实现。

“从选区减去”：可通过单击该图标或按 Alt 键并从当前选区内开始拖曳来实现。

“与选区交叉”：它将两个选区的重叠部分作为新选区，也可以按住 Shift+Alt 快捷键并拖曳来实现这种功能。如果使用键盘快捷键，将发现在按下 Shift+Alt 快捷键时，选项栏中相应的图标被选中。

（2）羽化：羽化: 0 px

未定义羽化参数的选区，边缘变化生硬。在定义选区时设置羽化参数，可在处理选区时获得渐变晕开的柔和效果。羽化值越大，羽化效果越明显。

例如：一朵玫瑰花的图片，使用矩形选区之前分别设定羽化值为 10 和不设置，绘制矩形选区，对选区里的内容进行复制（按 Ctrl+C 快捷键），再执行粘贴（按 Ctrl+V 快捷键），效果对比如图 2-17 所示。

图 2-17

左边是经过羽化过的图片，右边是没有经过羽化的图片，很明显左边比右边的边缘要柔和很多。

注意：

1）属性栏中的羽化：它是在选区建立之前设置的。

2）菜单栏中的羽化：菜单栏也能实现羽化，利用菜单【选择】|【羽化...】进行设置，它是在选区确立之后设置的，或者用 Ctrl+Alt+D 快捷键进行设置。

（3）样式：

用来设置选区的创建方法。选择“正常”，可通过拖动鼠标创建任意大小的选区；选择“固定比例”，可在右侧的“宽度”和“高度”文本框中输入数值，创建固定比例的选区。例如，如果要创建一个宽度是高度两倍的选区，可输入宽度 2，高度 1；选择“固定大小”，可在“宽度”和“高度”文本框中输入选区的宽度与高度值，然后使用矩形选框工具时，只需在画面中单击便可以创建固定大小的选区。

（4）高度与宽度互换：

单击该按钮，可切换“宽度”与“高度”值。

2. 椭圆选框工具选项栏

椭圆选框工具与矩形选框工具的选项相同，但该工具可以使用“消除锯齿”功能。

消除锯齿：

位图图像是由像素组成，像素实际上是正方形的色块。当选择斜线区域或弧形区域时，就会产生锯齿形状。分辨率越低，锯齿越明显。

选中该项，会在锯齿之间填入介于边缘和背景的中间色调，从而使锯齿的硬边变得较为平滑。

我们绘制椭圆选区之前先在选项栏里面勾选消除锯齿，填充以后椭圆边缘看起来比较平滑，之后我们再绘制椭圆选区，没有勾选选项栏里面消除锯齿，明显后者边缘要粗糙一点。放大并截取中间一部分，效果对比如图 2-18 所示。

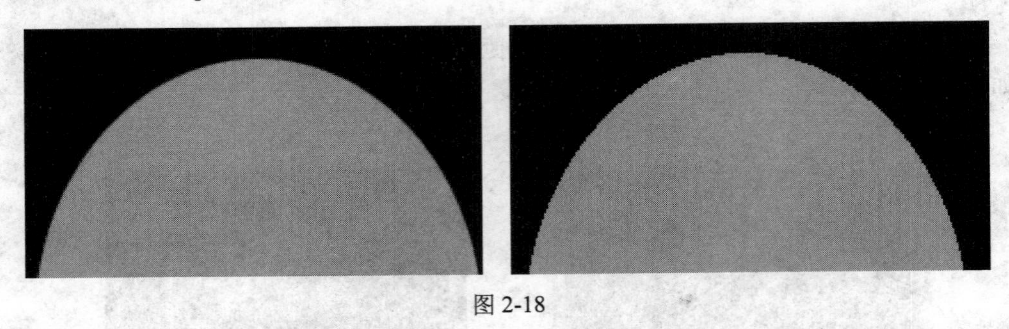

图 2-18

2.2.3 实施步骤

（1）打开 Photoshop，创建新画布，大小设置为 500×500 像素，其他设置如图 2-19 所示，单击【确定】按钮。

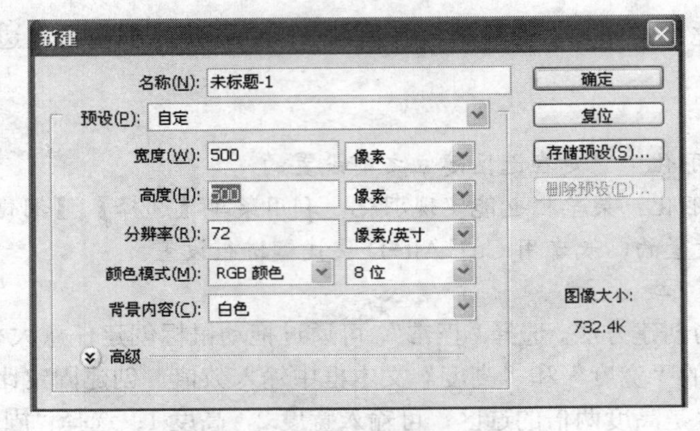

图 2-19

（2）将前景色和背景色设置成默认的黑色和白色，按 Ctrl+R 快捷键，弹出标尺，选中背景层，拖出参考线，设置在整个画布的正中心。如图 2-20 所示。

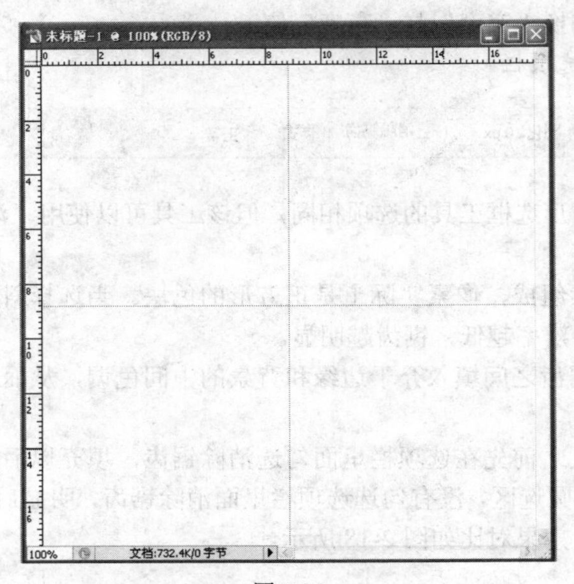

图 2-20

（3）新建图层，选择椭圆选框工具，单击左键并按住 Shift+Alt 键，从参考线的中心向外创建一个正圆形选区。如图 2-21 所示。

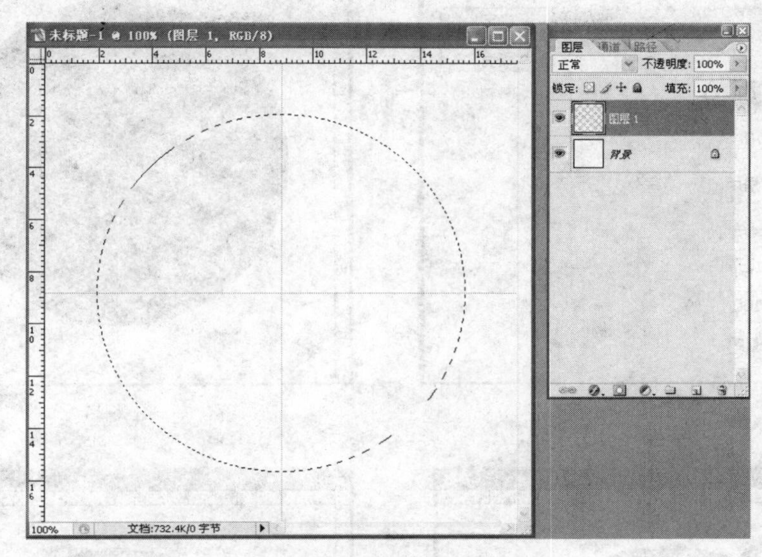

图 2-21

（4）填充正圆形选区为黑色。如图 2-22 所示。

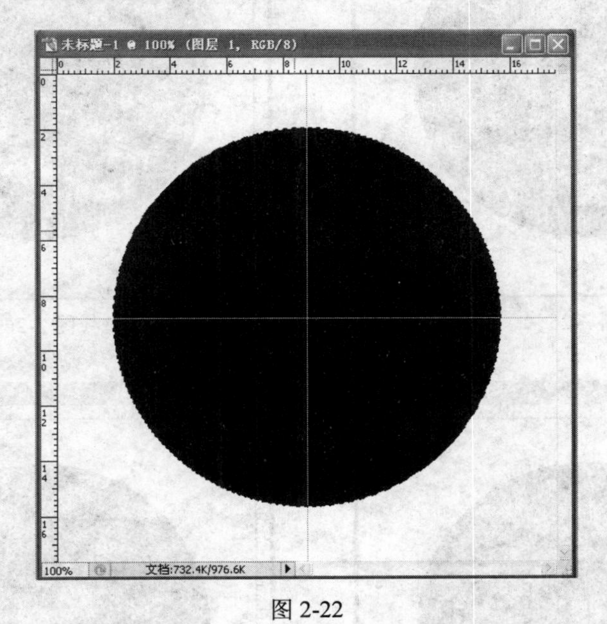

图 2-22

（5）选区不要取消，新建图层，选中新的图层，利用菜单【编辑】|【描边】命令为其描 2 个像素的黑色边缘。描边属性设置如图 2-23 所示，结果如图 2-24 所示。

（6）在选区边缘贴上参考线，如图 2-25 所示。取消选区，按 Ctrl+D 快捷键。

（7）在左上角的方框内依框绘制正圆。如图 2-26 所示。

（8）将圆形选区移动到如图 2-27 所示的位置。

（9）新建图层，对正圆形选区填充黑色，并对正圆形选区创建中心参考线。如图 2-28 所示。

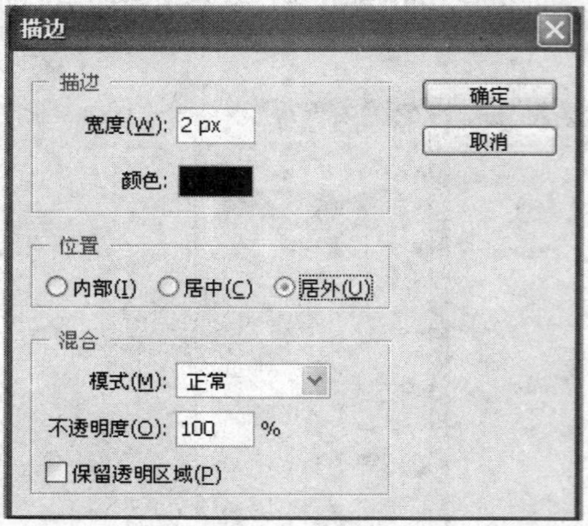

描边
描边
宽度(W): 2 px
颜色:
确定
取消
位置
○内部(I) ○居中(C) ⊙居外(U)
混合
模式(M): 正常
不透明度(O): 100 %
□保留透明区域(P)

图 2-23

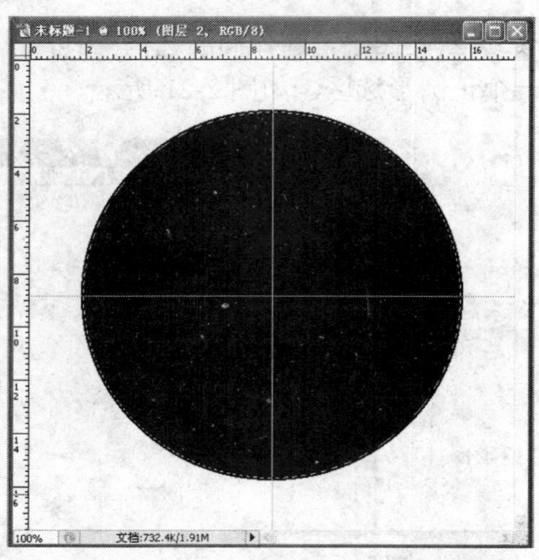

图 2-24

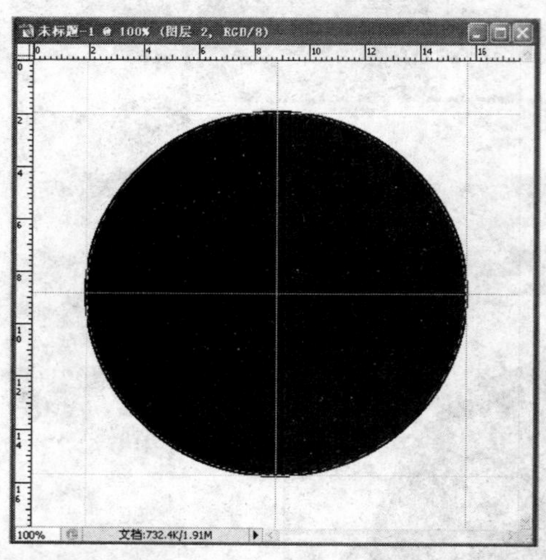

图 2-25

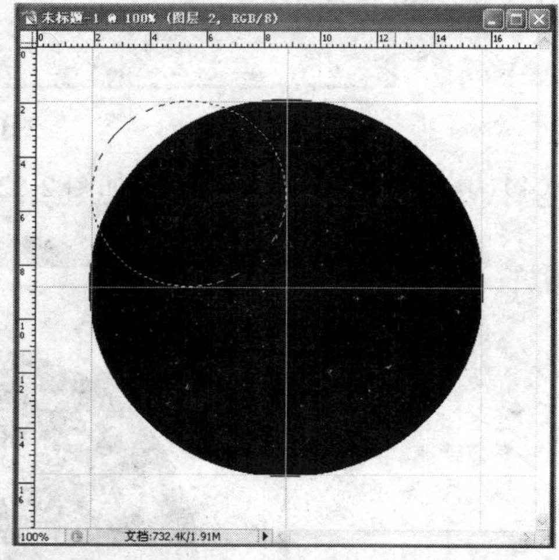

图 2-26

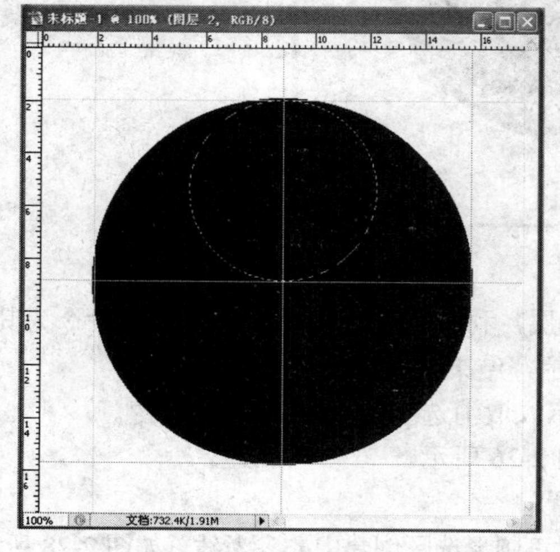

图 2-27

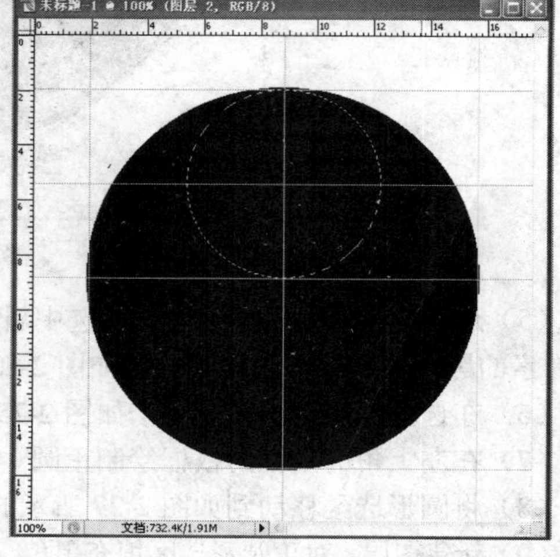

图 2-28

（10）正圆形选区不要取消，移动到正下方，并在选区正中心创建参考线，如图 2-29 所示。

（11）新建图层，对正圆形选区填充白色，取消正圆形选区。如图 2-30 所示。

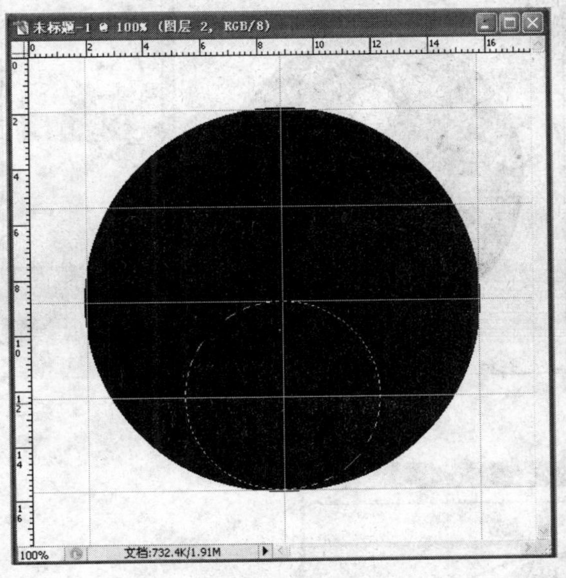

图 2-29

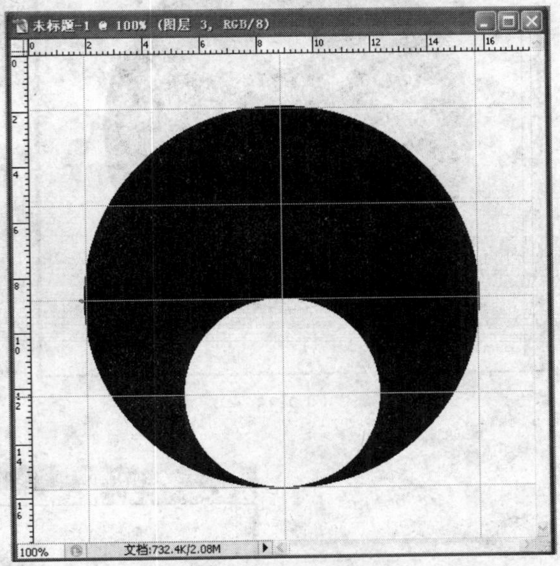

图 2-30

（12）如图 2-31 所示从正中心绘制小正圆形选区。

（13）新建图层，填充成白色。如图 2-32 所示。

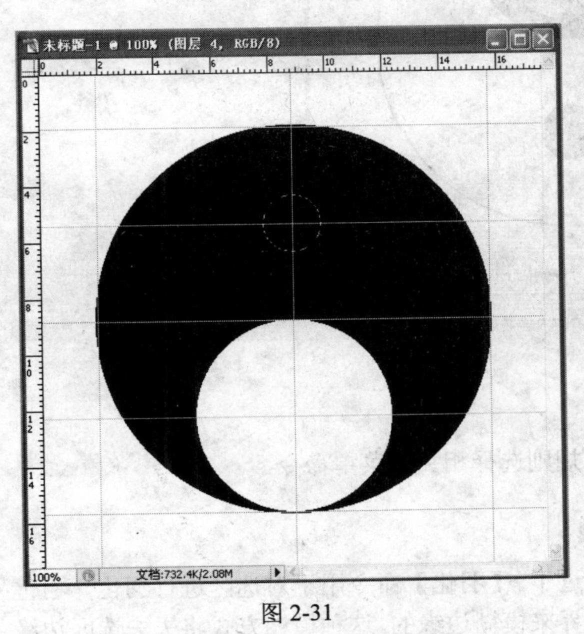

图 2-31

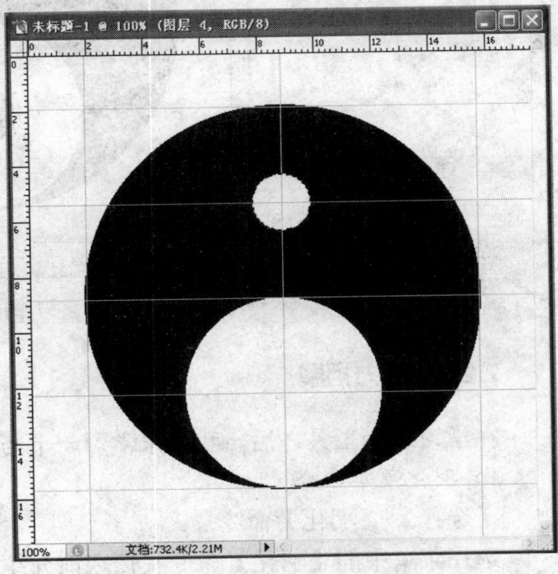

图 2-32

（14）将小正圆形选区移动到下方正中心，填充成黑色，取消选区。如图 2-33 所示。

（15）选择大的黑圆所在图层，利用矩形选框工具删除右半边。如图 2-34 所示。

（16）最终效果如图 2-35 所示。

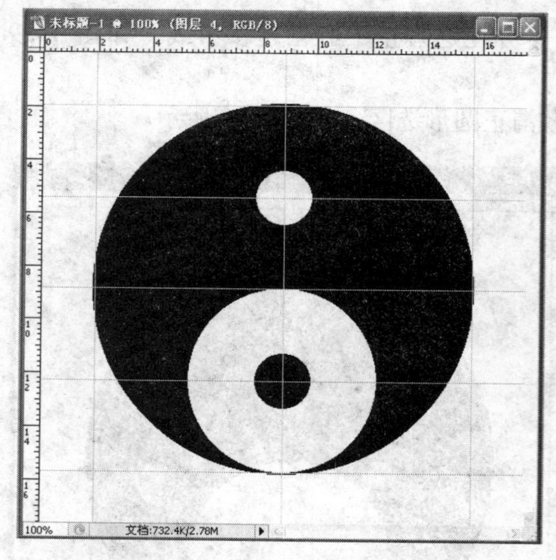

图 2-33

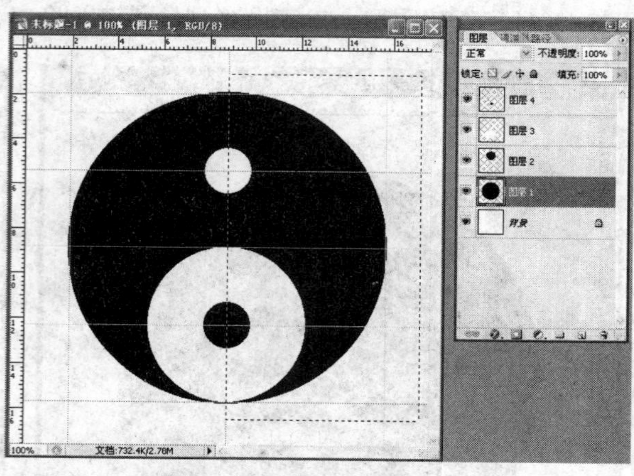

图 2-34

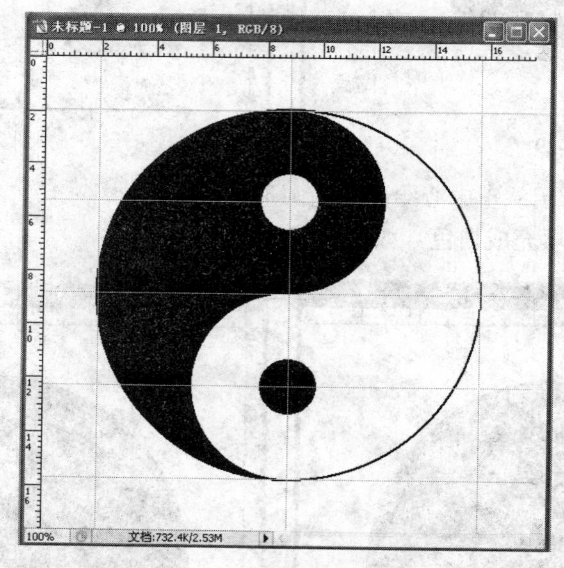

图 2-35

2.2.4 能力拓展

在学习选择工具之后，我们来学习一下与规则选择相关的菜单命令。

1. 羽化菜单命令

【选择】|【羽化】命令

选择菜单中的【羽化】命令我们之前介绍过了，【羽化】命令用于对选区进行羽化。羽化是通过建立选区和选区周围像素之间的转换边界来模糊边缘的，这种模糊方式将失去选区边缘的一些图像细节。这里重点提示一下，属性栏中的羽化：它是在选区建立之前设置的；选择菜单中也能实现羽化，利用菜单【选择】|【羽化...】进行设置，它是在选区确立之后设置的，或者用 Ctrl+Alt+D 快捷键进行设置。

2. 移动选区

将光标移到选区内部，拖动鼠标即可移动选区。

（1）移动时按 Shift 键，只能将选区沿水平、垂直或 45 度方向移动。

（2）移动时按 Ctrl 键，则移动可用方向键。

（3）移动时按 Alt 键，进行移动，可将物体复制。

（4）可按方向键精确移动选区。按键盘的方向键：以 1 像素步移；按 Shift+方向键：以 10 像素步移。

3. 变换选区

执行【图层】|【变换选区】命令，可以在选区边显示定界框，如图 2-36 所示，拖动控制点即可单独对选区进行旋转、缩放等变换操作，选区内的图像不会受到影响。并可通过矩形框的 8 个手柄来调节宽度、高度和旋转角度。

图 2-36

单击右键选择不同的命令可执行不同的变形操作：

缩放：可在维持矩形各方向不变的情况下，调整选区大小。同时按 Shift 键，则以固定长宽比缩放。

旋转：将光标移动到拐角可自由旋转选区。如图 2-37 所示。

图 2-37

斜切：将光标移到四角的手柄上拖动，可在保持其他三个角点不动情况下对选区进行倾斜变形。将光标移到四边的中间手柄上，可在保持其他角点不动情况下，将控制框沿手柄所在边的方向进行移动。如图 2-38 所示。

图 2-38

扭曲：可任意拉伸四个角点进行自由变形，但框线的区域不得为凹入形状。如图 2-39 所示。

图 2-39

透视：拖动角点时框线会形成对称梯形。如图 2-40 所示。

图 2-40

2.2.5　习题训练

1. 制作四色圆，思考一半黑一半白的“安”如何做出。
2. 制作联想、中国电信、清华同方的标志。

2.3　不规则类选区工具的使用

2.3.1　任务布置

不规则类的选取工具来创建不规则形状的选区，不规则类的选取工具也有 4 个工具，分为两大类：套索类工具和魔棒工具。首先我们来具体学习一下不规则类选框工具组的用法，再利用这些工具将绘制综合实例纸盒。

1. 使用套索工具绘制选区

套索工具使用鼠标绘制选区，虽然有些笨拙，但经常需要用到这个工具。利用套索工具可以定义任意的形状区域。鼠标单击左键确定起点，拖动定义选区，释放后，系统自动用直线连接起始点，形成封闭区域。若在释放前按 Esc 键，可取消选区。为了使选定区域边缘更平滑，可设置羽化值，但如果要获得非常精确的边缘，则不应对套索工具进行羽化选项设置。

例如：用户想要将一个人头发的颜色变换一下，首先就是要先将头发利用套索工具提取出来（如图 2-41 所示），再将羽化半径设置为 2。然后添加一个“色相/饱和度”调整图层，效果如图 2-42 所示。用户可以自己尝试改变衣服的颜色，同头发颜色调整的变换方法。

图 2-41

图 2-42

2. 使用多边形套索工具绘制选区

利用多边形套索工具可选取多边形的选区。用户操作时首先用鼠标左键单击确定起点，然后松开鼠标，出现一条直线，一端位于起点，一端随鼠标移动。单击确定第二个点，此时一条直线确定。依次类推，最后双击连接起始点，形成选区。

需要建立包含直边的选区时，多边形套索工具非常方便。我们经常在使用套索工具建立选区时按 Alt 键来切换到多边形套索工具。

注意：多边形套索工具在结束绘制时要求用户再次单击起点来完成选取，或者按 Ctrl 键，同时单击鼠标左键，双击也可以连接起点。

例如：要想将图中的纸盒提取出来，多边形套索就比较方便，大家都知道，纸盒的边缘都是直线，用户在提取纸盒这块选区时，无论周围背景多么复杂，多边形套索都能快捷地将选取创建出来。如图 2-43 和图 2-44 所示。

图 2-43

图 2-44

用户操作时选择多边形套索工具在纸盒的一个边角上单击确定起点然后沿着它边缘的转折处继续单击鼠标，如图 2-43 所示。在创建选区时，如果按住 Shift 键，可以锁定水平、垂直或以 45 度角为增量进行绘制。继续创建选区，最后将光标移至起点处，光标会变为句点状，单击可封闭选区，如图 2-44 所示。

3. 用磁性套索工具绘制选区

使用磁性套索工具，边框会贴紧图像中已定义区域的边缘。适合于选择边缘与背景对比强烈且边缘复杂的图片。

如果要选取的对象和背景之间对比强烈，磁性套索工具将是首选的选取工具。使用磁性套索工具，事先设置要捕获的边缘的对比度，然后手工沿边缘移动，让该工具决定如何选择绘制选区。将鼠标指向要选择的对象边缘并单击，用以确定起点，如图 2-45 所示。用户移动鼠标时，磁性套索工具将设置更多的锚点，以定义边缘，如图 2-46 所示。用户可以随时单击鼠标来手工设置锚点。再次回到起点后，鼠标形状将类似于工具箱中的图标，如果此时松开鼠标，将结束选取，如图 2-47 所示。如果在到达起点前双击，将在当前位置和起点之间绘制一条直线，以完成选取。用户一开始可能使用起来比较生疏，可能线条跑离物体的边缘，只要边拖回线条，边不断删除多余的锚点即可。

图 2-45

图 2-46

图 2-47

4. 使用魔棒工具绘制选区

魔棒工具根据周围像素的颜色值来建立选区。用于选择一致色彩的区域，而无需跟踪其轮廓。对用户来说是一个很有用的工具，它是选择特定颜色区域的最简单方式。

例如：将图 2-48 中的柠檬给抠下来，图片的背景颜色比较一致，这时，我们可以选择背景，再反向选择物体本身。选择魔棒工具，在选项栏中将“容差”设置为 50，在背景里面单击鼠标创建选区，如图 2-49 所示。按住 Shift 键在未加选进去的背景上单击，将这部分背景内容添加到选区中，如图 2-50 所示。执行【选择】|【反选】命令反向选择柠檬，如图 2-51 所示。

图 2-48

图 2-49

图 2-50

图 2-51

2.3.2 任务分析

纸盒的绘制可以说是把我们不规则类的选区工具结合起来使用的很好的例子，这里，磁性套索工具和魔棒工具是我们重点使用的工具，当然，我们还要学习一下这些工具的属性，只简单的了解工具的基本方法是远远不够的，接下来我们就要对工具的具体属性加以介绍，这样我们在操作实例前打好基础，方便对实例的理解，为以后自己独立创作打下良好的基础。

1. 磁性套索工具选项栏

羽化: 0 px ☑消除锯齿 宽度: 10 px 边对比度: 10% 频率: 57

磁性套索工具选项栏中前面几栏我们之前已经介绍过了，再此我们就不再重复了，这里有几个新的属性之前没有遇到过，下面我们来详细的介绍：

（1）宽度：用于设定检测范围。将以鼠标所在点为中心，在设定范围内查找反差最大的边缘。用户可以将磁性套索工具的宽度设置为足够宽，以便能够覆盖要跟踪的对象边缘，但又不能过宽，以免覆盖边缘周围的区域。

注意：在使用磁性套索工具时，如果按下 Caps Lock 键，光标会变为圆状，圆形的大小便是工具能够检测到的边缘的宽度。如图 2-52 和图 2-53 所示，分别宽度设置为 20 和 30。

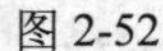

图 2-52

图 2-53

（2）边对比度：边对比度是指 Photoshop 辨别边缘时参考的最小对比度。磁性套索工具发现边缘的灵敏度。值越大，反差越大，选取范围越准确。边缘和背景之间的对比度越小，边对比度值应设置得越小。

（3）频率：决定在定义边界时插入的定位锚点的多少，值越大，锚点越多。即定义选区时自动添加的固定点数。频度分别设置 57 和 87，对比如图 2-54 和图 2-55 所示。

（4）钢笔压力：如果电脑配置有数位板和感压笔，可以按下该按钮，Photoshop 会根据压感笔的压力动态调整工具的检测范围，增大压力将会分致边缘宽度减小。使用压敏绘图板时，如果希望磁性套索工具的宽度随光笔的压力而变化，可单击该图标。压力越大，磁性套索工具的宽度越小。使用鼠标时，不要单击该图标。

图 2-54

图 2-55

2. 魔棒工具选项栏

容差: 50 ☑消除锯齿 ☑连续 □对所有图层取样

这里的前端的选区交互选项和中间的消除锯齿选项我们之前说过了，魔棒工具要想设置得恰到好处，其中，“容差”是最重要的选项，只有将容差设置好才能将魔棒工具充分发挥作用。

（1）容差：在选取颜色时所设置的选取范围，容差越大，选取的范围也越大，其数值为0～255。容差越小，要求的颜色相似程度越高；容差越大，选定的颜色范围越大。

（2）连续：勾选该项时，只选择颜色连接的区域，如图 2-56 所示；取消勾选，选择与鼠标单击点颜色相近的所有区域，包括没有连接的区域，如图 2-57 所示。

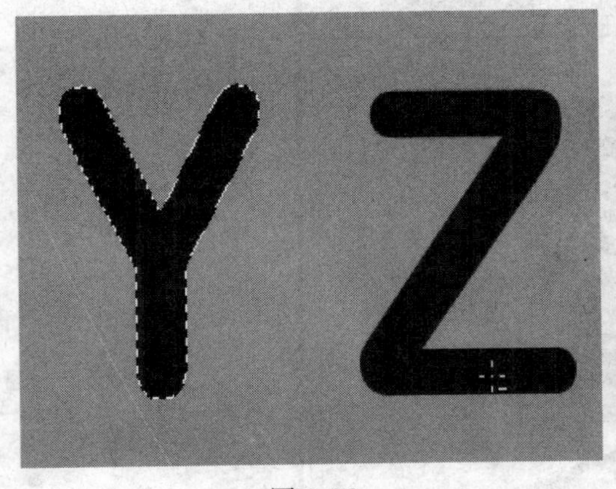

图 2-56

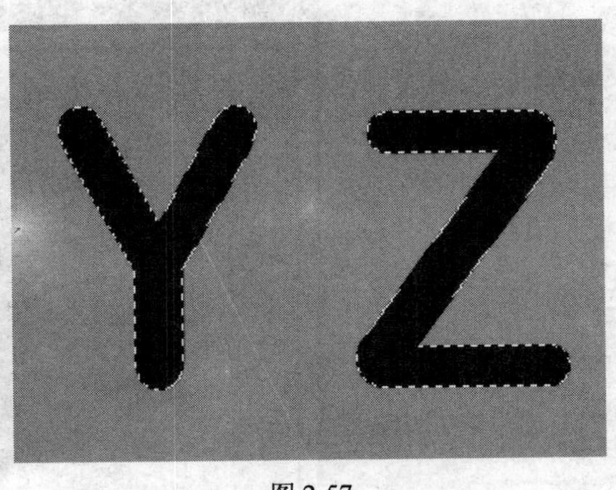

图 2-57

（3）对所有图层取样：如果文档中包含多个图层，勾选该项时，可选择所有可见图层上颜色相近的区域；取消勾选，则仅选择当前图层上颜色相近的区域。如图 2-58 所示为选择的图层，图 2-59 所示为勾选该项时创建的选区，图 2-60 所示为取消勾选时创建的选区。

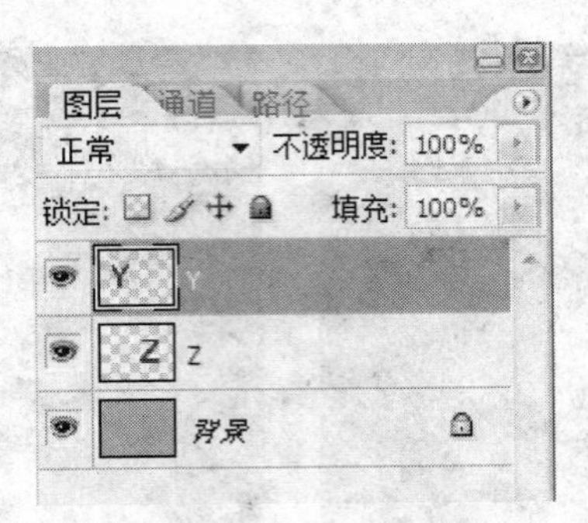

图 2-58

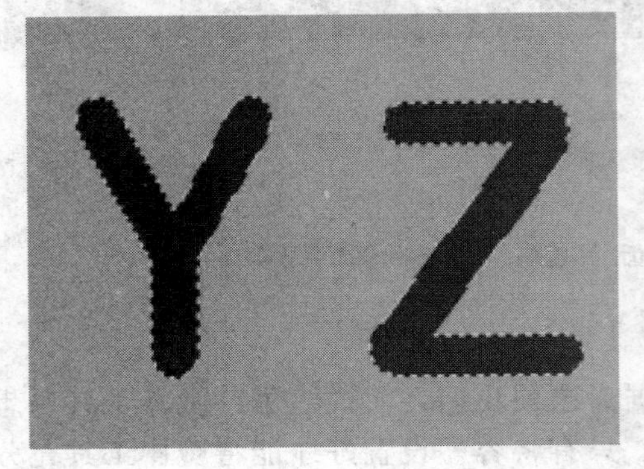

图 2-59

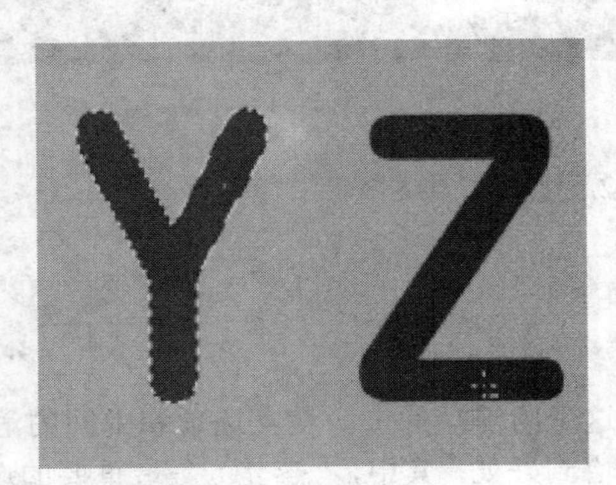

图 2-60

2.3.3 实施步骤

（1）从网上搜一个纸盒，用多边形套索工具，抠选出纸盒表面，因为纸盒表面都是方方正正的，在背景比较复杂时，用多边形套索尤其方便。如图 2-61 所示。

图 2-61

（2）盒子表面是空白的，我们可以从网络上找些素材装饰一下盒子表面，例如想要做成饼干盒子，可以先从网上搜些卡通图片抠出来。这次我们找的图片背景比较单一，我们可以使用魔棒工具创建选区，如图 2-62 所示。

图 2-62

（3）复制抠选下来的图片，放入盒子表面位置时，利用菜单【编辑】|【合并拷贝】命令。利用 Ctrl+T 快捷键改变卡通图片大小。效果如图 2-63 所示。

图 2-63

（4）最后打上文字，曲奇饼干即可。如图 2-64 所示。

图 2-64

2.3.4 能力拓展

在学习选择工具之后，我们来学习一下与不规则选择相关的菜单命令。

1. 全选与反选菜单命令

选择【选择】|【全部】命令，或按 Ctrl+A 快捷键，可以选择当前文档边界内的全部图像，如图 2-65 所示。如果需要复制整个图像，创建完选区之后，执行【编辑】|【复制】命令，或者按 Ctrl+C 快捷键复制，再按 Ctrl+V 快捷键粘贴即可。

图 2-65

而执行【选择】|【反向】命令或按 Shift+Ctrl+I 快捷键可以反转选区。

如图 2-65 要想选中图中的玫瑰花即选择图像容易被选的部分，就是黑色背景区域，选择的对象的背景色比较简单，可以先使用魔棒工具选择背景，如图 2-66 所示，再执行【反向】命令选择对象，如图 2-67 所示。

图 2-66

图 2-67

2. 修改菜单命令

【修改】菜单命令里面有 4 个小命令，我们首先来看一下界面，如图 2-68 所示。

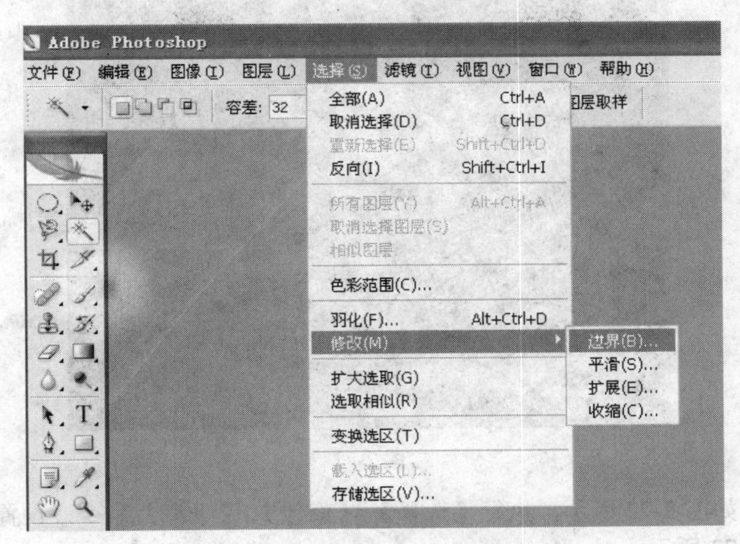

图 2-68

（1）边界命令

【边界】命令可以将选区的边界向内部和外部扩展，扩展后的边界与原来的边界成新的选区。可设置选区边缘的宽度为 1-200 像素，结果是原选区变为轮廓区域。

执行【选择】|【修改】|【边界】命令，弹出设置对话框。“宽度”用于设置扩展的像素值，现设置为 30 像素，如图 2-69 所示，原选区则会向外扩展 15 像素，向内扩展 15 像素，如图 2-70 所示。

图 2-69

图 2-70

（2）平滑命令

【平滑】命令用于平滑选区的边缘，系统可对边界进行平滑处理，半径越大，边界越平滑。常常用于处理魔棒工具或“色彩范围”命令创建的选区，使生硬的边缘变得平滑。

例如：绘制一个矩形选区如图 2-71 所示，用户想要边缘比较平滑，没有直角，就可以使用【选择】|【修改】|【平滑】命令。

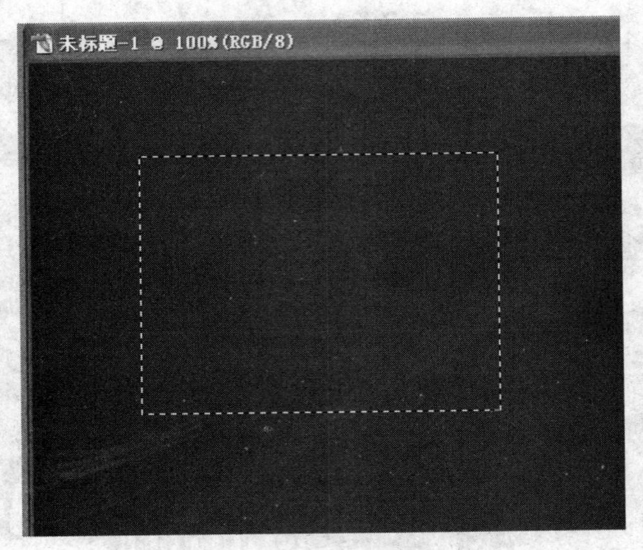

图 2-71

弹出对话框如图 2-72 所示，执行【选择】|【修改】|【平滑】命令，设置半径为 5 像素。执行之后如图 2-73 所示。

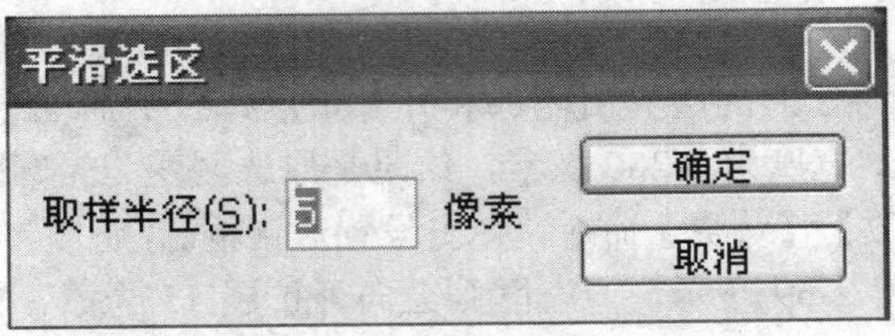

图 2-72

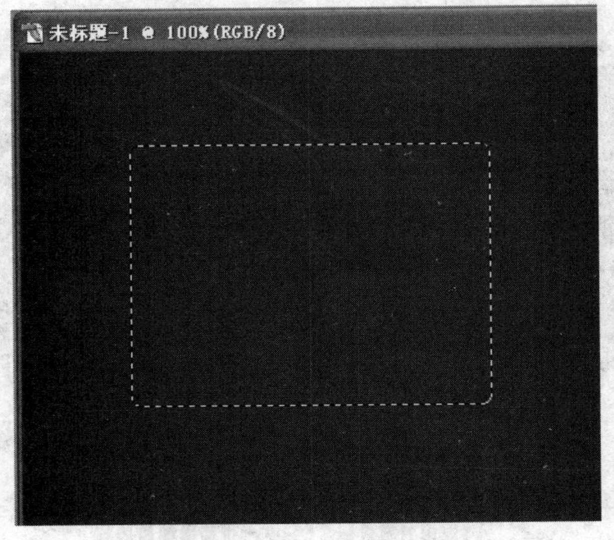

图 2-73

（3）扩展命令

【扩展】命令用于扩展选区范围。选区确定后，若想放大选区，可选择菜单中【选择】

|【修改】|【扩展】命令，如图 2-74 所示创建选区，打开【扩展选区】对话框，如图 2-75 所示，可以输入数值（1-100），选区将被以指定像素扩展，如图 2-76 所示，选区将保持原来形状不变。

图 2-74

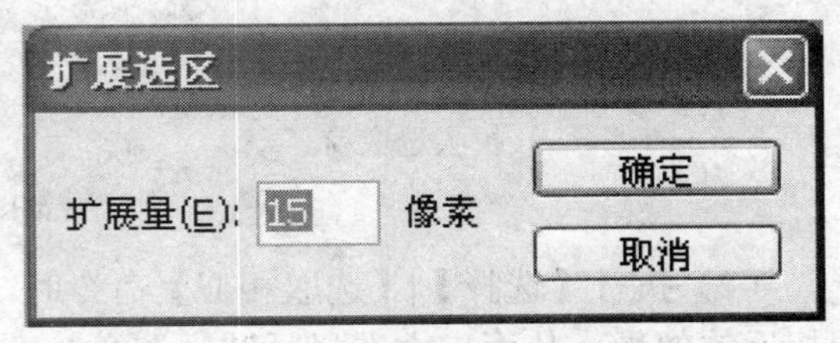

图 2-75

图 2-76

（4）收缩命令

【收缩】命令用于缩小选区范围。要缩小选区，可选【修改】|【缩小】命令，将按设置的像素减小选区，用法与扩展相似。

3. 区分扩大选取与选取相似命令

【扩大选取】与【选取相似】都是用来扩展现有选区的命令，执行这两个命令时，Photoshop 会基于魔棒工具选项栏中“容差”的值来决定选区的扩展范围，“容差”值越高，选区扩展的范围就越大。

（1）执行【选择】|【扩大选取】命令时，Photoshop 会查找并选择那些与当前选区中的像素色调相近的像素，从而扩大选择区域。但该命令只扩大到与原选区相连接的区域。近似程度由魔棒的容差决定，容差越大，每次扩大的范围越大。如图 2-77 所示。

扩大选取前

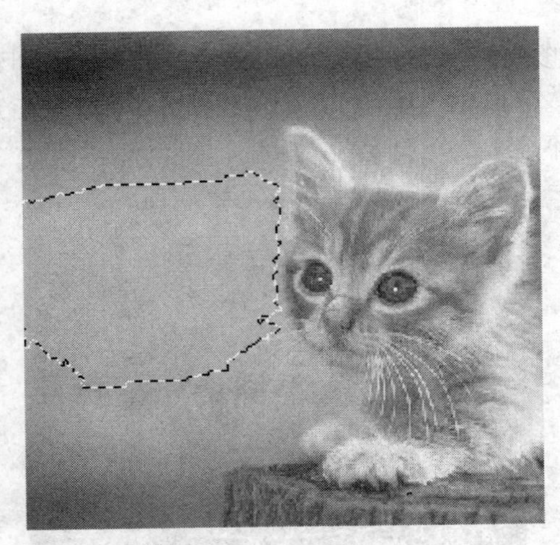

扩大选取后

图 2-77

（2）执行【选择】|【选取相似】命令时，同样会查找并选择那些与当前选区中的像素色调相近的像素，从而扩大选择区域。该命令可以查找整个文档，包括与原选区不相邻的像素。按颜色的近似程度（容差决定）扩大选区，这些扩展的选区不一定与原选区相邻。

如图 2-78 中我要选择 Y 和 W 这两个字母，Y 和 W 这两个字母不是相邻像素区域范围，但是可以通过执行【选择】|【选取相似】命令来完成。

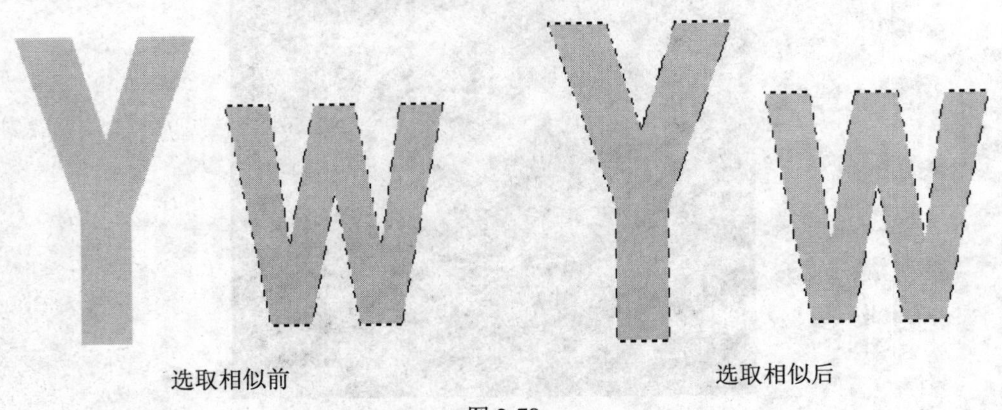

选取相似前　　选取相似后

图 2-78

2.3.5 习题训练

1．练习套索类工具的使用方法。

2．制作撕边效果。

3．制作小鸭游水、地球。

4．找到一副图片，将图片上的物体从背景中分离出来、合成。

第3章　色彩调整

3.1　色彩调整

3.1.1　任务布置

在处理图像时，对图像的色彩色调进行调整是关键的环节。下面有两张制作某网站的素材图，如图3-1和图3-2所示，这些素材图都需要在色彩色调方面进行调整。

图3-1　素材图

图3-2　素材图

根据制作该网站的需要，将两张图调整成适合网站使用的色相、饱和度、亮度与对比度，另外需要将两张图调整成黑白图备用。

3.1.2　任务分析

在Photoshop中对图像色彩色调的调整的命令在【图像】|【调整】菜单中。如图3-3所示，利用这些命令，可以对图像的色相、饱和度、亮度以及对比度等方面进行调整。其中【图像】

|【调整】|【自动色阶】、【图像】|【调整】|【自动对比度】和【图像】|【调整】|【自动颜色】命令，应用后可以自动调整图像整体的色阶、对比度和颜色，无需进行参数设置。但是当我们需要更好地调整效果时，就需要灵活应用【色阶】、【曲线】、【亮度/对比度】、【色相/饱和度】、【色彩均化】、【阈值】、【去色】、【变化】等命令了。

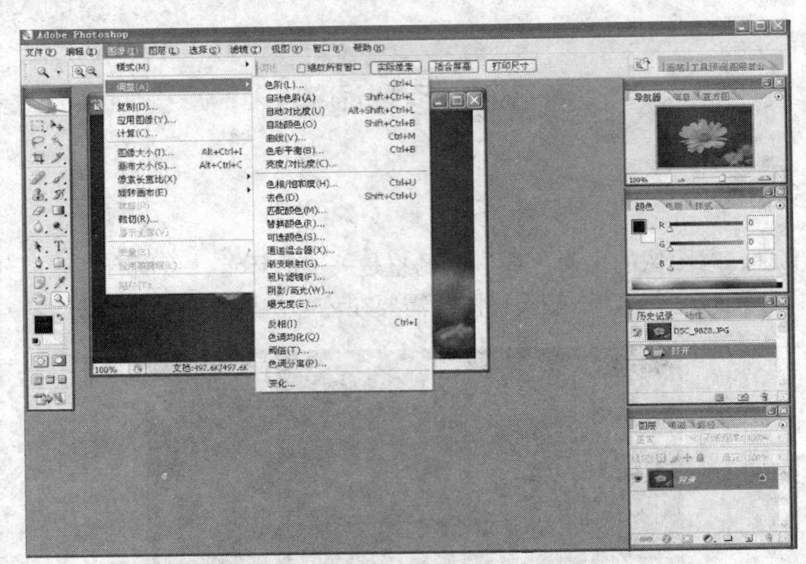

图 3-3 【调整】菜单

3.1.3 实施步骤

1. 调整图像的亮度和对比度

图 3-1 整体较暗，图像显得模糊，我们可以使用以下命令调整该图，提高亮度与对比度：

（1）【色阶】命令

【色阶】通过调整图像的暗调、中间调和高光的强度等级，来校正图像。其对话框如图 3-4 所示。其中：

- 通道：下拉列表框中有四个选项：RGB、红、绿、蓝。点此选择要调整色调的通道。
- 输入色阶：有三个数值框，从左到右分别用来设置图像的暗调、中间调以及高光。对应着直方图下方的三个三角形滑块。
- 输出色阶：包含两个数值框，分别对应它下方的两个三角形滑块，左边的代表暗调，右边的代表高光，用于设定图像的亮度范围。
- 取消：单击此按钮，放弃所做的设置。按住 Alt 键时，此按钮变成“复位”按钮，此时单击，还原对话框的默认参数。
- 载入：载入系统中以*.alv 保存的文件中的参数。
- 存储：保存对话框中的参数设置。
- 自动：这个按钮用于自动调整暗调与高光。单击此按钮，将各个通道中最亮和最暗的像素定义为黑场和白场，重新分配中间像素值。
- 选项：单击此按钮，可以调出“自动颜色校正选项”对话框。
- 吸管工具：用黑色吸管单击图像，将以单击处的像素亮度作为暗调；用灰色吸管单击图像，将以单击处的像素亮度作为中间调；用白色吸管单击图像，将以单击处的像素亮度作为高光。

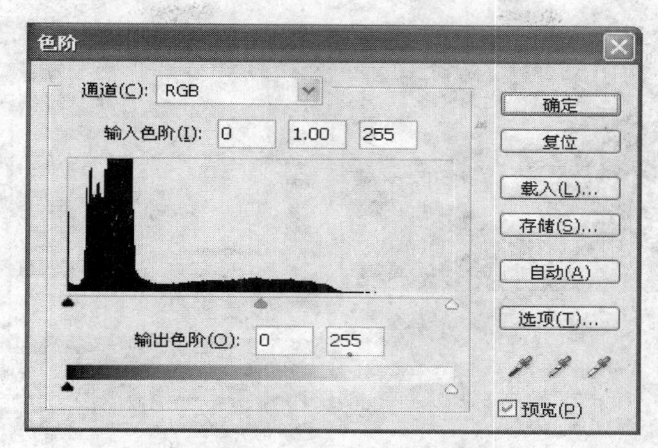

图 3-4　【色阶】对话框

使用【色阶】命令调整图 3-1，步骤如下：

在 Photoshop 中打开图 3-1，选择【图像】|【调整】|【色阶】命令，也可以按 Ctrl+L 快捷键，如图 3-5 所示。

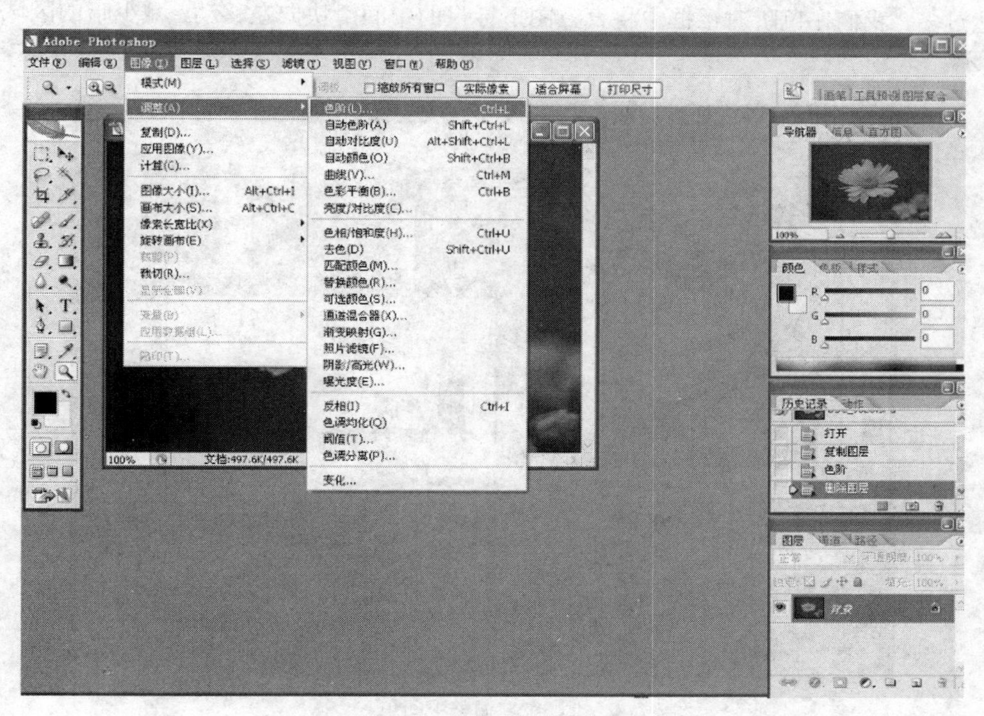

图 3-5　应用【色阶】命令

打开【色阶】对话框后，观察对话框中的直方图，将直方图下方的标尺上的左侧的三角形滑块向右侧移动，随着滑块的移动可以看到图像中较暗的区域变得更暗；将右侧的三角形滑块向左侧移动，随着滑块的移动可以看到图像中较亮的区域变得更亮。这种调整方法往往用来增加图像的明暗对比。如图 3-6 所示。

图 3-6　增加对比度

经过上一步的调整后，图像明暗对比度增强了，但我们通过观察，发现图像中较暗的区域仍然过多，我们在色阶对话框中将直方图下标尺的中间滑块向左移动，减少暗的区域。如图 3-7 所示。

图 3-7　调整中间色

（2）【曲线】命令

【曲线】命令是用来调整图像色调明暗度和对比度的。前面介绍的【色阶】命令，通过调整“暗调”、“中间调”、“高光”三个变量来改变整个图像的明暗度，而【曲线】命令则可以调整 0～255 中的任意点。其对话框如图 3-8 所示。其中：

- 曲线的水平轴表示图像原来的亮度值；垂直轴表示处理后图像的亮度值，分别对应着输入值和输出值。
- 通道：下拉列表框中有四个选项：RGB、红、绿、蓝。点此选择要调整的通道。
- ：此按钮默认打开，可通过拖动曲线上的控制点来调整图像。
- ：单击此按钮，将鼠标移至曲线编辑区，鼠标的图标变成画笔形状，可绘制需要的曲线。
- 高光：用鼠标在此处单击增加控制点，调整图像的高光区。
- 中间调：用鼠标在此处单击增加控制点，调整图像的中间调区。
- 暗调：用鼠标在此处单击增加控制点，调整图像的暗调区。
- 在曲线上连续单击，可以增加多个控制点，如果想删除某个控制点，只要将这个控制点向曲线以外拖动即可。

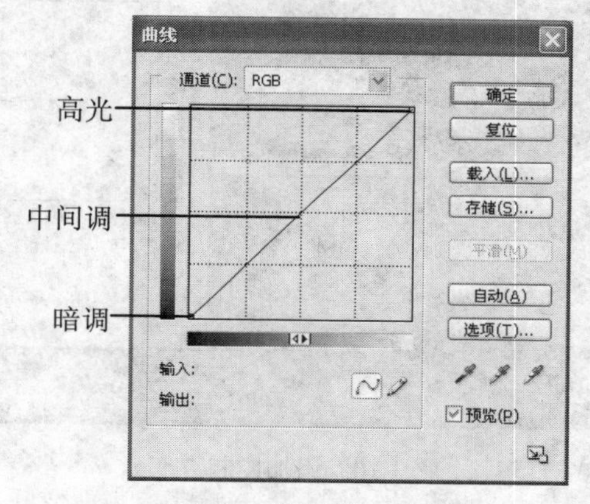

图 3-8　【曲线】对话框

使用【曲线】命令调整图 3-1，步骤如下：

在 Photoshop 中打开图 3-1，选择【图像】|【调整】|【曲线】命令，也可以按快捷键 Ctrl+M，如图 3-9 所示。

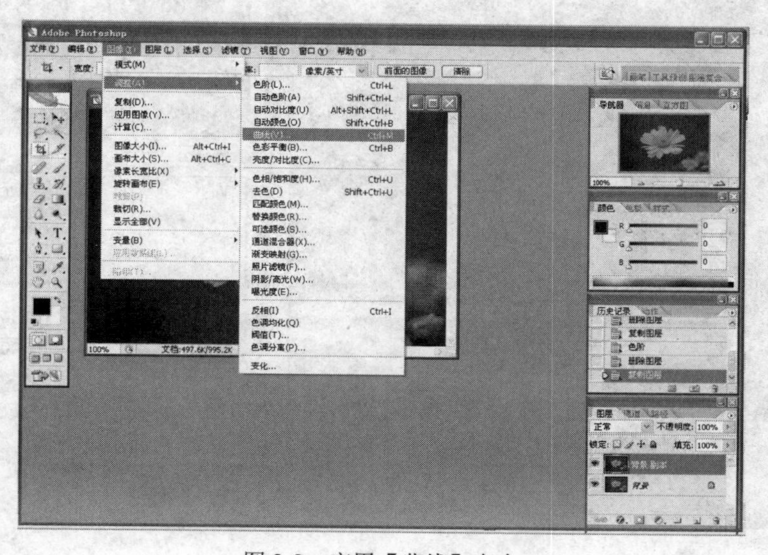

图 3-9　应用【曲线】命令

打开【曲线】对话框后，在曲线中间处单击鼠标添加一个控制点，如图 3-10 所示。

单击此控制点向上拖动，曲线呈向上弯曲状态，此时对应的输出色阶的亮度值高于输入色阶的亮度值。图像亮度增加。如图 3-11 所示。

图 3-10 添加控制点

图 3-11 调整曲线

（3）【亮度/对比度】命令

使用【亮度/对比度】命令，是对图像的色调范围进行简单调整的最便捷的方法，【亮度/对比度】命令一次性调整图像中的所有像素。其对话框如图 3-12 所示。其中：

- 亮度：用来调整图像的敏感程度。
- 对比度：用来调整图像的对比度。

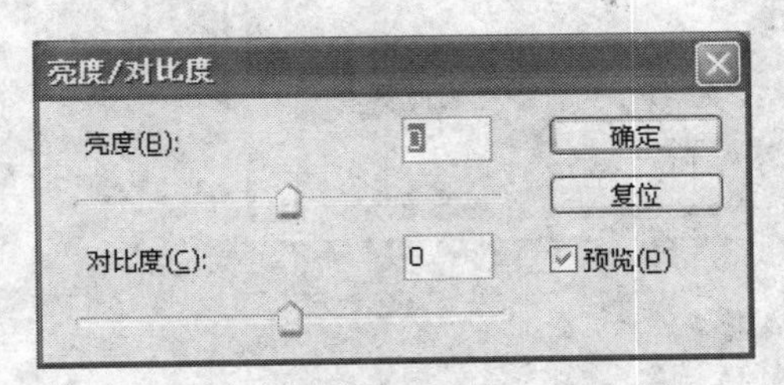

图 3-12　【亮度/对比度】对话框

使用【亮度/对比度】命令调整图 3-1，步骤如下：

在 Photoshop 中打开图 3-1，选择【图像】|【调整】|【亮度/对比度】命令。

边移动滑块，边观察图像的变化，如图 3-13 所示，当调整到满意的程度，单击【确定】按钮，完成操作。

图 3-13　调整亮度/对比度后

（4）【色调均化】命令

【色调均化】命令通过重新分布图像中像素的亮度值，更均匀的调整整个图像的亮度。应用此命令，Photoshop 查找图像中最亮和最暗的值，将最亮的表示成白色，最暗的表示成黑色，然后将亮度均匀分布整个灰度范围。使用【色调均化】命令调整图 3-1 如下：

在 Photoshop 中打开图 3-1，选择【图像】|【调整】|【色调均化】命令，系统自动进行亮度调整，如图 3-14 所示。

图 3-14 【色调均化】命令

恢复图像，使用椭圆选框工具，制作一个椭圆选区，如图 3-15 所示。

选取【图像】|【调整】|【色调均化】命令，弹出如图 3-16 所示对话框。

图 3-15 制作选区

图 3-16 【色调均化】对话框

选中“仅色调均化所选区域”，单击【确定】按钮。效果如图 3-17 所示。

恢复图像，选取【图像】|【调整】|【色调均化】命令，在弹出的对话框中选中“基于所选区域色调均化整个图像”，确定。效果如图 3-18 所示。

图 3-17 仅均化选区

图 3-18 按选区均化整个图像

2. 制作黑白效果

制作图像的黑白效果，可以使用【阈值】、【去色】等命令。

（1）使用【阈值】命令制作图 3-1 黑白效果。

在 Photoshop 中打开图 3-1，选择【图像】|【调整】|【阈值】命令，弹出【阈值】对话框，如图 3-19 所示。

按照默认值 128 设置，单击【确定】按钮。效果如图 3-20 所示。

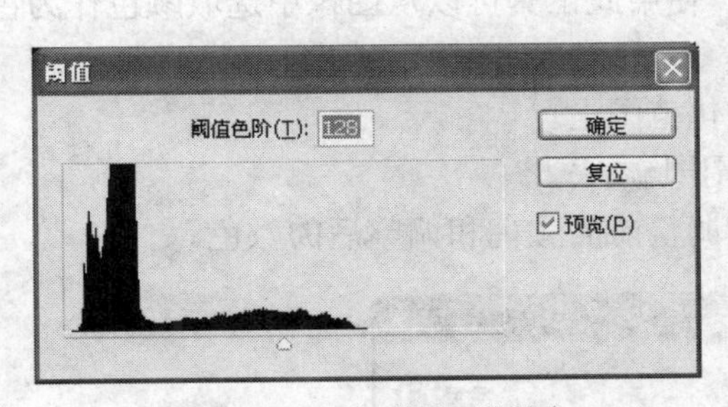

图 3-19　【阈值】对话框

图 3-20　阈值 128 的效果

恢复图像，将阈值改为 70，单击【确定】按钮。效果如图 3-21 所示。

恢复图像，将阈值改为 140，单击【确定】按钮。效果如图 3-22 所示。

图 3-21　阈值 70 的效果

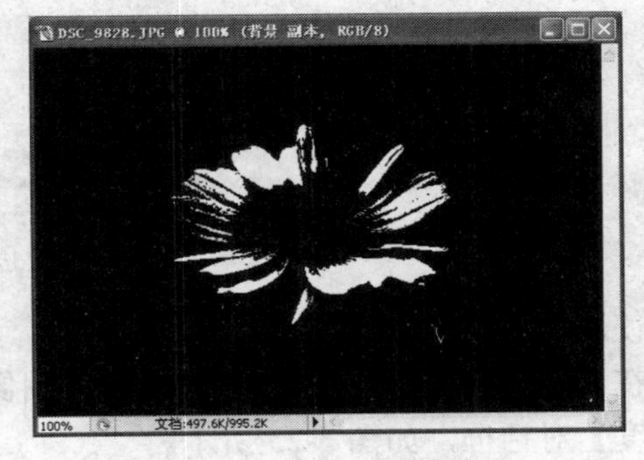

图 3-22　阈值 140 的效果

（2）使用【去色】命令制作图 3-2 黑白效果。

在 Photoshop 中打开图 3-2，选择【图像】|【调整】|【去色】命令，即可去掉图像中的彩色，如图 3-23 所示。

图 3-23　【去色】命令

3. 制作各种颜色效果

在 Photoshop 中，我们可以使用以下命令调整图像的色彩，将这些命令灵活使用，往往可以获得意想不到的效果。

（1）【色相/饱和度】命令

【色相/饱和度】命令用来调整图像中的色相和饱和度，既可以对图像进行整体调整，也可以调整单个颜色。其对话框如图 3-24 所示。其中：

- 编辑：在下拉列表框中可以选择需要调整的范围。包括“全图”表示所有颜色像素；“红色”、“黄色”、“绿色”、“青色”、“蓝色”、“洋红”分别表示对对应的颜色成分的像素起作用。
- 色相：拖动滑块或填入数值，调整图像的色相。
- 饱和度：拖动滑块或填入数值，调整图像的饱和度。
- 明度：拖动滑块或填入数值，调整图像的明度。
- 着色：选中此复选框，可使用颜色来置换图像中的颜色。
- ：吸管工具，当编辑范围为单色时，使用此工具可以从图像中选取颜色作为色彩变化的基本范围。
- ：将吸取的颜色添加到原有色彩变化范围上。
- ：将吸取的颜色从原有色彩变化范围上减去。
- 在对话框下方的两个颜色条，分别显示调整前的颜色和调整后的颜色。

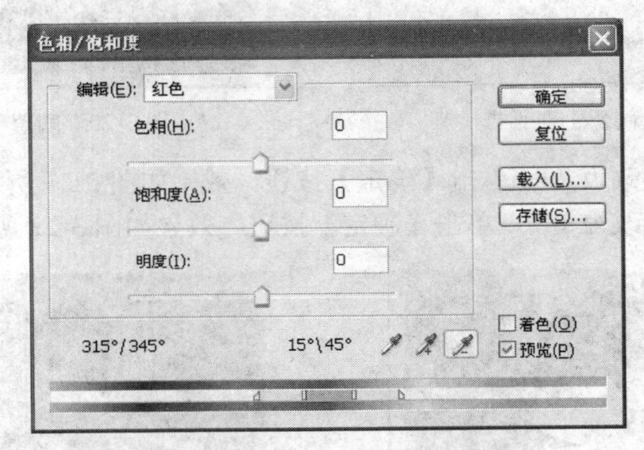

图 3-24 【色相/饱和度】对话框

使用【色相/饱和度】命令调整图 3-2，步骤如下：

在 Photoshop 中打开图 3-2，选择【图像】|【调整】|【色相/饱和度】命令，弹出【色相/饱和度】对话框，如图 3-25 所示。

图 3-25 应用【色相/饱和度】对话框

在【色相/饱和度】对话框中的“编辑”下拉列表框中选择全图作为调整范围。

拖动滑杆上的滑块改变色相、饱和度和明度来调整像素的现实，完成调整后，单击【确定】按钮，效果如图 3-26 所示。

图 3-26　调整色相/饱和度

（2）【替换颜色】命令

【替换颜色】命令可以替换图像中的颜色。在图像中基于某特定颜色创建蒙版，然后替换。其对话框如图 3-27 所示。其中：

- 选区：在预览框中显示蒙版。
- 图像：在预览框中显示图像。
- 替换：可以更改图像的色相、饱和度和明度。

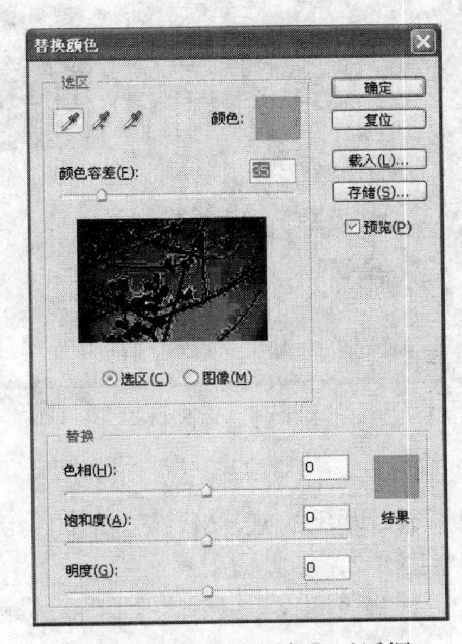

图 3-27　【替换颜色】对话框

使用【替换颜色】命令调整图 3-2，步骤如下：

在 Photoshop 中打开图 3-2，选择【图像】|【调整】|【替换颜色】命令，弹出【替换颜色】对话框。如图 3-28 所示。

图 3-28 应用【替换颜色】命令

在图像中用吸管工具单击花苞部分，调整色相、饱和度、明度，确定。效果如图 3-29 所示。

图 3-29 换颜色

（3）【可选颜色】命令

【可选颜色】命令可以调整选定颜色的 C、M、Y、K 的比例。

使用【可选颜色】命令调整图 3-2，步骤如下：

在 Photoshop 中打开图 3-2，选择【图像】|【调整】|【可选颜色】命令，弹出【可选颜色】对话框。如图 3-30 所示。

图 3-30　应用【可选颜色】命令

在【可选颜色】对话框的“颜色”列表中选取要调整的颜色。

拖动四个滑块，调整对应颜色的 C、M、Y、K 的比重。设置完成，确定。如图 3-31 所示。

图 3-31　对“红色”进行调整

（4）【变化】命令

【变化】命令可以让用户直观的调整图像的色彩平衡、对比度和饱和度。其对话框如图 3-32 所示。其中：

- 原稿：显示原图片，通过单击“原稿”可以撤销签名做过的调整。
- 当前挑选：显示当前调整的效果。
- 暗调、中间色调、高光：调整图像中暗调部分、中间色调部分、高光部分的像素。
- 饱和度：用于调整图像的饱和度。选中该单选按钮时，系统自动将对话框刷新为饱和度的对话框。

- 较亮、较暗：用于调整图像的明暗度。
- 精细、粗糙：用于确定调整时的幅度。
- 7 个缩略图：中间的一幅显示当前效果。其余 6 幅分别对应 RGB 和 CMY6 种颜色，每单击其中一幅缩略图，可增加与该缩略图对应的颜色。

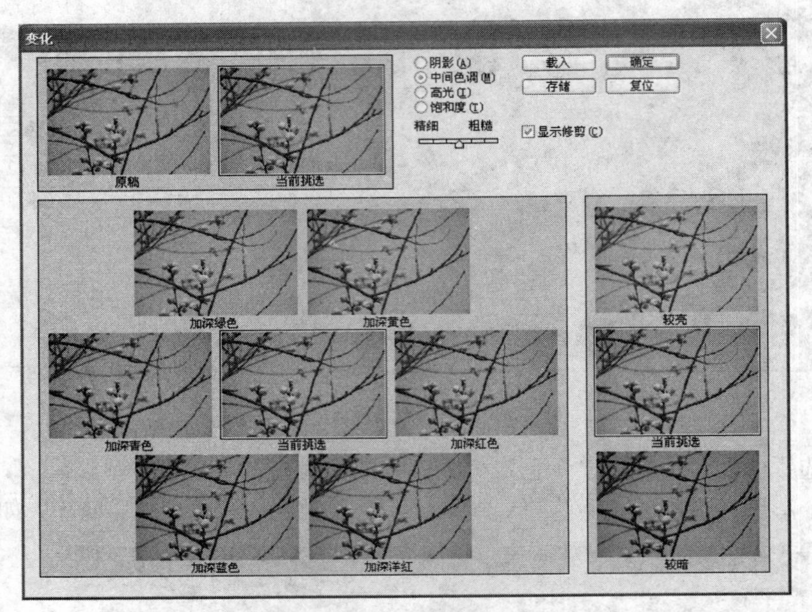

图 3-32 【变化】对话框

使用【变化】命令调整图 3-2，步骤如下：

在 Photoshop 中打开图 3-2，选择【图像】|【调整】|【变化】命令，弹出【变化】对话框。选中“饱和度”，单击 1 次“减少饱和度”，如图 3-33 所示。

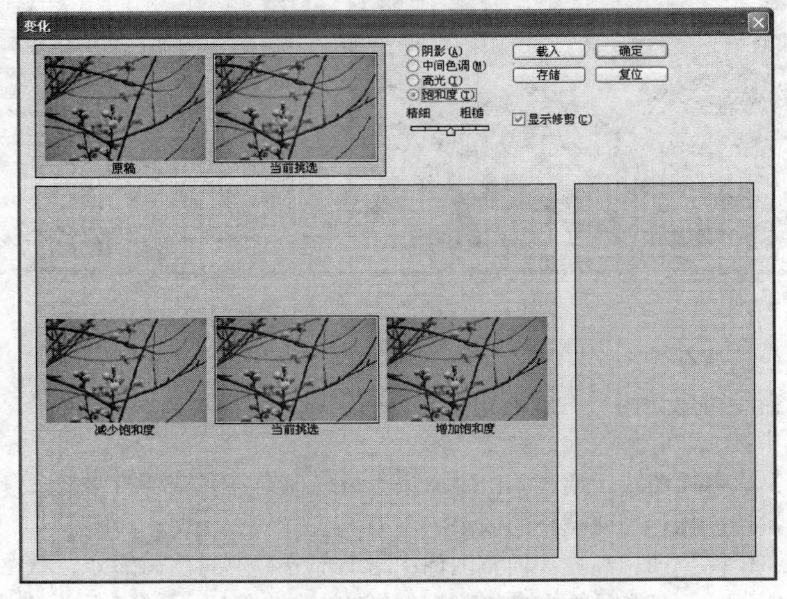

图 3-33 减少饱和度

选中“中间色调”，单击 1 次“加深青色”、1 次“加深蓝色”、3 次“加深黄色”，制作怀旧风格照片，如图 3-34 所示。

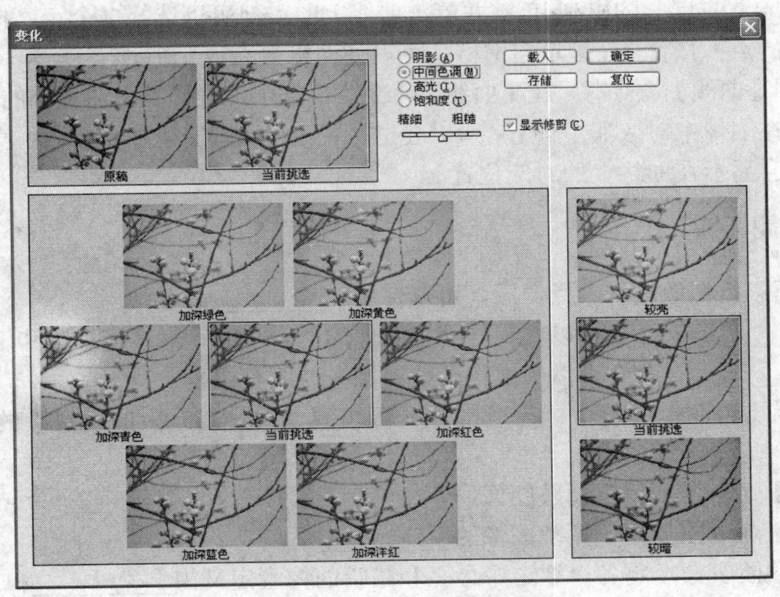

图 3-34　应用【变化】

3.1.4　能力拓展

Photoshop 提供了功能齐全的色彩控制与修正命令，这些命令主要是用来对色调和色彩进行调整。其中色调的范围是 0～255，调整色调就是调整明暗度。色彩是图像的颜色表现。在这些调整命令中，【色阶】命令和【曲线】命令是最经常使用的命令，灵活的使用这两个命令，既可以调整图像的明暗度，也可以解决图像的偏色等问题。

（1）在【色阶】命令对话框中，单击 选项(T)... 按钮，可以打开【自动颜色校正选项】对话框，如图 3-35 所示。“自动颜色校正选项”为暗调、中间调以及高光指定颜色值，控制色阶中的自动颜色、自动色阶以及自动对比和自动选项应用的色调与颜色的校正。

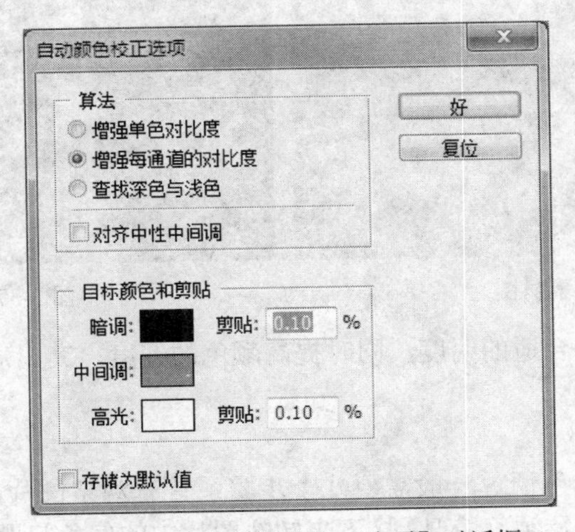

图 3-35　【自动颜色校正选项】对话框

（2）使用【曲线】命令时，在图像中按 Ctrl 键单击鼠标，可以设置【曲线】命令对话框中指定的当前通道的曲线上的点；按住 Shift+Ctrl 快捷键单击鼠标，可以在每个颜色通道中设置所选颜色曲线上的点；按住 Shift 键并单击曲线上的点，可以选择多个点；按方向键可以移动曲线上所选的点；按住 Alt 键单击网格，可以使网格变大或变小。

（3）使用【曲线】命令时，在【曲线】命令对话框中，直接单击曲线上的某点进行调整，并不知道该点在图像中对应哪个位置，所以要进行精确的调整，最好在图像中直接选择要调整的点，该点将会显示在曲线上的对应位置。

3.1.5 习题训练

1．将一幅彩色图像制作成黑白图，可以使用__________命令。

2．使用__________命令可以直观的调整图像的色彩平衡、对比度和饱和度。

3．使用__________命令可以一次性调整图像中的所有像素。

4．既可以调整图像的整个色调范围，又可以调整 0～255 内的任意点的色调的命令是__________。

5.【色阶】命令主要用于调整图像的__________。

6.【曲线】命令主要用于调整图像的__________。

7.【自动色阶】命令将各个通道中最亮和最暗的像素定义为__________和__________。

3.2 调整应用

3.2.1 任务布置

图 3-36 和图 3-37 是两张不太满意的照片，我们利用 Photoshop 中的各种图像色彩、色调调整命令，综合调整这两张图片。

图 3-36 素材图

图 3-37 素材图

要求将两张图调整到合适的明度，同时提高颜色的纯度，突出质感。

3.2.2 任务分析

调整一张图片的色彩色调，一般需要几个步骤：首先观察图片，查看图片的直方图，了解图片的明暗像素分布以及颜色情况；接下来解决图片中的偏色问题，调整图片不同部分的亮度；最后整体调整图片。

我们观察图 3-36 和图 3-37，并查看其直方图，如图 3-38 和图 3-39 所示。图 3-36 首先要纠正偏色问题，另外高光区基本没有像素分布，还要提高花朵和叶子的颜色饱和度与质感。图 3-37 整体偏暗，从直方图可以看出，像素主要分布在中间调区，另外有些偏色。为了解决这些问题，我们要综合运用色阶、曲线、可选颜色等多种命令。

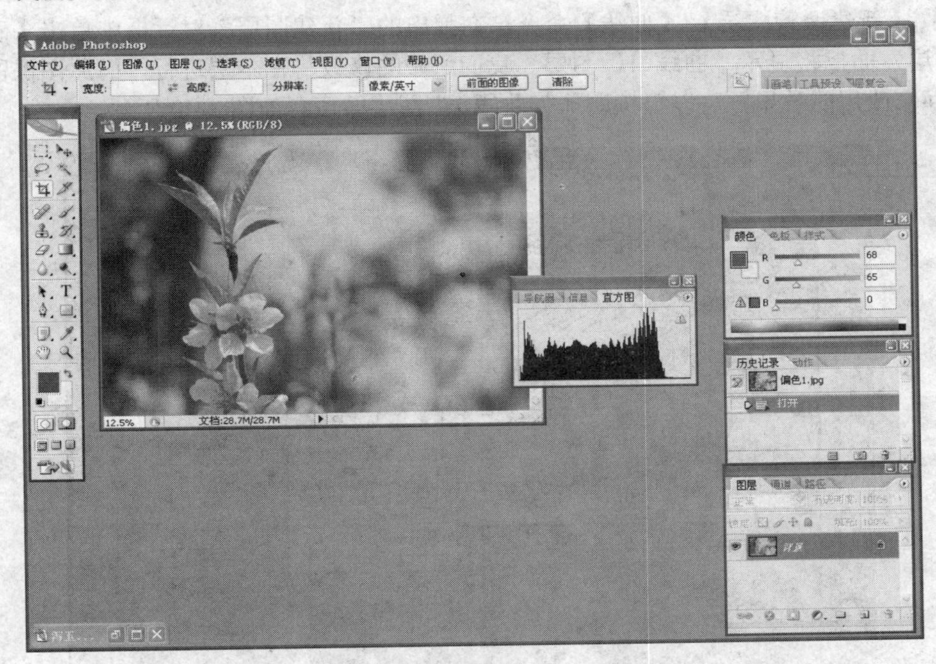

图 3-38 直方图

图 3-39 直方图

3.2.3 实施步骤

1. 调整图 3-36

在 Photoshop 中打开图 3-36，复制背景图层。

图 3-36 整体偏红，我们首先需要调整红通道的像素分布。创建新的曲线调整图层。选择【图层】|【新建调整图层】|【曲线】命令，在弹出的“新建图层”对话框中单击【确定】按钮，“图层”面板将显示“曲线 1”图层。我们所做的修改将在本层进行，而原图保留。如果不想保存修改后的效果，可以直接删除“曲线 1”图层即可。如图 3-40 所示。

图 3-40 新建调整图层

双击“图层”面板上“曲线 1”图层缩略图，打开【曲线】对话框，在通道中选择“红”，如图 3-41 所示。

图 3-41 应用【曲线】命令

单击曲线中间调区，添加控制点，左键单击控制点向下拖拽，使曲线向下弯曲，纠正图片偏红现象。如图 3-42 所示。

图 3-42　纠正偏红

偏色纠正后，我们利用【可选颜色】命令调整花朵和绿叶的颜色。新建一个“可选颜色”调整图层，如图 3-43 所示。

图 3-43　应用【可选颜色】命令

先对花朵的颜色进行调整，在“颜色”列表中选择“红色”，调整下方“青色”、“洋红”、“黄色”、“黑色”的比例，如图 3-44 所示。

图 3-44 调整“红色”

对绿叶的颜色进行调整，在“颜色”列表中选择“绿色”，调整下方“青色”、“洋红”、“黄色”、“黑色”的比例，如图 3-45 所示。

图 3-45 调整“绿色”

最后，整体提升图像的亮度。双击“曲线 1”调整图层，调出【曲线】对话框，选中“RGB”通道，将曲线整体上扬，增加亮度，如图 3-46 所示。

图 3-46　提升整体亮度

2. 调整图 3-37

在 Photoshop 中打开图 3-37，复制背景图层。

图 3-37 有些偏色，我们首先使用【色阶】命令重新定义黑场、白场、灰场，来调整偏色。创建新的色阶调整图层。选择【图层】|【新建调整图层】|【色阶】命令，在弹出的“新建图层”对话框中单击【确定】按钮，“图层”面板将显示“色阶 1”图层。我们所做的修改将在本层进行，而原图保留。如果不想不存修改后的效果，可以直接删除“色阶 1”图层即可。如图 3-47 所示。

图 3-47　新建调整图层

双击“图层”面板上“色阶 1”图层缩略图，打开【色阶】对话框，在通道中选择“RGB”，如图 3-48 所示。

图 3-48 应用【色阶】命令

使用吸管工具分别在图中相应位置点击，重新确定黑场、灰场和白场。如图 3-49 所示。效果如图 3-50 所示。

图 3-49 重新定义黑白灰场

图 3-50 重新定义黑白灰场效果

新建“色彩平衡”调整图层，打开【色彩平衡】对话框，如图 3-51 所示。

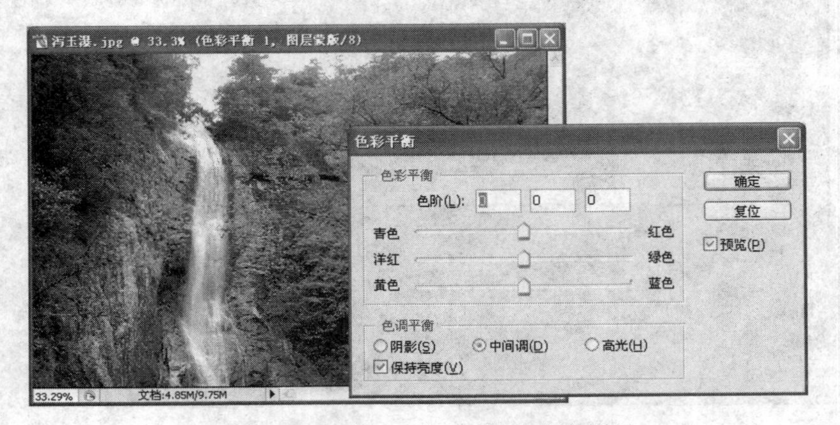

图 3-51 新建“色彩平衡”调整图层

分别选中“阴影”、“中间调”、“高光”，调整色彩平衡，如图 3-52 至图 3-54 所示。效果图如图 3-55 所示。

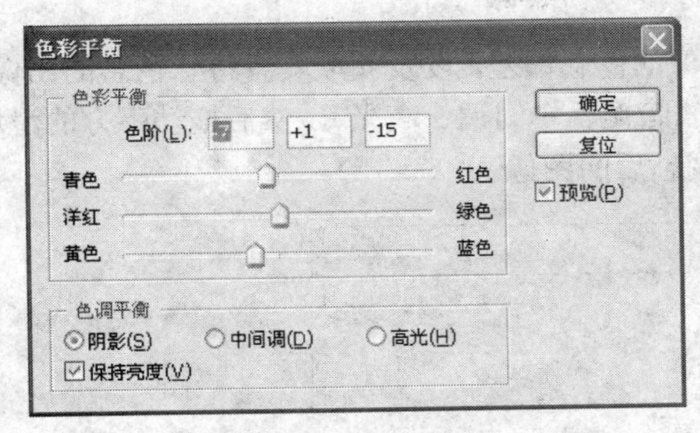

图 3-52　调整阴影

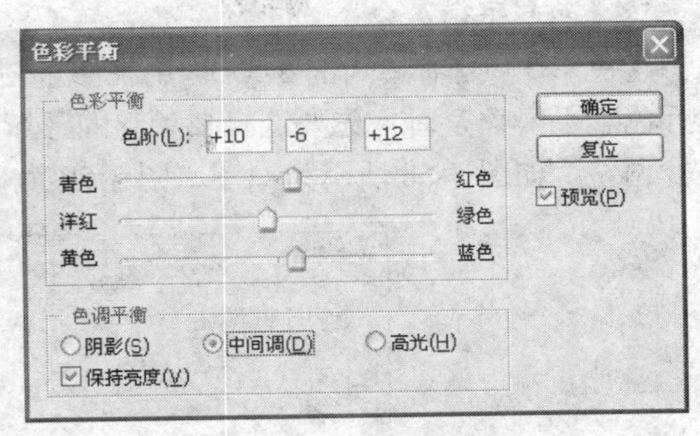

图 3-53　调整中间调

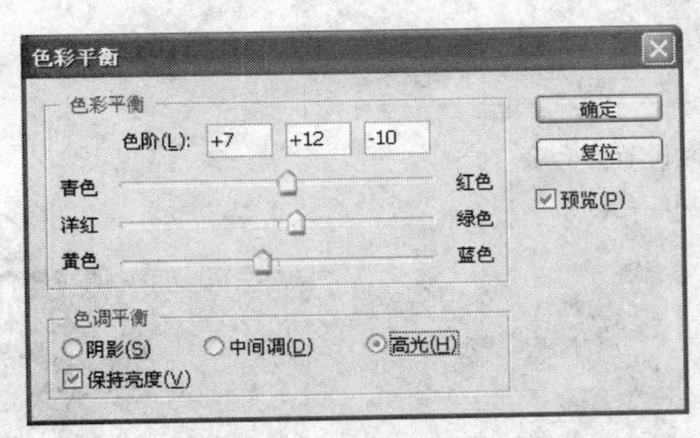

图 3-54　调整高光

图 3-55　效果图

新建“曲线”调整图层，将图片整体调亮，曲线形状和调整效果如图 3-56 所示。

图 3-56　应用【曲线】调整命令

3.2.4 能力拓展

1.【色彩平衡】命令

【色彩平衡】命令（图 3-57），用来修正图像的色彩偏差，以及获取具有特殊色彩的图像。进行色彩平衡调整时，先要选择要调整的区域（暗调、中间调、高光），然后拖动下方的滑块进行调整。如图 3-58 所示为原图，图 3-59 为调整后的图像。

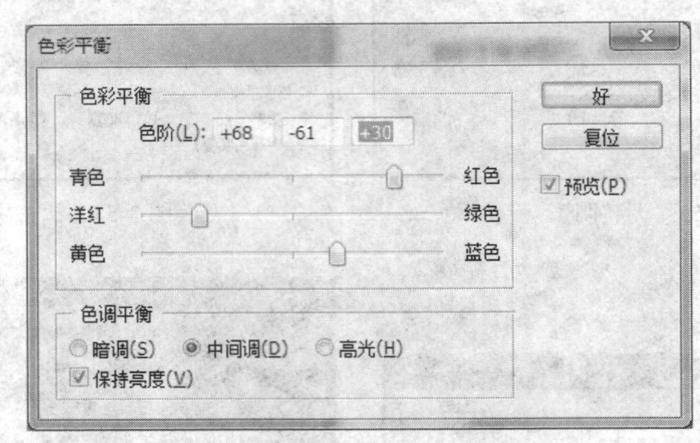

图 3-57 【色彩平衡】命令

图 3-58 原图

图 3-59 调整后

2.【匹配颜色】命令

【匹配颜色】命令将“源图像”的颜色与“目标图像”相匹配，也可以匹配多个图层或选区之间的颜色。【匹配颜色】命令对话框如图 3-60 所示。其中：

- 目标图像：显示了目标图像的名称、对应图层以及颜色模式等。
- 图像选项：调整“亮度”值可增加或减少目标图像的亮度，数值为 100 时，目标图像与源图像亮度一致；“颜色强度”值可设置目标图像的饱和度；“渐隐”是用来设置图像调整的强度；“中和”选项用来消除图像的色偏。
- 图像统计选项组：如果在源图像中创建了选区，则“使用源选区计算颜色”选项被激活，选择此选项，可以使用源图像选区中的颜色计算调整；如果在目标图像中创建了选区，则“使用目标选区计算颜色”选项被激活，选择此选项，可以使用目标图像选区中的颜色计算调整。
- 源：匹配到目标图像的源图像。

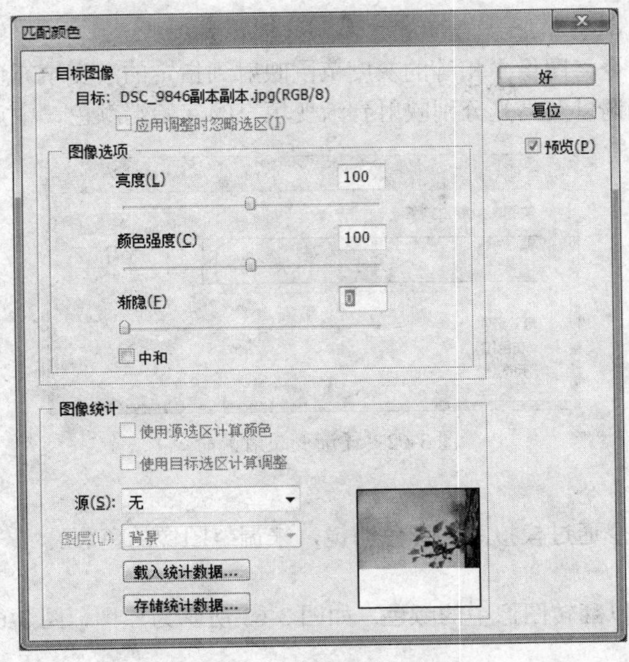

图 3-60　【匹配颜色】命令

- 载入统计数据：可载入已存储的调整文件。
- 存储统计数据：可存储当前设置。

3.【通道混合器】命令

【通道混合器】命令将图像中的颜色通道相互混合，起到对目标颜色通道调整和修复的作用。【通道混合器】命令对话框如图 3-61 所示。其中：

- 输出通道：选择要调整的通道。
- 源通道：通过拖动滑块或改变数值增加或减少源通道在输出通道中所占的百分比。
- 常数：设置该值可以把一个不透明的通道添加到输出通道。
- 单色：该选项用来创建灰度图效果。

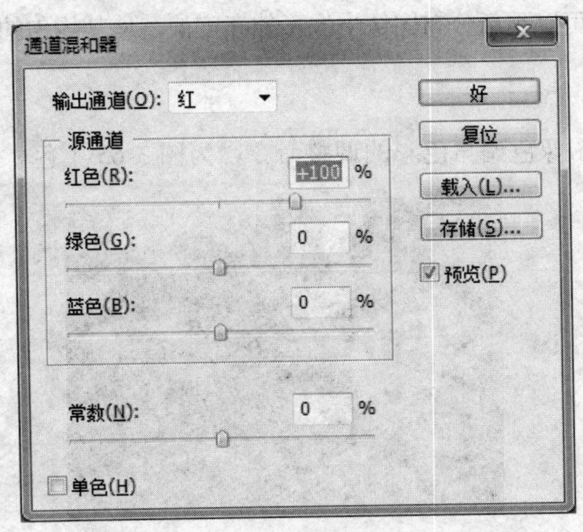

图 3-61　【通道混合器】命令

4.【渐变映射】命令

【渐变映射】命令将图像中相等的灰度范围映射到指定的渐变填充色。如图 3-62 所示，图像中的暗调、中间调以及高光分别映射到渐变填充的起始端颜色、中点颜色和结束端颜色。

图 3-62 【渐变映射】命令

5.【照片滤镜】命令

【照片滤镜】命令通过模拟添加彩色滤镜，来调整图像的色彩。

6.【反相】命令

【反相】命令可以翻转图像中的颜色。如图 3-63 所示为原图，图 3-64 为使用反相命令后的效果。

图 3-63 原图

图 3-64 效果图

7.【色调均化】命令

【色调均化】命令可以重新分布图像中像素的亮度值，使其均匀的呈现所有亮度级的范围。

3.2.5 习题训练

1．综合应用各种图像色调与色彩的调整命令，为图 3-65 上色。

图 3-65

2．综合应用各种调整命令，将图 3-66 左图调整成右图效果。

图 3-66

第4章 图像修饰

4.1 灯光和图案

在 Photoshop 中，可以利用绘图、擦除、填充和修饰工具的使用，进行图像的创作。

4.1.1 任务布置

绘制鸟窝里的金蛋，如图 4-1 所示。

图 4-1 鸟窝里的金蛋

4.1.2 任务分析

绘制鸟窝里的金蛋，主要应用渐变填充工具、加深减淡工具来表现金蛋的颜色和光泽。在完成任务前，简单学习一下相关工具的使用。

（1）绘图工具

主要的绘图工具包括：画笔工具、铅笔工具、颜色替换工具。这三种工具主要用于绘制图案和改变图像颜色。

画笔工具将以毛笔的风格在图像或选择区域内绘制图像。选择工具箱中的画笔工具，在菜单栏下方的工具选项栏中，可以对画笔大小、颜色、硬度及样式、画笔不透明度、画笔流量等进行相关设置。如图 4-2 所示。

图 4-2 画笔选项栏

铅笔工具主要是模拟铅笔笔触，绘制出的线条较硬，操作方法及设置与画笔工具基本一致，不同的是，增加了【自动涂抹】设置项。勾选【自动涂抹】复选框后，当图像颜色与前景色相同时，铅笔工具会自动涂抹前景色填入背景色，反之，将自动填入前景色。如图 4-3。

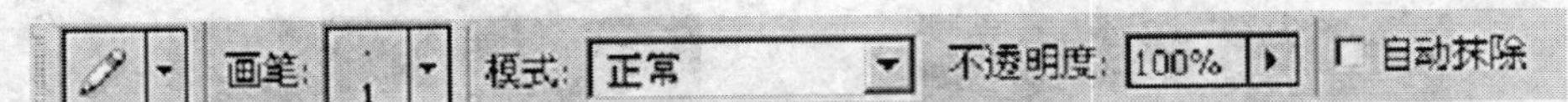

图 4-3　铅笔选项栏

颜色替换工具用于将设置好的前景色替换图像中的颜色，在不同颜色模式下产生的最终颜色也会不同。如图 4-4 所示。

图 4-4　设置前景色红色替换后的效果

（2）橡皮檫工具

橡皮擦工具的使用方法非常简单，直接在图像窗口拖动鼠标就可以擦除图像。

在使用橡皮擦工具时，若在背景层上擦除图像，则擦除的区域被填充背景色；若在普通层上擦除图像，则擦除的区域变成透明。单击图标右下角箭头，同级工具还有背景橡皮擦工具和魔术橡皮擦工具。如图 4-5 所示。

橡皮擦工具主要用于擦除图像窗口中不需要的图像像素，对图像进行擦除后，擦除过的区域将背景色作为填充。

背景橡皮擦工具主要用于擦除图像的背景区域，被擦除的图像以透明效果进行显示。

魔术橡皮擦工具可以自动擦除当前图层中与选取颜色相近的像素。使用魔术橡皮擦工具擦除图像时一定要注意"连续"选项的勾选。魔术橡皮擦工具的特性决定了，该工具最适合抠取背景色与图形反差比较大的图像。

（3）模糊、锐化、涂抹工具

模糊工具和锐化工具（见图 4-6）可以分别使图像产生模糊和清晰的效果，涂抹工具的效果则类似于用手指搅拌颜色，如图 4-7 所示。

图 4-5　橡皮檫工具

图 4-6　模糊、锐化、涂抹工具

模糊工具可以对图像的全部或局部进行模糊，减低像素之间的对比度，使图像变得柔和。

锐化工具与模糊工具的功能相反，可以将模式的图像清晰化，增加像素之间的对比度，使图像边缘变得清晰。

涂抹工具可以将颜色抹开，模拟手指涂抹的效果。

原图

锐化效果

模糊效果

涂抹效果

图 4-7 效果图

（4）减淡、加深、海绵工具

减淡、加深、海绵工具（见图 4-8）都是图像润色工具，可以使图像处理得更加精确。如图 4-9 所示。

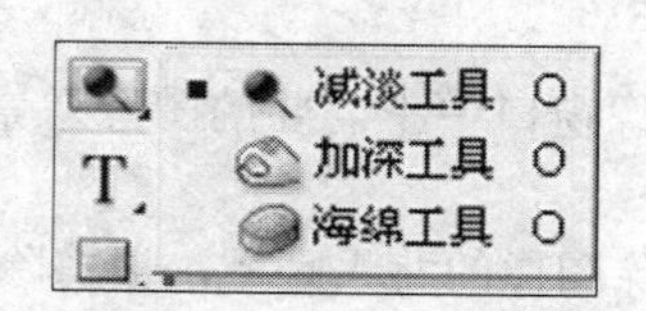

图 4-8 减淡、加深、海绵工具

原图

减淡工具效果

加深工具效果

海绵工具去色效果

海绵工具加色效果

图 4-9 效果图

减淡工具可以使图像颜色减淡，也叫加亮工具。加深工具功能与减淡工具相反，可以使图像变暗达到对图像颜色加深的目的，也叫减暗工具。海绵工具可以使图像颜色进行加色或去色。

（5）油漆桶工具和渐变工具

油漆桶工具和渐变工具都属于绘图工具，其中，油漆桶工具用于填充图像或选区中颜色相近的区域；渐变工具可以快速制作渐变图案。

油漆桶工具是一个综合性填充工具，具有选择工具和填充工具的双重属性。其工作原理与魔棒工具有些相似，也是根据颜色取样点对图像进行填充。另外，使用油漆桶工具既可以填充颜色又可以填充图案。该工具的选项栏设置如图 4-10 所示。

图 4-10　油漆桶工具选项栏

油漆桶工具选项栏右侧的选项设置与魔棒工具的属性设置非常相似，使用油漆桶工具填充的颜色和图案效果如图 4-11 所示。

图 4-11　油漆桶工具填充的颜色和图案

渐变工具是 Photoshop 中较为特殊的颜色填充工具，综观前面学过的填充方法，发现这些方法只能向图像中填充单一颜色或图案，而渐变工具则可以向图像中填充两种或两种以上的颜色，并且还设有五种填充类型，分别是线性渐变、径向渐变、锥形渐变、对称线性渐变、菱形渐变。其渐变选项栏设置如图 4-12 所示。

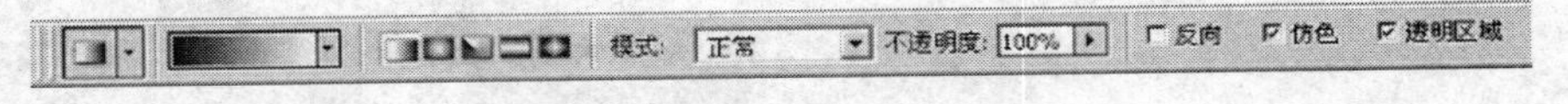

图 4-12　渐变工具选项栏

在工具箱中选取“渐变”工具后，在图像上单击，确定渐变起点，然后拖动鼠标到渐变的终点位置，释放鼠标即可创建一个渐变。填充效果通过拖拉线段的长度和方向来控制。如图 4-13 所示。

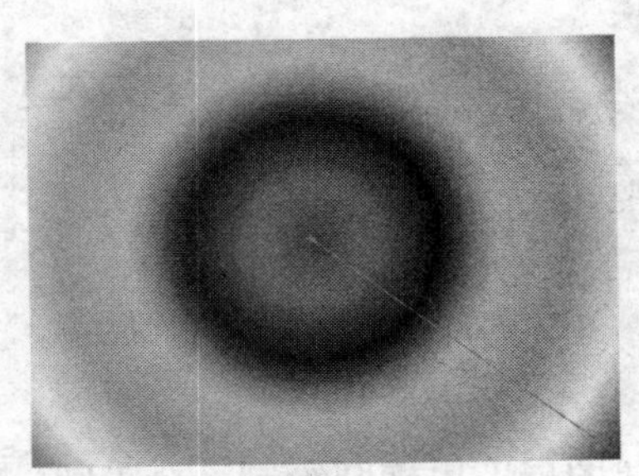

图 4-13　渐变工具的使用

许多 Photoshop 高手会运用渐变工具的多色填充功能编辑各种具有三位立体效果的图形，如圆球、圆柱和圆锥等。如果绘制这些图形关键是渐变色的设置应符合立体效果的表现要素，如高光、明暗交界线和反光等。渐变色的设置要通过【渐变编辑器】对话框实现，如图 4-14 所示。

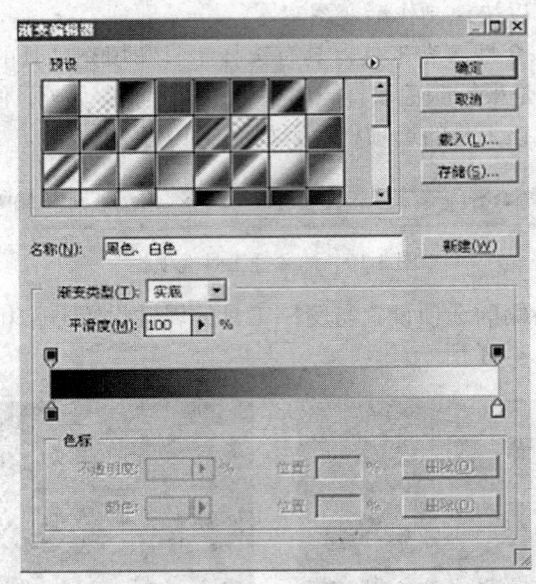

图 4-14 【渐变编辑器】对话框

除了软件自带的渐变我们可以直接选择，还可以通过设置渐变色色带，改变渐变色色标来设置自己想要填充的渐变效果。

4.1.3 任务实施

（1）新建文件，如图 4-15 所示。

（2）新建图层，使用椭圆选框工具绘制一个椭圆，并填充黄色。如图 4-16 所示。

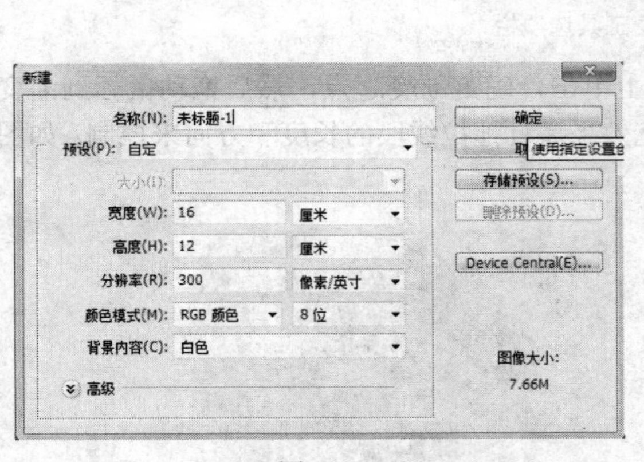

图 4-15

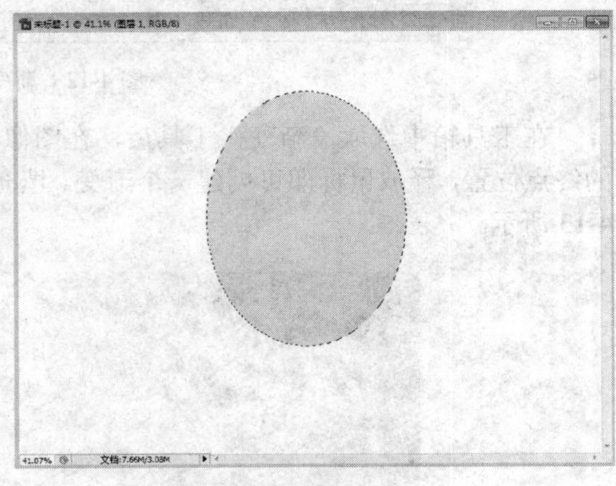

图 4-16

（3）新建图层，用椭圆绘制一个正圆。如图 4-17 所示。

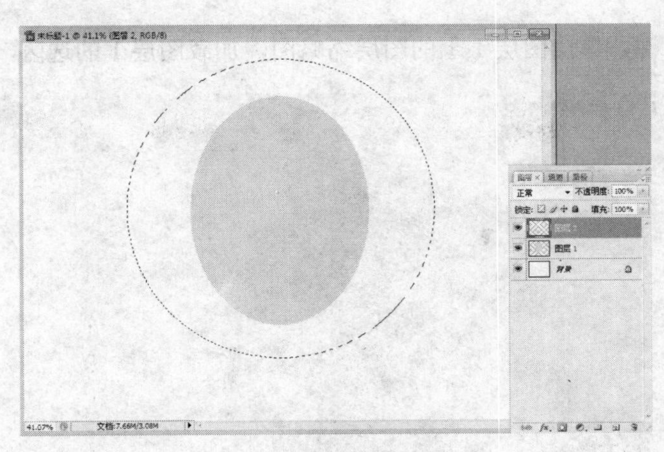

图 4-17

（4）选择渐变填充工具，打开渐变编辑器面板进行编辑，如图 4-18 所示。

（5）在选项栏，选择径向渐变，渐变效果如图 4-19 所示。

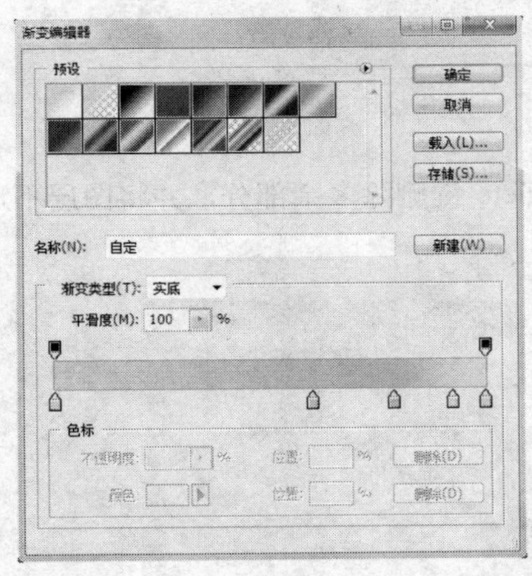

图 4-18

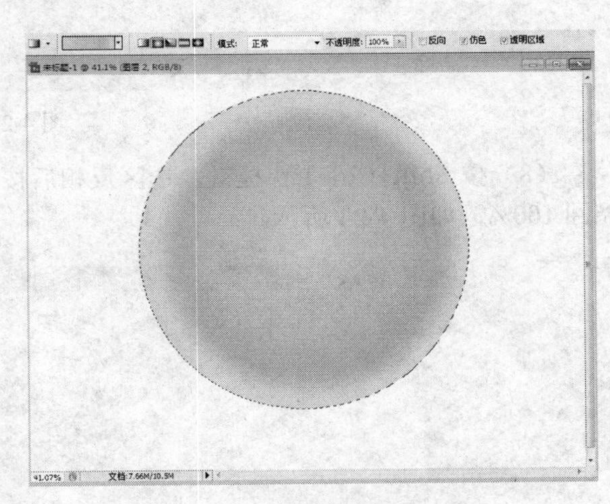

图 4-19

（6）降低图层 2 的透明度，使其能够看到图层 1 上的椭圆，按 Ctrl+T 快捷键自由变换，将正圆进行变形和旋转，如图 4-20 所示。

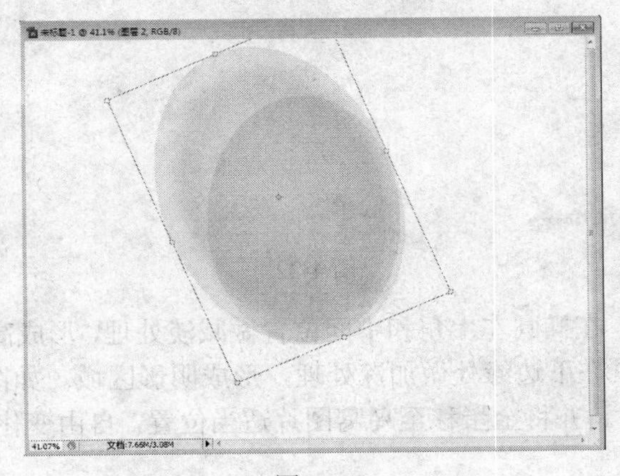

图 4-20

（7）按住 Ctrl 键，单击图层 1 上的图层缩略图，加载图层 1 的选区，如图 4-21 所示。

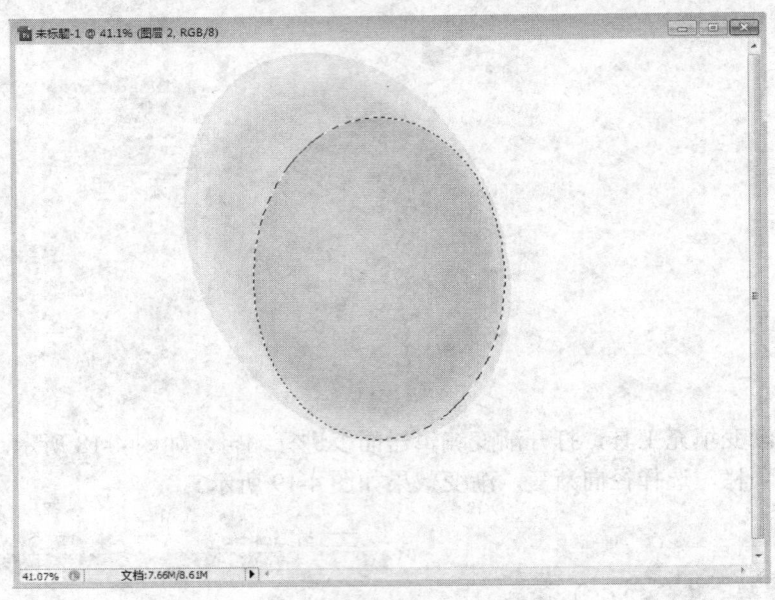

图 4-21

（8）按 Shift+Ctrl+I 快捷键，选区反相后按 Delete 键删除多余部分，并将图层不透明度调回 100%，如图 4-22 所示。

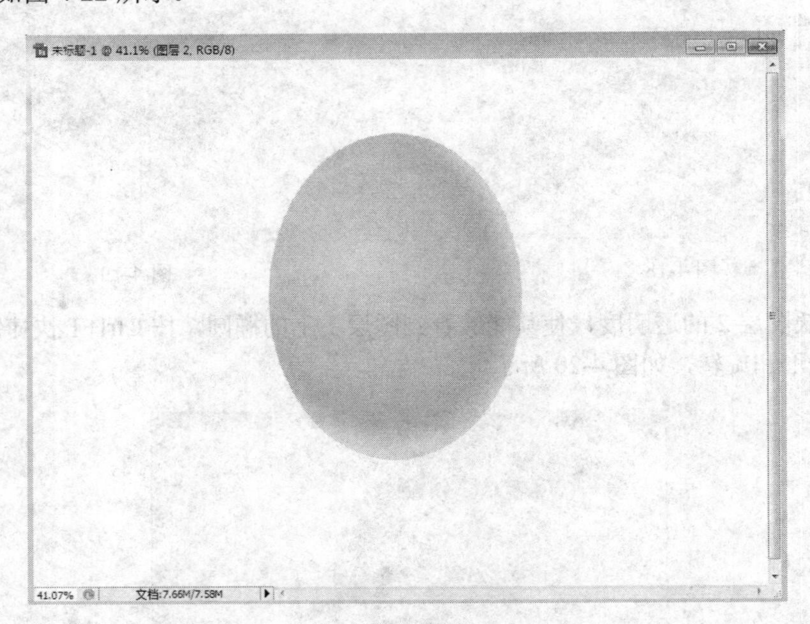

图 4-22

（9）使用减淡工具，在椭圆左上角和中间位置做减淡处理，形成高光区。如图 4-23 所示。

（10）使用加深工具在下边缘处做加深处理，形成阴影区域。如图 4-24 所示。

（11）打开鸟窝图片，并将金蛋移至鸟窝图片适当位置，自由变化调整大小和角度。如图 4-25 所示。

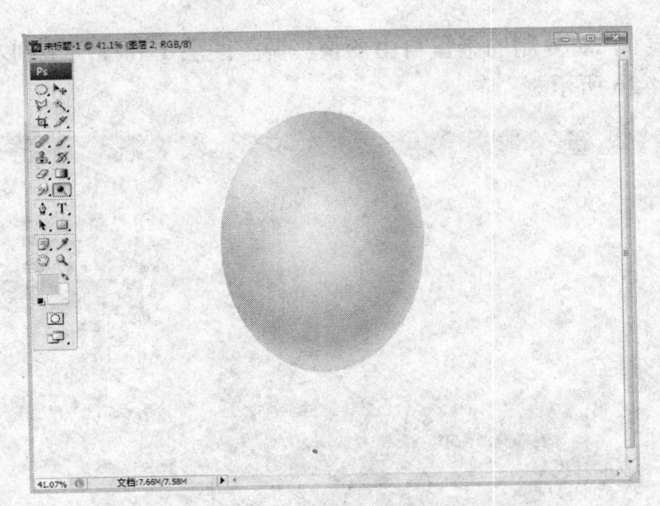

图 4-23

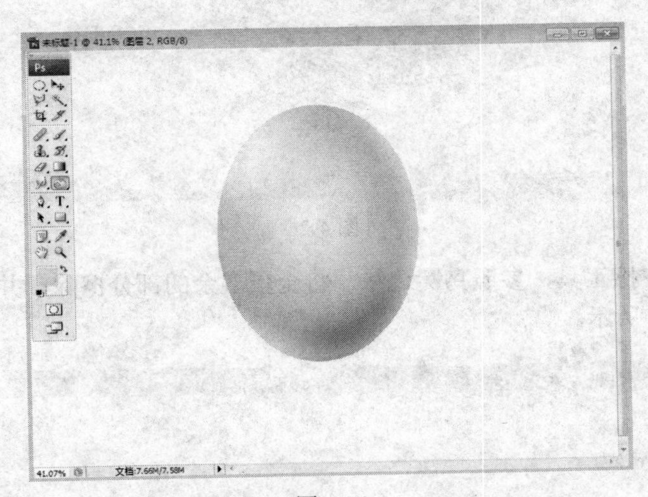

图 4-24

图 4-25

（12）复制图层 1，对复制的金蛋自由变换。调整图层 1 和图层 1 副本的不透明度，透出下面的鸟窝。如图 4-26 所示。

图 4-26

（13）使用橡皮擦工具，参照鸟窝边缘，将金蛋多余的部分擦除，并将图层不透明度调回 100%。如图 4-27 所示。

图 4-27

（14）至此，鸟窝里的金蛋就绘制完成了，我们保存图片为 JPG 格式，效果如图 4-28 所示。

图 4-28　效果图

4.1.4　能力拓展

大家是不是常常看到自己非常喜欢的图案和图片？可能有的图片并不大，自己又非常喜欢，那么，我们可以用自定义的方法来把图片制作成我们喜欢的图案，以后使用就方便啦！

在网上看到的一张卡通图片（图 4-29），其中的小鱼很可爱，我们可以把它制作成图案供以后使用。

图 4-29　卡通图片

（1）用裁切工具选中小鱼和云朵部分，其余的裁切掉。如图 4-30 所示。

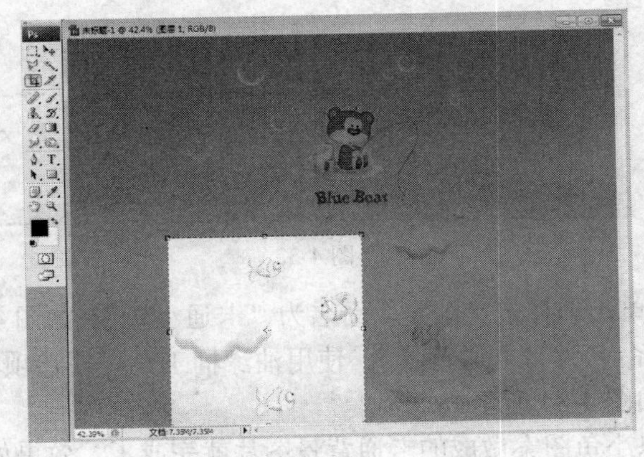

图 4-30

（2）用橡皮擦工具将背景多余的蓝色部分擦除。如图 4-31 所示。

图 4-31

（3）复制几朵云，并调整大小，适当摆放好位置。如图 4-32 所示。

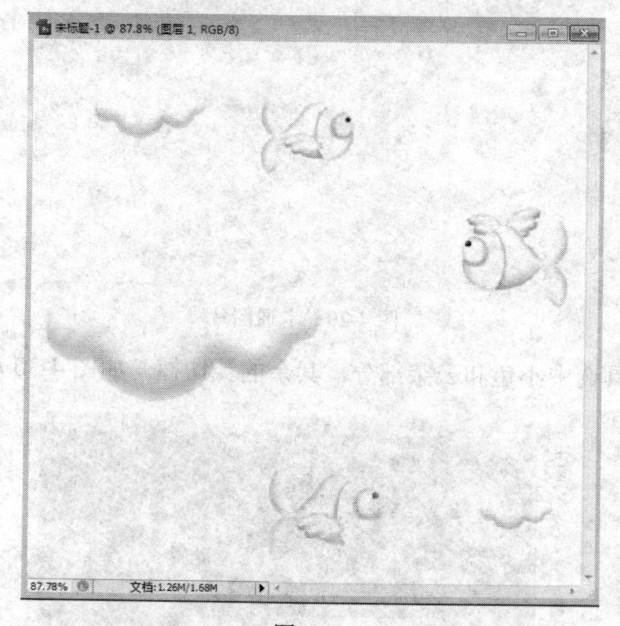

图 4-32

（4）打开编辑菜单，选择定义图案，命名为“卡通小鱼”。如图 4-33 所示。

（5）新建文件，命名为“卡通背景”。使用油漆桶工具，在选项栏找到“卡通小鱼”图案，进行图案填充。如图 4-34 所示。

完成以上操作，以小鱼图案做成的卡通背景图片就完成了。效果如图 4-35 所示。

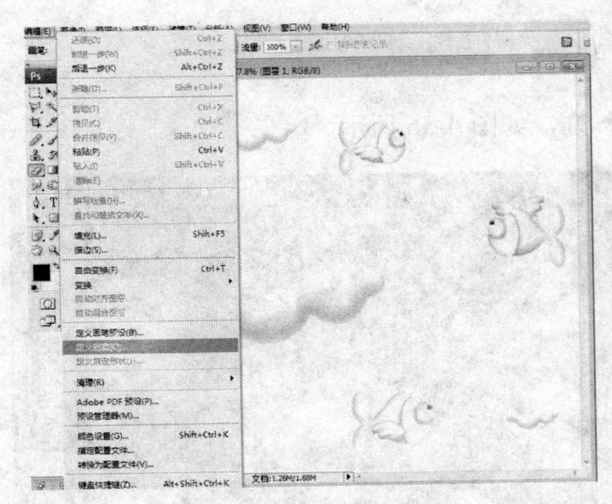

图 4-33

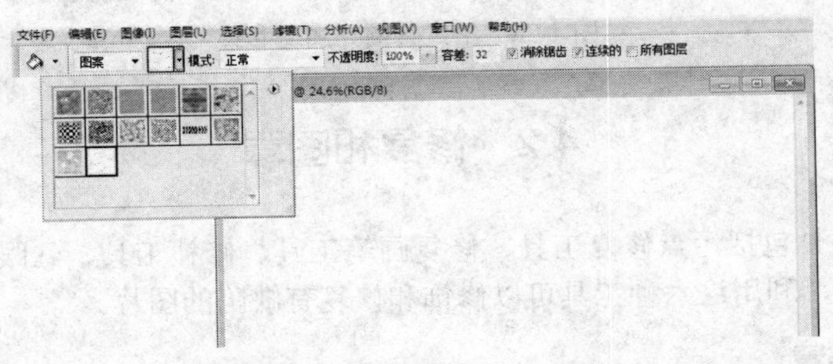

图 4-34

图 4-35　卡通背景效果图

4.1.5 习题训练

尝试使用渐变工具，给图片加上一道彩虹，如图 4-36 所示。

图 4-36 给风景图片加道彩虹

4.2 修复和图章

修饰图像的工具包括污点修复工具、修复画笔工具、修补工具、红眼工具、仿制图章工具和图案图章工具，利用这六种工具可以修饰和修复有缺陷的图片。

4.2.1 任务布置

利用图像修复和图章工具，对图 4-37 左进行修饰，达到图 4-37 右的效果。

图 4-37

4.2.2 任务分析

修复工具和图章工具常用来修饰和修复有缺陷的图片。通过对图 4-37 的对比，我们可以看到图 4-37 右图右上角黑色污点、草坪上的人物都被去除了，天空中的热气球增加了。在这个任务中，应用到污点修复工具、修复画笔工具和仿制图章工具。在完成任务之前，我们先简单地学习一下修饰图像的工具。

（1）污点修复画笔

利用修复画笔工具可以快速去除照片中的污点，特别是在处理照片时，对于照片上的细节，比如人物面部的疤痕、痣等小面积范围内的修改最为有效。在所修饰图像位置的周围自动取样，然后将其与所修复位置的图像融合，得到理想的颜色配比效果。

它的使用方法非常简单，选择污点修复画笔工具，设置选项栏，然后在图像污点的位置单击一下就能去掉污点。如图 4-38 所示，去除背景上的红色杂点。

图 4-38　污点修复

（2）修复画笔工具

修复画笔工具与污点修复工具的修复原理相似，但是使用修复画笔工具时需要先设置取样点，按住 Alt 键，在取样点位置单击，松开 Alt 键，然后在需要修复的图像位置按住鼠标左键拖拽，即可对图像的缺陷进行修复，并使修复后的图像与取样点位置图像的纹理、光照、阴影和透明度相匹配，修复后的图像会不留痕迹地融入图像中。如图 4-39 所示，去除模特下巴的痣和右边眉毛上的痘痘。

图 4-39　修复画笔工具祛痣和痘痘

（3）修补工具

修补工具可以用图像中相似的区域或图案来修复有缺陷的部位或制作合成效果，与修复画笔工具一样，修补工具会将设定的样本纹理、光照和阴影与被修复图像区域进行混合以得到理想的效果。我们可以利用修补工具去除模特眼角的细纹，使模特看起来更加年轻。如图 4-40 所示。

图 4-40　修补工具除皱

（4）红眼工具

在拍照过程中，闪光灯的反光有时候会造成人眼变红，这个工具主要就是针对红眼的修复，实际上它是将照片中的红色部分自动识别，然后将红色变淡。选择“红眼工具”，在照片的红眼部分拉出一个矩形选框，红眼就被自动去除了。这里可以设置的参数有瞳孔大小和变暗量，根据你的实际情况设置。如图 4-41 所示。

图 4-41　红眼工具

（5）图章工具

图章工具包括仿制图章工具和图案图章工具。如图 4-42 所示。

图 4-42　图章工具

仿制图章工具的用法基本上与修复画笔一样的，效果也相似，但是这两个工具也有不同点，修复画笔工具在修复最后时，在颜色上会与周围颜色进行一次运算，使其更好地与周围融合，因此新图的色彩与原图色彩不尽相同，用仿制印章工具复制出来的图像在色彩上与原图是完全一样的，因此仿制印章工具在进行图片处理时，用处是很大的。如图 4-43 所示。

图 4-43　仿制图章工具的使用

在选项栏中选取画笔笔尖，并设置画笔选项混合模式、不透明度和流量。

在选项栏中选择“对齐”，会对像素连续取样，而不会丢失当前的取样点，即使您松开鼠标按键时也是如此。如果取消选择“对齐”，则会在每次停止并重新开始绘画时使用初始取样点中的样本像素。如图 4-44 所示。

画笔: 15 模式: 正常 不透明度: 100% 流量: 100% ☑对齐

图 4-44　图章工具选项栏

使用图案图章工具可以利用图案进行绘画，可以从图案库中选择图案或者自己创建图案。如图 4-45 所示。

图 4-45　图案图章工具使用

在选项栏中选取画笔笔尖，并设置画笔选项混合模式、不透明度和流量。如图 4-46 所示。

画笔: 400 模式: 正常 不透明度: 100% 流量: 100% ☑对齐 ☐印象派效果

图 4-46

在选项栏中选择“对齐”，会对像素连续取样，而不会丢失当前的取样点，即使松开鼠标按键时也是如此。如果取消选择“对齐”，则会在每次停止并重新开始绘画时使用初始取样点中的样本像素。在选项栏中，从“图案”弹出样式调板中选择一个图案。如果您希望使用印象派效果应用图案，请选择“印象派效果”。在图像中拖移可以使用该图案进行绘画。

4.2.3 任务实施

（1）在 Photoshop 打开图片，如图 4-47 所示。

（2）选择污点修复画笔工具，在选项栏设置画笔头直径和硬度，如图 4-48 所示。

图 4-47

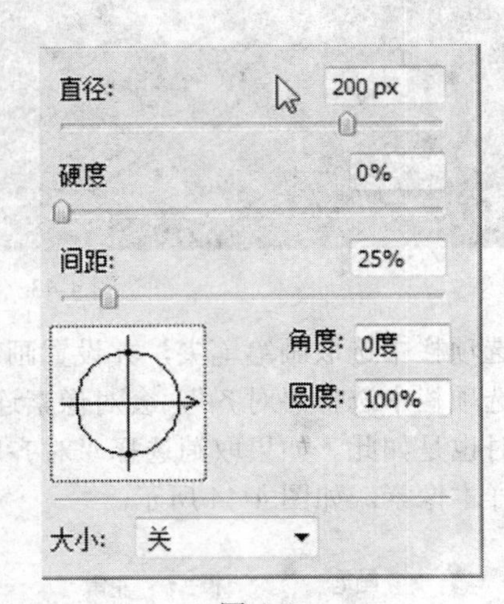

图 4-48

（3）污点修复画笔笔头对准图片右上角污点处，单击鼠标左键，即可消除污点。如图 4-49 所示。

图 4-49

（4）选择修补工具，画出人物在内的选区，拖动鼠标到目标覆盖区，然后松开鼠标，目标图像区域的图像草地覆盖被选中的人物图像。如图 4-50 所示。

图 4-50

（5）在工具箱中，选择仿制图章工具，在选项栏设置画笔直径和硬度，如图 4-51 所示。

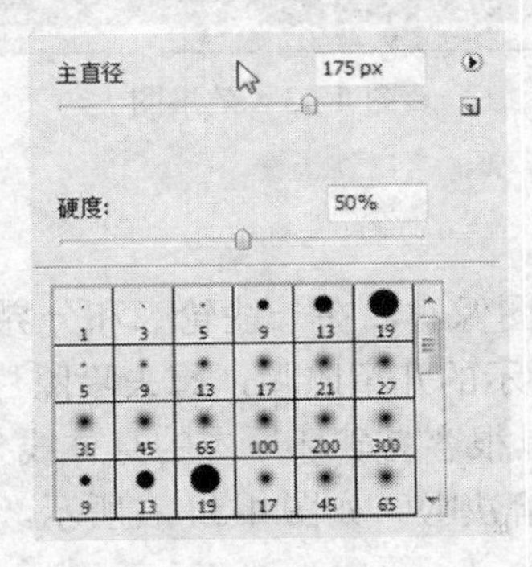

图 4-51

（6）仿制图章笔头对准热气球，按住 Alt 键，单击鼠标左键进行取样。移动在要粘贴的位置，按下鼠标左键绘制，就可以把刚刚复制的热气球绘制到鼠标拖曳的位置。如图 4-52 所示。

图 4-52

（7）调整仿制图章画笔笔头的直径，再用同样的方法复制另外两个热气球，即可完成最终的效果。如图 4-53 所示。

图 4-53　效果图

4.2.4　能力拓展

在使用修复和图章工具处理图像时，在一些轮廓和分界明显的位置，往往需要和选区工具一起配合使用。如图 4-54 左所示的儿童照片，想去除照片上的日期，在儿童身体和背景交界的位置，直接使用仿制图章工具很容易破坏原本的身体线条。沿儿童身体边缘建选区后，再使用仿制图章工具，问题就轻松解决啦。如图 4-54 右所示。

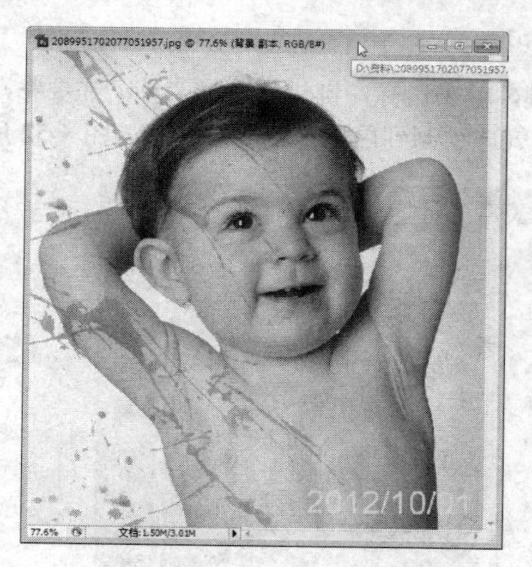

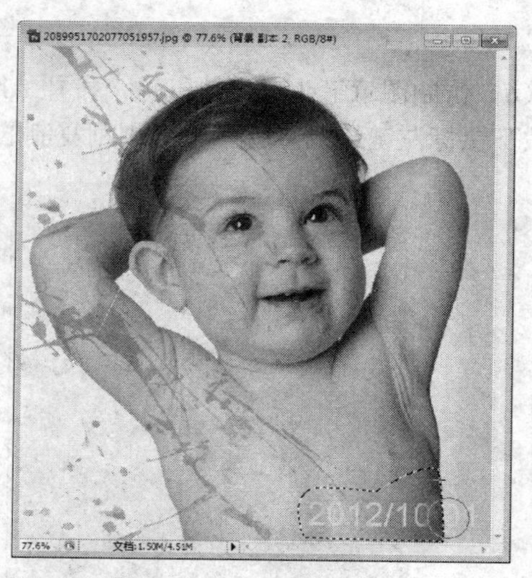

图 4-54　去除照片上的日期

4.2.5　习题训练

在图片网站下载的图片，一般都会有网站的水印，尝试用图章工具去除图片上的水印。

4.3　照片的修复

4.3.1　任务布置

相信我们的父辈保存着不少年轻时的照片。这些老照片会因为年代久远、保管不当，留下难看的痕迹，比如照片发黄、破损，有的还留下水印、折痕。运用 Photoshop 能帮我们去掉这些烦人的东西，使老照片焕然一新。今天的的任务是翻新老照片，翻新前后对比如图 4-55 所示。

老照片翻拍图

修复后的老照片

图 4-55　老照片翻新前后对比

4.3.2　任务分析

通过数码相机翻拍导入到电脑中的一张老照片。可以看到翻摄的照片角度倾斜，相纸有些泛黄，上面有许多杂点和折痕，照片的对比度、亮度不足，细节不清晰。我们先来优化构图，从翻拍的原始图看，照片略微向右倾斜；背景杂乱、边框破旧。可以先用“度量工具”量出倾斜的角度，旋转画布，纠正照片的角度；然后用裁切工具将多余的背景和边框去除。

由于年代久远，照片有些泛黄，而照片本身的品质或拍摄方法原因导致图像偏暗，细节模糊。去掉老照片泛黄的颜色有很多方法，最简单的是使用“去色”命令；另外，光线不足、细节不清的问题可以通过调高照片的亮度和对比度得到改善：

为了让画面变得干净整洁，还要清除照片局部的折痕和杂点。这是翻新老照片最重要，也是最复杂的步骤。明显的折痕和杂点需要我们细致处理。用“仿制图章”工具，选择与折痕、杂点类似的区域，将图像复制到有折痕、杂点的位置，遮盖在上面；再用“模糊工具”和“涂抹工具”细微修饰，使它们与图像自然融合。如果看不清可以借助“缩放工具”成倍放大图像，方便处理细节。大面积的背景，没有细节的要求，只要将其选中，使用“模糊”滤镜就能变得干净整洁。

以上操作及照片本身品质，都会导致图像模糊，用锐化可以使模糊的照片变清晰。

4.3.3 实施步骤

（1）将通过数码相机翻拍的老照片在 Photoshop 中打开。如图 4-56 所示。

（2）在工具栏，选择“度量工具”量出倾斜角度，如图 4-57 所示。

图 4-56

图 4-57

（3）从菜单栏，选择【图像】|【旋转画布】|【任意角度】，度量的结果自动显示在对话框，单击【确定】按钮即可。如图 4-58 所示。

图 4-58

（4）在工具栏选择“裁切工具”，选定保留部分，按回车键确定。如图 4-59 所示。

图 4-59

（5）在菜单栏选择【图像】|【调整】|【去色】，如图 4-60 所示。

（6）从菜单选择【图像】|【调整】|【亮度/对比度】，设置亮度为+6，对比度为+36。如图 4-61 所示。

图 4-60

图 4-61

（7）选择“缩放工具”，放大要处理的局部图像；在工具箱中，选择“仿制图章”工具，对老照片上的折痕进行修复处理。如图 4-62 所示。

图 4-62

（8）在工具箱中，选择“涂抹工具”或“模糊工具”，调整合适的笔触，在衔接部位涂抹，使图像衔接更自然。如图 4-63 所示。

图 4-63

（9）在工具箱中，选择“磁性套索”工具，抠出背景；从菜单栏选择【滤镜】|【模糊】|【表面模糊】，打开对话框；调整参数设置，直至满意。如图 4-64 所示。

图 4-64

（10）选择菜单【滤镜】|【锐化】，选择【智能锐化】，拖动滑块，观察小窗口局部效果，直到合适。如图 4-65 所示。

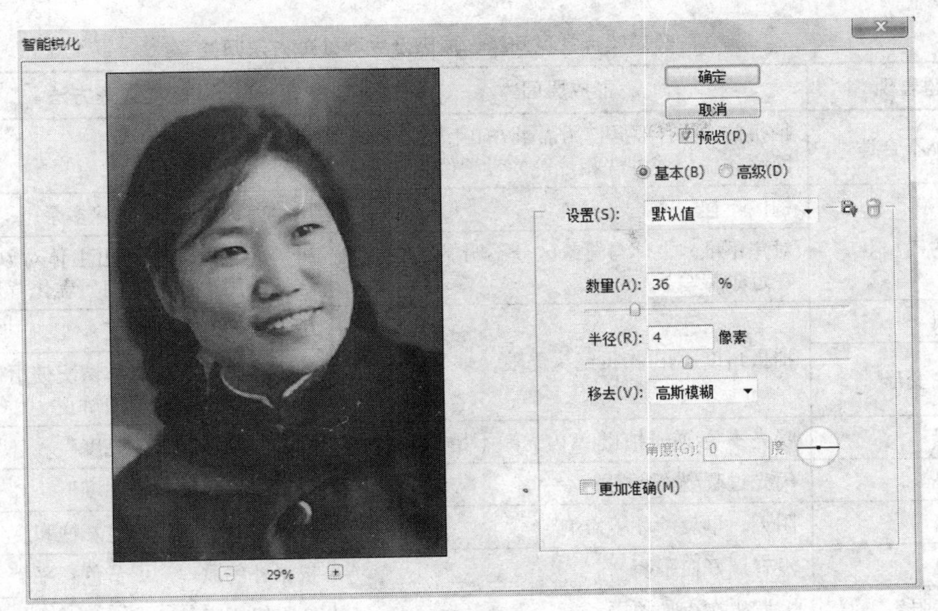

图 4-65

（11）至此，一张焕然一新的照片就做好了，我们还可以适当地调整一下"亮度/对比度"或者"曲线"，将其与原图做个比较，如图 4-66 所示。

图 4-66　老照片翻新前后对比

修复老照片的方法，同样适用修复其他瑕疵照片。关键要仔细分析问题所在，找对合适的方法，就能旧貌变新颜。

4.3.4　能力拓展

让我们尝试用已学的 Photoshop 技术，化解老照片常遇到的一些问题。现在我们将数码照片常见的问题、成因和主要处理方法做了归类，详见表 1 所示。

表 1 数码照片常见问题、成因及主要处理方法归类

问题表现	形成原因	主要处理方法
图像大小不合适	拍摄前，没有根据使用需求（如用于：杂志、网络传输、或冲洗相片等）设置像素	用“图像大小”缩放
主体不突出	构图不佳	用“剪裁工具”，去除多余
	对焦不准，主体与背景区分不明显（多发生在近景特写）	用“套索工具”抠出主体对象→“反选”→用“高斯模糊”虚化背景
对象歪斜	拍摄角度不正/相机镜头局限	用“旋转画布”纠正
对象扭曲变形		选中对象，根据具体情况使用“编辑”→“变换”中的选项矫正
光线过暗	曝光不足/逆光拍摄/室内光源不足	调高“曝光度”、“亮度”
光线过亮	闪光过曝/光线过强	调低“曝光度”、“亮度”
色彩灰暗	阴天、早晨等环境影响	提高“对比度”、“色彩饱和度”
图像偏色	没有调好白平衡	根据补色原理，调节色彩平衡
人像“红眼”	多发生在夜晚拍摄	红眼修复工具
画面模糊	拍摄对象移动/相机抖动（按快门过重）/小照片放大	适度“锐化”
脏点、划痕	老照片翻新/人像美化	修复画笔工具/仿制图章工具

4.3.5 习题训练

小学时候和同学的合影记录了同学们美好的时光，把它们扫描后做美化处理：

（1）分析照片中存在的问题与瑕疵。

（2）运用 Photoshop 技术修复照片瑕疵。

4.4 数码暗房

数码相机以其易用性、方便性，受到了越来越多的人的喜爱，除了立拍立显、不用胶卷等优点外，数码摄影还给了人们很大的自由处理空间。但是由于在拍摄过程中会受到曝光不当、白平衡设置不合适、机位不稳等诸多因素的影响，照片可能会出现曝光过度或欠缺、对比度过大或过小、照片比例不合适、颜色失真等缺陷。通过数码照片基本处理技巧的学习，使读者能够了解和掌握照片的调整与裁剪、焦距调整、色彩平衡与改善、亮度对比度调整及移除红眼等方法。有时我们还希望更加美化拍摄者的形象，使用 Photoshop 同样可以帮助我们后期修改照片中的这些瑕疵缺陷，达到理想的效果。

4.4.1 任务布置

女性都很在乎在自己的“面子工程”，随着科技的发展，数码相机的像素也越来越高，让很多女性又爱又恨。细看模特的皮肤，问题还是很严重的，有青春痘、色斑、痣、皱纹和皮肤粗糙的困扰，同时模特的脸型也可以做细微的调整。在照片上对模特进行一次微整形。如图 4-67 所示。

图 4-67　模特图片

4.4.2　任务分析

在拍摄过程中会受到曝光不当、白平衡设置不合适、机位不稳等诸多因素的影响，照片可能会出现曝光过度或欠缺、对比度过大或过小、照片比例不合适、颜色失真等缺陷。

由于曝光欠缺，虽然是晴天，但是照片上色彩不够鲜艳明朗，特别是人物的肤色比较暗沉，人们大都喜欢亮白的肤色，显得干净年轻。这时我们可以对照片的色彩平衡、亮度/对比度进行调整。

细看模特的皮肤，问题还是很严重的，有青春痘、色斑、痣、皱纹和皮肤粗糙的困扰，同时模特的脸型也可以做细微的调整。我们可以使用图像修复和图章工具、滤镜工具等对照片上的模特进行一次微整形。

4.4.3　任务实施

（1）在 Photoshop 中打开模特图片，如图 4-68 所示。

图 4-68

（2）打开菜单栏的【图像】|【调整】|【亮度/对比度】对话框，设置数值如图 4-69 所示，使图像色彩更加鲜艳。

（3）在工具箱找到“仿制图章工具”，按“【”或者“】”调整笔头直径大小，去除模特面部比较明显的痣和痘痘。如图 4-70 所示。

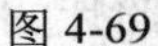
图 4-69

图 4-70

（4）打开菜单栏【滤镜】|【模糊】|【高斯模糊】对话框，设置半径数值，以看不见模特面部具体瑕疵为准。如图 4-71 所示。

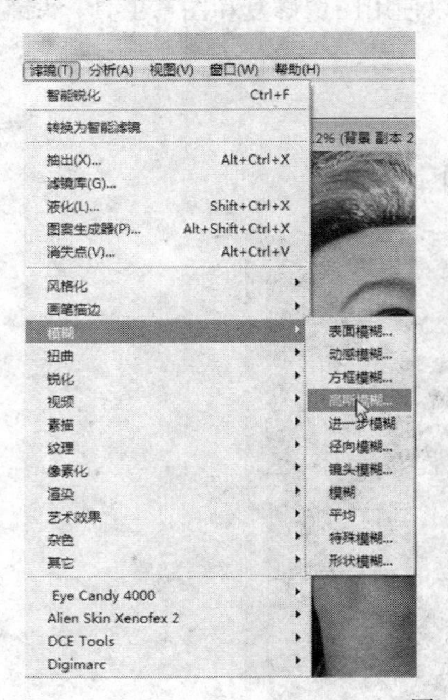

图 4-71

（5）打开菜单栏的【窗口】|【历史记录】调板，如图 4-72 所示，在高斯模糊步骤前的显示框单击鼠标左键，设置其为历史记录画笔的源。

（6）在历史记录面板中，单击上一步仿制图章，如图 4-73 所示。

图 4-72

图 4-73

（7）回到工具箱，选择历史记录画笔工具，设置其选项栏，适当调整不透明度。如图 4-74 所示。

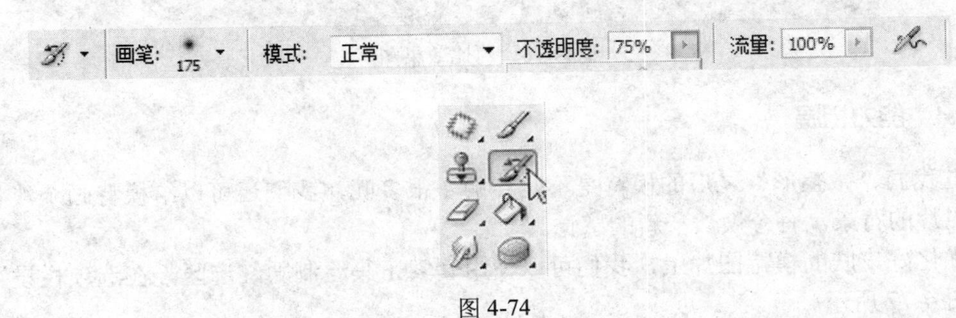

图 4-74

（8）按快捷键“【”或“】”对历史记录画笔的笔头直径大小进行调整，然后在图片模特的皮肤处进行涂抹，模特的皮肤立刻变细腻了。如图 4-75 所示。

图 4-75

（9）完成模特的皮肤处理后，我们还可以适当地调整图像的“曲线”，使色彩更加明媚。到此，模特面部的皮肤优化就完成了。我们可以对比一下修图前后的图像，差别还是很大的。如图 4-76 所示。

图 4-76　对比效果图

4.4.4　能力拓展

经过我们“微整形”之后的模特是不是美丽了很多呢，我们还可以给模特画个淡妆，改变一下照片的背景，有个焕然一新的感觉。

在优化好皮肤的模特图片上，我们可以使用套索工具绘制腮红选区，在选项栏设置羽化值，如图 4-77 所示。

图 4-77

然后在菜单栏打开【图像】|【调整】|【色彩平衡】调板，制作出腮红的效果，如图 4-78 所示。

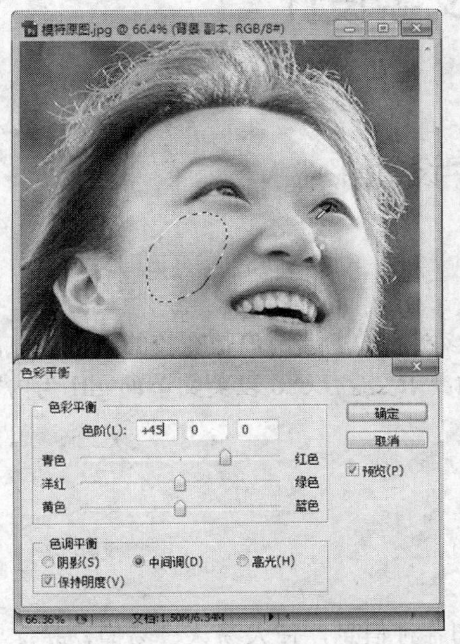

图 4-78　给模特添加腮红

4.4.5　习题训练

继续用同样的方法绘制出眼影，调整口红、牙齿的颜色等，对人物进行更进一步的美化。

第 5 章　文字设计

5.1　文字设计 1

5.1.1　任务布置

我们为网站“女生校园”设计文字 Logo，该网站的主要用户是在校的女学生，网站内容主要是温馨故事、情感天地、美容知识等。网站要求文字 Logo 以英文单词 girl 为内容，能体现网站特点且能给人留下深刻的印象。

5.1.2　任务分析

文字设计一般需要遵循以下原则：

- 文字要具有可读性

文字的根本目的是向大众传达作者的意图和各种信息，使人易认、易懂，是文字设计的首要原则。

- 文字要有个性

设计文字时要充分考虑作品整体风格特征。既要独具特色，又要和整个作品的风格相符合。

- 在视觉上应给人以美感

文字要具有在视觉上的美感，字型要设计良好，组合巧妙，看后使人感到愉快，留下美好的印象。

Photoshop 中文字工具包含横排文字工具、直排文字工具、横排文字蒙版工具、直排文字蒙版工具。如图 5-1 所示，横排文字工具和直排文字工具用于输入实体文字，横排文字蒙版工具和直排文字蒙版工具用于创建文字选区。

图 5-1　文字工具组

选择横排文字工具或直排文字工具，单击图像进入横排或直排文字编辑模式，即可在图像中输入水平或垂直的实体文字，同时在图层面板中自动增加文字图层。选择横排文字工具输入文字时，工具选项栏如图 5-2 所示。

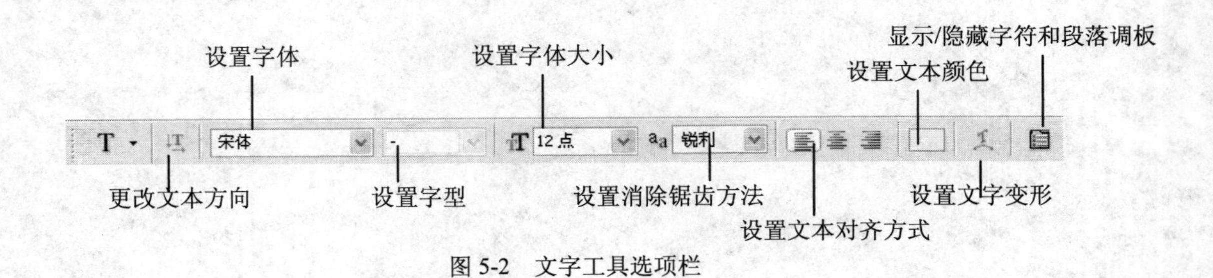

图 5-2　文字工具选项栏

其中：

- 更改文本方向：设置文本的方向。通过点击，可以更改文本的方向为横排或直排。
- 设置字型：设置输入文字的字体样式。Photoshop 提供 Regular（常规）、Italic（斜体）、Bold（粗体）、Bold Italic（粗斜体）四种字体样式。该设置只对英文字体有效，如果在“设置字体系列”下拉列表中选择中文字体，则不能设置字体样式效果。
- 设置消除锯齿的方法：设置消除文字锯齿的方法，使文字边缘光滑。Photoshop 提供了 5 种消除锯齿的选型，“无”、“锐利”、“犀利”、“浑厚”、“平滑”。
- 创建文本变形：用于设置文本的变形效果。
- 显示/隐藏字符和段落调板：隐藏或显示“字符”调板和“段落”调板，用以更全面地格式化文字和段落文本。

根据网站的特点，我们选择粉色系作为 Logo 的主打颜色，结合一些花朵的素材图，制作花体字效果。制作过程中，综合应用文字工具、渐变工具以及色调、色彩调整工具。

5.1.3　实施步骤

新建一个 750×450 像素的文档。选择渐变工具，打开渐变编辑器，新建渐变效果，如图 5-3 所示。应用径向渐变，填充背景，如图 5-4 所示。

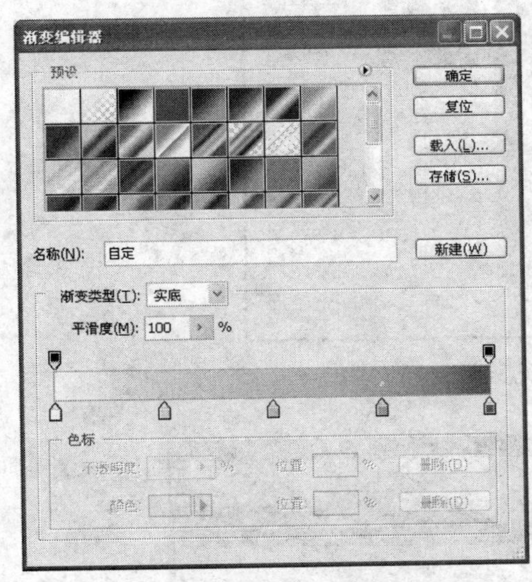

图 5-3　新建渐变效果

图 5-4　填充背景

选择文字工具，如图 5-5 所示设置工具选项。输入文字“girl”，自动生成文字图层。如图 5-6 所示。

图 5-5　选项设置

选择文字图层，执行菜单栏中的【图层】|【栅格化】|【文字】命令，将文字图层转化为普通图层。将文字部分填充如图 5-7 所示颜色。

为文字所在图层添加“投影”、“内发光”、“斜面和浮雕”图层样式，如图 5-8 至图 5-10 设置。其中暗部用的颜色为：RGB（130，3，99），发光用的颜色为：RGB（150，171，214）。

图 5-6　写入文字

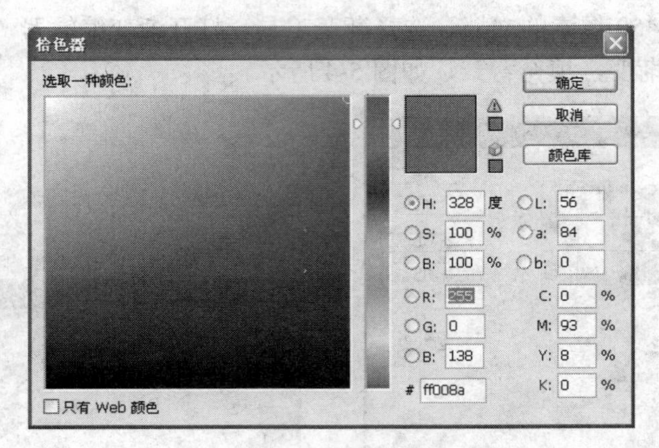

图 5-7　填充颜色

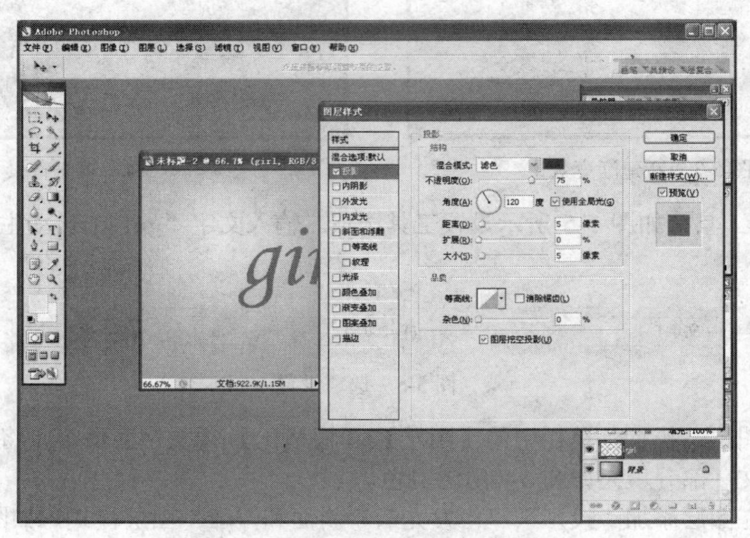

图 5-8　"投影"图层样式

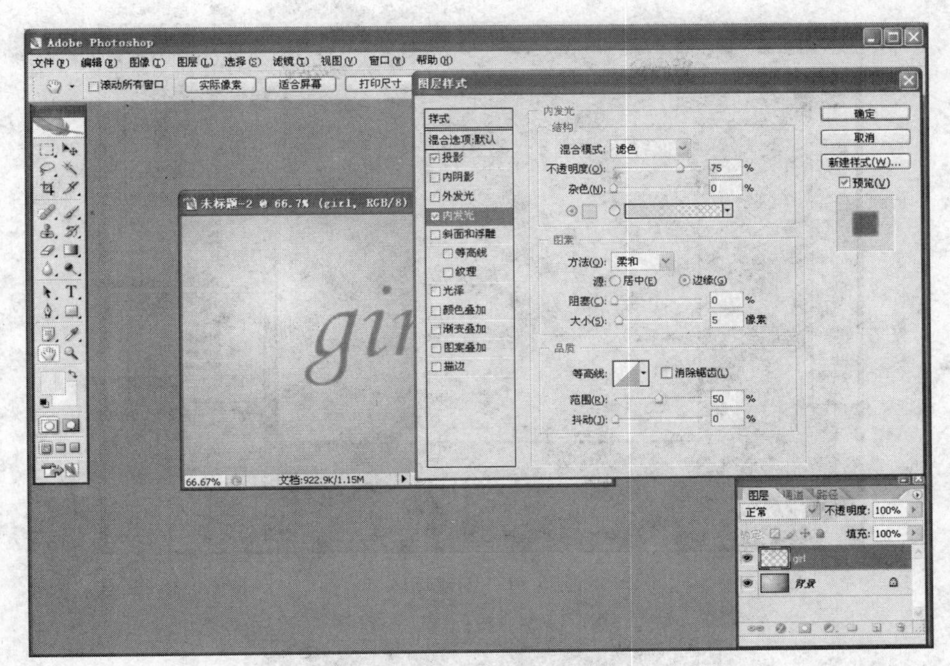

图 5-9　“内发光”图层样式

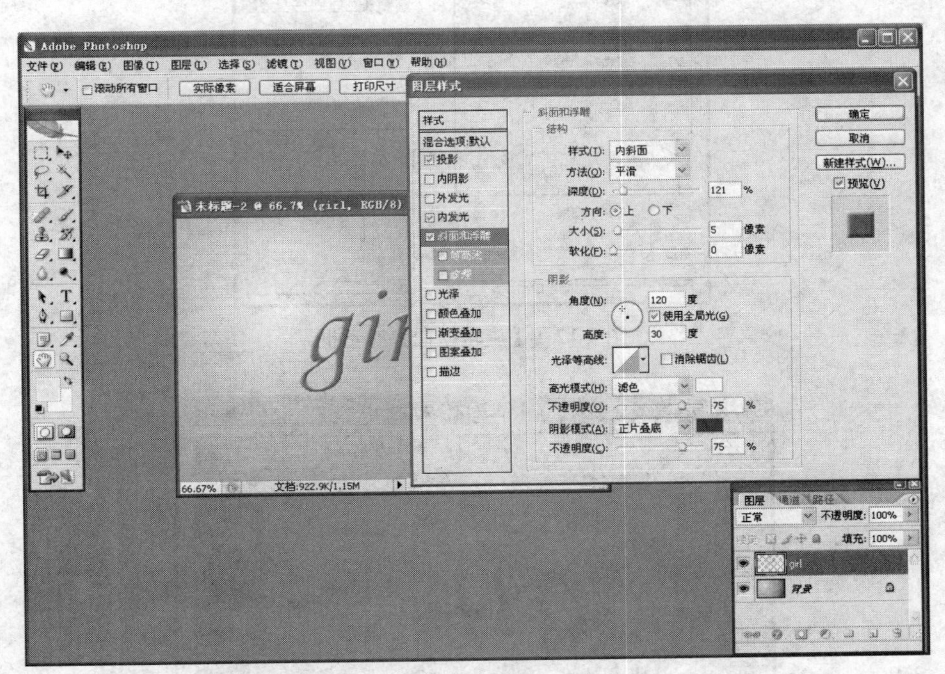

图 5-10　“斜面和浮雕”图层样式

使用椭圆选框工具，在图 5-11 所示位置创建选区，应用【滤镜】|【扭曲】|【旋转扭曲】命令，在弹出的对话框中设置参数如图 5-12 所示，将其他字也同样处理，效果如图 5-13 所示。

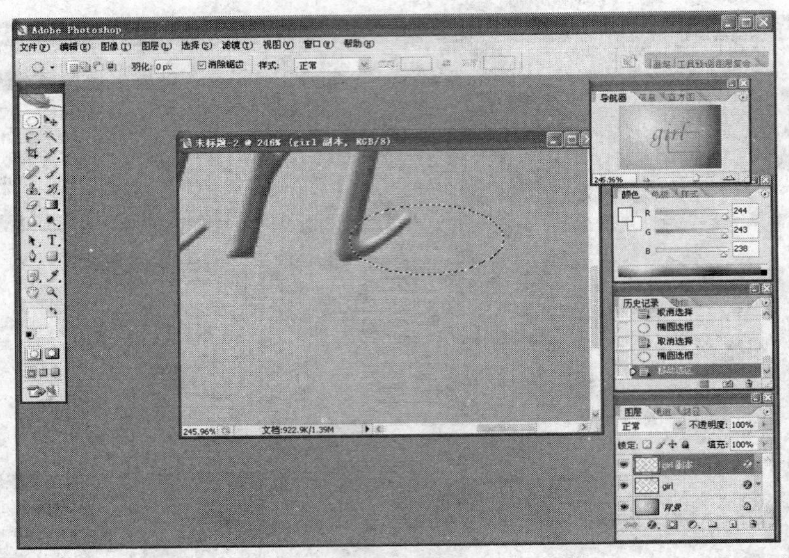

图 5-11 创建选区

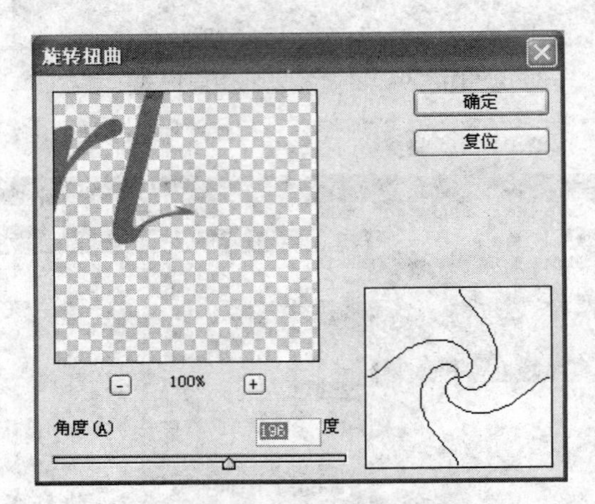

图 5-12 【旋转扭曲】对话框

图 5-13 调整形状后

打开一些花朵素材，将花朵抠出拖入图中，调整大小和位置，如图 5-14 所示。

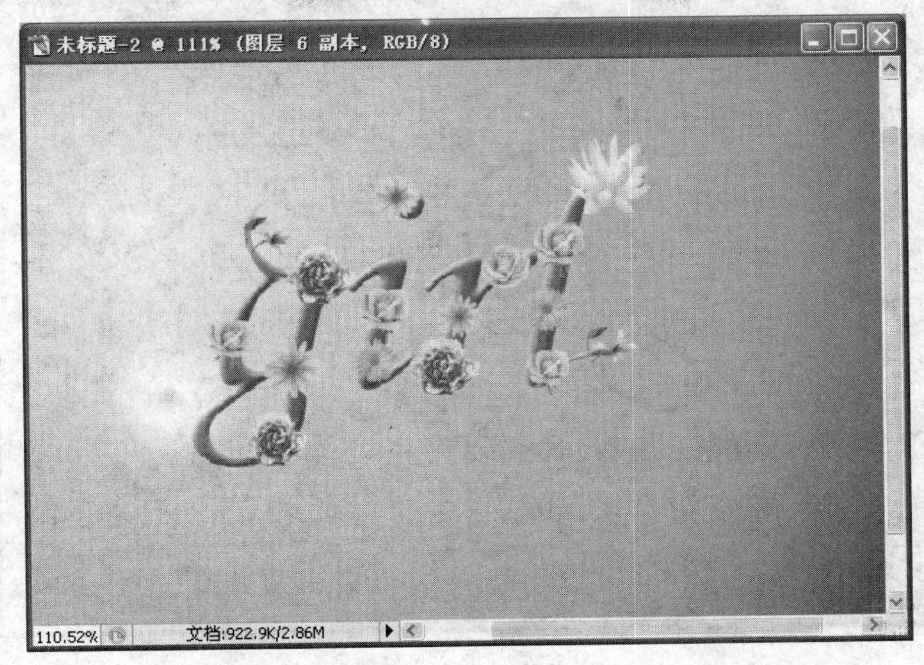

图 5-14　添加花朵

选择所有的花朵图层，将其合并为一个图层。选择该图层，按住 Alt 键的同时在该图层和文字图层名称之间单击，创建剪贴蒙版组，图像效果如图 5-15 所示。

图 5-15　剪贴蒙版组

再打开花朵素材，将其拖入文件，修饰如图 5-16 所示。

图 5-16　加入花朵修饰

复制图层，并使用【编辑】|【变换】|【垂直翻转】命令，调整该图层的不透明度。效果如图 5-17 所示。

图 5-17　制作倒影

利用椭圆选框工具，选择合适的区域，最终效果如图 5-18 所示。

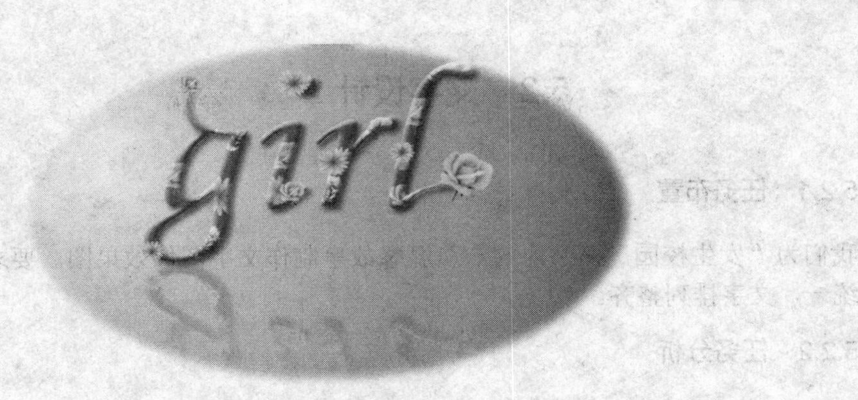

图 5-18　效果图

5.1.4　能力拓展

（1）确定文本的输入可以用以下方法：

- 单击文字工具选项栏中的 ✓ 按钮。
- 选择工具箱中的其他工具，或其他命令。
- 按主键盘区的 Ctrl+ Enter 组合键。
- 按数字键盘区的 Enter 键。

（2）当编辑颜色模式为“位图”、“索引颜色”等模式的图像时，使用文字工具不生成文字图层，文字显示在背景上。

（3）选择文字图层，执行菜单栏中的【图层】|【栅格化】|【文字】命令，将文字图层转化为普通图层，栅格化后的文字就可以使用滤镜等命令了。

（4）选择文字图层，或指定的文字，执行菜单栏中的【编辑】|【拼写检查】命令，可以对文字进行拼写检查。

（5）选择文字图层，执行菜单栏中的【图层】|【文字】|【创建工作路径】命令，可以将文字转换为工作路径，该工作路径和文字外形相同，可以进行调整、存储、填充和描边等操作。

5.1.5　习题训练

1．“横排文字蒙版工具”和“直排文字蒙版工具”是用来创建__________。

2．要对文字图层执行滤镜效果，首先应当对文字图层执行__________命令。

3．文字图层中消除锯齿的类型有__________、__________、__________、__________。

4．制作草莓字效果，如图 5-19 所示。

图 5-19

5.2 文字设计 2

5.2.1 任务布置

我们为“女生校园”网站内的一篇温馨故事制作文字图像效果图。要求背景图像与故事风格统一，文字排列整齐。

5.2.2 任务分析

制作文字图像，需要用到段落文字、路径文字以及文字修改的相关命令与操作。

- 输入段落文字

单击“横排文字工具”按钮，选择文本属性，在图像准备输入文字的位置直接拖动出定界框，定界框内的“I”图标就是说要输入文本的基线。输入所需要的文本，单击【确定】按钮，输入的文字将生成一个新的文字图层。

- 调整定界框

将光标移动到定界框的任意定点上，会出现拉伸标志。使用鼠标直接拉伸定界框的边缘，此时文字的大小不会随定界框大小的改变而改变；如果在使用鼠标拉伸定界框边缘的同时按住 Ctrl 键，这样文字的大小会随着定界框的改变而改变。

- 路径文字

在 Photoshop 中，文字可以依照路径来排列，在开放路径上可形成类似行式文本的效果，也可以将文字排列在封闭的路径内。

5.2.3 实施步骤

打开素材图，在图像上用“钢笔工具”绘制一条路径，如图 5-20 所示。

图 5-20 绘制路径

把鼠标移动到路径上准备添加文本的位置，当图标变成如图 5-21 所示时，单击输入所需要的文字。如图 5-22 所示。

图 5-21　沿路径输入文字

图 5-22　沿路径输入文字后

选择文字图层，执行菜单栏中的【图层】|【栅格化】|【文字】命令，将文字图层转化为普通图层。为文字所在图层添加“渐变叠加”图层样式，如图 5-23 设置，效果如图 5-24 所示。

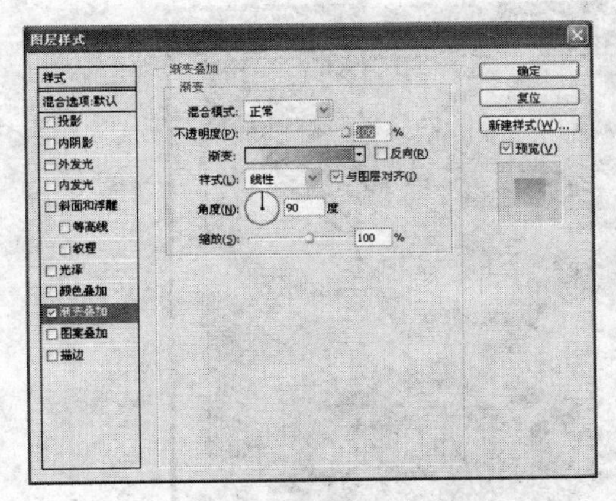

图 5-23　渐变叠加

图 5-24　效果

单击文字工具在图像的合适位置拉出定界框，在框内输入所需文字，调整定界框的大小和位置，使文字完整地显示出来，如图 5-25 所示。

图 5-25　段落文字

选中文字，打开“段落”调板调整首行缩进，如图 5-26 所示。

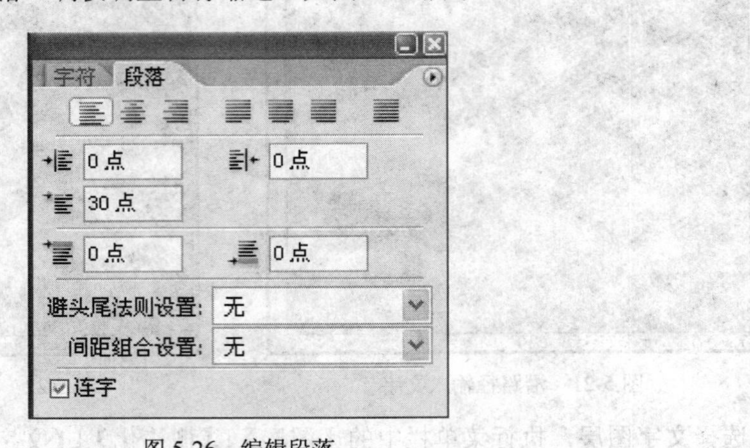

图 5-26 编辑段落

调整满意后，确定对文本的编辑，效果如图 5-27 所示。

图 5-27 文字图像效果

5.2.4 能力拓展

（1）单击“路径选择工具”按钮和“直接选择工具”按钮，可以实现对路径文字的移动。

（2）当输入路径文字时，如果文字没有超过路径末端的控制符，控制符显示为 ○，如图 5-28 所示；当文字超出控制符时，控制符显示为 ⊕，如图 5-29 所示。

（3）当路径为闭合时，使用文字工具，将光标移动到路径区域内部，则可以在路径区域内输入文字，文字内容在路径区域内排列，如图 5-30 所示。

图 5-28　文字未超出控制符

图 5-29　文字超出控制符

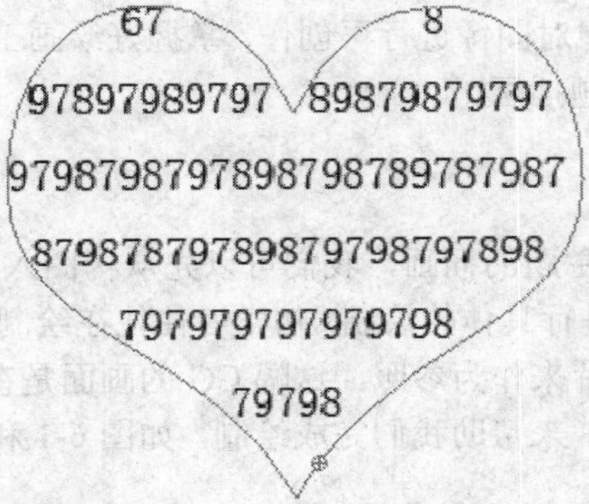

67　8
97897989797　89879879797
9798798797898798789787987
87987879789879798797898
797979797979798
79798

图 5-30　文字在路径内排列

5.2.5　习题训练

1．点文字可以通过使用__________命令转换为段落文字。
2．拖动定界框时按住__________键，会显示“段落文字大小”对话框。
3．制作如图 5-31 所示文字效果。

图 5-31

第 6 章　图形图像绘制

6.1　绘画与修饰

6.1.1　任务布置

Photoshop 为我们提供了很丰富的绘画和修饰工具，利用这些工具可以在空白画布中绘制图画，也可以在已有的图像中对图像进行再创作，掌握好绘画工具可以使设计作品更精彩，下面就用这些工具绘制一幅主题插画。

6.1.2　任务分析

本案例是一副关于月夜主题的插画，我们可以先从构图入手，确定画面的形式，选定一些与夜有关的元素，然后再进行具体的绘制，初学者往往在绘制的过程里脑中没有一个具体的形象，我们可以寻找一些照片来作为参照，这幅 CG 的画面是在月夜的背景下一颗树的剪影，那么我们找了两张参考的图片来帮助我们完成绘制，如图 6-1 和图 6-2 所示。下面是具体的操作步骤。

图 6-1

图 6-2

6.1.3　实施步骤

1. 新建文件

（1）打开 Photoshop，创建新画布，大小设置为 1280×800 像素，其他属性设置如图 6-3 所示，单击【确定】按钮。将“前景色”设为黑色，“背景色”设为白色。

2. 绘制剪影树的树干

（1）双击背景层解除锁定，在弹出的“新建图层”对话框中将图层名称命名为“剪影树”，方便以后识别和调整。

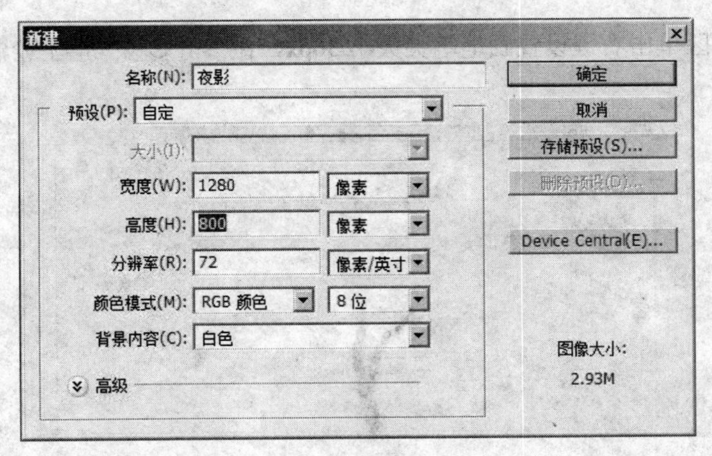

图 6-3

（2）选择画笔工具，在操作区单击右键选择“硬边圆”画笔笔尖，大小 40px，硬度 20%，如图 6-4 所示。单击切换画笔面板按钮，在弹出的画笔预设对话框中设置画笔参数如图 6-5 所示，在“剪影树”层上绘制树干的主干，如图 6-6 所示。

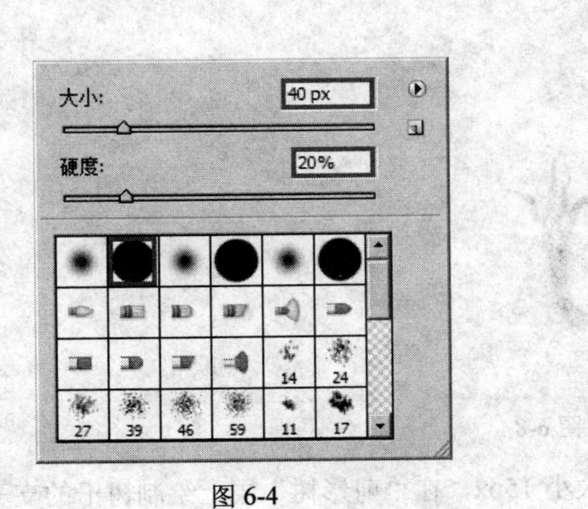

图 6-4

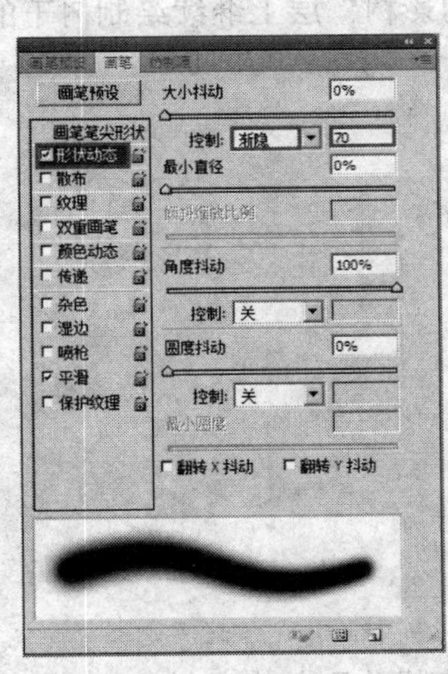

图 6-5

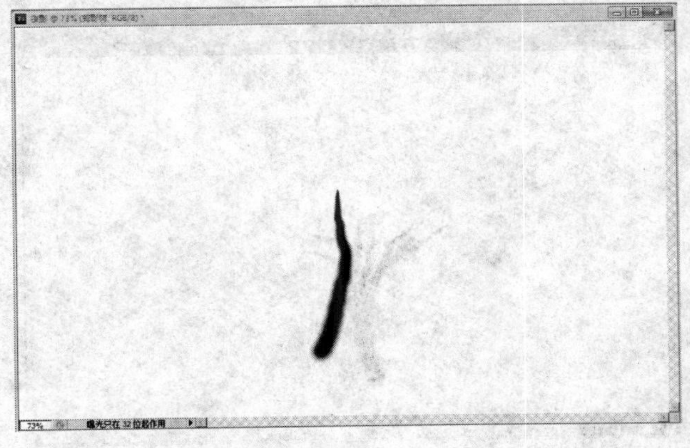

图 6-6

（3）在操作区单击右键设置画笔笔尖大小 30px，在“剪影树”层上绘制树干的支干，如图 6-7 所示。

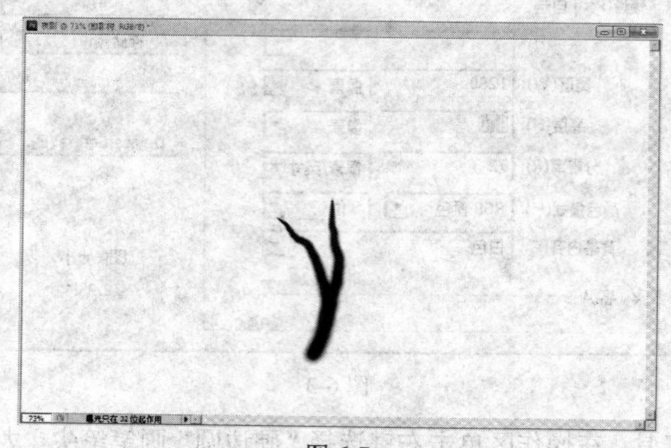

图 6-7

（4）在操作区单击右键设置画笔笔尖大小 20px，在画笔预设对话框中设置画笔渐隐为 60，在“剪影树”层上继续绘制树干的支干，如图 6-8 所示。

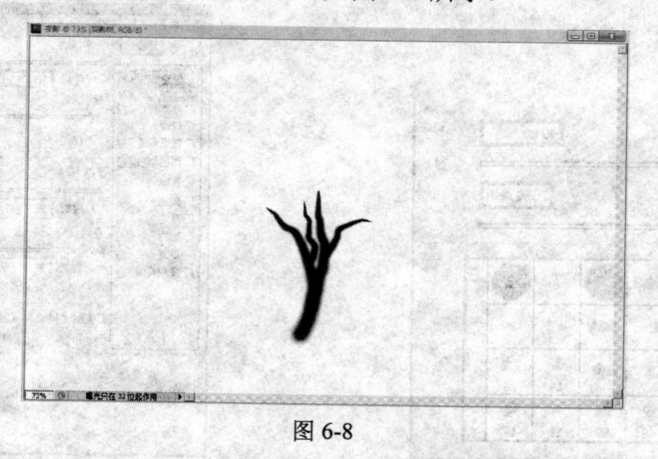

图 6-8

（5）在操作区单击右键设置画笔笔尖大小 15px，在“剪影树”层上绘制树干的支干，如图 6-9 所示。

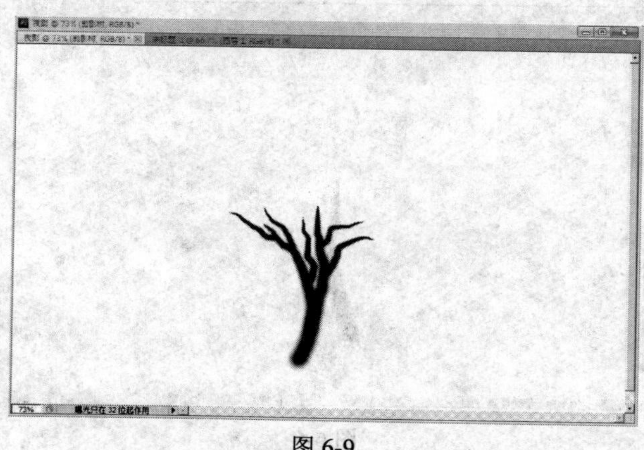

图 6-9

（6）在操作区单击右键设置画笔笔尖大小10px，在“剪影树”层上绘制树干的支干，如图6-10所示。

图6-10

（7）执行【图像】|【调整】|【阈值】命令，将“阈值色阶”设为80，如图6-11所示，单击【确定】按钮，这时树干的绘制完成。

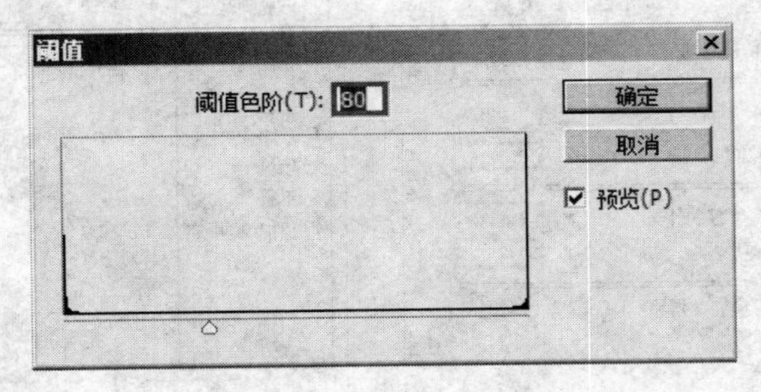

图6-11

3. 绘制剪影树的叶子

（1）使用画笔工具在图像任意空白处绘制一片叶子，可以画成圆形的阔叶，也可以画成细长型的针叶，绘制后用矩形选框工具将其选取，如图6-12所示。

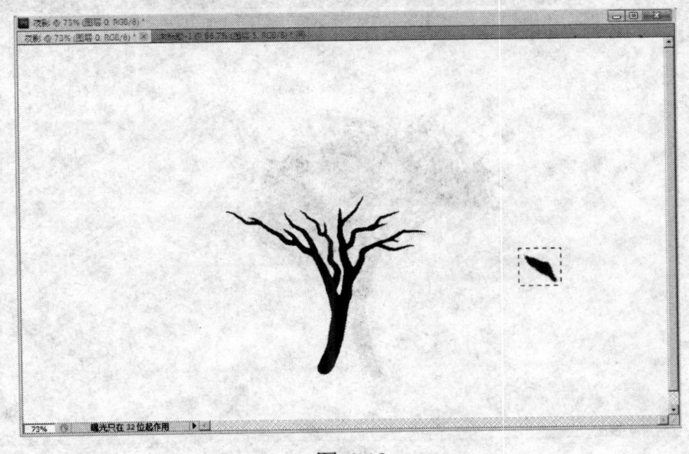

图6-12

（2）执行【编辑】|【定义画笔预设】命令，在弹出的对话框中将名称命名为“树叶”，如图 6-13 所示，取消选择按 Ctrl+D 快捷键，并用橡皮工具将树叶擦除。

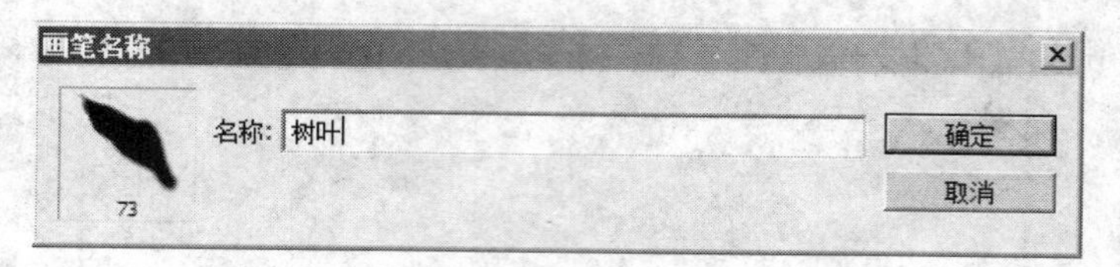

图 6-13

（3）选择画笔工具，在操作区单击右键选择刚才的“树叶”笔尖，设置画笔笔尖大小 30px，单击切换画笔面板按钮，在弹出的画笔预设对话框中设置画笔参数并在树干上绘制树叶，如图 6-14 所示。

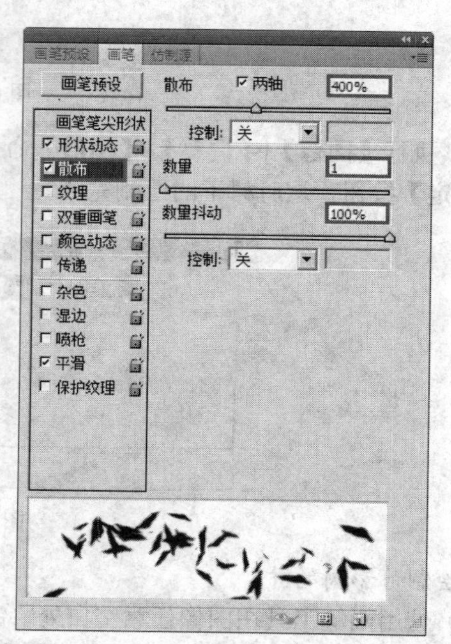

图 6-14

4. 绘制山峦的剪影

（1）隐藏“剪影树”层，新建一个空白图层，命名为“剪影山”。

（2）选择画笔工具，在操作区单击右键选择“硬边圆”画笔笔尖，大小 10px，硬度 100%。在“剪影山”层上绘制山的外形，如图 6-15 所示，注意将线画满整个画布。

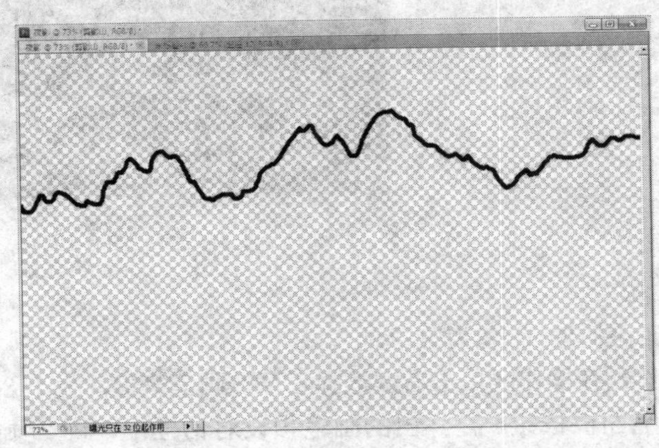

图 6-15

（3）选择油漆桶工具，在画布中线条的下半部单击，填充前景色，在线条与填充色交接没有填充到的地方再次单击油漆桶工具，让黑色能将整个山的剪影填满。

5. 绘制地面的雾气

（1）新建一个空白图层，命名为“雾气”。

（2）选择画笔工具，在操作区单击右键，在弹出的笔尖选择对话中单击右上角的三角形按钮，在弹出的下级对话框里选择“湿介质画笔”，单击追加。选择“粗边圆形硬毛刷” 画笔笔尖，大小 150px，如图 6-16 所示。

（3）在画笔工具的公共栏中将“不透明度”设为 1%，在“雾气”层上绘制雾气效果，这个可以一层一层地画，绘制效果如图 6-17 所示。

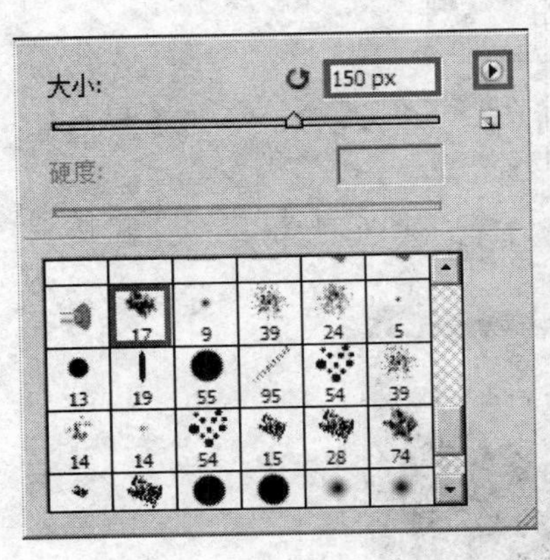

图 6-16

图 6-17

（4）复制“雾气”层，执行【滤镜】|【模糊】|【高斯模糊】命令，设置“半径”值为 10，如图 6-18 所示。

（5）取消“剪影树”层的隐藏状态，并将“剪影树”层拖至“雾气 副本”层上方，调整“剪影树”层的大小，将“剪影树”层的混合模式改为“正片叠底”，效果如图 6-19 所示。

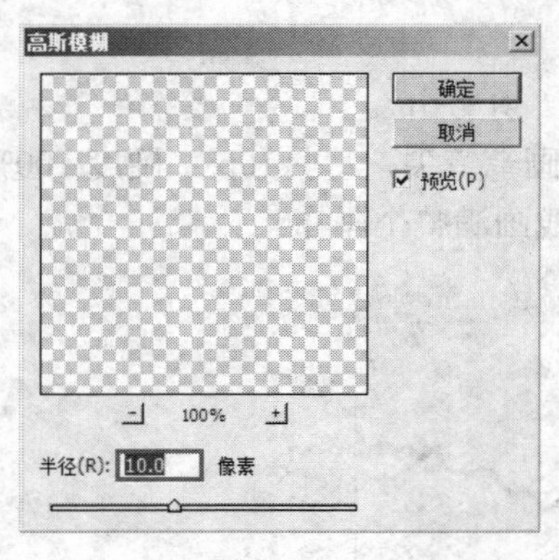

图 6-18

图 6-19

6. 绘制前景的草地

（1）新建一个空白图层，命名为“草地”。

（2）选择画笔工具，在操作区单击右键选择“草”画笔笔尖，大小 80px，如图 6-20 所示。

（3）单击切换画笔面板按钮，在弹出的画笔预设对话框中，将“颜色动态”的勾选取消，如图 6-21 所示。

（4）在画笔工具的公共栏中将“不透明度”设为 100%，在“草地”层上绘制，如图 6-22 所示。

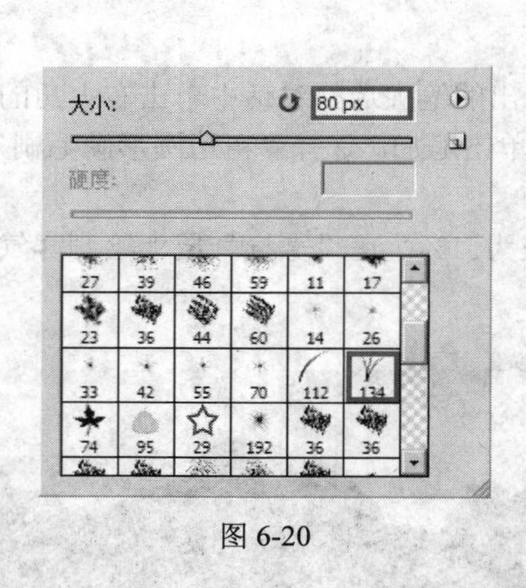

图 6-20

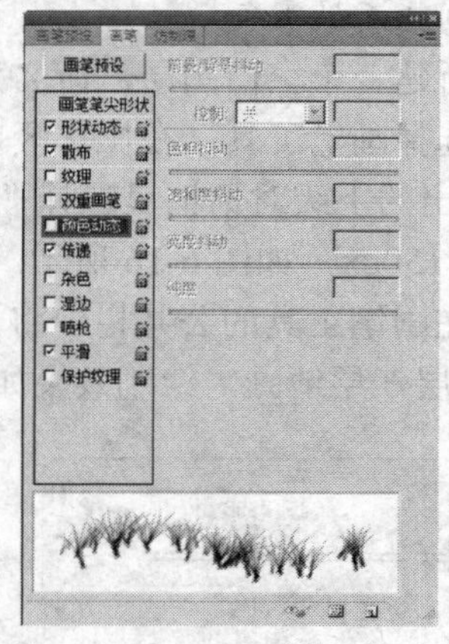

图 6-21

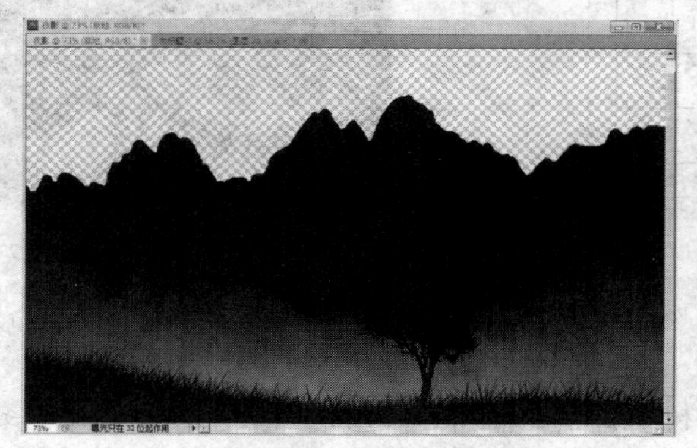

图 6-22

7. 绘制天空的云层

（1）新建一个空白图层，命名为“天空”，放在“剪影山”层下方，选择渐变工具，在渐变工具的公共栏中单击渐变的色条，打开“渐变编辑器”对话框，双击对话框中色条左下方的色标按钮，在弹出的“选择色标颜色”对话框中选择蓝灰色（R47、G108、B133），双击对话框中色条左下方的色标按钮，在弹出的“选择色标颜色”对话框中选择蓝黑色，如图 6-23 所示。

（2）在渐变工具的公共栏中，选择“径向渐变”，在“天空”层中拉出一个渐变背景，如图 6-24 所示。

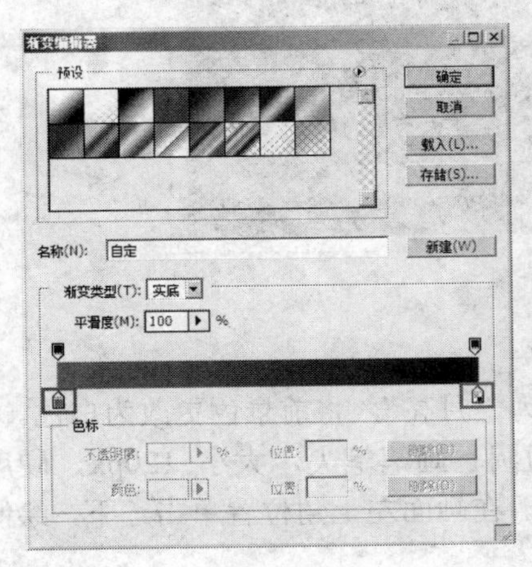

图 6-23

图 6-24

（3）在“剪影山”层上方，新建一个空白图层，命名为“云层”，将前景色设为浅紫色（R255、G184、B239）。

（4）选择画笔工具，在操作区单击右键选择“粉笔 60 像素”画笔笔尖，如图 6-25 所示，在画笔工具的公共栏中将“不透明度”设为 1%，用画笔在“云层”层上绘制云，效果如图 6-26 所示。

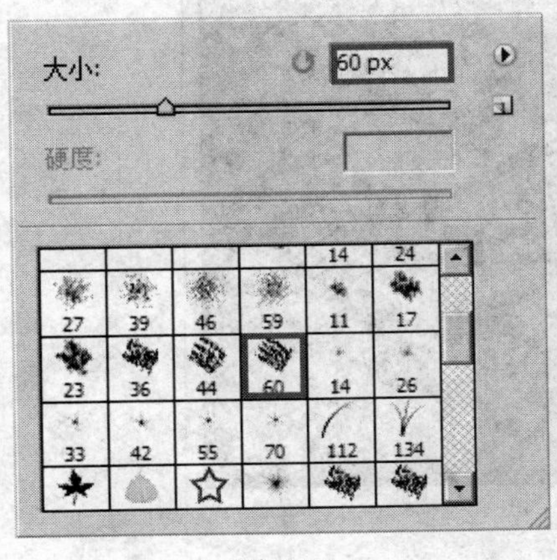

图 6-25

图 6-26

（5）选择涂抹工具，在操作区单击右键选择“粉笔 60 像素”画笔笔尖，在涂抹工具的公共栏中将“强度”设为 25%，涂抹“云层”层中绘制的云，效果如图 6-27 所示。

图 6-27

8. 绘制天空中的月亮

（1）在“天空”层上方，新建一个空白图层，命名为“月亮”，将前景色更改为白色。

（2）选择画笔工具，在操作区单击右键选择“硬边圆”画笔笔尖，大小 120px，硬度 100%，在画笔工具的公共栏中将“不透明度”设为 100%。在画面左上角位置单击一下，绘制一个圆形。

（3）选择画笔工具，在操作区单击右键选择“硬边圆”画笔笔尖，大小 150px，硬度 500%。在刚才绘制的圆形相同位置单击一下，效果如图 6-28 所示。

图 6-28

（4）选择加深工具，在操作区单击右键选择“中头深描水彩笔”画笔笔尖，大小 42px，如图 6-29 所示。在加深工具的公共栏中将“范围”设为高光，“曝光度”设为 10%。在月亮上绘制出环形坑效果，效果如图 6-30 所示。

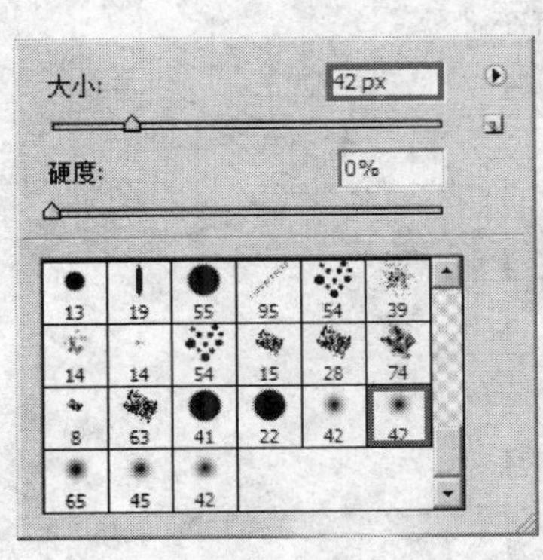

图 6-29

图 6-30

9. 最终调整

（1）选择“雾气”层，锁定“雾气”层透明像素，将“前景色”设为浅橙色（R225、G220、B185），选择混合器画笔工具，在操作区单击右键选择“柔边圆”画笔笔尖，大小 400px，用混合器画笔在雾气的上半部点饰一下，将“前景色”设为蓝灰色（R45、G150、B200），用混合器画笔在雾气的上半部点饰一下，完成最终效果如图 6-31 所示。

图 6-31

6.1.4 能力拓展

1. 画笔工具

画笔工具 是绘图中使用最为频繁的工具之一，其工具选项栏如图 6-32 所示。

图 6-32　画笔工具选项栏

设置画笔的大小、硬度和形状

在其选项栏中打开“画笔预设”选取器区域，如图 6-33 所示。

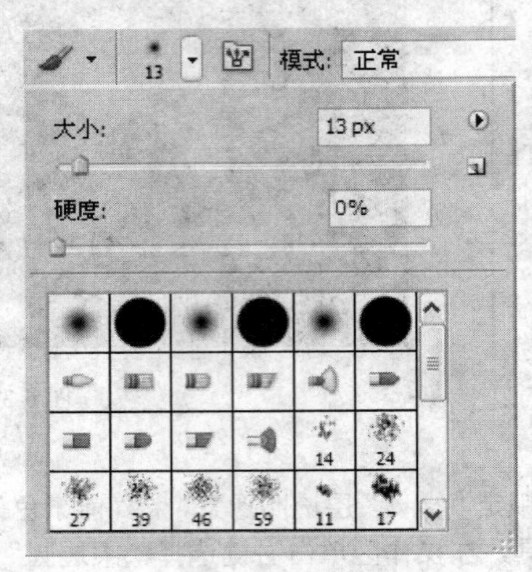

图 6-33 画笔预设选取器

- 大小：调整画笔笔触的大小。可以通过拖动下方的滑块来修改，也可以在右侧的文本框中输入数值来改变大小，值越大，笔触就越粗。
- 硬度：调整画笔边缘的柔和程度。可以通过拖动下方的滑块或在文本框中输入数值来改变笔触边缘的柔和程度，数值越大，边缘硬度越大，绘制的效果越生硬。
- 笔触选择区：显示当前预设的一些笔触，可以直接选择需要的笔触进行绘图，也可以载入或自定义画笔。

注意：在圆形画笔以外的其他笔触中，都有其对应的实际像素大小，当大小参数高于定义画笔的实际像素大小后，所绘制的画笔笔触就会出现失真效果。

设置画笔不透明度

在画笔选项栏中，单击不透明度的滑块，或通过输入数值修改不透明度。当值为 100%时，绘制的颜色完全不透明，将覆盖下面的背景图像；当值小于 100%时，会根据不同的值透出下一层的图像，当值为 0%时，将完全显示下一层图像，如图 6-34 所示。

值为 100%　　值为 70%　　值为 30%

图 6-34 不同透明度的笔触效果

设置画笔的流量

画笔的流量表示笔触颜色的流量，流量大小决定颜色深浅。可以通过拖动滑块或在文本框中输入数值修改笔触流量。值为 100%时，绘制的颜色最深，当值小于100%时，绘制的颜色将变浅，如图 6-35 所示。

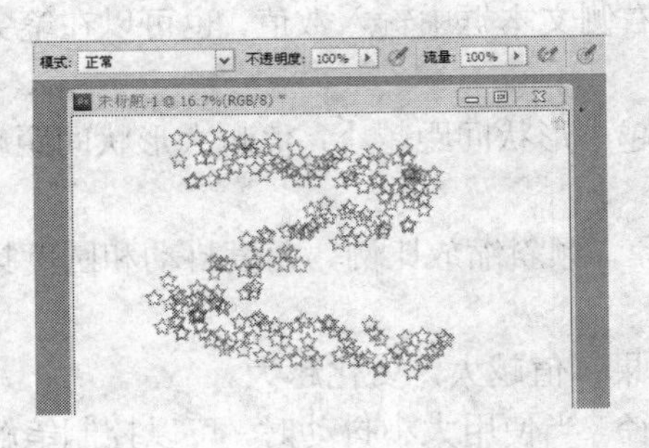

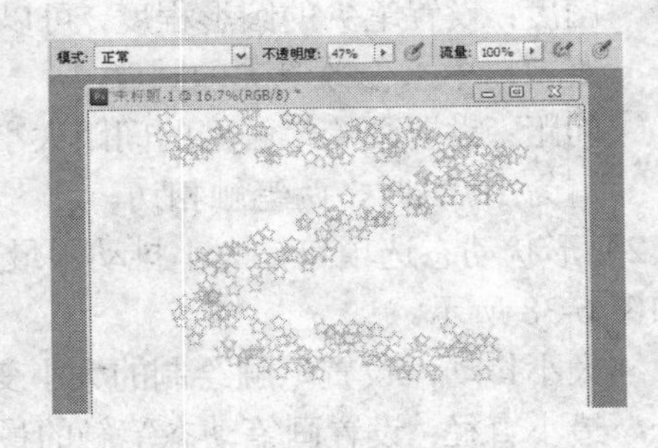

图 6-35　不同流量所绘制的效果

设置喷枪效果

启用喷枪工具，当硬度值小于 100%时，按住鼠标喷枪可以连续喷出颜色，扩充柔和的边缘，而画笔则不可以。

画笔面板详解

在使用画笔工具、铅笔工具、橡皮擦工具和历史记录画笔等绘图工具时，要配合画笔面板才能更好地绘图。

执行【窗口】|【画笔】(F5)，画笔面板的左侧是属性选项区，在面板的底部是笔触预览区，可以查看画笔绘制时的效果，单击面板菜单，可以进行载入、复位等设置，如图 6-36 所示。

(1) 画笔笔尖形状选项包括大小、角度、圆度、硬度和间距等选项，如图 6-37 所示。

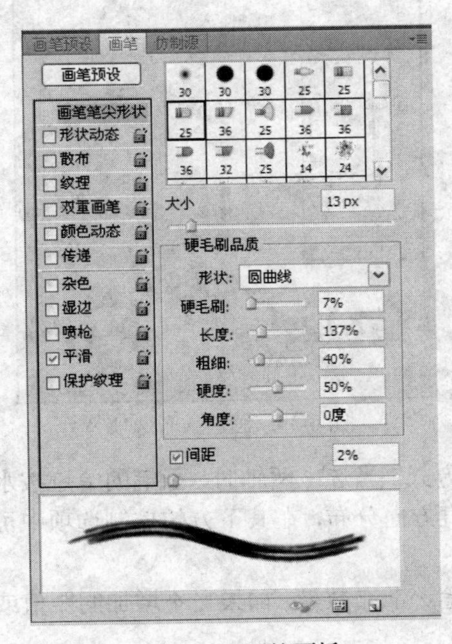

图 6-36　画笔面板

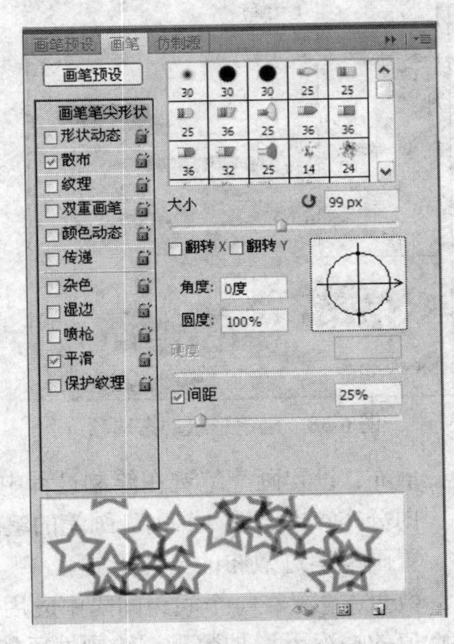

图 6-37　画笔笔尖形状选项

- 翻转 X、翻转 Y：控制画笔笔尖的水平、垂直翻转，翻转 X 轴画笔笔尖将水平翻转；翻转 Y 轴画笔笔尖将垂直翻转。

- 角度：设置笔尖的绘画角度，可以在其文本框中输入数值，也可以在笔尖形状预览窗口中来修改画笔笔尖的角度值。
- 圆度：设置笔尖的圆形程度，可以在其右侧文本框中输入数值，也可以在笔尖形状预览窗口中来修改笔尖的圆度。
- 间距：设置画笔笔触间的间距大小，值越小形状间距越小；值越大形状间距越大，当值为 100%时，两笔触相切。

（2）形状动态选项包括大小抖动、最小直径、倾斜缩放比例、角度抖动和圆度抖动等选项，如图 6-38 所示。

- 大小抖动：设置笔触绘制的大小变化效果。值越大，变化越大。
- 最小直径：设置画笔动态笔触的最小直径。当使用大小抖动时，可以控制笔触的最小直径。
- 倾斜缩放比例：在选择钢笔斜度，可以使用此项。
- 角度抖动：设置画笔笔触的角度变化程度。值越大，角度变化也越大。
- 圆度抖动：设置画笔笔触的圆角变化程度。

（3）散布选项包括散布、数量、数量抖动等选项，如图 6-39 所示。

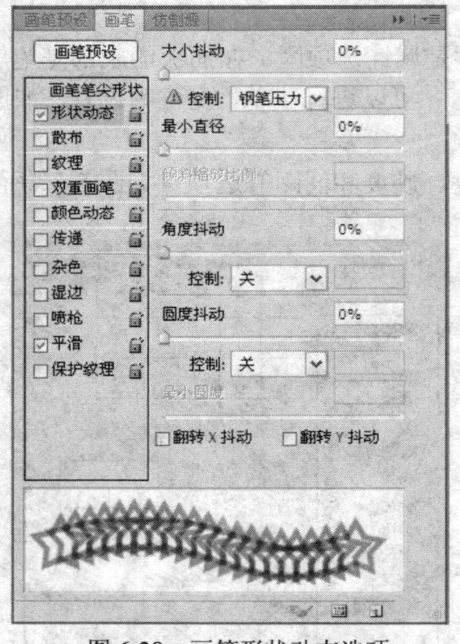

图 6-38 画笔形状动态选项

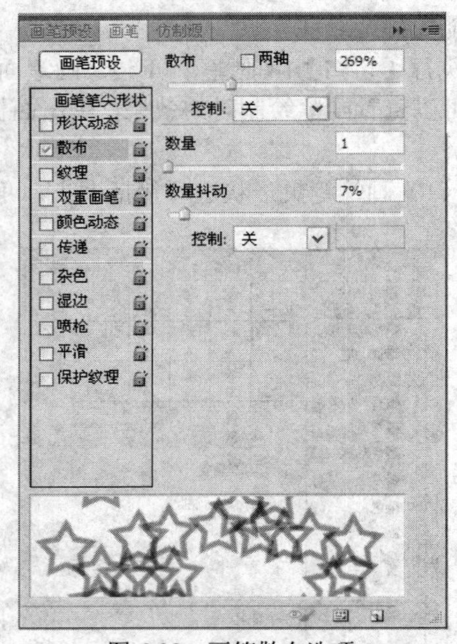

图 6-39 画笔散布选项

- 散布：设置画笔笔迹在绘制过程中的分布方式。当选中两轴时，画笔的笔迹按水平方向分布，当撤选两轴时，画笔的笔迹按垂直方向分布，在其下方的控制选项中可以设置画笔笔迹散布的变化方式。
- 数量：设置在每个间距间隔中应用的画笔笔迹散布数量。如果在不增加间距值或散布值的情况下增加数量，绘画性可能会降低。
- 数量抖动：设置在每个间距间隔中应用的画笔笔迹散布的变化百分比。在其选项中可以设置以何种方式来控制画笔笔迹的数量变化。

（4）纹理选项包括图案拾色器、反相、缩放、模式、深度、最小深度和深度抖动等选项，如图 6-40 所示。

- 图案拾色器：从中可以选择所需的图案，也可以通过图案拾色器菜单打开更多的图案。
- 反相：图案中的亮暗区域将进行反转。
- 缩放：设置图案的缩放比例，输入数值或拖动滑块来改变图案大小的百分比值。
- 为每个笔尖设置纹理：在绘图时，为每个笔尖都应用纹理，如果撤销该复选框，则无法使用最小深度和深度抖动选项。
- 模式：设置画笔和图案的混合模式。使用不同的模式可以绘制出不同的混合效果。
- 深度：设置图案油彩渗入纹理的深度。
- 最小深度：设置图案油彩渗入纹理的最小深度。
- 深度抖动：设置图案渗入纹理的变化程度，可在其选项中设置控制画笔笔迹深度变化的方式。

（5）双重画笔选项包括翻转、大小、间距、散布、数量等选项，如图 6-41 所示。

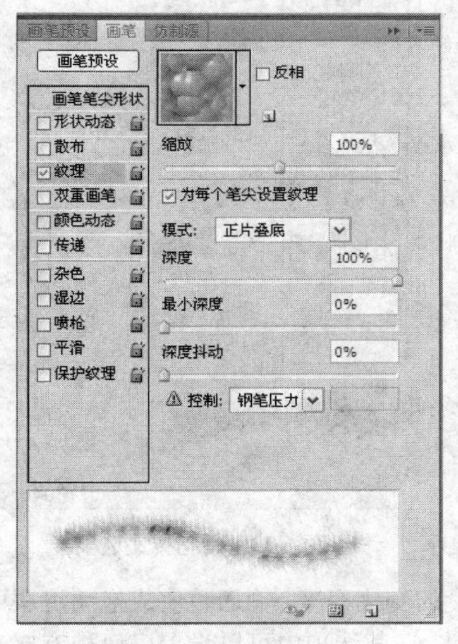

图 6-40　画笔纹理选项

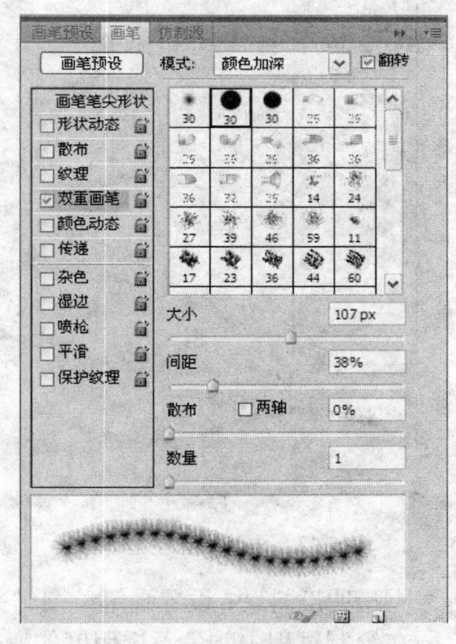

图 6-41　画笔双重画笔选项

- 翻转：可以启动随机画笔翻转功能产生笔触的随机翻转效果。
- 大小：控制双笔尖的大小。当画笔笔尖形状是通过采集图像中的像素样本创建时，可以恢复使用取样大小。
- 间距：设置双重画笔之间的距离。
- 散布：设置双重画笔的分布方式，当选中两轴复选框时，画笔笔迹按水平方向分布，当撤选两轴复选框时，画笔笔尖按垂直方向分布。
- 数量：设置在每个间距间隔应用的画笔笔迹的数量。

（6）颜色动态选项包括前景/背景抖动、色相抖动、饱和度抖动、亮度抖动和纯度等选项，如图 6-42 所示。

- 前景/背景抖动：输入数值或拖动滑块，可以设置前景色和背景色之间的油彩变化方式。在其选项中可以设置以何种方式控制画笔的颜色变化。

- 色相抖动：输入数值或拖动滑块，可以设置在绘制过程中颜色色彩的变化百分比。较低的值在改变色相的同时保持接近前景色的色相，较高的值增大色相间的差异。
- 饱和度抖动：设置在绘制过程中颜色饱和度的变化程度。较低的值在改变饱和度的同时保持接近前景色的饱和度，较高的值增大饱和度级别之间的差异。
- 亮度抖动：设置在绘制过程中颜色明度的变化程度。较低的值在改变亮度的同时保持接近前景色的亮度，较高的值增大亮度界别之间的差异。
- 纯度：设置在绘制过程中颜色深度的大小。如果该值为-100%，则颜色将完全去色，如果该值为 100%，则颜色完全饱和。

（7）传递选项包括不透明度抖动、流量抖动选项，如图 6-43 所示。

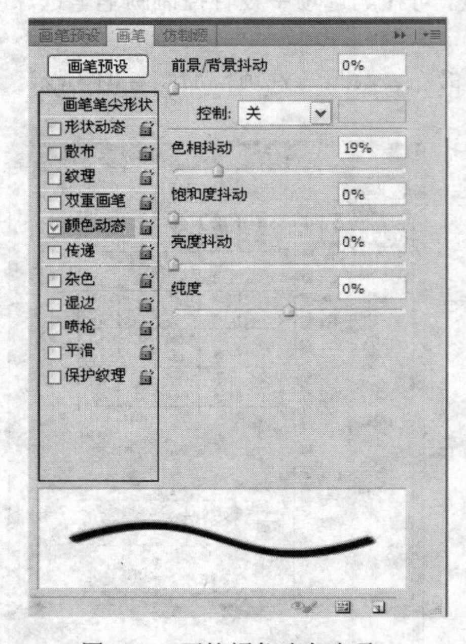

图 6-42 画笔颜色动态选项

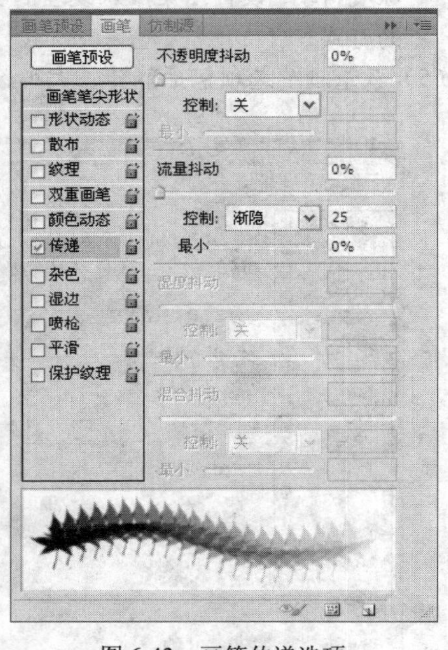

图 6-43 画笔传递选项

- 不透明度抖动：设置画笔绘图时不透明度的变化程度。输入数值或拖动滑块可以设置在绘制过程中颜色不透明度的变化百分比，在其选项中可以设置以何种方式来控制画笔笔迹颜色的不透明度变化。
- 流量抖动：设置画笔绘图时油彩的流量变化程度。输入数值或拖动滑块可以设置在绘制过程中颜色流量的变化百分比，在其选项中可以设置以何种方式来控制画笔颜色的流量变化。

（8）画笔面板的其他选项，如图 6-44 所示。

图 6-44 其他选项

- 杂色：选中该复选框，可以为个别的画笔笔尖添加随机的杂点，当应用于柔边画笔笔触时，此选项最有效。
- 湿边：选中该复选框，可以沿绘制出的画笔笔迹边缘增大油彩量，从而出现水彩画润湿边缘扩散的效果。

- 喷枪：选中该复选框，可以使画笔在绘制时模拟传统的喷枪手法。
- 平滑：选中该复选框，可以使画笔绘制出的颜色边缘较平滑。当使用画笔进行快速绘画时，此选项最有效。
- 保护纹理：选中该复选框，可对所有具有纹理的画笔预设应用相同的图案和比例。当使用多个纹理画笔笔触绘画时，选中此选项可以模拟绘制出一致的画笔纹理效果。

2. 油漆桶工具

"油漆桶工具" 可以为图像填充纯色或图案效果，但是使用该工具只能填充颜色容差范围内相近的图像区域，如图 6-45 所示，其选项栏设置如图 6-46 所示。

图 6-45　使用"油漆桶"工具为图像填充纯色

图 6-46　油漆桶工具选项栏设置

- 不透明度：用于设置填充时颜色的不透明程度。
- 容差：用于设置填充颜色相近似范围的程度，通常以单击处填充点的颜色为基础，容差值越大，填充的范围越大，反之则越小。
- 消除锯齿：选中此复选框后，可以消除填充颜色或图案后的边缘锯齿。
- 连续的：选中此复选框后，油漆桶工具只填充相邻的区域，如图 6-47 所示。反之不相邻的区域也会被填充，如图 6-48 所示。

图 6-47　填充相邻区域效果

图 6-48　填充不相邻区域效果

- 用于所有图层：选中此复选框后，油漆桶工具将作用于所有图层。反之只作用于当前选择的图层。

3. 渐变工具

渐变工具可以为图像填充色彩过渡的渐变混合色，其工具选项栏如图 6-49 所示。

图 6-49　渐变工具选项栏设置

单击渐变条右边的下拉按钮，在弹出的渐变样式下拉列表框中，可以选择预设的渐变样式，如图 6-50 所示。

图 6-50　预设的渐变色样

在渐变工具选项栏中提供了 5 种渐变方式，分别是线性渐变、径向渐变、角度渐变、对称渐变和菱形渐变，其应用效果分别如图 6-51 所示。

图 6-51　五种不同的渐变效果

- 模式：用于设置渐变时的混合模式。
- 不透明度：用于设置渐变时填充颜色的不透明度。
- 反向：选中该复选框后，填充的渐变颜色方向将与所设置的色彩方向相反。
- 仿色：在进行渐变颜色填充时，选择该选项，将增加渐变色的中间色调，使渐变效果更加平缓。
- 透明区域：用于关闭或打开渐变的透明度设置。

在填充渐变色时，可以使用 Photoshop 提供的渐变色样，也可以对渐变参数进行自定义设置。单击渐变工具选项栏中的渐变条，打开【渐变编辑器】对话框，如图 6-52 所示。

- 预设：其中显示了 Photoshop 提供的一些预设渐变色样，单击其中一个色样，即可将其设置为当前渐变色，同时该颜色会显示在下方的渐变条中，用户可以将其作为自定义渐变颜色的基础样式。
- 在“名称”文本框中，可以查看或输入渐变样式的名称。单击【新建】按钮，可以将当前设置或调整的渐变样式保存为新的渐变样式。
- 渐变类型：在其下拉列表中可选择渐变填充的颜色效果，在其中可选择由多个单色组成渐变颜色段的“实底”项或应用杂色渐变的“杂色”项，如图 6-53 所示。

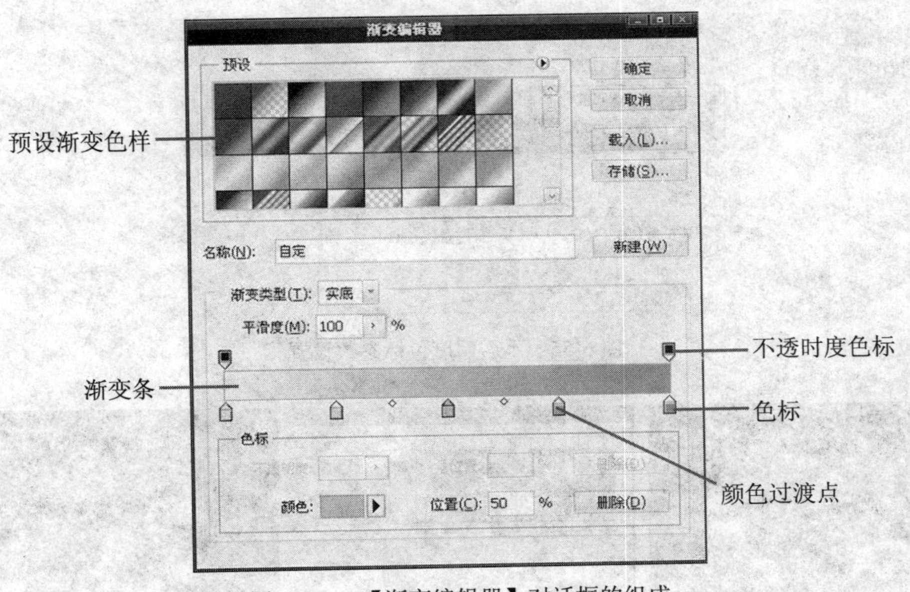

图 6-52　【渐变编辑器】对话框的组成

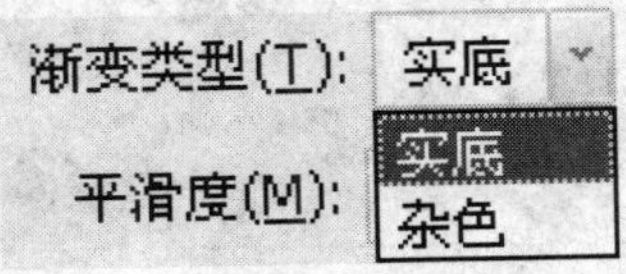

渐变类型(T): 实底
平滑度(M): 实底 杂色

图 6-53　渐变类型选项

- 填充实底：在默认的“实底”渐变类型中，可以在渐变效果编辑条中通过添加或调整色标的方式编辑需要的渐变颜色。设置好需要的渐变颜色后，确定并回到当前图像窗口，按住鼠标左键并拖动，释放鼠标即可填充已设置好的渐变色，如图 6-54 所示。

图 6-54　图像的渐变填充效果

设置透明渐变色：在【渐变编辑器】对话框中，单击渐变条左右两边的不透明度色标，下方 “不透明度”和对应的“位置”选项将被激活，在其中可设置“不透明度色标”所在的位置和不透明度，如图 6-55 所示。在渐变条上方单击可添加一个不透明度色标。拖动不透明度色标可改变其位置，同时渐变颜色中的透明区域也会随之发生改变，将多余的不透明度色标拖拽渐变条即可删除。如图 6-56 所示是设置的透明渐变颜色和使用该颜色填充后的效果。

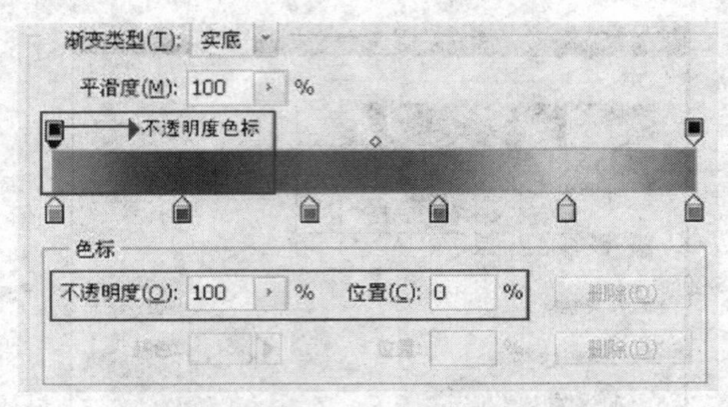

图 6-55 不透明度色标参数设置

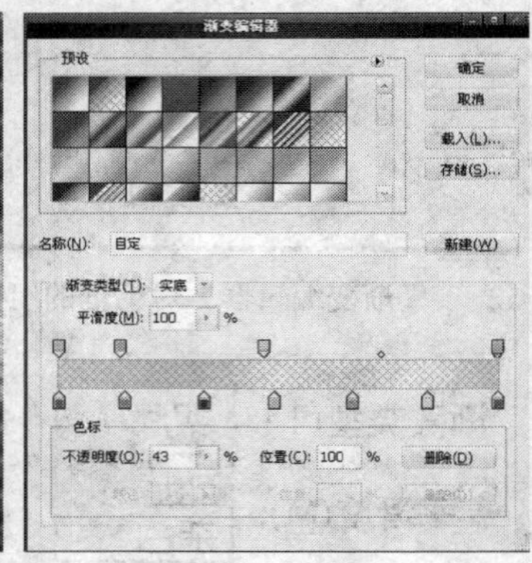

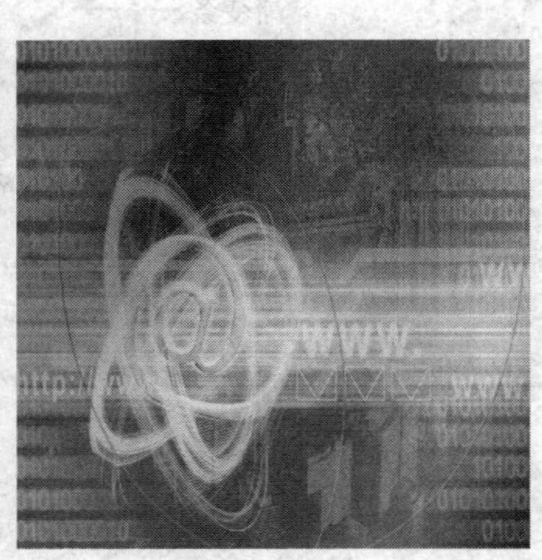

图 6-56 透明渐变设置与填充效果

杂色填充：在【渐变编辑器】对话框的“渐变类型”下拉列表中选择“杂色”选项，对话框设置如图 6-57 所示。

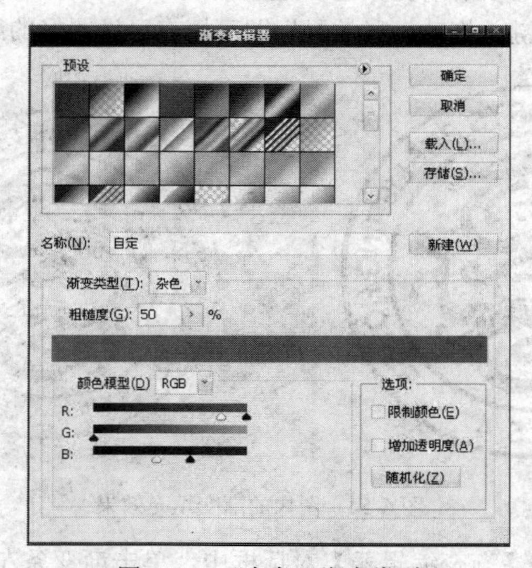

图 6-57 “杂色”渐变类型

- 粗糙度：用于设置渐变颜色的杂乱程度。如图 6-58 所示是将“粗糙度”分别设置为 50%和 100%后的填充效果。

图 6-58　“粗糙度”分别为 50%和 100%后的填充效果

- 颜色模型：在该选项下拉列表中选择所需的颜色模式后，可以通过拖动下面对应的颜色条的方式，限制杂色渐变颜色取值范围。
- 限制颜色：选中该复选框后，可以在杂色渐变产生时，使两个颜色之间出现更多的过度颜色，得到比较平滑的渐变色。
- 增加透明度：可以在产生杂色渐变时将色彩的灰度成分显示为透明。
- 随机化：可以将当前设置的渐变色替换为随机产生的新的渐变色。

4. 涂抹工具

涂抹工具可以将颜色混合，并将颜色过渡颜色柔和化，其选项栏如图 6-59 所示。

图 6-59　涂抹工具选项栏

- 强度：可以设置涂抹的强度，数值越大涂抹的延续就越长，如果值为 100%，就可以连续不断的绘制。
- 手指绘画：一种类似于用手指蘸着颜料在图像中进行涂抹的效果，它与当前工具箱中前景色有关，如果撤选此复选框，只是使用起点处的颜色进行涂抹。

5. 减淡、加深工具的使用

减淡工具也叫加亮工具，可以改善图像的曝光效果，对图像的阴影、中间色或高光部分进行提亮和加光处理，使之达到强调、突出的作用，其选项栏如图 6-60 所示。

图 6-60　减淡工具选项栏

- 范围：选择“阴影”只作用在图像的暗色部分；选择“中间调”选项只作用在图像中暗色与亮色之间的颜色部分；选择“高光”选项只作用在图像中高亮的部分。
- 曝光度：设置减淡工具的强度。
- 启用喷枪模式：模拟传统的喷枪手法，按住鼠标可以扩展淡化区域。

● 保护色调：可以保护与前景色相似的色调，不受减淡工具的影响。

原图、撤选和选中保护色调复选框对图像进行减淡的处理效果如图 6-61 所示。

图 6-61 原图、撤选和选中保护色调复选框

加深工具与减淡工具在应用效果上正好相反，多用于对图像中阴影和曝光过度的图像进行加深处理，如图 6-62 所示是对图像进行加深处理的前后效果对比。

图 6-62 对图像进行加深处理的前后效果对比

6.1.5 习题训练

1. 在“画笔”面板中，选择“形状动态”选项可以设置画笔的哪些属性？
2. “自动涂抹”选项是哪种工具选项栏中的功能？叙述它的作用。
3. 使用哪种工具可以将图案填充到图像中？

6.2 路径与形状

6.2.1 任务布置

路径是一个非常得力的助手，使用路径可以进行复杂图像的选取，还可以存储选取区域以备再次使用，更可以绘制线条优美的图形，下面就用路径工具来绘制一些几何的图形，并将这些几何图形组合到画面当中。

6.2.2 任务分析

本案例是一副音乐类的海报，我们可以先从图形分析入手，将物体分解成一些简单几何部分，因为路径工具可以非常便捷和快速地创建出图形轮廓，然后再将图形进行组合，最后进行细节的修饰，当然还要考虑到色彩的搭配，光影的位置，下面是具体的操作步骤。

6.2.3　实施步骤

1. 新建文件

（1）打开 Photoshop，创建新画布，大小设置为 1280×800 像素。

2. 绘制直线矩形

（1）选择“钢笔”工具，在工具公共栏中将绘制属性设为“路径”，在图像上单击左键创建一个锚点，依次单击左键绘制一个闭合的梯形，如图 6-63 所示。

（2）进入路径面板，将刚才绘制的路径命名为“琴颈”。

3. 绘制曲线形状

（1）在路径面板中新建一个路径，命名为“琴身”，选择“钢笔”工具，在图像上按住左键拖动鼠标创建一个锚点和两句柄。

（2）在第二个位置再次按住左键拖动鼠标创建一个锚点和两个句柄，在两个锚点之间就会形成一条曲线，按住 Alt 键拖移句柄的位置可以改变曲线的形状。

（3）按照上面的方法依次绘制锚点，闭合路径，效果如图 6-64 所示，创建的锚点越少，曲线就越平滑。

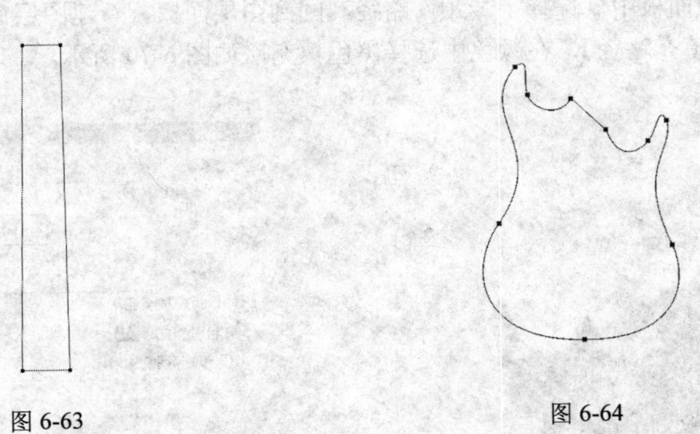

图 6-63　　图 6-64

4. 转换锚点

（1）在路径面板中新建一个路径，命名为“琴头”，选择“钢笔”工具，在图像上单击左键创建锚点，依次单击左键绘制一个闭合的多边形，如图 6-65 所示。

（2）选择“转换点工具”，在路径上单击锚点，调整锚点的句柄，调整效果如图 6-66 所示。

图 6-65　　图 6-66

5. 变形路径

（1）在路径面板中新建一个路径，命名为“琴鞍”，选择“圆角矩形工具”，在工具公共栏中选择“路径”，半径设为 50，如图 6-67 所示，绘制圆角矩形。

图 6-67

（2）执行【编辑】|【变换路径】命令，变形路径，如图 6-68 所示。

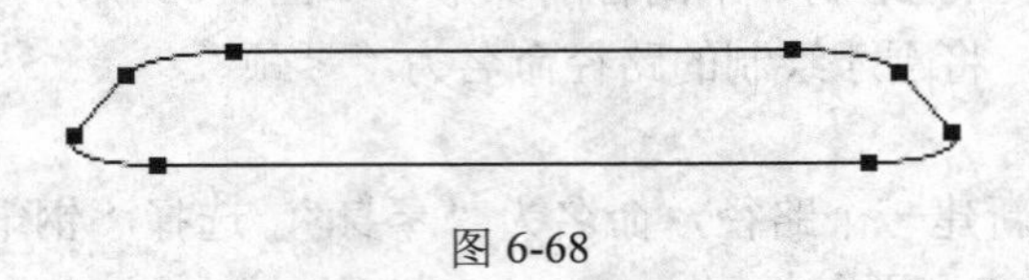

图 6-68

6. 填充、描边路径

（1）在路径面板中，选择“琴身”路径，单击“路径转换为选区”按钮或按 Ctrl+Enter 快捷键，回到图层面板，新建图层命名为“琴身”层，在选区中添加水平方向的暗红色到红色的对称渐变，如图 6-69 所示。

（2）在路径面板中，选择“琴颈”路径，回到图层面板，新建图层命名为“琴颈”层，单击右键选择【填充路径】，在颜色中选择黑色填充，如图 6-70 所示。

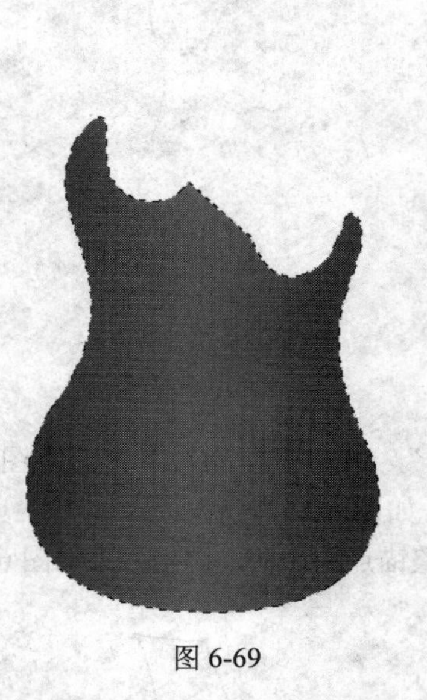

图 6-69

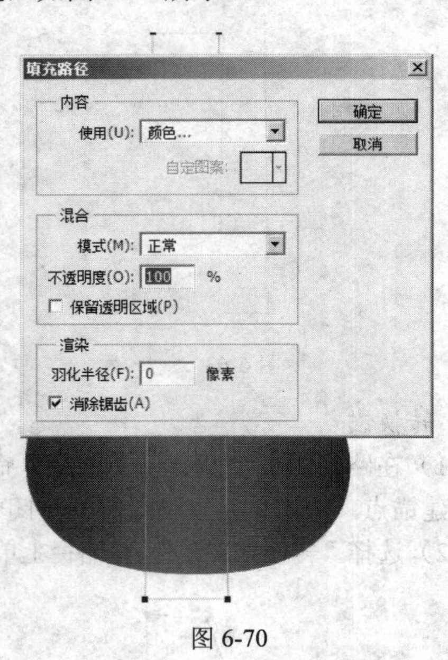

图 6-70

（3）在路径面板中，选择“琴头”路径，单击“路径转换为选区”按钮或按 Ctrl+Enter 快捷键，回到图层面板，新建图层命名为“琴头”层，在选区中添加水平方向的暗红色到红色的对称渐变，如图 6-71 所示。

（4）在路径面板中，选择“琴鞍”路径，回到图层面板，新建图层命名为“琴鞍”层，单击右键选择【填充路径】，在颜色中选择灰色填充。

（5）调整各图层内元素的大小、位置，如图 6-72 所示。

图 6-71

图 6-72

（6）新建图层命名为“琴弦”层，设置前景色为白色，选择直线路径工具，在工具公共栏中选择“填充像素”、粗细 2px，绘制琴弦。

7. 绘制背景

（1）在“背景”中，添加渐变，如图 6-73 所示。

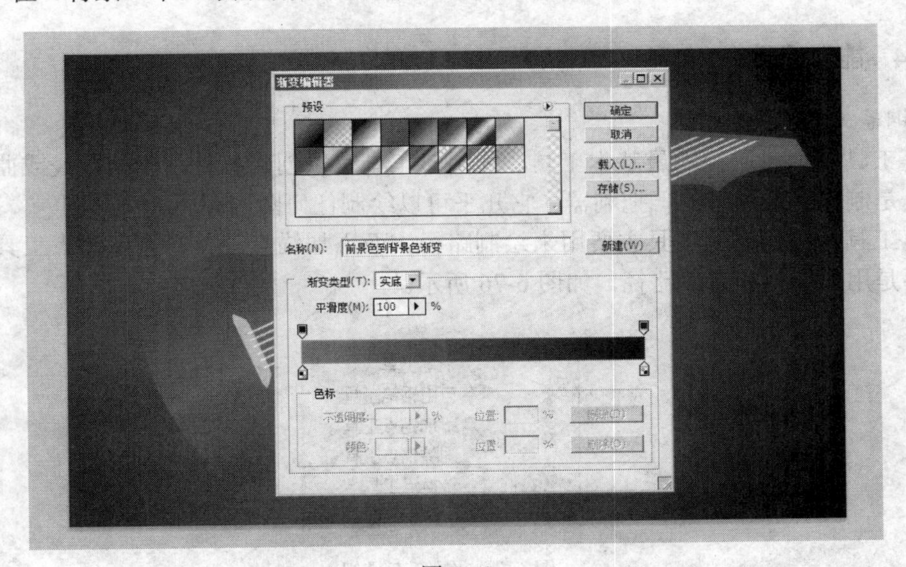

图 6-73

（2）选择“自定义形状工具”，在工具公共栏中将绘制属性设为“填充像素”，“形状”更改为音乐，如图 6-74 所示，在“背景层”上方新建图层命名为“音符”层，拉动鼠标，绘制音符，将图层混合模式设为“叠加”。

图 6-74

（3）重复以上步骤，绘制不同音符，将图层混合模式设为“叠加”。

8. 细节制作

根据以上方法，制作出贝斯的细节部分，如图 6-75 所示。

图 6-75

6.2.4 能力拓展

1. 钢笔工具

钢笔工具是创建路径的最基本工具，使用该工具可以创建各种精确的直线或曲线路径，钢笔工具是制作复杂图形的一把利器，它几乎可以绘制任何图形。

钢笔工具和自由钢笔工具主要用来绘制路径；而添加锚点工具、删除锚点工具和转换点工具主要是用来编辑和修改路径，如图 6-76 所示。

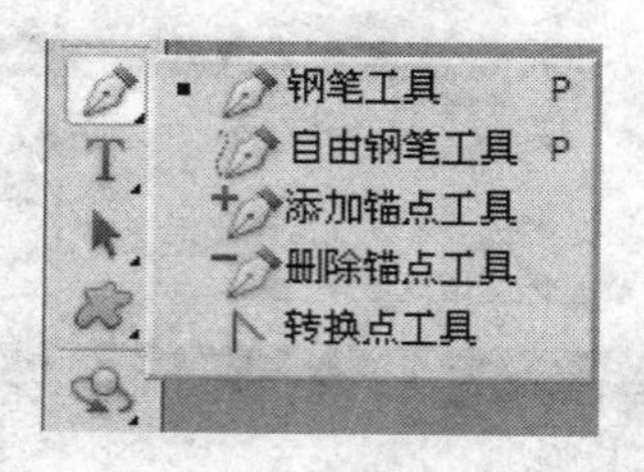

图 6-76 钢笔工具组

在工具箱中选择钢笔工具后，工具选项栏中将显示钢笔工具的相关属性，如图 6-77 所示。

图 6-77 钢笔工具选项栏

- 形状图层 ：使用形状工具绘图，会以前景色为填充色创建一个形状图层，同时会在当前的图层面板中创建一个矢量蒙版，在路径面板中生成一个路径。
- 路径 ：使用钢笔或形状工具绘制图形时，可以绘制出路径并在路径面板中以工作路径的形式存在，但图层面板不会有任何的变化。
- 填充像素 ：在选择形状工具时，才可以使用。它是以前景色为填充绘制一个图形对象，不会产生新的图层。

- 工具按钮组：可以选择不同的工具，方便各工具之间的切换。
- 自动添加/删除：选中该复选框，在使用钢笔工具绘制路径时，可以添加或删除锚点。
- 样式：在绘制形状图层时，可以将样式直接应用到样式图层中。
- 颜色：在选择形状图层时，可以打开拾色器文本框，设置形状图层的填充颜色。

2. 自由钢笔工具

自由钢笔工具使用方法类似于铅笔工具，但是与铅笔工具不同的是自由钢笔工具绘制得到的是路径，其选项栏如图 6-78 所示。

图 6-78　自由钢笔工具选项栏

- 曲线拟合：该参数控制绘制路径时对鼠标移动的敏感度，输入的数值越高，所创建的路径的锚点越少，路径也就越平滑。
- 磁性的：该复选框等同于工具选项栏中的磁性的复选框。但是在弹出面板中同时可以设置磁性的选项中的各项参数。
- 宽度：确定磁性钢笔探测的距离。
- 对比：确定边缘像素之间的对比度。
- 频率：确定绘制路径时设置锚点的密度。

3. 路径选择工具

Photoshop 为用户提供了两个选择路径的工具：路径选择工具和直接选择工具，如图 6-79 所示。

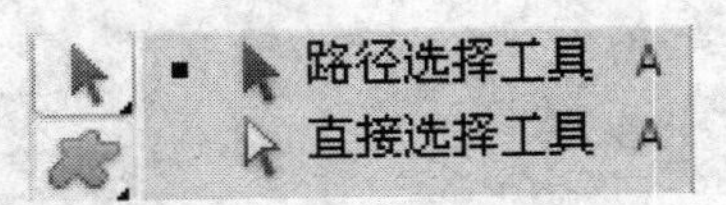

图 6-79

选择和移动路径

如果要选择整个路径，则先选择工具箱中的路径选择工具，当整个路径被选中时，该路径中的所有锚点都显示为黑色方块，按住鼠标拖动即可移动路径的位置，如图 6-80 所示。

图 6-80　选择路径效果

选择和移动锚点

使用工具箱中的直接选择工具，单击需要选择的锚点，此时选中的锚点显示为黑色方块，即可移动或调整锚点的位置，如图 6-81 所示。

图 6-81　选择锚点效果

复制变换路径

选择路径选择工具，在文档中单击需要复制的路径，按住 Alt 键，此时可以看到在光标的右下角出现一个“+”标志，按住鼠标拖动该路径即可为其复制出一个副本，如图 6-82 所示。

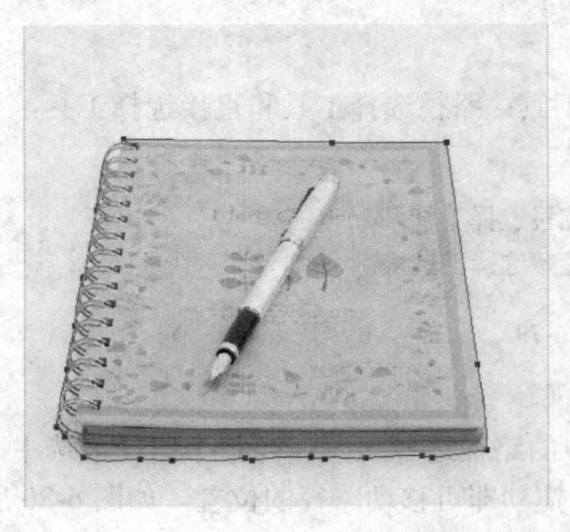

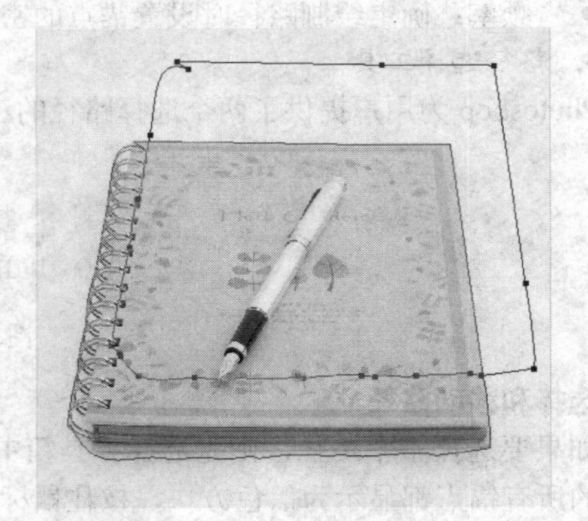

图 6-82　拖动法复制路径操作效果

4. 添加、删除锚点工具

使用添加、删除锚点工具，在路径上单击需要添加或删除的锚点位置，此时光标的右下角将出现一个“+”或“-”标志，单击鼠标即可在该路径位置添加或删除一个锚点，如图 6-83 所示。

5. 转换点工具

使用转换点工具不但可以将角点转换为平滑点，将角点转换为拐角点，将拐角点转换为平滑点；还可以对路径的角点、拐角点和平滑点之间进行不同的切换操作。

- 将角点转换为平滑点

在工具箱中选择转换点工具，然后将光标移动到路径上的角点处，按住鼠标拖动即可将角点转换为平滑点，如图 6-84 所示。

图 6-83　删除锚点的操作效果

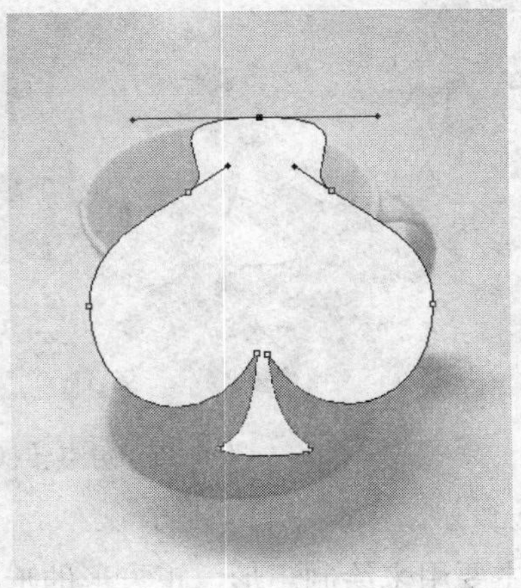

图 6-84　角点转换为平滑点操作效果

- 将平滑点转换为拐角点

首先要利用直接选择工具选择某个平滑点，并使其控制线显示出来。在工具箱中选择转换点工具 ，然后将光标移动到平滑点一侧的控制点上，按住鼠标拖动该控制点，将控制线转换为独立的控制线，这样就可以将控制线连接的平滑点转换为拐角点，如图 6-85 所示。

图 6-85　平滑点转换为拐角点操作效果

- 将角点转换为拐角点

在工具箱中选择转换点工具 ，然后将光标移动到路径上的角点处，按住 Alt 键的同时拖动，可以从该角点一侧拉出一条控制线，通过该控制线可以修改路径的形状，并将该点转换为拐角点，如图 6-86 所示。

图 6-86 角点转换为拐角点操作效果

6. 矩形工具

矩形工具主要用来绘制矩形、正方形的形状或路径，选项面板如图 6-87 所示。

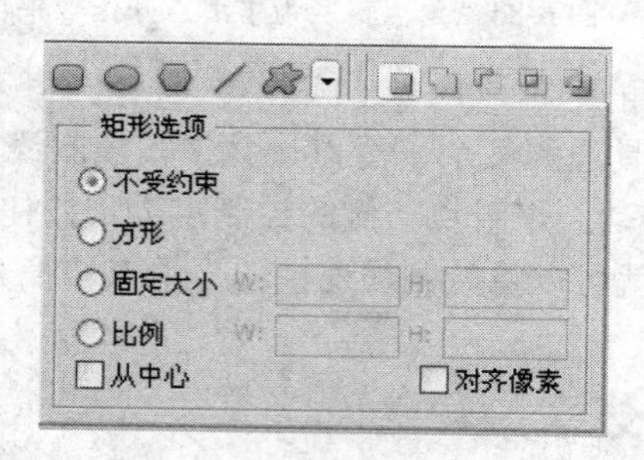

图 6-87

- 不受约束：可以绘制任意大小的矩形，按住 Shift 键可以绘制一个正方形，按住 Alt 键可以以单击点为中心绘制矩形，按住 Alt+Shift 快捷键可以以单击点为中心绘制正方形。
- 方形：可绘制任意大小的正方形。
- 固定大小：可绘制出指定大小的矩形。
- 比例：可以按指定比例绘制矩形。
- 从中心：以单击点为中心绘制矩形，该选项与按住 Alt 键绘制矩形相同。
- 对齐像素：可以使矩形边缘对齐图像像素的边缘。

7. 多边形工具

多边形工具主要用来绘制多边形和各种星形。其选项栏如图 6-88 所示。

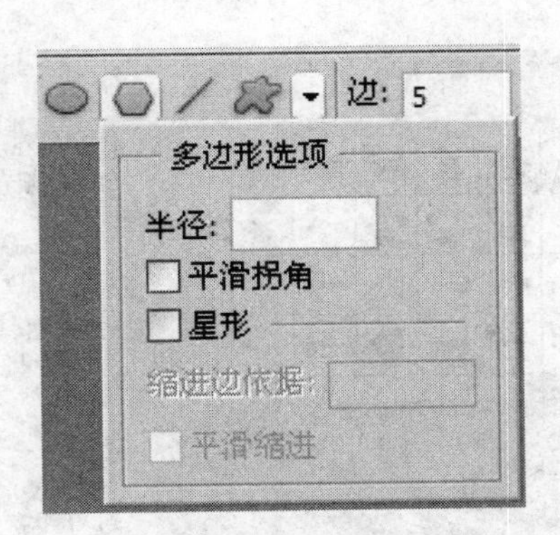

图 6-88　多边形工具选项面板

- 半径：指定多边形或星形的中心到外部点之间的距离，指定半径后可以按照一个固定的大小绘制。
- 平滑拐角：可以将多边形或星形的尖角转化为平滑的圆角。
- 星形：选中该复选框，可以绘制星形。
- 平滑缩进：可以平滑星形的角，使绘制出的星形的角更加柔和。
- 缩进边依据：可以设置缩进边依据来指定星形缩进的大小和半径的百分比。

8. 直线工具

直线工具主要用来绘制直线或带有各种箭头的直线段，选项面板如图 6-89 所示。

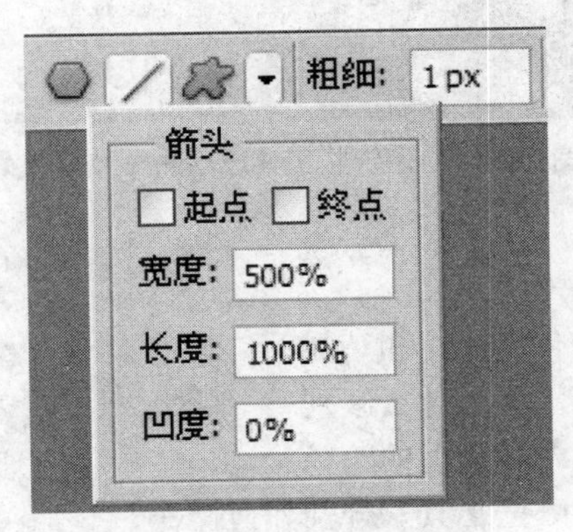

图 6-89　直线工具选项面板

- 起点：在绘制直线段时将在起点位置绘制箭头。
- 终点：在绘制直线段时将在终点位置绘制箭头。
- 宽度：设置箭头的宽度。
- 长度：设置箭头的长度。
- 凹度：设置箭头尾部凹、凸的程度，当输入值为正值时，箭头尾部向内凹陷；当输入值为负值时，箭头尾部向外凸出；当值为 0 时，箭头尾部保持平齐效果。

9. 自定形状工具

自定形状工具可以绘制出各种预设形状，还可以自行定义形状，其面板菜单如图 6-90 所示。

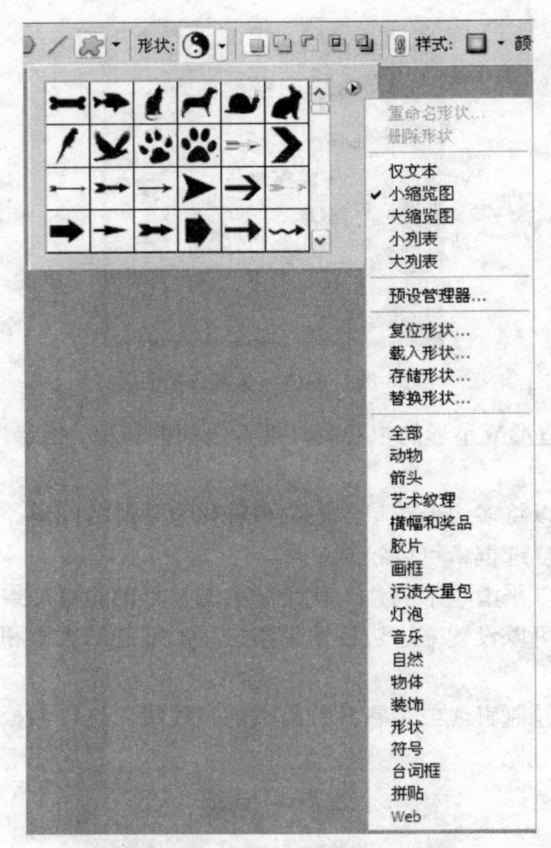

图 6-90　自定形状工具选项面板及面板菜单

6.2.5　习题训练

1．什么是路径？路径有什么作用和功能？
2．钢笔工具和自由钢笔工具有什么区别？
3．钢笔工具可以建立哪两种类型的路径？
4．要选择和移动路径有哪些工具？分别如何操作？

第 7 章　图像合成

7.1　合成的基础

7.1.1　任务布置

现代人生活在科学技术高度发达的时代，先进的科技、炫目的时尚都将成为都市中亮丽的风景。为了宣传这一主题，特制作一幅“现代都市”宣传画，以达到宣传城市风格的目的。最终效果图如图 7-1 所示。

图 7-1　“现代都市”宣传画

7.1.2　任务分析

通过对该任务的分析，我们发现本案例是由 4 张图片组合而成，分别是新建的填充背景图片、现代都市人物背景图片、 现代都市特效背景图片和现代都市建筑背景图片。这里利用图层分别对这 4 张图片进行处理，调整图片的大小和位置，改变图层顺序，使用图层混合模式，最终得到我们所需要的宣传画。由此我们可以看出实际上在图像合成中使用最多的就是图层，通过对本任务的实施，可以让我们初步了解关于图层的相关概念，认识“图层”面板，学习图层间的变化与联系，学会使用图层进行一些简单的图像合成操作。

7.1.3　实施步骤

1. 新建文件

（1）打开 Photoshop，创建新画布，大小设置为 780×850 像素，在新建文件中打开所给的三组素材图片如图 7-2 至图 7-4 所示，“图层”面板状态如图 7-5 所示。

图 7-2　人物背景图片

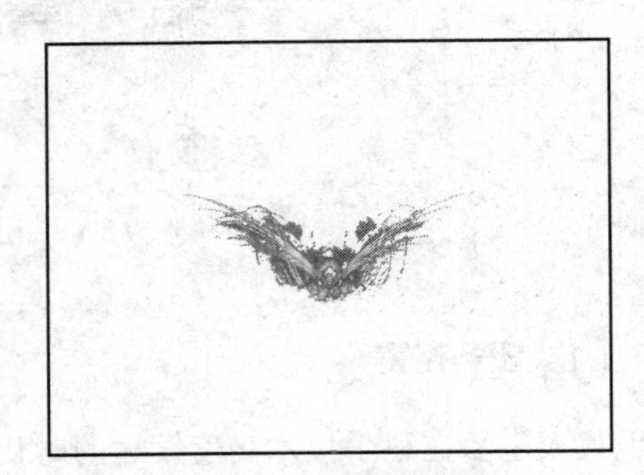

图 7-3　特效背景图片

图 7-4　建筑背景图片

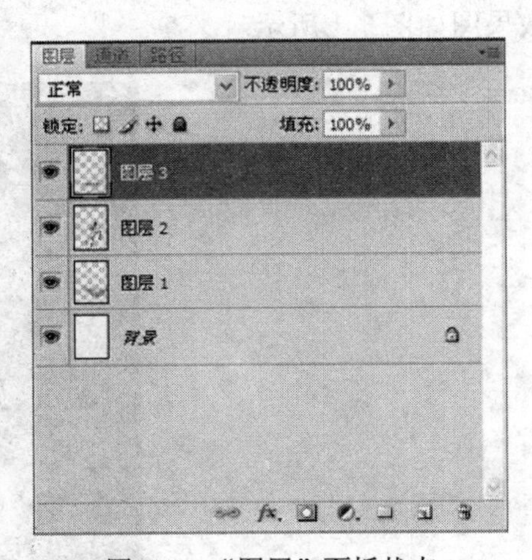

图 7-5　“图层”面板状态

（2）双击背景图层，把背景图层转化成为普通图层。如图 7-6 所示。

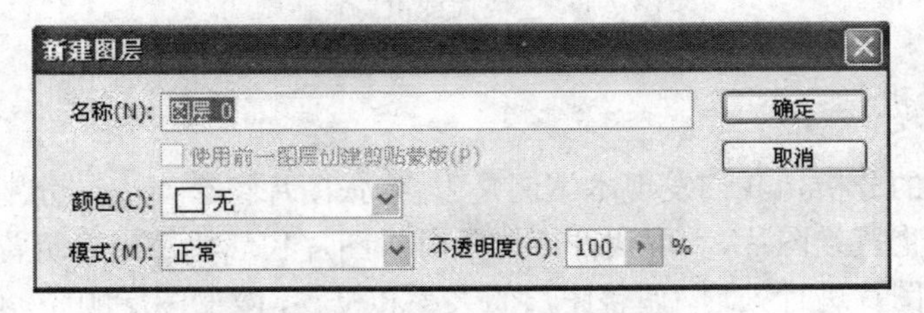

图 7-6　【新建图层】对话框

2. 修改图片

（1）选择拾色器，设置前景色为深蓝绿色。参数设置如图 7-7 所示。然后使用 Alt+Delete 快捷键填充前景色，为背景图层替换颜色。

（2）从工具栏里选择文字编辑工具（T），在背景图层上添加项目的主题文字。可自行设计符合主题的文字外观。“图层”面板状态如图 7-8 所示。

（3）使用自由变换工具（快捷键 Ctrl+T）对素材大小和位置进行调整，再调整图层顺序，得到效果图如图 7-9 所示。

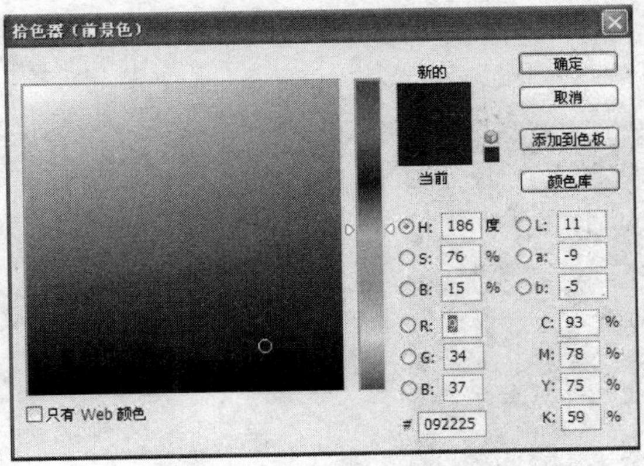

图 7-7 “拾色器”参数设置

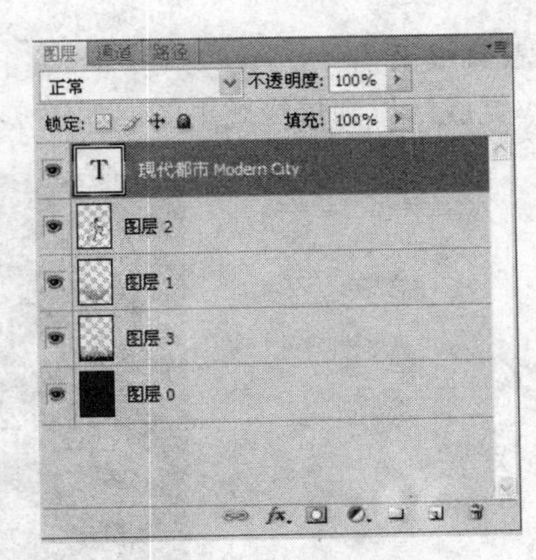

图 7-8 “图层”面板状态

图 7-9 合成效果图

3. 添加特效

（1）选择人物背景图层，将其混合模式调整为变亮模式，“图层”面板状态如图 7-10 所示。

（2）选择建筑背景图层，将其混合模式调整为正片叠底，“图层”面板状态如图 7-11 所示。

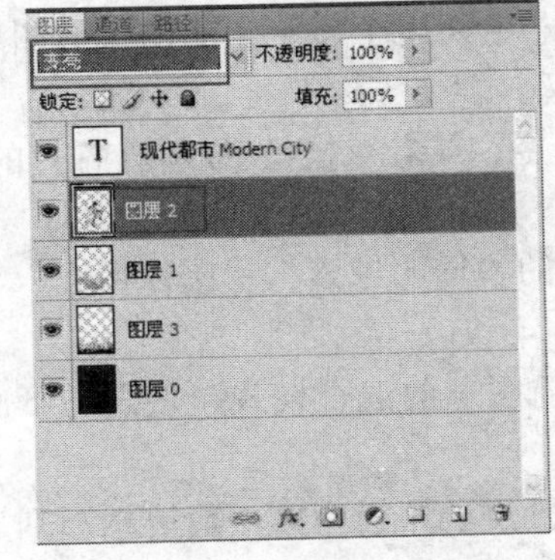

图 7-10 “图层”面板状态

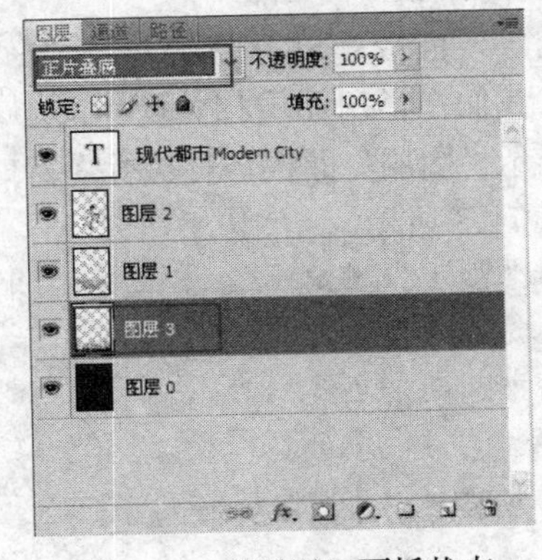

图 7-11 “图层”面板状态

4. 最终效果图

操作完成，得到最终效果图，如图 7-12 所示。

图 7-12 最终效果图

7.1.4 能力拓展

1. 图层概念

在我们使用 Photoshop 制作的图片中，大都是由若干个图层组合而成的。通过这些图层可以将图片中的各个元素分开放在不同的图层中，图层中没有图像的部分保持透明，有图像的每个图层就像一个个独立的图像文件一样，可以对其施加命令，进行单独的编辑操作，而对其他的图层没有影响。打个比方来说图层就如同堆叠在一起的透明纸，每一张纸（图层）上都保存不同的图像，我们可以透过上面图层的透明区域看到下面的图层内容。每一个图层中的对象都可以单独处理，而不会影响其他图层中的内容。这样当我们想要修改混合图像中的某个图形时，只要将该图形所在的那张纸单独提出来修改即可，而不会影响到其他纸上的图形。图层可以移动，也可以调整堆叠顺序，在调整图层的不透明度时，还可以使图像内容变得透明。

2. 图层面板

“图层”面板是进行图层编辑时必不可少的窗口，主要用于显示当前图像的图层编辑信息，所以我们在学习图层相关操作前必须对其进行了解。

要显示“图层”面板，可执行【窗口】|【图层】命令，或者直接按 F7 键，打开的【图层】面板如图 7-13 所示。

（1）“锁定” 锁定: ：用来锁定当前图层的“透明像素”、“图像像素”、“位置”等属性。

（2）“图层混合模式” 正常 ：用来设置当前图层的混合模式，使之与下面的图像产生混合。

（3）“不透明度” 不透明度: 100% ：用来设置当前图层的不透明度，数值越小则当前图层越透明。

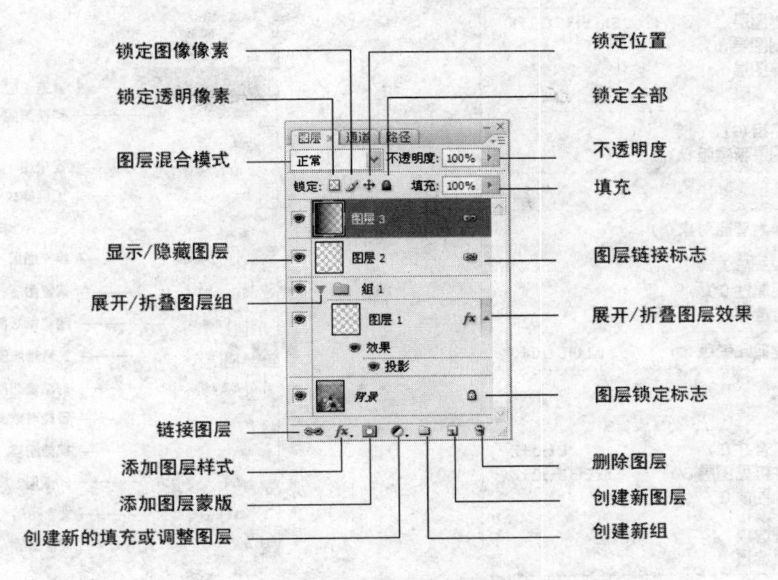

图 7-13　【图层】面板

（4）“填充” 填充: 100% ：用来设置当前图层中非图层样式部分的不透明度。

（5）“显示/隐藏图层”：单击此按钮，可以控制当前图层的显示或隐藏状态。

（6）“图层链接标志”：显示该标志的多个图层为彼此链接的图层，它们可以一同移动或进行变换操作。

（7）“展开/折叠图层组”：单击此按钮，可以展开或折叠图层组。

（8）“展开/折叠图层效果”：单击此按钮，可以展开图层效果，显示出当前图层添加的所有效果的名称。再次单击可折叠图层效果。

（9）“图层锁定标志”：显示该标志，表示图层处于锁定状态。

（10）“链接图层”：在选中多个图层的情况下，可以将选中的图层链接起来。

（11）“添加图层样式” fx.：单击该按钮，在打开的下拉列表中可以为当前图层添加图层样式。

（12）“添加图层蒙版”：单击该按钮，可以为当前图层添加图层蒙版。

（13）“创建新的填充或调整图层”：单击该按钮，在打开的下拉列表中选择为当前图层创建新的填充或调整图层。

（14）“创建新组”：单击该按钮，可以创建一个图层组。

（15）“创建新图层”：单击该按钮，可以创建一个新图层。

（16）“删除图层”：单击该按钮，可以删除当前所选的图层或图层组。

在打开的“图层”面板右上角单击按钮，可打开“图层”面板菜单，如图 7-14 所示。

技巧：执行“图层”面板菜单中的“调板选项”命令，可以打开“图层调板选项”对话框，在对话框中调整面板中图像缩略图的大小。

3. 图层类型

在进行图形图像的处理时我们可以创建多种类型的图层，每种类型的图层都有其不同的功能和用途，它们在“图层”面板中的显示状态也各不相同，下面将给大家介绍一些常见的图层类型，如图 7-15 所示。

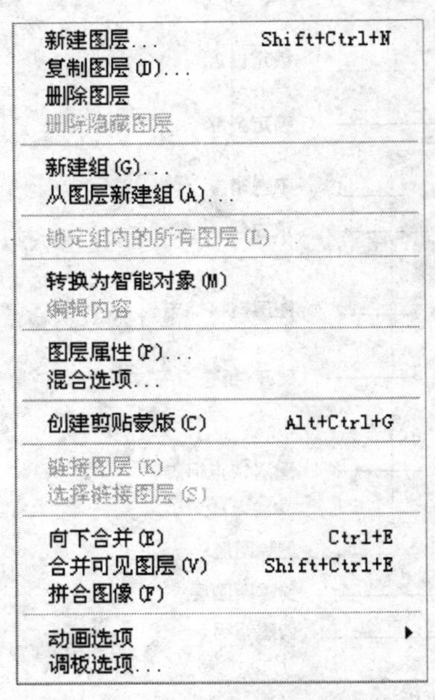

图 7-14 “图层”面板菜单

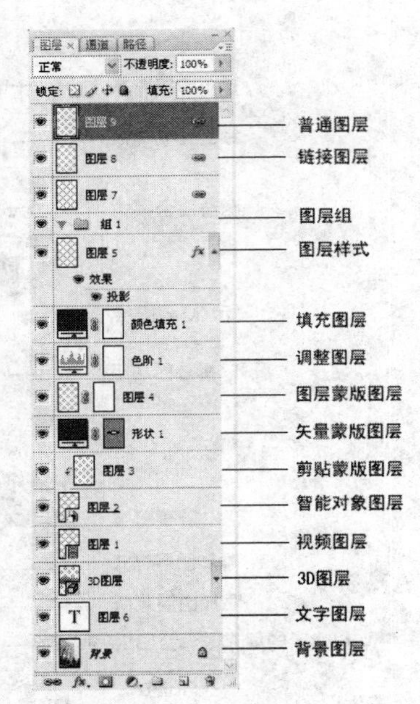

图 7-15 一些常见的图层类型

（1）普通图层：除背景图层之外的其他图层均为普通图层，是最常用的图层。新建立的普通图层上的像素是完全透明的，呈现灰白方格图像，对普通图层可以调整其不透明度和图层的混合模式。我们也可以把普通图层看成是当前图层，即当前选择的图层，在对图像处理时，编辑操作将在当前图层中进行。

（2）链接图层：保持链接状态的多个图层。

（3）图层组：用来组织和管理图层，以便于查找和编辑图层。

（4）图层样式：添加了图层样式的图层，通过图层样式可以快速创建特殊效果。

（5）填充图层：填充图层可以执行【图层】|【新建填充图层】命令，也可以单击【图层】面板下方的“创建新的填充或调整图层”按钮。在新产生的图层上可通过填充“纯色”、“渐变色”和“图案”来创建特殊效果。

（6）调整图层：可以调整图像的色彩，但不会永久更改像素值。

（7）图层蒙版图层：添加了图层蒙版的图层，蒙版可以控制图层中图像的显示范围。

（8）矢量蒙版图层：带有矢量形状的蒙版图层。当使用形状工具绘制图形时，在对应的选项栏中选择“形状图层”按钮，就会在“图层”控制面板中产生形状图层。

（9）剪贴蒙版图层：蒙版的一种，可使用一个图层中的图像控制它上面多个图层内容的显示范围。

（10）智能对象图层： 包含有智能对象的图层。使用智能对象，可以对单个对象进行多重复制，并且当复制对象其中之一被编辑时，所有的复制对象都可以随之更新，但是图层样式和调整图层仍然可以应用到其中某个智能对象中，而不会影响其他复制的对象。

（11）视频图层：包含有视频文件帧的图层。

（12）3D 图层：包含有置入的 3D 文件的图层。

（13）文字图层：文字图层是专门用来编辑和处理文本的图层。使用“文字工具”，在图像窗口中单击，即可创建一个文字图层。

（14）背景图层：我们在新建文件时，会在“图层”面板里自动创建一个图层，这个自动产生的图层就是背景图层。一个图像文件只有一个背景图层，背景图层是所有图层的最底层，它是完全不透明的，代表图像的基础部分，且始终处于被锁定状态。

技巧：普通图层转化为背景图层，可以选择需要转化的普通图层，执行【图层】|【新建】|【背景图层】命令，则该图层会被命名为“背景图层”，并调整到最底层；背景图层转化为普通图层，可以双击需要转化的背景图层图标，在弹出的“新建图层”对话框中单击【确定】按钮，即可把普通图层转化为相对应的背景图层。也可按住Alt键双击背景图层图标，可以不必打开对话框而直接将其转换为普通图层。

4. 图层的建立

新建图层的方法有很多种，下面我们就来学习图层的具体创建方法。

（1）单击【图层】面板中的“创建新图层”按钮 ，可建立一个普通图层。

（2）执行【图层】|【新建】|【图层】命令，可打开【新建图层】对话框，如图7-16所示，输入图层名称，单击【确定】按钮，即可建立新图层。

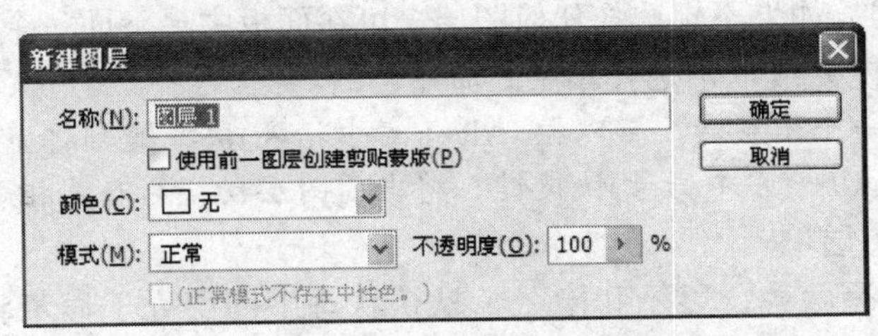

图7-16 【新建图层】对话框

（3）可以按Shift+Ctrl+N快捷键在当前图层的上面新建一个图层。

技巧：如果在图像中创建了选区，可以使用Ctrl+J快捷键新建“通过拷贝的图层”，也可以使用Shift+Ctrl+J快捷键新建“通过剪切的图层”。

5. 图层的编辑

（1）选择图层

在图层面板中单击某图层的名称，使该图层底色由灰色变为蓝色，即表示选择该图层为当前图层。也可以使用【选择】命令进行图层选择，如图7-17所示。

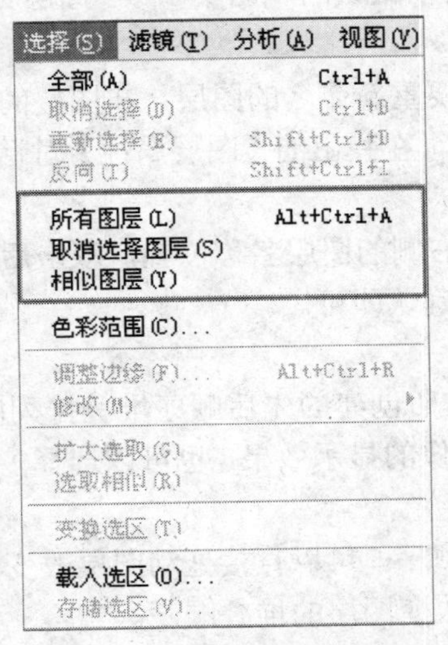

图7-17 【选择】命令菜单

1）选择一个图层：要选择某一图层，只需在“图层”面板中单击需要的图层即可。处于选择状态的图层与普通图层具有一定区别，被选择的图层以灰底显示。

2）选择所有图层：执行【选择】|【所有图层】命令或按 Ctrl+Alt+A 快捷键，可以快速选择除“背景图层”以外的所有图层。此操作仅对 Photoshop CS2 及以上的版本有效。

3）选择连续图层：如果要选择连续的多个图层，可在选择一个图层后，按住 Shift 键在“图层”面板中单击另一个图层的图层名称，则两个图层间的所有图层都会被选中。

4）选择非连续图层：如果要选择不连续的多个图层，在选择一个图层后，按住 Ctrl 键在“图层”面板中单击另一图层的图层名称。

5）选择链接图层：选择链接图层中的任意一个图层，可以通过执行【图层】|【选择链接图层】命令，将所有与当前图层存在链接关系的图层全部选中。

6）选择相似图层：执行【选择】|【相似图层】命令，可以将与当前所选图层类型相同的图层全部选中。

7）取消选择图层：如果不想选择任何图层，可在面板中最下面一个图层下方的空白处单击，也可以执行【选择】|【取消选择图层】命令。

技巧：我们选择一个图层后，可以按 Alt+](右中括号)快捷键，将当前图层切换为与之相邻的上一个图层；按 Alt+[(左中括号)快捷键，将当前图层切换为与之相邻的下一个图层。

（2）显示/隐藏图层

图层的显示状态有两种：显示和隐藏。默认状态下图层处于显示状态，如果要隐藏该图层中的图像，可单击图层缩略图左侧的眼睛图标。再次单击眼睛图标，可重新显示其内容。

（3）复制图层

1）在面板中复制图层：将要复制的图层缩览图拖动到图层面板下方的“创建新图层”按钮上，即可复制该图层。

2）通过命令复制图层：选中需要复制的图层，执行【图层】|【复制图层】命令，即可复制该图层。

（4）重命名图层

我们新建的所有图层，都会以默认的“图层 1”、“图层 2”命名。如果要改变图层的默认名称，可以执行下列操作之一：

1）在“图层”面板中选择要重新命名的图层，在图层的缩略图上单击鼠标右键，在弹出的菜单中选择【图层属性】命令，在弹出的【图层属性】对话框中输入新的图层名称后，单击【确定】按钮。

2）也可以双击图层缩略图右侧的图层名称位置，双击后该名称变为可输入的文本框，直接输入新图层名称后按 Enter 键确认即可。

（5）调整图层顺序

“图层”面板中的图层是按照创建的先后顺序堆叠排列的，我们可以重新调整图像中图层的上下叠加顺序，从而改变图像的显示效果，也可以选择多个图层，对它们进行对齐与分布操作。

1）在“图层”面板中改变顺序：可以直接拖动图层改变其顺序，将一个图层拖至另外一个图层的上面（或下面），即可改变图层的堆叠顺序。

2）通过【排列】命令改变顺序：选择一个图层，执行【图层】|【排列】命令，使用其下

拉菜单中的命令来改变图层的堆叠顺序。如图 7-18 所示。

图 7-18　“排列”命令下拉菜单

技巧：执行【图层】|【排列】|【置为顶层】命令，可将所选图层置于最顶层；执行【图层】|【排列】|【前移一层】命令，可将图层上移一层；执行【图层】|【排列】|【后移一层】命令，可将图层下移一层；执行【图层】|【排列】|【置为底层】命令，可将图层置于图层的最底层（“背景图层”除外）。

（6）删除图层

选择需删除的图层，执行【图层】|【删除】|【图层】命令，或者选中需要删除的图层直接拖到图层面板上的“删除图层”按钮上。

（7）链接图层

为了方便同时移动多个图层上的图像，我们可以使用图层的“链接”功能，移动其中任何一个图层，该图层链接的其他图层也会随之移动。链接图层的方法是：按住 Ctrl 键，选中两个或两个以上需要链接的图层，单击图层调板下方的链接按钮，相应图层右侧就会出现 图标，表示链接成功。

（8）合并图层

在编辑图像过程中，尽量将不同对象建立在不同图层上，便于修改。但是，对于确定不再更改的图像内容，要尽量将其图层进行合并，以减少图像文件所占磁盘的空间，避免导致电脑运行速度变慢。要将图层进行合并，在“图层”菜单中有以下几种操作：

1）向下合并图层：可将当前图层与其下一图层合并为一个图层。

2）合并可见图层：可将当前所有可见图层内容合并到背景图层，而处于隐藏的图层则不被合并。

3）拼合图像：将合并所有可见图层，对于图像中存在的隐藏图层，将会弹出一个对话框询问是否要删除隐藏图层。

4）盖印图层：盖印是一种特殊的合并图层的方法，它可以将多个图层内容合并为一个目标图层，同时保持其他图层的完好，也就是说它可以在图层合并的同时保持原图层的完整。

技巧：如果选择了一个图层，按 Ctrl+Alt+E 快捷键，可以将该图层中的图像盖印到下面图层中，原图层内容保持不变；如果选择了多个图层，按 Ctrl+Alt+E 快捷键，可以创建一个包含合并内容的新图层，原图层保持不变；如果选择了图层组，按 Ctrl+Alt+E 快捷键，可以将组中的所有图层内容盖印到一个新的图层中，原组及组中的图层内容保持不变；如果按 Shift+Ctrl+Alt+E 快捷键，可以将所有的可见图层盖印到一个新的图层中，而原图层内容保持不变。

6. 图层组

图层组具有管理图层的功能，使用图层组，就像使用文件夹管理文件一样，可以在图层组中存放图层并进行管理。

（1）新建图层组：如果要新建一个新的图层组，可以执行下列操作：

1）执行【图层】|【新建】|【组】命令，或从“图层”面板下拉菜单中选择“新建组”，

在弹出的对话框中单击【确定】按钮。

2）单击“图层”面板下面的“创建新组”按钮 ，可以创建默认选项的图层组。

3）如果要将当前存在的图层合并至一个图层组，可以将这些图层选中，然后按 Ctrl+G 快捷键；或者执行【图层】|【新建】|【从图层建立组】命令，在弹出的【新建组】对话框中单击【确定】按钮。如图 7-19 所示。

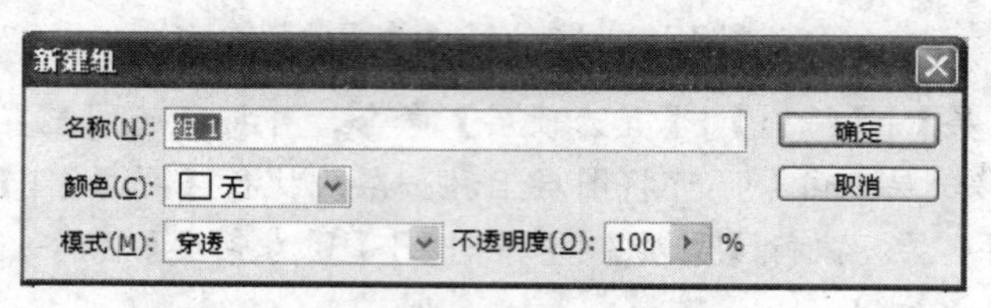

图 7-19 【新建组】对话框

（2）复制图层组：通过复制图层组可以复制当前图层组中所有的图层。要复制图层组，可以执行下列操作：

1）选中要复制的图层组，执行【图层】|【复制组】命令，或在“图层”面板下拉菜单中选择“复制组”命令，在弹出的对话框中单击【确定】按钮。

2）可以将图层组拖至“图层”面板的“创建新图层”按钮 上。

（3）删除图层组：通过删除图层组可以删除当前图层组中的所有图层。要删除图层组，可以执行下列操作：

1）将要删除的一个或多个图层组选中，然后拖至“图层”面板的“删除图层”按钮 上。

2）可以将要删除的图层组隐藏，然后选择“图层”面板下拉菜单中的“删除隐藏图层”命令即可。

7.1.5 习题训练

1．图层的类型有哪些？

2．建立图层的方法有哪些？编辑图层的方法有哪些？

3．如何通过图层组来管理图层?

4．使用所给的三张素材（金鱼图片如图 7-20 所示、小猫图片如图 7-21 所示、池塘图片如图 7-22 所示）进行图像合成，得到最终效果图，如图 7-23 所示。其中使用的工具主要有：图层混合模式（正片叠底）以及自由变换工具。

图 7-20 金鱼图片

图 7-21 小猫图片

图 7-22　池塘图片

图 7-23　最终效果图

7.2　图层

7.2.1　任务布置

经常可以在一些广告或者网页上看到很多介绍手机的宣传图片，我们发现在这些手机图片上不仅有炫目的手机外型还有很多制作精良的手机倒影，那么这些真实感很强的手机倒影又是如何制作出来的呢？下面我们将为大家逐步揭晓。

7.2.2　任务分析

利用蒙版制作手机倒影，为图片添加蒙版效果。其中我们要灵活运用图层与蒙版之间的关系，复制图层并使用自由变换工具调整图片大小与位置，选择渐变工具去营造不同的蒙版效果。通过对本任务的实施，使我们初步了解了蒙版与图层之间的关系，知道了“蒙版”面板的使用，掌握了蒙版的一些基本操作。此外我们还学会了在蒙版中使用渐变工具去营造一些特殊的效果。

7.2.3　实施步骤

1. 新建文件

（1）新建文件，参数设置如图 7-24 所示。

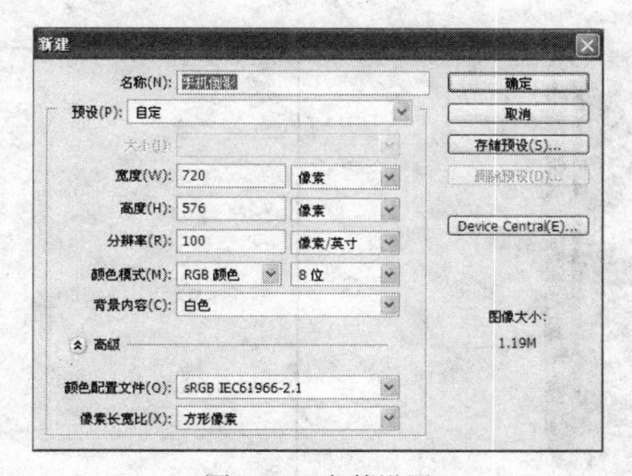

图 7-24　参数设置

（2）导入手机图片如图 7-25 所示，此时手机图片在文件中的状态如图 7-26 所示。

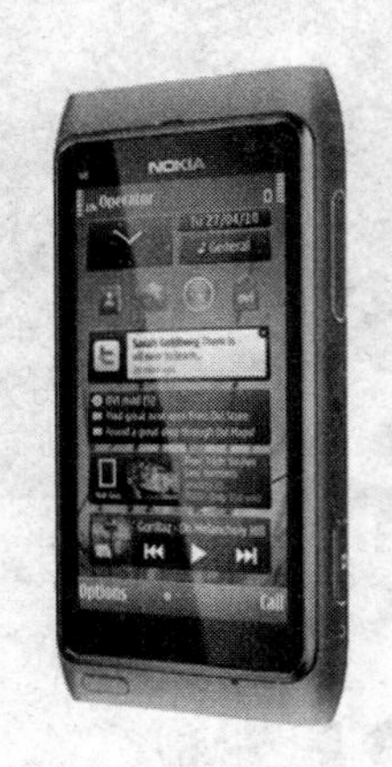

图 7-25　手机图片

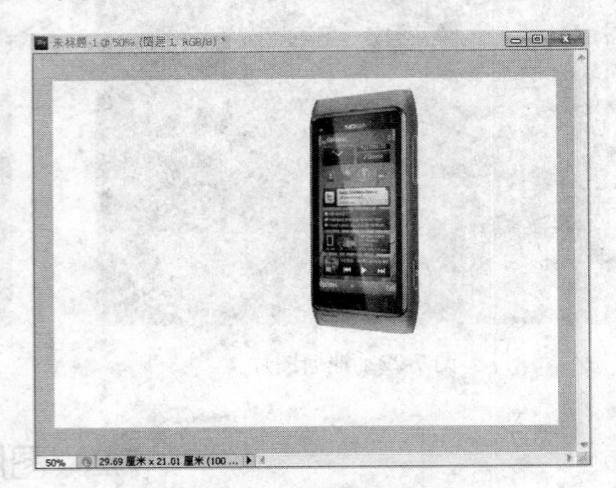

图 7-26　导入手机图片后的文件

2. 制作手机倒影

（1）选中“图层 1”，按住鼠标左键将其拖拽到新建图层按钮 上，复制“图层 1”，得到“图层 1 副本”。“图层”面板状态如图 7-27 所示。

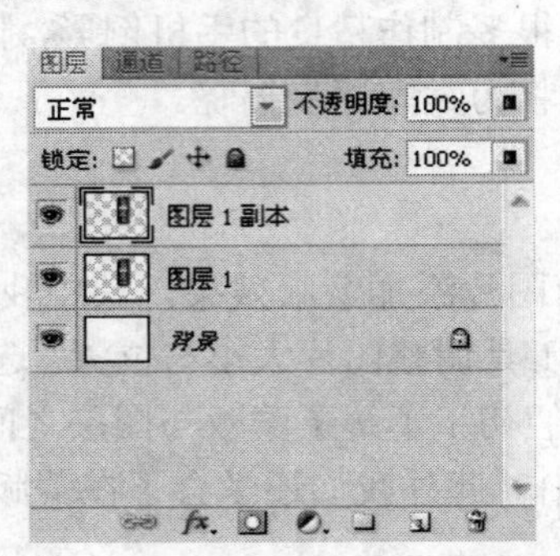

图 7-27　“图层”面板状态

（2）选中复制的“图层 1 副本”，然后使用 Ctrl+T 快捷键，调出自由变换工具，并且将中心点的位置移动到手机图片底部。如图 7-28 所示。执行【编辑】|【变换】|【垂直翻转】命令，得到如图 7-29 所示效果。

图 7-28　自由变换状态

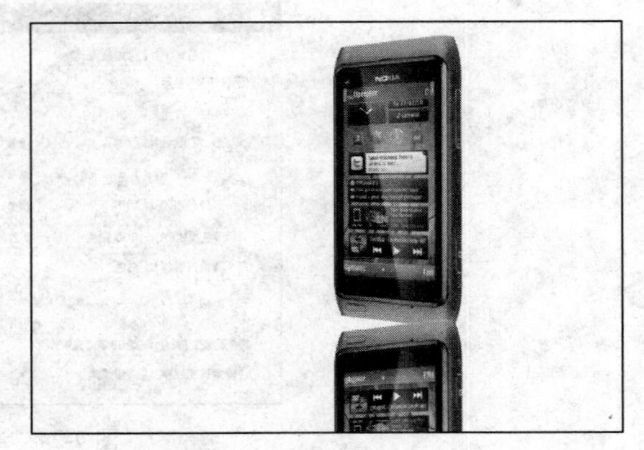

图 7-29　自由变换后的效果图

3. 为倒影添加蒙版效果

（1）选中“图层 1 副本”，单击图层面板底部的“添加图层蒙版”按钮，为该图层创建一个图层蒙版，如图 7-30 所示。

（2）将背景图层转化成为普通图层，双击背景图层，弹出对话框，单击【确定】按钮，完成此操作。如图 7-31 所示。

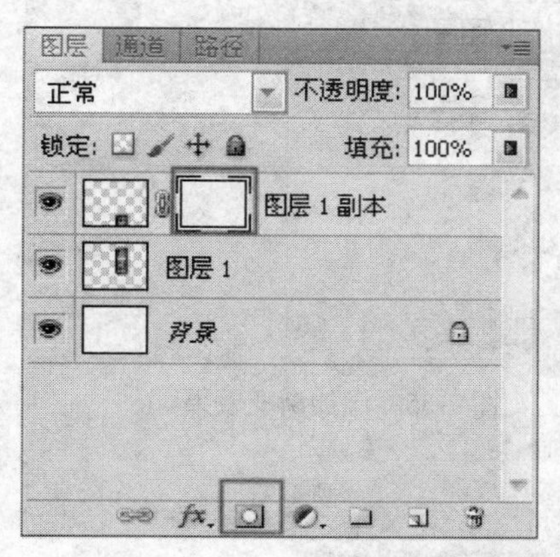

图 7-30　添加图层蒙版

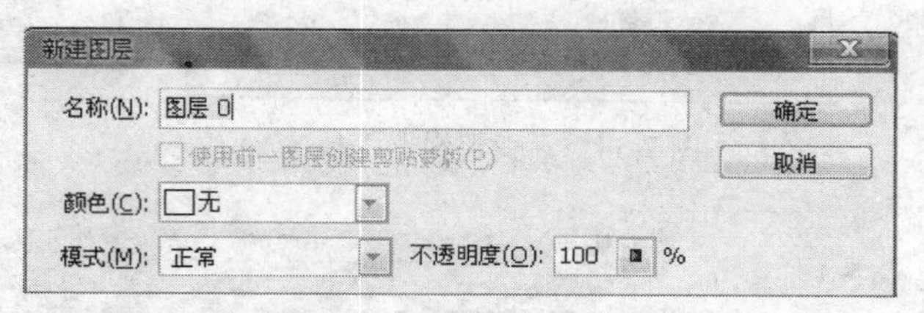

图 7-31　“新建图层”对话框

（3）单击拾色器，为背景图层添加颜色，在拾色器里选好颜色后，单击【确定】按钮，然后使用快捷键 Alt+Delete 为所选择图层填充前景色。如图 7-32 所示。

（4）操作完成后，“图层”面板状态如图 7-33 所示。

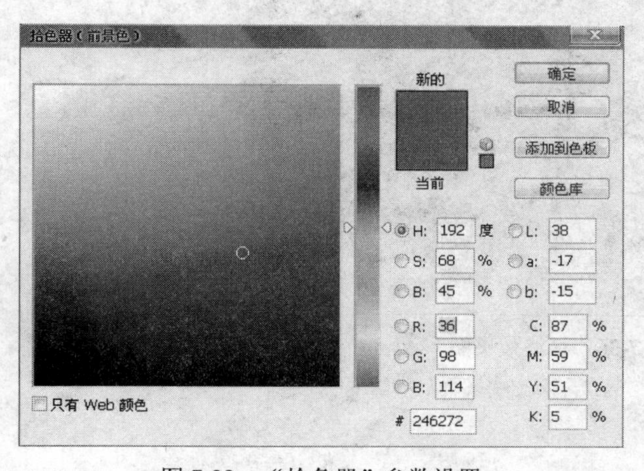

图 7-32　“拾色器”参数设置

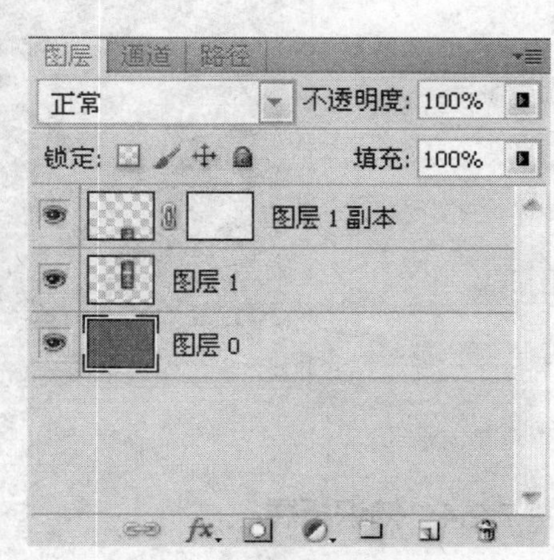

图 7-33　“图层”面板状态

4. 为倒影添加渐变效果

（1）为制作手机倒影，要让“图层 1 副本”显示透明渐变效果。单击“图层 1 副本”蒙版，选择渐变工具，在渐变编辑器预设中选择前景色到透明，如图 7-34 所示。

（2）使用渐变工具对其添加渐变，让“图层 1 副本”以渐变的状态出现，如图 7-35 所示。

5. 最终效果图

操作完成，得到最终效果图，如图 7-36 所示。

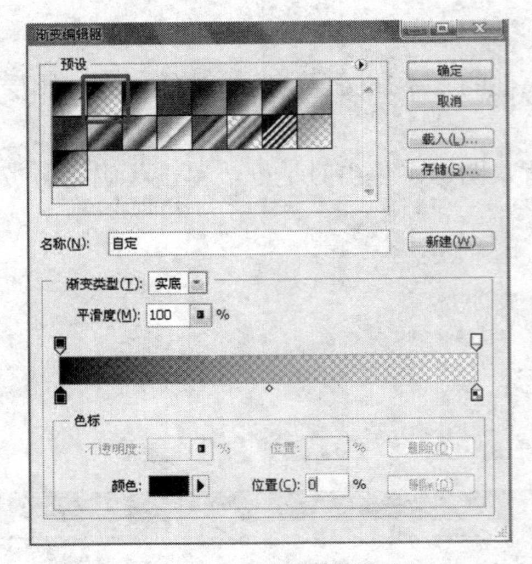

图 7-34　渐变编辑器面板

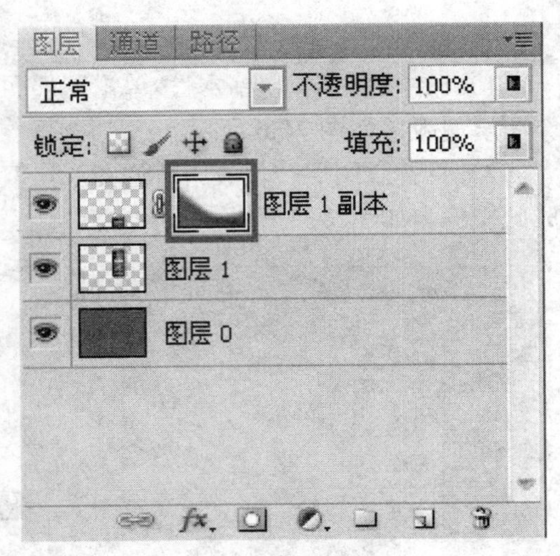

图 7-35　添加渐变效果

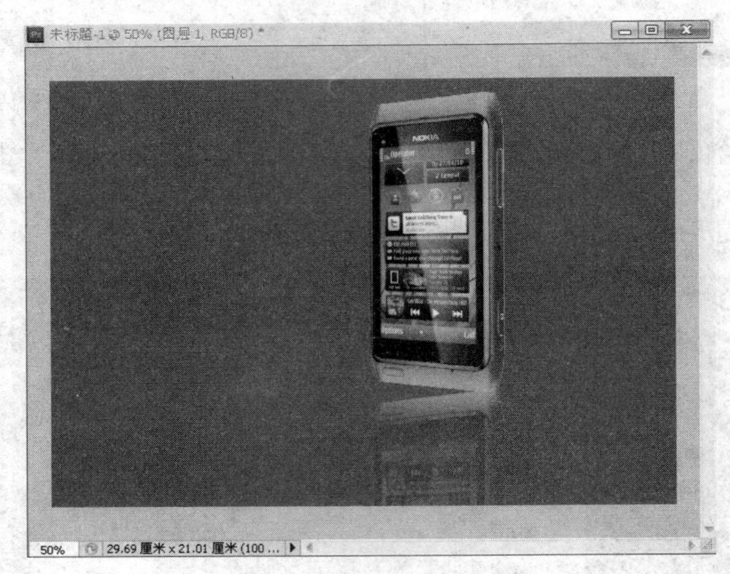

图 7-36　最终效果图

7.2.4　知识拓展

1. 图层样式

图层样式也叫图层效果，它用于创建图像特效，是 Photoshop 最具吸引力的功能之一。图层样式可以随时修改、隐藏或删除，具有非常强的灵活性，它可以使我们处理的图像具有很多特殊的效果。

技巧：“背景”图层不能添加图层样式。如果要为其添加，需要先将它转换为普通图层。

图层样式的建立

如要为图层添加样式，可选中图层，单击“图层”面板下方的“添加图层样式”按钮 fx，弹出“图层样式”下拉菜单，如图 7-37 所示，单击其中的任一菜单命令，均可进入到相应效果的设置面板。

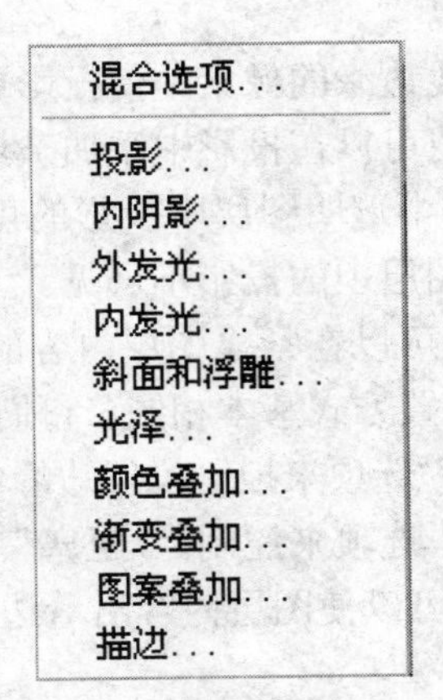

图 7-37　“图层样式”菜单

图层样式分类

（1）投影：“投影”是最简单的图层样式，它可以为图层内容添加投影，使其产生立体感。【投影】对话框如图 7-38 所示。

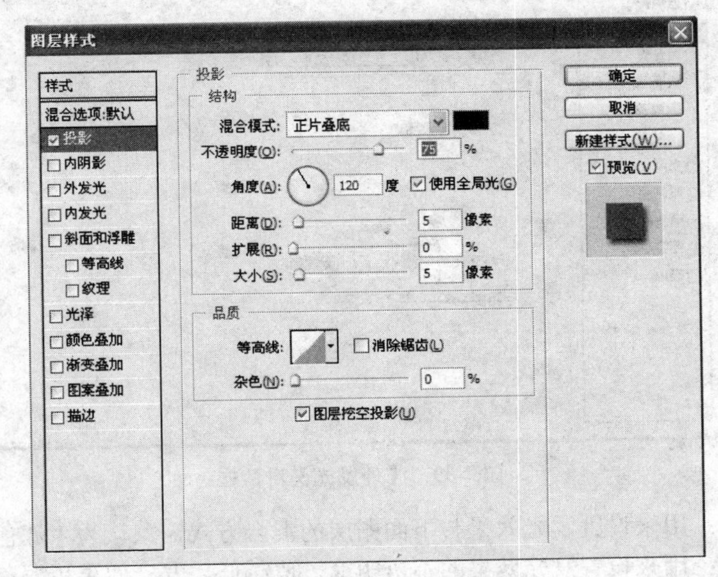

图 7-38　【投影】对话框

1）混合模式：用来设置投影与下面图层的混合方式，默认为“正片叠底”模式。单击“混合模式”旁的色块，可以设置“投影”的颜色。

2）不透明度：拖动滑块或输入数值可以调整投影的不透明度，该值越低，投影越淡。

3）角度：用来设置投影应用图层时的光照角度。指针指向的方向为光源的方向，相反方向为投影的方向。选择“使用全局光”可保持所有光照的角度一致，取消可为不同图层分别设置光照角度。

4）距离：用来设置投影偏移图层内容的距离，值越高，投影越远。

5）扩展：用来设置投影的扩展范围，该值会受到“大小”选项影响。

6）大小：用来设置投影的模糊范围，值越高，模糊范围越广，反之投影越清晰。

7）等高线：使用等高线可以控制投影的形状。

8）消除锯齿：可以混合等高线边缘的像素，使投影更加平滑。

9）杂色：拖动滑块或输入数值可以在投影中添加杂色，该值较高时，投影会变成点状。

10）图层挖空投影：可以控制半透明图层中投影的可见性。选择后，如果当前图层的填充不透明度小于 100%，则半透明图层中的投影不可见。

（2）内阴影：“内阴影”效果可以在紧靠图层内容的边缘内添加阴影，使图层产生凹陷效果。“内阴影”与“阴影”选项设置方式基本相同。它们的不同之处在于，“投影”是在图层对象背后产生的阴影，通过“扩展”选项来控制投影边缘的渐变程度；而“内阴影”则是在图层对象内部产生阴影，通过“阻塞”选项来控制。“阻塞”可以在模糊之前收缩内阴影的边界。

（3）外发光：“外发光”效果可以使图层内容沿着边缘向外部产生发光效果。【外发光】对话框如图 7-39 所示。

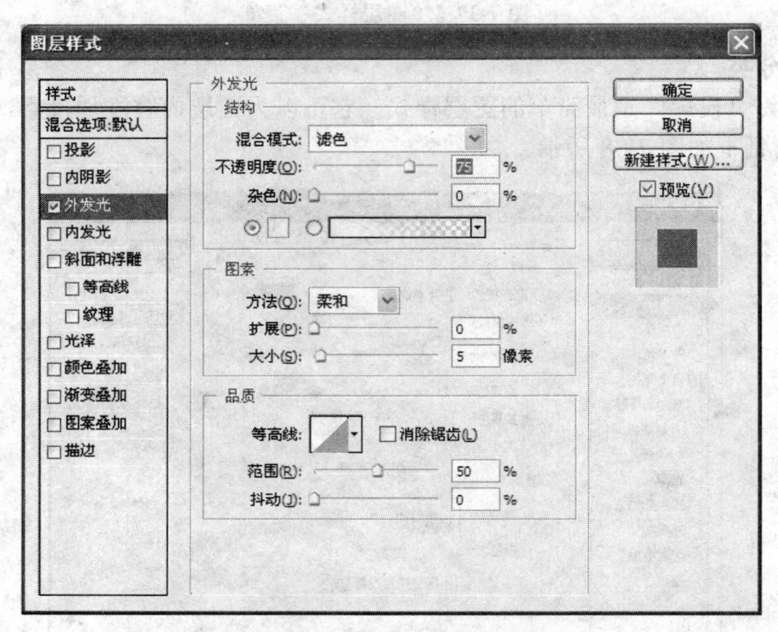

图 7-39 【外发光】对话框

1）混合模式：用来设置发光效果与下面图层的混合方式，默认为“滤色”。

2）不透明度：用来设置发光效果的不透明度，值越低，发光效果越弱。

3）杂色：可以在发光效果中添加随机杂色，使光晕呈现颗粒感。

4）发光颜色：“杂色”选项下面的颜色块和颜色条用来设置发光颜色。如要创建单色发光，可单击左侧的颜色块打开“拾色器”选择发光颜色；如要创建渐变发光，可单击右侧渐变条打开“渐变编辑器”设置渐变颜色。

5）方法：用来控制轮廓发光的方法，以控制发光的准确程度。选择“柔和”，可对发光应用模糊得到柔和边缘；选择“精确”，则得到精确边缘。

6）扩展：用来设置发光范围的大小。

7）大小：用来设置光晕范围的大小。

（4）内发光：“内发光”效果和“外发光”效果相反，“内发光”效果是沿图层内容的边缘向内部产生发光效果。“内发光”效果中除了“源”和“阻塞”外，其他大部分选项都与“外发光”效果相同。【内发光】对话框如图 7-40 所示。

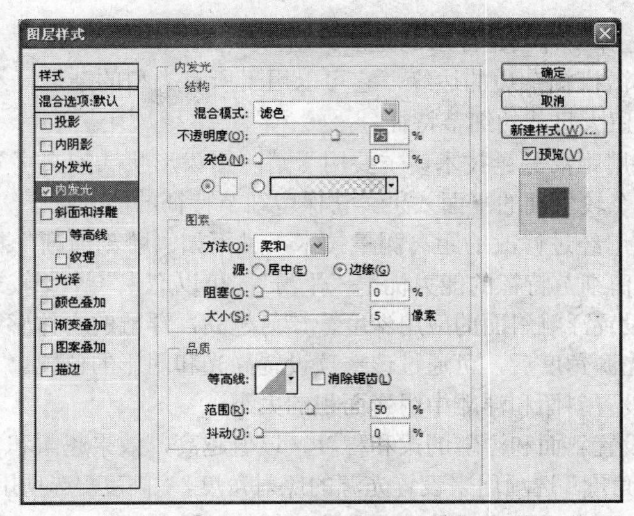

图 7-40　【内发光】对话框

1）源：用于控制发光光源的位置。选择“居中”，显示从图层中心发出的光，此时增加“大小”值，会使发光效果向图像中央收缩；选择“边缘”，显示从图层内部边缘发出的光，此时增加“大小”值，会使发光效果向图像中央扩展。

2）阻塞：用来在模糊之前收缩内发光的杂色边界。

（5）斜面和浮雕：它可以对图层添加高光与阴影的各种组合，模拟现实生活中的各种浮雕效果。【斜面和浮雕】对话框如图 7-41 所示。

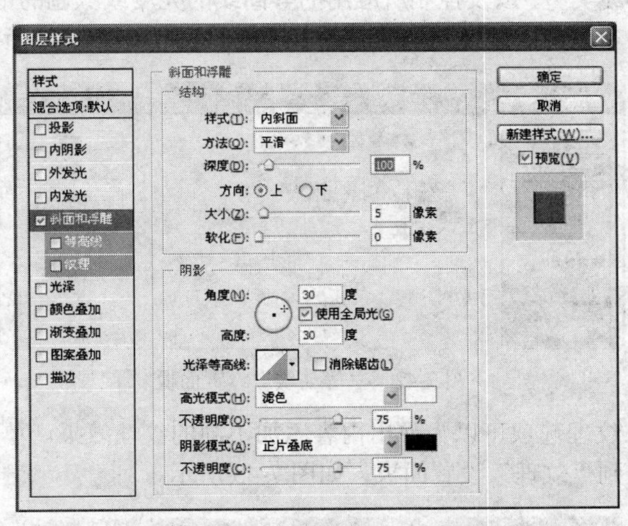

图 7-41　【斜面和浮雕】对话框

1）样式：用来选择斜面和浮雕的样式。

①外斜面：可在图层内容的外侧边缘创建斜面。

②内斜面：可在图层内容的内侧边缘创建斜面。

③浮雕效果：可呈现使图层内容相对于下层图层呈浮雕状的效果。

④枕状浮雕：可呈现图层内容的边缘压入下层图层中产生的效果。

⑤描边浮雕：可将浮雕应用于图层的描边效果的边界。

2）方法：用来选择一种创建浮雕的方法。

①平滑：能够稍微模糊杂边的边缘，它可以用于所有类型的杂边，不论其边缘是柔和还是清晰，该技术不保留大尺寸的细节特征。

②雕刻清晰：使用距离测量技术，主要用于消除锯齿形状（如文字）的硬边杂边，使用这种方法可以产生一个较生硬的平面效果。它保留细节特征的能力优于“平滑”。

③雕刻柔和：使用经过修改的距离测量技术，虽不如“雕刻清晰”精确，但对较大范围的杂边更有用，它保留细节特征的能力优于“平滑”，可以产生一个比较柔和的平面效果。

3）深度：用来设置浮雕斜面的应用深度，该值越高，浮雕的立体感就越强。

4）方向：定位光源角度后，可通过该选项设置高光和阴影的位置。

5）大小：用来设置斜面和浮雕中阴影面积的大小。

6）软化：用来设置斜面和浮雕的柔和程度，该值越高，效果越柔和。

7）角度/高度：“角度”选项用来设置光源的照射角度，“高度”选项用于设置光源的高度。选择“使用全局光”，所有浮雕样式的光照角度可保持一致。

8）光泽等高线：可以选择一个等高线样式，为斜面和浮雕表面添加光泽，创建具有光泽的金属外观浮雕效果。

9）消除锯齿：可以消除由于设置了光泽等高线而产生的锯齿。

10）高光模式：用来设置高光的混合模式、颜色和不透明度。

11）阴影模式：用来设置阴影的混合模式、颜色和不透明度。

12）设置等高线：等高线用于调整“斜面和浮雕”的高光和阴影部分的过渡，它包括了当前所有可能的等高线类型，以及控制所应用的等高线的亮度或颜色的范围选项，单击对话框左侧的“等高线”选项，可以切换到“等高线”设置面板，如图 7-42 所示。

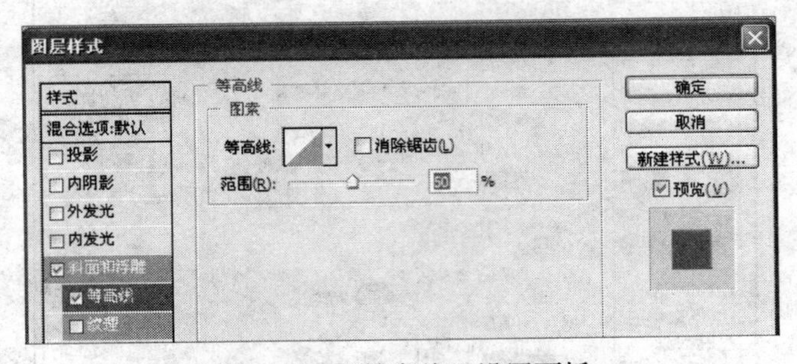

图 7-42 “等高线”设置面板

13）设置纹理：纹理选项可以为弹出内容添加不同的纹理效果。单击对话框左侧的“纹理”选项，可以切换到“纹理”设置面板，如图 7-43 所示。

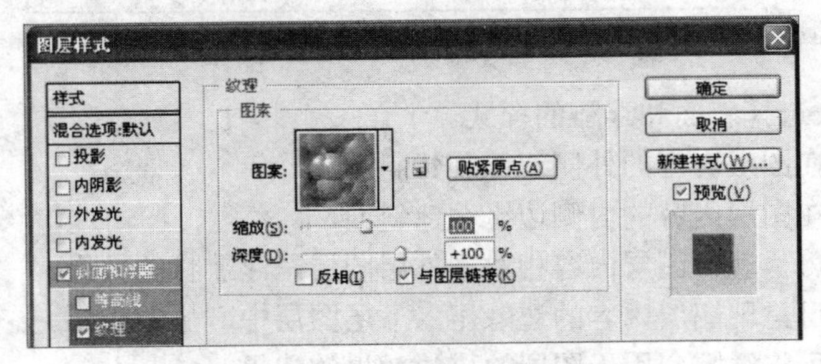

图 7-43 “纹理”设置面板

①图案：单击“图案”右侧按钮可以在打开的下拉面板中选择一个图案，将其应用到斜面和浮雕上。

②从当前图案创建新的预设：单击按钮，可以将当前设置的图案创建为一个新的预设图案，新图案会保存在“图案”下拉面板中。

③缩放：可以调整图案的大小。

④深度：可以用来设置图案的纹理应用程度。

⑤反相：可反转图案纹理的凹凸方向。

⑥与图层链接：勾选该选项可以将图案链接到图层，此时对图层再进行变换操作时，图案也会一同变换。

（6）光泽：“光泽”效果可以制作出常规的彩色波纹，在图层内部根据图层的形状应用阴影，创建出金属表面的光泽外观，该样式可以通过选择不同的“等高线”来改变光泽的样式。

（7）颜色叠加：“颜色叠加”效果可以根据用户的需求在图层上叠加指定的颜色，通过设置混合模式和不透明度等选项，可以控制叠加的效果。

（8）渐变叠加：“渐变叠加”效果可以在图层上叠加指定的渐变颜色。此图层样式与在图层中填充渐变颜色的功能相同，与创建渐变填充图层的功能相似。

（9）图案叠加：“图案叠加”效果可以在图层上叠加自定义的图案，可以缩放图案、设置图案的不透明度和混合模式，此图层样式与用“填充”命令填充图案的功能相同，与创建图案填充图层功能相似。

技巧：“颜色叠加”、“渐变叠加”和“图案叠加”效果类似于“纯色”、“渐变”和“图案”填充图层，只不过它是通过图层样式的形式进行内容叠加的。

（10）描边：“描边”效果可以使用颜色、渐变或图案为图像边缘绘制不同样式的轮廓，它对于硬边形状，如文字等特别有用。此功能类似于“描边”命令，但它有可修改的特性，因此使用起来相当方便。

利用图层样式制作特殊效果文字

我们经常可以看到在一些产品的促销海报、广告中有很多设计逼真、形态各异、具有不同质感的文字。那么这些文字是如何制作出来的呢？这里我们就利用 Photoshop 中的【图层样式】命令，创建出一些特殊效果的文字。

（1）新建文件，按照给出的参数设置，如图 7-44 所示。

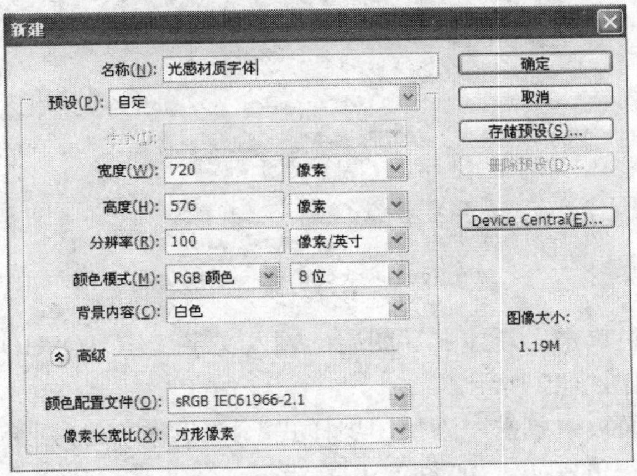

图 7-44　参数设置

（2）双击背景图层，使其变为普通图层。如图 7-45 所示。

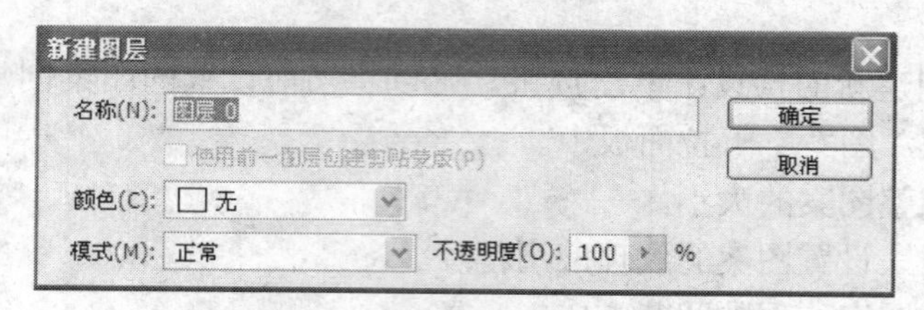

图 7-45　“新建图层”对话框

（3）单击前景色弹出“拾色器”对话框，选择一种颜色，然后使用 Alt+Delete 快捷键为背景图层添加前景色。如图 7-46 所示。

（4）从工具栏里选择文字工具（T），如图 7-47 所示。

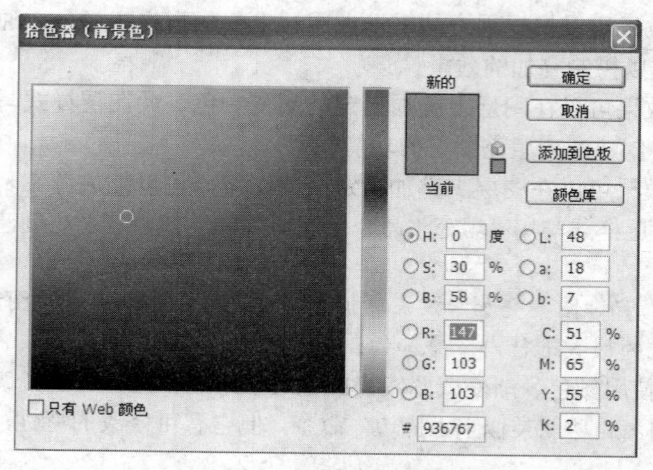

图 7-46　“拾色器”参数设置

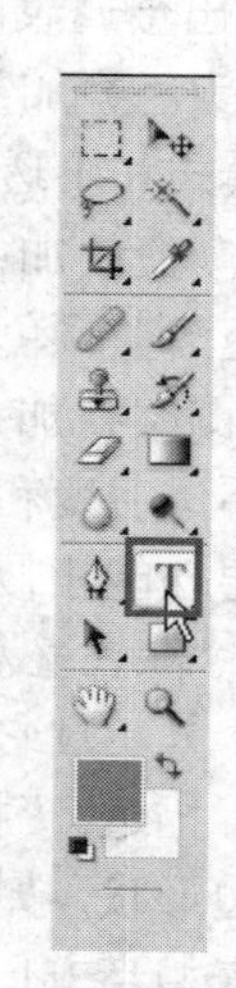

图 7-47　工具栏选项

（5）在字符窗口里设置基本参数，如图 7-48 所示。

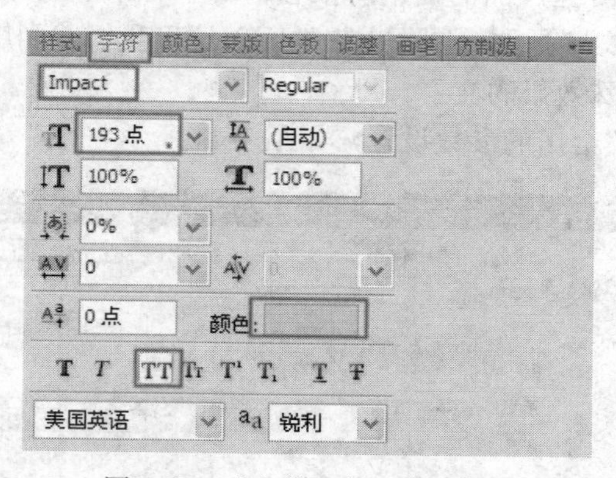

图 7-48　“字符”窗口参数设置

（6）在背景图层中单击，新建文字图层，输入文字 PHOTOSHOP ，调整位置把文字放到背景图层的中央，如图 7-49 所示。

（7）在“图层”面板中单击“添加图层样式”按钮 *fx*，分别给文字图层添加不同的图层样式，得到我们所要求的效果，如图 7-50 所示。

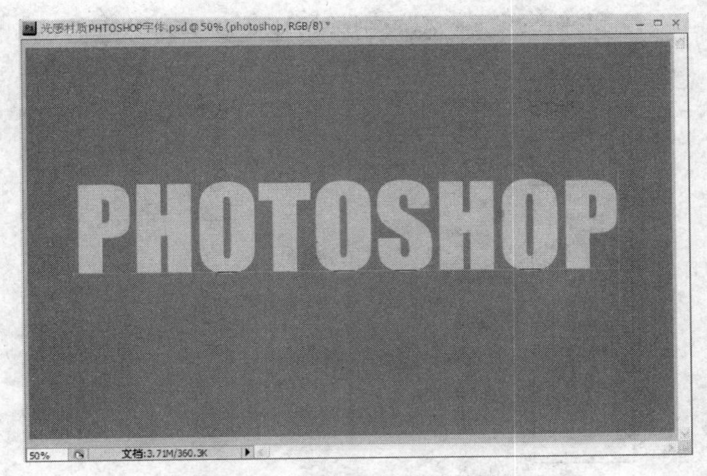

图 7-49　输入文字后背景图层

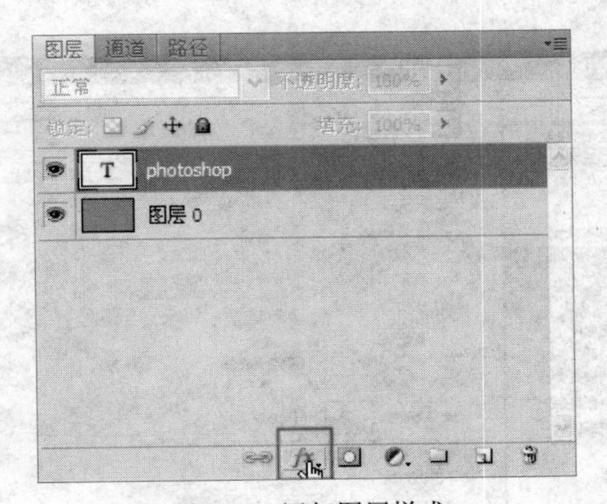

图 7-50　添加图层样式

（8）依次添加图层样式，如图 7-51 至图 7-55 所示。

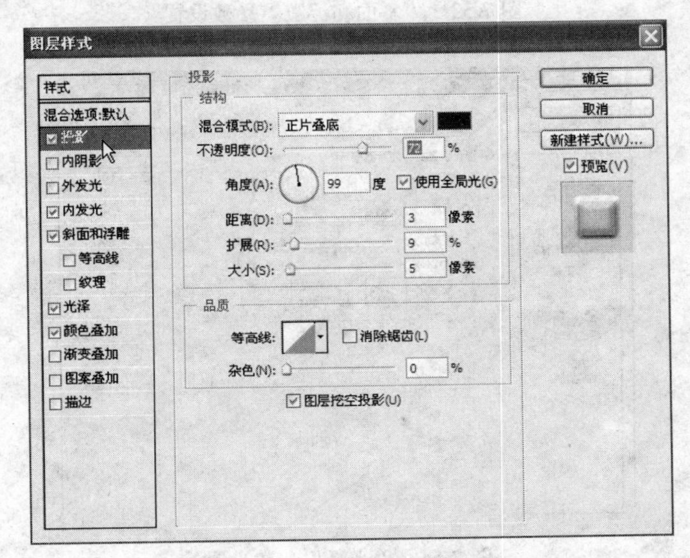

图 7-51　“投影”参数设置

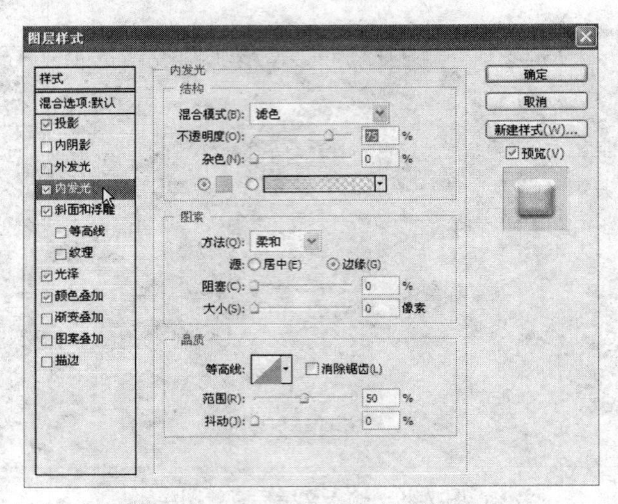

图 7-52 “内发光”参数设置

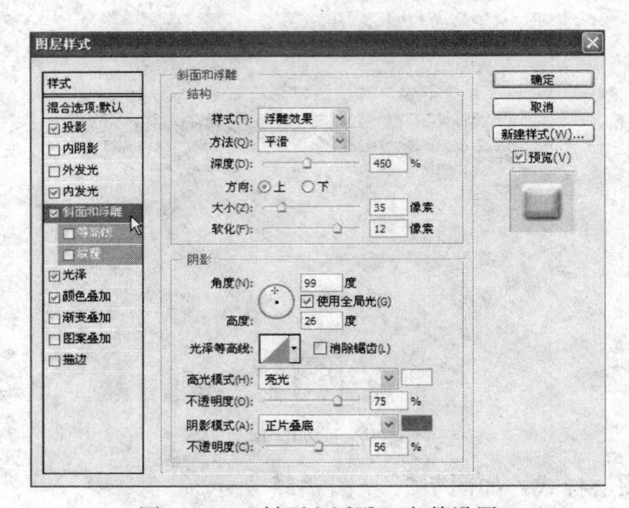

图 7-53 “斜面和浮雕”参数设置

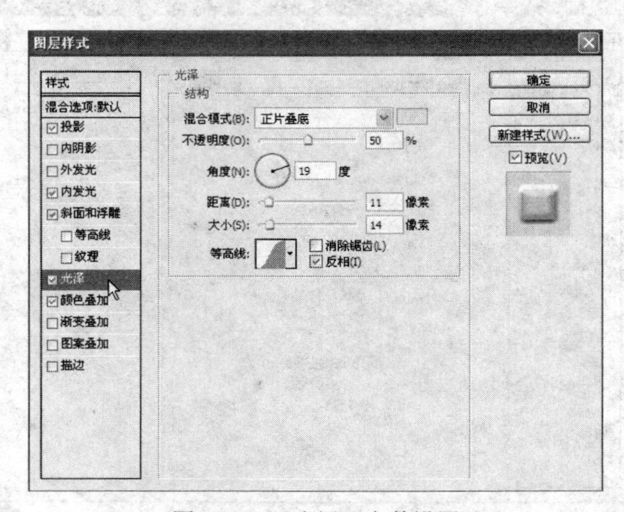

图 7-54 “光泽”参数设置

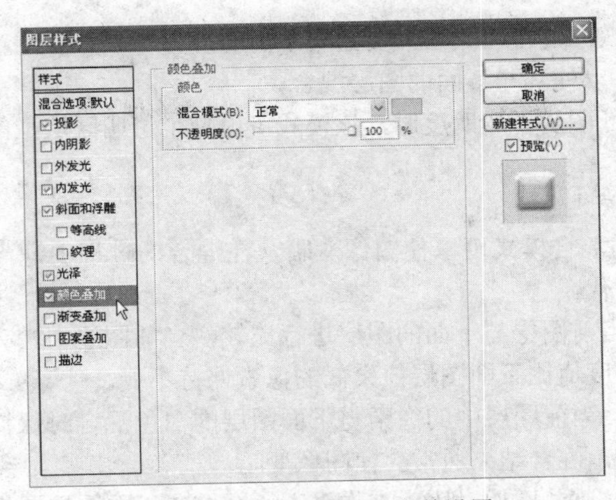

图 7-55　“颜色叠加”参数设置

（9）得到最终效果图，如图 7-56 所示。

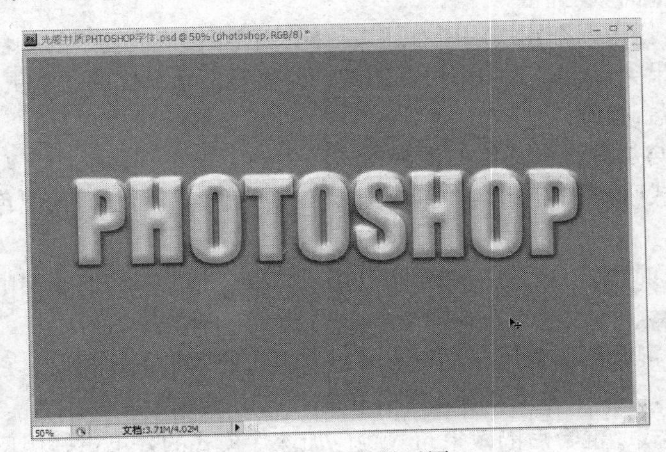

图 7-56　最终效果图

2. 图层的混合模式

混合模式用于控制上下图层中图像的混合效果，它决定了像素的混合方式，可以用于创建各种特殊效果，但不会对图像造成破坏。在设置混合模式的同时通常还需要调节图层的不透明度，以使其效果更加理想。在“图层”控制面板上，单击图层混合模式的选项提示符，弹出快捷菜单，如图 7-57 所示。

技巧：除了“背景”图层外，其他图层都支持混合模式。

混合模式的分类

Photoshop 中的混合模式大致可以分为 7 组，分别是常规模式、加深型模式、减淡型模式、对比型模式、比较型模式和色彩型模式，每一组的混合模式都可以产生相似的效果或有着相近的用途。

（1）常规混合模式

在常规混合模式中包含了正常和溶解两种混合模式，主要用于常规的混合，需要降低图层的不透明度才能产生作用。

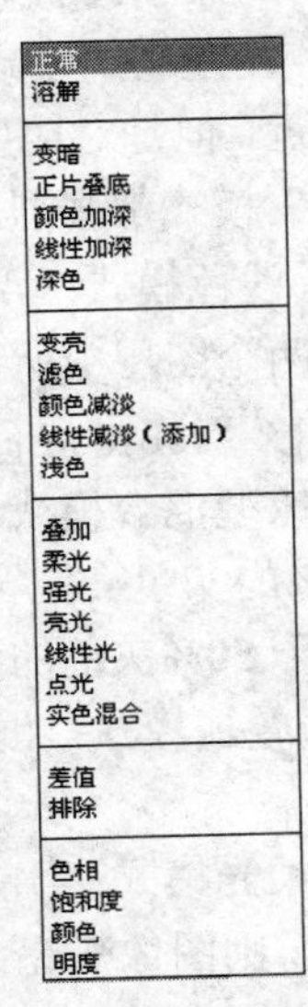

图 7-57　图层混合模式菜单

1）正常模式：默认的混合模式，只要图层不透明度为100%时，就完全遮盖下面的图像，如果降低不透明度，可以使其与下面的图层混合。

2）溶解模式：降低图层不透明度时，该模式可以使半透明区域上的像素离散，产生点状颗粒。

（2）加深型混合模式

加深型模式组中的混合模式可以使图像变暗，在混合的过程中，当前图层中的白色将被下面图层较暗的像素替代。

1）变暗模式：将当前图层与下面的图层进行比较，当前图层中较亮的像素会被下面图层较暗的像素替换，而亮度值比下面图层像素低的像素保持不变。

2）正片叠底模式：当前图层中的像素与下面图层的白色混合时保持不变，与下面图层的黑色混合时则被其替换，混合结果通常会使图像变暗。

3）颜色加深模式：通过增加对比度来加强深色区域，下面图层图像的白色保持不变。

4）线性加深模式：通过减小亮度使像素变暗，它与“正片叠底”模式的效果相似，但可以保留下面图像更多的颜色信息。

5）深色模式：比较两个图层的所有通道值的总和并显示值较小的颜色，不会生成第3种颜色。混合后的效果类似于“变暗”模式的效果，但是图像变化的边缘更加硬朗。

（3）减淡型混合模式

减淡型模式组与加深型模式组的混合模式产生的效果正好相反，它们可以使图像变亮。在使用这些混合模式时，图像中的黑色会被较亮的像素替换，而任何比黑色亮的像素都可能加亮下面图层的图像。

1）变亮模式：混合后的效果与“变暗”模式的效果相反，当前图层中较亮的像素会替换下面图层较暗的像素，而较暗的像素则被下面图层较亮的像素替换。

2）滤色模式：混合后的效果与“正片叠底”模式的效果正好相反，它可以使图像最终产生一种漂白的效果，类似于多个摄影幻灯片在彼此之上投影。

3）颜色减淡模式：混合后的效果与“颜色加深”模式的效果正好相反，它通过减小对比度来加亮底层的图像，并使颜色变得更加饱和。

4）线性减淡模式：混合后的效果与“线性加深”模式的效果正好相反，与“颜色减淡”模式相近，但是对比度差一点。它通过增加亮度来减淡颜色，产生的亮化效果比“滤色”和“颜色减淡”模式都强烈。

5）浅色模式：混合后的效果与“变亮”模式相似，但是图像变化的边缘更加硬朗，它通过比较两个图层中所有通道值的总和并显示值较大的颜色，不会生成第3种颜色。

（4）对比型混合模式

对比型混合模式综合了加深和减淡混合模式的特点，可以增强图像的反差。在进行混合时，50%的灰色会完全消失，任何亮度值高于50%灰色的像素都可能加亮下面图层的图像，亮度值低于50%灰色的像素则可能使下面图层的图像变暗。

1）叠加模式：混合后图像色调发生变化，可增强图像的颜色，并保留底层图像的高光和暗调。

2）柔光模式：当前图层中的颜色决定了图像变亮或是变暗。如果当前图层中的像素比50%灰色亮，则图像变亮；如果像素比 50%灰色暗，则图像变暗。该模式产生的效果与发散的聚光灯照在图像上相似，混合后图像色调变化相对比较温和。

3）强光模式：当前图层中比 50%灰色亮的像素会使图像变亮；比 50%灰色暗的像素会使图像变暗。该模式产生的效果与耀眼的聚光灯照在图像上相似，混合后图像色调变化相对比较强烈，颜色基本为上面的图像颜色。

4）亮光模式：如果当前图层中的像素比 50%灰色亮，则通过减小对比度的方式使图像变亮；如果当前图层中的像素比 50%灰色暗，则通过增加对比度的方式使图像变暗。该模式可以使混合后的颜色更加饱和。

5）线性光模式：如果当前图层中的像素比 50%灰色暗，则通过增加亮度的方式使图像变亮；如果当前图层中的像素比 50%灰色亮，则通过减小亮度的方式使图像变暗。与“强光”模式相比，“线性光”可以使图像产生更高的对比度。

6）点光模式：如果当前图层中的像素比 50%灰色亮，则替换暗的像素；如果当前图层中的像素比 50%灰色暗，则替换亮的像素，这对于向图像中添加特殊效果时非常有用。

7）实色混合模式：如果当前图层中的像素比 50%灰色亮，则会使下面图层图像变亮；如果当前图层中的像素比 50%灰色暗，则会使下面图层图像变暗。该模式通常会使图像产生色调分离的效果。

（5）比较型混合模式

比较型混合模式可以比较当前图层与下面图层中的图像，然后将相同的区域显示为黑色，不同的区域显示为灰度层次或彩色。如果当前图层中包含白色，白色区域会使下面图层的图像色彩显示反相效果，而黑色不会对下面图层图像产生影响。

1）差值模式：当前图层图像中的白色区域使下面图像色彩产生反相效果，而黑色则不会使下面图层的图像产生改变，中间色时，色彩也相应发生变化。

2）排除模式：与差值模式的原理基本相似，但该模式可以创建对比度更低的混合效果。

（6）色彩型混合模式

使用色彩型混合模式时，Photoshop 会将色彩分为三种成分：色相、饱和度和明度。在使用色彩型模式组合成图像时，Photoshop 将会把这三种成分中的一项或两项应用到混合后的图像中。

1）色相模式：将当前图层的色相应用到下面图层图像的亮度和饱和度中，可以改变下面图层图像的色相，但不会影响下面图层图像的亮度和饱和度。该模式对于黑色、白色和灰色区域不起作用。

2）饱和度模式：将当前图层的饱和度应用到下面图层图像的亮度和色相中，可以改变下面图层图像的饱和度，但不会影响其亮度和色相。如果是白色，会使得下面图层的图像变为灰色。

3）颜色模式：将当前图层的色相与饱和度应用到下面图层图像中，但保持下面图层中图像的亮度不变。

4）明度模式：将当前图层的亮度应用于下面图层图像的颜色中，可改变下面图层图像的亮度，但不会对其色相与饱和度产生影响。

技巧：“颜色”模式常用于给黑白图像上色。例如，将画笔工具的混合模式设置为“颜色”，然后使用不同的颜色在黑白图像上涂抹，即可为图像上色。

利用图层混合模式制作合成照片

利用“图层混合模式”制作合成照片，要求我们使用现有的照片进行合成，在不破坏原有图片中像素的基础上，设计出不同的显示效果。

（1）新建文件，按照给出的参数进行设置。如图 7-58 所示。

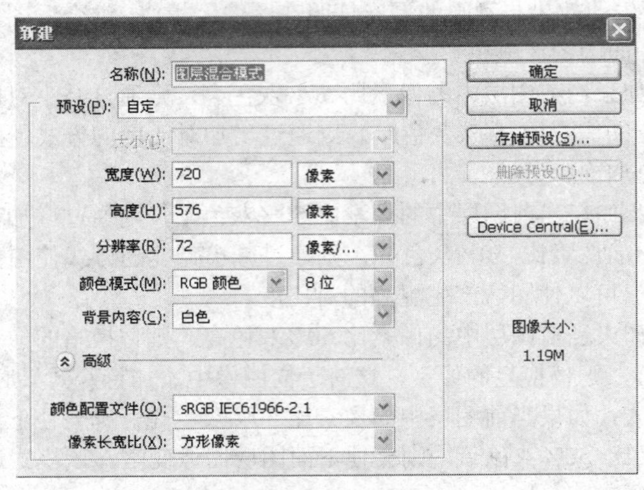

图 7-58　参数设置

（2）导入所给的两张素材图片，人物图片如图 7-59 所示，风景图片如图 7-60 所示，此时图层面板中状态如图 7-61 所示。

图 7-59　人物图片

图 7-60　风景图片

（3）选中图层 2，单击图层混合模式下拉箭头，选择“正片叠底”模式。如图 7-62 所示。

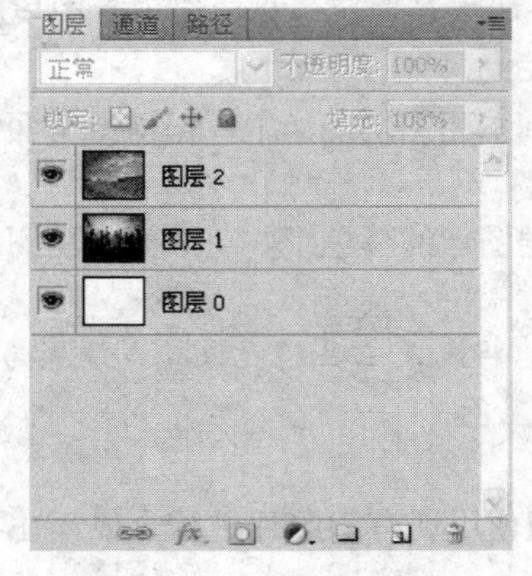

图 7-61　图层面板状态

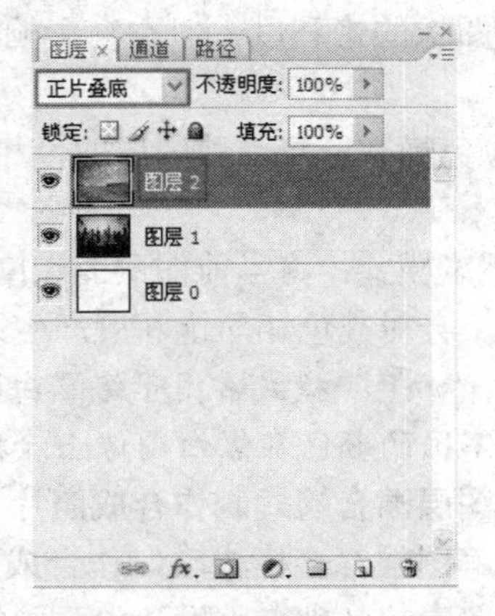

图 7-62　改变图层混合模式

（4）得到最终效果图，如图 7-63 所示。

图 7-63　最终效果图

3. 蒙版

蒙版的诞生

早先蒙版出现是用于控制照片不同区域曝光的一种暗房技术。在电脑修图技术出现以前，摄影师通过多倍放大镜和传统的处理黑白照片的暗房，将不同底片上的影像叠合在一张画面上。在 Photoshop 中的蒙版是用来控制图像显示区域的，我们可以用它隐藏不想显示的区域，但并不会将这些内容从图像中删除，因此，用蒙版处理图像是一种非破坏性的编辑方式。在实际操作中我们可以通过改变蒙版中的黑白颜色区域而控制图像对应区域的显示或者隐藏状态。使用蒙版的最大优点是，所有操作均在蒙版中进行，不会影响图层本身的像素，从而保证了操作的灵活性与可恢复性。

蒙版的简介

（1）蒙版：保护被选取或指定的区域不受编辑操作的影响，起到遮蔽的作用。

（2）蒙版效果：遮照物（即蒙版）作用于被遮照物（即作用图层），遮照物是以 8 位灰度通道形式存储，其中：

1）黑色的部分：完全不透明，被遮照物不可见。

2）白色的部分：完全透明，被遮照物可见。

3）灰度的部分：半透明，被遮照物隐约可见。

蒙版的分类

Photoshop 为我们提供了多种类型的蒙版：快速蒙版、图层蒙版、剪贴蒙版和矢量蒙版。快速蒙版可以帮助我们快速建立一个临时蒙版；图层蒙版通过蒙版中的灰度信息控制图像的显示区域；剪贴蒙版通过一个对象的形状控制其他图层的显示区域；矢量蒙版通过路径和矢量形状控制图像的显示区域。下面我们将逐一为大家介绍：

快速蒙版

快速蒙版也称临时蒙版，它不是一个选区，当退出快速蒙版模式时，不被保护的区域变为一个选区，将选区作为蒙版编辑时可以使用几乎所有 Photoshop 工具或滤镜来修改蒙。

使用方法：双击工具箱中的“以快速蒙版模式编辑”按钮，弹出【快速蒙版选项】对话框，如图 7-64 所示。

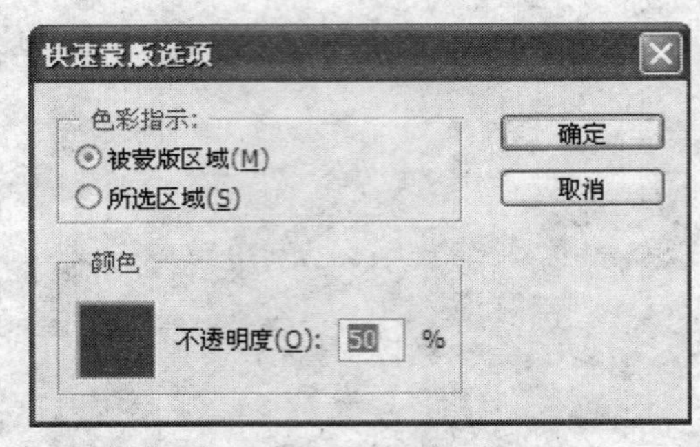

图 7-64 【快速蒙版选项】对话框

（1）被蒙版区域：指的是非选择部分。在快速蒙版状态下，单击工具箱中的“画笔工具”按钮，在图像上进行涂抹，涂抹的区域即被蒙版区域。退出快速蒙版编辑状态后，对非涂抹区域建立选区。

（2）所选区域：指的是选择部分。在快速蒙版状态下，单击工具箱中的“画笔工具”按钮，在图像上进行涂抹，涂抹的区域即所选区域。退出快速蒙版编辑状态后，对涂抹区域建立选区。

（3）颜色：单击颜色块，可以在打开的“拾色器”中设置蒙版的颜色。如果对象与蒙版的颜色非常接近，可以对蒙版颜色做出调整。

（4）不透明度：用来设置蒙版颜色的不透明度。蒙版的不透明度越高，被蒙版覆盖的图像的显示程度就越低，将该值设置为 100%时，可以完全遮盖被蒙版的区域。“颜色”和“不透明度”都只是影响蒙版的外观，不会对选区产生任何影响。

技巧：按下 Q 键可以进入或退出快速蒙版编辑模式。

图层蒙版

（1）图层蒙版的概念：图层蒙版是与文档具有相同分辨率的位图图像，它不仅可以用来合成图像，在创建调整图层、填充图层或应用智能滤镜时，Photoshop 也会为其添加图层蒙版，因此，图层蒙版可以在颜色调整、应用滤镜和指定选择区域中发挥重要的作用。

图层蒙版是一张标准的 257 色阶的灰度图像。蒙版中的纯白色区域可以遮盖下面图层中的内容，只显示当前图层中的图像；蒙版中的纯黑色区域可以遮盖当前图层中的图像，显示出下面图层中的内容；蒙版中的灰色区域会根据其灰度值使当前图层中的图像呈现出不同层次的透明效果。

基于以上原理，如果要隐藏当前图层中的图像，可以使用黑色涂抹蒙版；如果要显示当前图层中的图像，可以使用白色涂抹蒙版；如果要使当前图层中的图像呈现半透明效果，则使用灰色涂抹蒙版，也可以在蒙版中填充渐变效果。

（2）图层蒙版的创建

1）用命令方式创建：在“图层”控制面板中，选中需要建立蒙版的图层，执行【图层蒙版】命令，出现相应的下拉菜单。如图 7-65 所示。

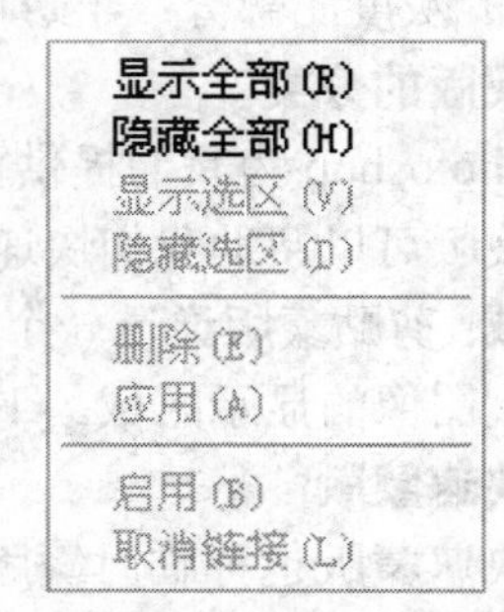

图 7-65 【图层蒙版】菜单

技巧：“显示全部”：创建一个显示图层中全部图像的蒙版；“隐藏全部”：创建一个遮盖图层中全部图像的蒙版；“显示选区”：当图像窗口中存在选区，创建一个只显示选区内图像的蒙版；“隐藏选区”：图像窗口中存在选区，创建一个遮盖选区内图像的蒙版。

2）用鼠标方式创建：在图层面板中，选中需要建立蒙版的图层，单击“图层”控制面板下方的“添加图层蒙版”按钮，同样可以实现创建蒙版。

技巧：单击“添加图层蒙版”按钮，创建一个显示图层中全部图像的蒙版；按住Alt键，再单击该按钮，创建一个遮盖图层中全部图像的蒙版；当图像中存在选区时，再单击该按钮，创建一个只显示选区内图像的蒙版；当图像中存在选区时，按住Alt键，再单击该按钮，创建一个遮盖选区内图像的蒙版。

（3）图层蒙版的编辑

1）复制与转移蒙版：按住Alt键将一个图层的蒙版拖至另外的图层，可以将蒙版复制到目标图层。如果直接将蒙版拖至另外的图层，则可将该蒙版转移到目标图层，源图层将不再有蒙版。

2）链接与取消链接蒙版：创建蒙版后，蒙版缩略图和图像缩略图中间有一个链接图标，它表示蒙版与图像处于链接状态，此时进行变换操作，蒙版会与图像一同变换。若执行【图层】|【图层蒙版】|【取消链接】命令，或者单击该图标，可以取消链接。取消链接后可单独变换图像，也可以单独变换蒙版。

（4）图层蒙版的删除

在【图层】菜单中，执行【图层蒙版】命令，出现相应的下拉菜单，如图7-66所示。

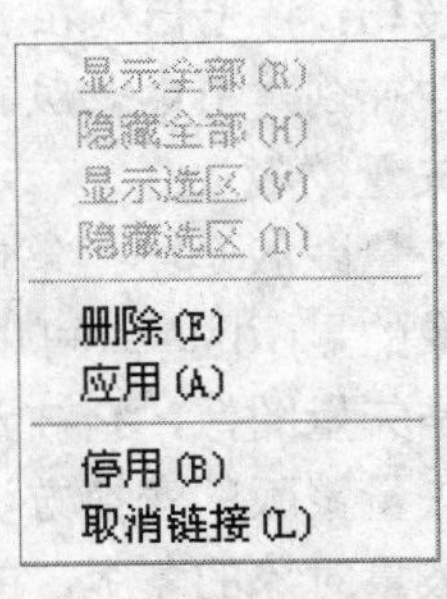

图7-66 【图层蒙版】菜单

1）“删除”：删除图层蒙版，图层中的图像恢复到没加蒙版前的状态。

2）“应用”：只将图层蒙版删除，但蒙版所产生的效果仍作用在图像中，以控制图像的显示。

3）“启用”：暂时停止图层蒙版的作用，图层蒙版缩略图上出现一个红叉。图层蒙版停用后，此命令自动改为“启用”命令。图层蒙版启用后，此命令自动改为“停用”命令。

4）“取消链接”：执行该命令，在去掉图层与蒙版间的链接图标同时，命令变为“链接”，可在两个缩略图间重新加上链接图标。

剪贴蒙版

剪贴蒙版是一种非常灵活的蒙版，它使用一个图像的形状限制它上面图像的显示范围，因此，我们可以通过一个图层来控制多个图层的显示区域，而矢量蒙版和图层蒙版都只能控制一个图层的显示区域。

在剪贴蒙版中，下面的图层为基底图层（即箭头指向的图层），上面的图层为内容图层，基底图层的名称带有下划线，内容图层的缩略图是缩进的，并显示一个剪贴蒙版标志。基底图层中包含像素的区域决定了内容图层的显示范围，移动基底图层或内容图层都可以改变内容图层的显示区域。如图7-67所示。

剪贴蒙版可以应用于多个图层，但有一个前提就是这些图层必须相邻。将一个图层拖动到剪贴蒙版的基底图层上，可以将其加入剪贴蒙版中，将内容图层移出剪贴蒙版组，则可以释放该图层。

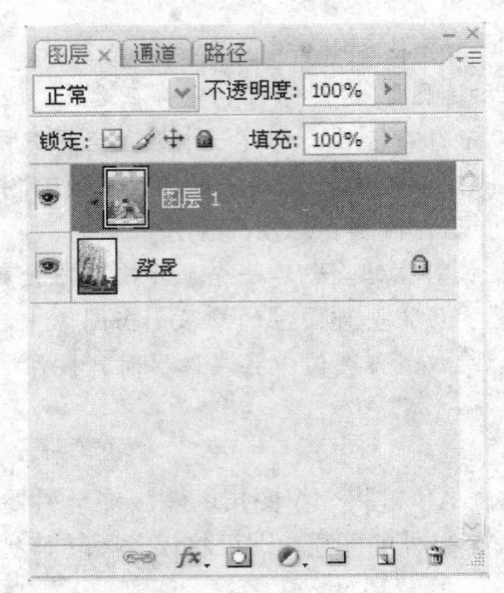

图 7-67 剪贴蒙版

选择一个内容图层，执行【图层】|【创建剪贴蒙版】命令，或按下 Alt+Ctrl+G 快捷键可以从剪贴蒙版中释放出该图层，如果该图层上面还有其他内容图层，则这些图层也会一同释放。

技巧： 将光标放在“图层”面板中的分隔两个图层的线上，按住 Alt 键，光标会变为状，单击即可创建剪贴蒙版。按住 Alt 键再次单击则释放剪贴蒙版。

矢量蒙版

矢量蒙版是由钢笔或形状工具创建的与分辨率无关的蒙版，它通过路径和矢量形状来控制图像的显示区域，可以任意缩放。矢量蒙版实际上是一个图层剪切路径，在路径以内区域的图像是矢量图像，它被置入其他应用程序时，只显示图像部分区域，背景图像将不显示。

矢量蒙版的变换方法与图像的变换方法相同。矢量蒙版是基于矢量对象的蒙版，它与分辨率无关，因此在进行变换和变形操作时不会产生锯齿。创建了矢量蒙版后，还可以使用路径编辑工具对路径进行编辑，从而改变蒙版的遮盖区域。“矢量蒙版”下拉菜单如图 7-68 所示。

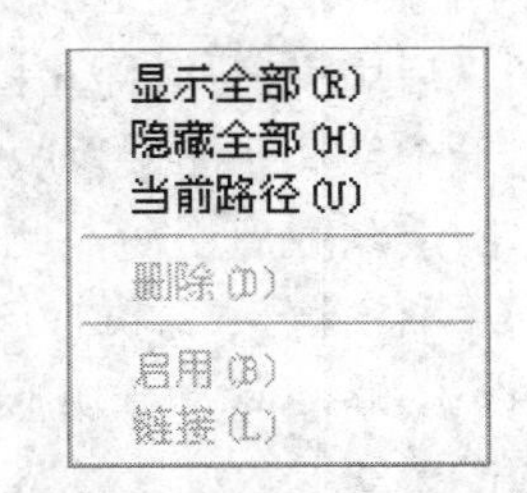

图 7-68 【矢量蒙版】菜单

（1）执行【图层】|【矢量蒙版】|【显示全部】命令，可以创建显示全部图像的矢量蒙版。

（2）执行【图层】|【矢量蒙版】|【隐藏全部】命令，可以创建隐藏全部图像的矢量蒙版。

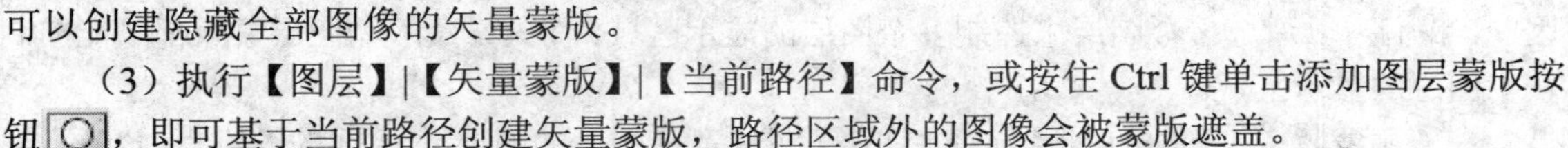

（3）执行【图层】|【矢量蒙版】|【当前路径】命令，或按住 Ctrl 键单击添加图层蒙版按钮，即可基于当前路径创建矢量蒙版，路径区域外的图像会被蒙版遮盖。

技巧： 单击工具箱中的“路径选择工具”按钮，按住 Shift 键单击可以同时选中多个矢量图形，拖动鼠标可以移动它们的位置，移动位置后蒙版的遮盖区域也随之变化。

利用蒙版 PS 照片

我们经常可以在电视或网络上听到什么关于 PS 照片之类的说法，那么到底对照片进行 PS 是怎么一回事呢？它又是如何做到的呢？下面我们将通过人物面部图像合成这一案例来进行讲解。

（1）建立文件，打开人物背景图片如图 7-69 所示作为背景图层，在背景图层中导入眼睛图片如图 7-70 所示作为图层 1，操作后图层面板状态如图 7-71 所示，图片导入后文件状态如图 7-72 所示。

图 7-69　人物背景图片

图 7-70　眼睛图片

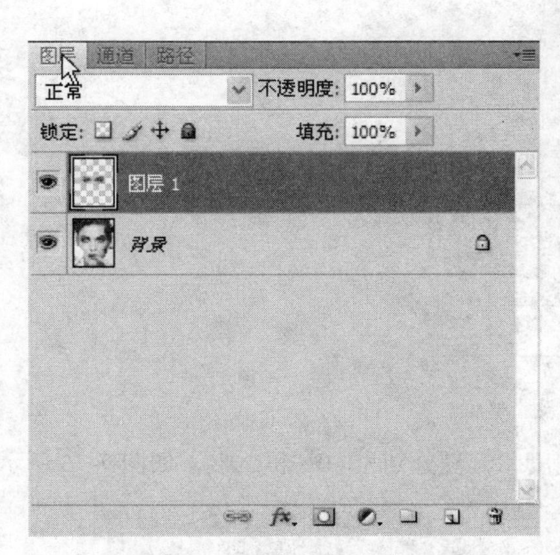

图 7-71　图层面板状态

图 7-72　导入眼睛图片后的背景图片

（2）图片调整，选中眼睛照片所在的图层 1，使用 Ctrl+T 快捷键调出自由变换工具，调整好眼睛的大小，并和背景图层对好位置，如图 7-73 所示。

（3）参数设置，选中图层 1，单击“新建图层蒙版”按钮，为该图层添加一个蒙版，如图 7-74 所示。

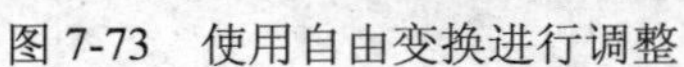

图 7-73 使用自由变换进行调整

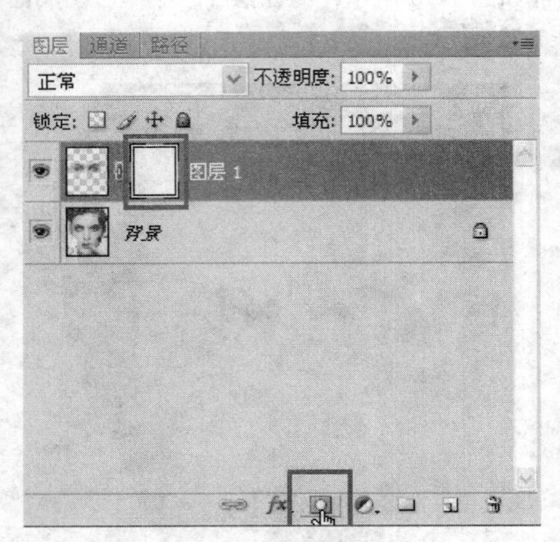

图 7-74 添加图层蒙版

（4）在蒙版中使用笔刷工具擦除眼睛周围不需要的部分，在工具栏里选择画笔工具，设置笔刷的大小，按照图中数据进行参数设置，如图 7-75 所示。

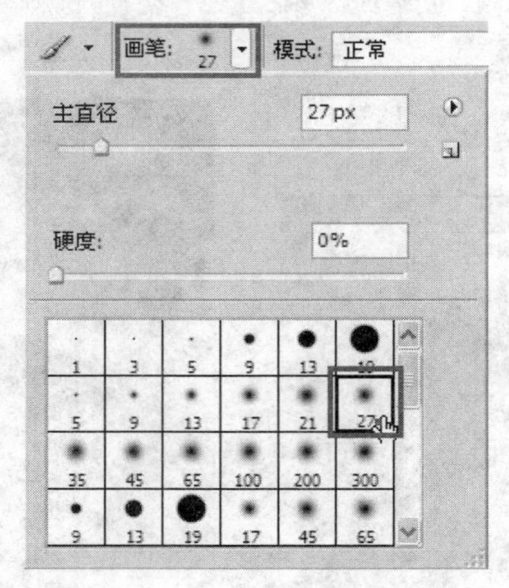

图 7-75 设置参数

（5）把前景色设置为黑色，笔刷的不透明度和流量分别为 40%和 30%，如图 7-76 所示。

图 7-76 设置参数

（6）添加蒙版，选择图层 1 中的蒙版图层，然后用画笔在图上涂抹，用黑色画笔遮盖不需要的部分，切换白色画笔则可以显示需要的部分。如图 7-77 和图 7-78 所示。

（7）得到最终效果图，如图 7-79 所示。

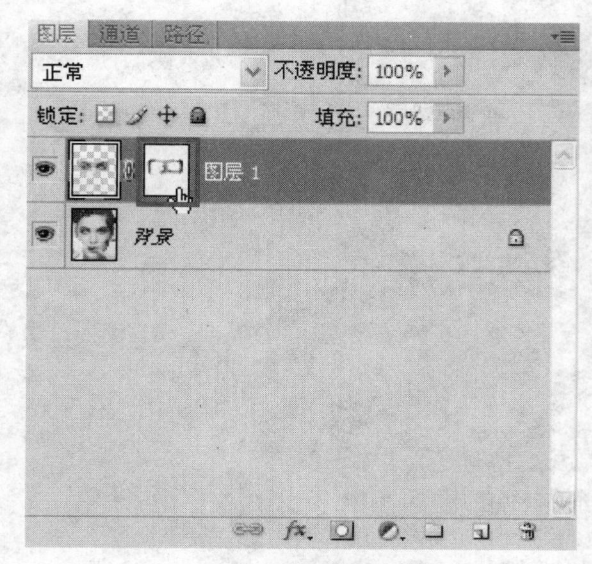

图 7-77　图层面板状态

图 7-78　使用画笔涂抹画面

图 7-79　最终效果图

7.2.5　习题训练

1．图层样式和图层混合模式如何进行分类？

2．叙述蒙版的概念。

3．蒙版的分类有哪几种？不同蒙版如何进行操作？

4．导入纸质纹理素材如图 7-80 所示，用文字编辑工具输入文字“Adobe photoshop”，在文字图层中选择合适的图层样式（投影及斜面和浮雕），把图层面板中的填充不透明度调整为 0。最后新建一个图层为底层文字“photoshop”添加底色。（在画笔工具里选择书法画笔 70 号画笔，进行绘画，画出底色背景）最后合成的效果，如图 7-81 所示。

图 7-80 纸质纹理图片

图 7-81 最终效果图

5．使用下面给出的两张素材进行图像合成，天空图片如图 7-82 所示、植物图片如图 7-83 所示，得到最终的效果图如图 7-84 所示。其中使用的工具主要有：渐变工具、蒙版、图层的混合模式（强光）。

图 7-82 天空图片

图 7-83　植物图片

图 7-84　最终效果图

7.3　通道

7.3.1　任务布置

数码单反相机拍摄出来的花卉，很漂亮，可是要想把这些花卉作为素材单独抠出来做一些广告招贴画或者宣传海报，如何处理那些复杂的背景就成了很大的问题。本任务就是帮助我们解决这个问题的，使我们学会如何在复杂的背景中抠出所需要的部分。

7.3.2　任务分析

对于这张照片，需要的部分是中间的黄颜色花朵。在图层的通道面板里找到对比色最强烈的红色通道，利用通道知识进行相关操作，直到最后把花卉完美的抠出来。如图 7-85 所示为原数码照片，如图 7-86 所示是抠除背景后的效果图。通过对本任务的实施，我们了解了“通道”面板的使用，以及通道的相关基本操作，学会了如何在通道和选区之间进行互换，并会利用通道进行精确抠图。

图 7-85　原数码照片

图 7-86　抠除背景后的效果图

7.3.3　实施步骤

1. 建立文件

（1）导入花卉素材图如图 7-87 所示。

图 7-87　花卉素材图

（2）选择背景图层，将背景图层转化成为普通图层。双击背景图层出现下面对话框，单击【确定】按钮即可，如图 7-88 所示。

2. 对通道进行比较

（1）选择花卉图层，进入“通道”控制面板，如图 7-89 所示。

图 7-88　【新建图层】对话框

图 7-89　“通道”面板

（2）分别选择该图像红、绿、蓝三个通道，如图 7-90 所示，观察一下哪一个通道的对比度最大，通过观察可以看出该图像的红色通道对比最强烈，如图 7-91 所示。我们选择红色通道，复制红色通道并新建通道“红副本”，如图 7-92 所示。下面的操作都将在复制的通道里完成。

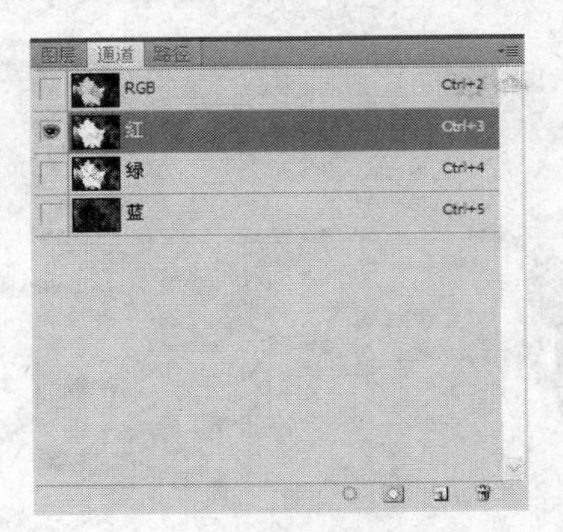

图 7-90　比较通道的对比度

图 7-91　红色通道

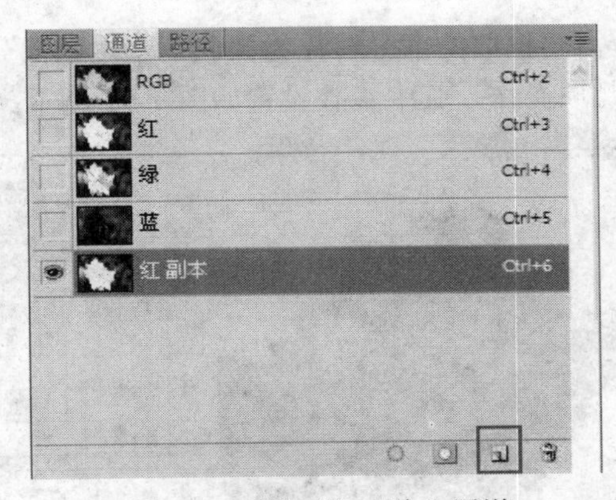

图 7-92　建立“红副本”通道

3. 通道中的操作

（1）选择“红副本”通道，对图像进行反相命令操作，可直接按 Ctrl+I 快捷键。如图 7-93 所示。

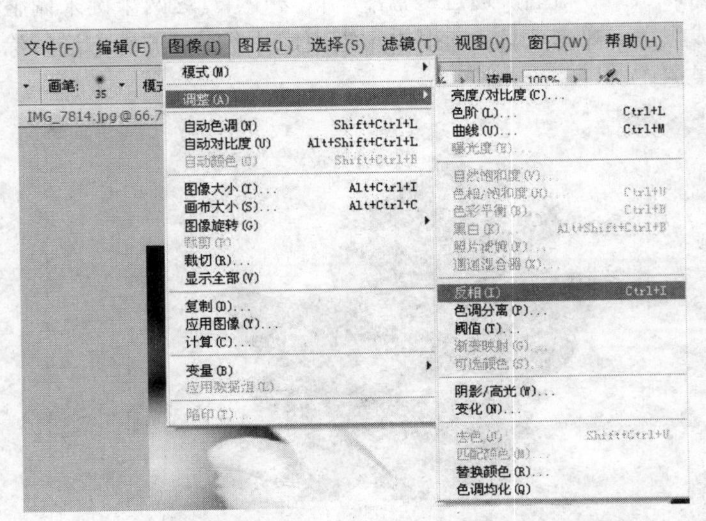

图 7-93　对“红副本”执行反相

（2）反相命令后得到的图像效果，如图 7-94 所示。

图 7-94　执行反相后的图像

（3）将图像中我们所需要抠取的部分转化为黑色，不用的部分变为白色。我们选择使用画笔工具和橡皮工具进行此项操作，其中参数设置如图 7-95 所示。

图 7-95　参数设置

（4）画笔工具：19 号画笔，通过键盘中“[”和“]”这两个键来调整笔刷的大小，把要抠取的部分涂抹成黑色；橡皮工具：选用柔角笔尖，对不需要的地方进行涂抹。得到如图 7-96 所示涂抹后的效果图。

图 7-96　涂抹后的效果图

（5）选中“红副本”通道中最前面的缩略图并且同时按下 Ctrl 键，将我们所选择的图像载入选区，如图 7-97 所示。

图 7-97　选择图像建立选区

4. 图层面板中的操作

（1）回到“图层”面板，按住 Alt 键的同时并且单击“添加图层蒙版”按钮 ，为该图层添加蒙版，如图 7-98 所示。

（2）得到的效果图如图 7-99 所示。

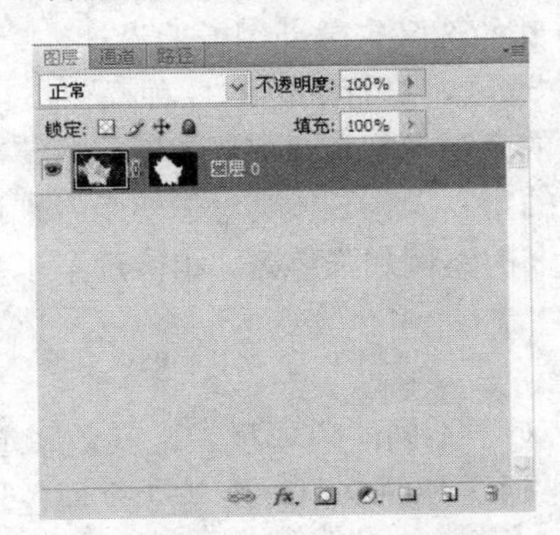

图 7-98　添加图层蒙版

图 7-99　添加蒙版后效果图

（3）新建背景图层，重新填充背景颜色，或者直接把抠出来的图片添加到其他背景图层里使用，如图 7-100 所示。

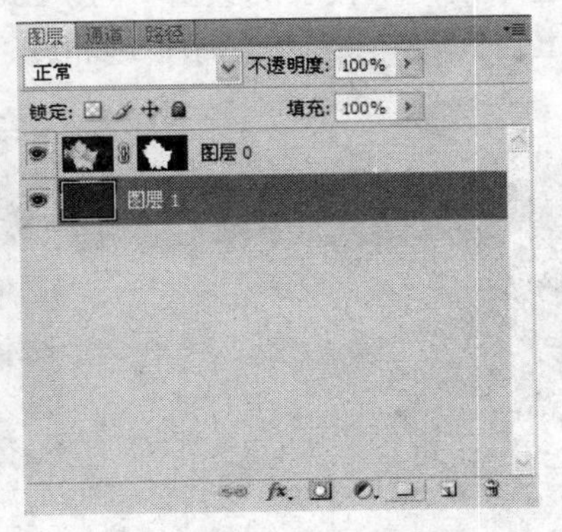

图 7-100　新建背景图层

5. 最终效果图

操作完成，得到最终效果图，如图 7-101 所示。

图 7-101 最终效果图

7.3.4 知识拓展

1. 通道的概念

通道概念最初源于图像的模式，表示图像模式的颜色分量。通道是存储不同类型信息的灰度图像，是独立的原色平面，是合成图像的成分或分量。在 Photoshop 中通道被用来存放图像的颜色信息及自定义的选区，使用通道可以得到特殊的选区来辅助图像的设计。

通道应用领域非常广泛，我们可以用通道来建立选区，进行选区的各种操作；可以把通道看做是由原色组成的图像，利用滤镜进行单种颜色的变形、色彩调整、拷贝粘贴等工作；可以将通道和蒙版结合起来使用，大大减轻对相同选区的重复操作。一般对于初学者来说，对于通道的理解和运用会觉得很难理解，但是只要按照本书的案例加强练习，相信过不了多久，你就能够轻松地运用通道了。

2. 通道的功能

通道是比较难理解的概念，它与图层有些相似。对于不同的色彩模式，其色彩通道略有区别。对于 RGB 模式的图像，有 3 个通道：除 RGB 主通道外的 R、G、B 等 3 个原色通道（即“红”通道、“绿”通道、“蓝”通道），如图 7-102 所示；对于 CMYK 模式的图像，有 4 个通道：除 CMYK 主通道外的 C、M、Y、K 等 4 个元素通道（即“青色”通道、“洋红”通道、“黄色”通道、“黑色”通道），如图 7-103 所示；对于灰阶模式的图像，只有一个灰色的通道。RGB 模式和 CMYK 模式中，色彩通道所代表的颜色不同；Lab 模式中即有亮度通道，又有色彩通道；而 HSB 模式中的通道则代表了颜色的色相、饱和度、亮度三个属性。

图 7-102 RGB 模式图像的通道

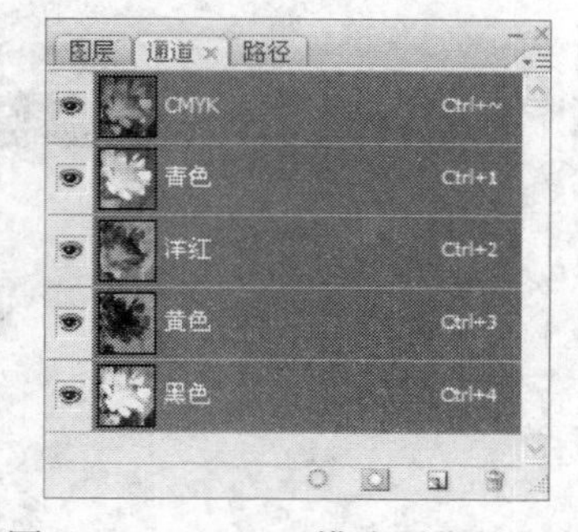

图 7-103 CMYK 模式图像的通道

技巧：按下 Ctrl+数字键可以快速选择通道。（如图 7-103 所示）一个图像最多可以包含 57 个通道，所有新通道都具有与原图像相同的尺寸和像素数目，通道所需的文件大小由通道中的像素信息决定，只要以支持图像颜色模式的格式存储文件，便会保存颜色通道。但是只有以 PSD、PDF、PICT、Pixar、TIFF 或 Raw 格式存储文件时，才会保存 Alpha 通道。DCS2.0 格式只保留专色通道。以其他格式存储文件可能会导致通道信息丢失。

通道在 Photoshop 中的重要性不亚于图层和路径，在软件中起着至关重要的作用。其功能概括起来有下面几点：

（1）通道可以代表图像中的某一种颜色信息，例如在 RGB 的模式中，R 通道代表图像的红色信息。

（2）通道可以用来制作选区。使用分离通道来选择一些比较精确的选区，在通道中，白色代表的就是选区。

（3）通道可以表示色彩的对比度。虽然每个原色通道都是以灰色显示，但各个通道的对比度是不同的，这一功能在分离通道时可以比较清楚地看出来。

（4）通道还可以用来修复扫描失真的图像。对于扫描失真的图像，不要在整幅图像上进行修改。对图像的每个通道进行比较，对有缺点的通道进行单个修改，这样会得到事半功倍的效果。

（5）使用通道制作出特殊效果。通道不仅限于图像的混合通道和原色通道，还可以使用通道创建出如倒影文字、3D 图像和若隐若现等效果。

3. 通道的面板

在 Photoshop 中可以通过“通道”面板来创建、保存和管理通道。在我们打开图像时，会在“通道”面板中自动创建该图像的颜色信息通道，或执行【窗口】|【通道】命令，也可调出【通道】面板，如图 7-104 所示。

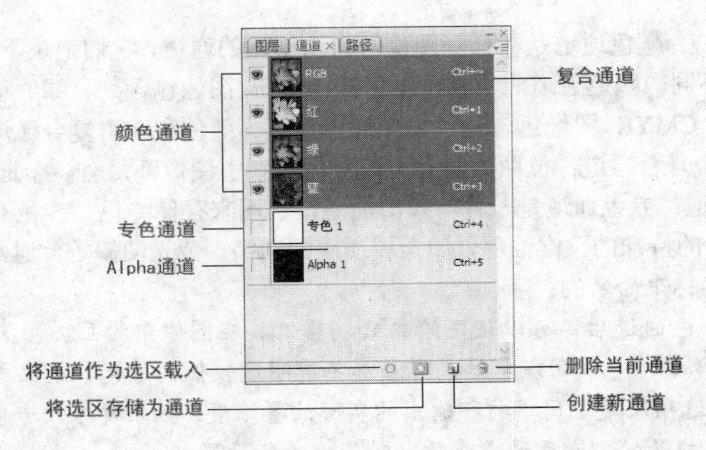

图 7-104　【通道】面板

（1）将通道作为选区载入 ：单击该按钮，可以载入所选通道的选区。

（2）将选区存储为通道 ：单击该按钮，可以将图像中的选区保存在通道中。

（3）创建新通道 ：单击该按钮，可以创建 Alpha 通道。

（4）删除当前通道 ：单击该按钮，可以将当前选中的通道删除，注意，复合通道不能删除。

（5）复合通道：在“通道”面板中最上层的就是复合通道，在复合通道下可以同时预览和编辑所有的颜色通道。

（6）颜色通道：用于记录图像颜色信息的通道。

（7）专色通道：用来保存专色油墨的通道。

（8）Alpha 通道：用来保存选区的通道。

此外单击【通道】面板右上角的下三角按钮，会弹出“通道”面板菜单，如图 7-105 所示。

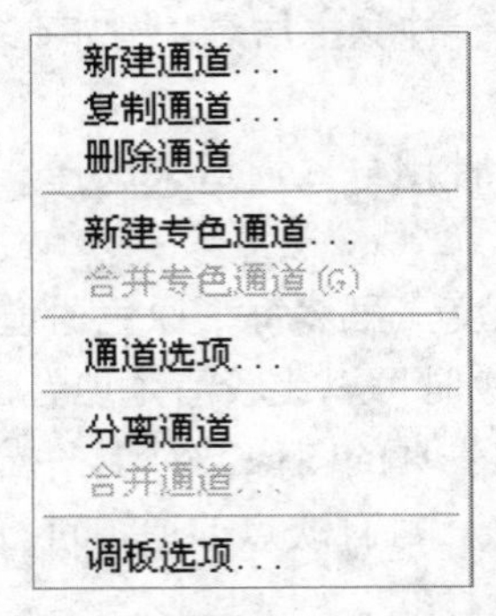

图 7-105 【通道】面板菜单

4. 通道的分类

Photoshop 中包含了多种通道类型，主要分为：复合通道、颜色通道、专色通道、Alpha 通道和单色通道。

（1）复合通道：复合通道不包含任何信息，实际上只是同时预览并编辑所有颜色通道的一个快捷方式。它通常用来在单独编辑完一个或多个颜色通道后，使“通道”面板返回到它的默认状态。

（2）颜色通道：颜色通道是在打开图像时自动创建的通道，它们记录了图像的颜色信息。图像的颜色模式不同，颜色通道的数量也不相同。RGB 图像包含红、绿、蓝和一个用于编辑图像的复合通道。CMYK 图像包含青色、洋红、黄色、黑色和一个复合通道。Lab 图像包含明度、a、b 和一个复合通道；位图、灰度、双色调和索引图像都只有一个通道。

（3）专色通道：专色通道是一种特殊的通道，它用来存储专色。专色是用于替代或补充印刷色（CMYK）的特殊的预混油墨，如金属质感的油墨、荧光油墨等。通常情况下，专色通道都是以专色的名称来命名的。

技巧：创建专色通道后，可以使用绘画或编辑工具在图像中绘画。用黑色绘画可添加更多不透明度为 100%的专色；用灰色绘画可添加不透明度较低的专色。绘画或编辑工具选项栏中的“不透明度”选项决定了用于打印输出的实际油墨浓度。如果要修改专色，可以双击专色通道的缩略图，在打开的“专色通道选项”对话框进行设置。

（4）Alpha 通道：在编辑图像时创建的通道都称之为 Alpha 通道。Alpha 通道与颜色通道不同，它储存的并不是图像的色彩，而是用于储存和编辑选取区域的。可以将选区存储为灰度图像，但不会直接影响图像的颜色。

在 Alpha 通道中，白色代表了被选择的区域，黑色代表了未被选择的区域，灰色代表了被部分选择的区域，即羽化的区域。用白色涂抹 Alpha 通道可以扩大选区范围；用黑色涂抹则收缩选区范围；用灰色涂抹则可以增加羽化的范围。

技巧：Alpha 通道是计算机图形学中的术语，指的是特别的通道，有时它特指透明信息，但通常的意思是“非彩色”通道。在 Photoshop 中通过使用 Alpha 通道可以制作出许多特殊的效果，它最基本的用处在于存储选区范围，并且不会影响图像的显示和印刷效果。当图像输出到视频时，Alpha 通道也可以用来决定显示区域。

（5）单色通道：单色通道就是指颜色通道中的某一种颜色通道，用于调整某种颜色的信息。

5. 通道的编辑

我们下面来了解如何使用“通道”面板和面板菜单中的命令，创建通道以及对通道进行重命名、复制、删除、分离与合并、通道与选区互换等操作。

（1）新建通道

创建一个新的 Alpha 通道，在“通道”面板里单击“创建新通道”按钮，会生成 Alpha 通道，可以使用画笔工具在新通道上绘画得到蒙版图像区域。

（2）重命名通道

双击“通道”面板中的一个通道的名称，在显示的文本框中可以为它输入新的名称。复合通道和颜色通道不能重命名。

（3）复制通道

直接将所需要复制的通道拖入通道底部的“创建新通道”按钮上，或者在“通道”面板中选择所需要复制的通道，再单击右键，选择复制通道。

（4）删除通道

在“通道”面板中选中要删除的通道，然后单击“删除当前通道”按钮，可将其删除；也可按住左键直接将通道拖动到该按钮上进行删除。复合通道不能复制，也不能删除。颜色通道可以复制和删除。但如果删除了一个颜色通道，图像会自动转换为多通道模式。

6. 通道的分离与合并

（1）分离通道

当文件太大时，不便于完整的储存时，分离通道可以将图像的通道分离成若干个灰度图像。在“通道”面板菜单里选择分离通道命令，原文件将被关闭，单个通道出现在单独的灰度图像窗口。新窗口中的标题栏显示原文件名以及通道，可以分别储存和编辑新图像。以 RGB 模式图像为例，进行通道分离，如图 7-106 所示。

原 RGB 图像

分离出来的 R、G、B 三个灰度图像

图 7-106　RGB 模式图像的通道分离

（2）合并通道

可以将多个灰度图像合并为一个图像的通道。要合并的图像必须是处于灰度模式，并且已经被拼合而且具有相同的像素尺寸，已打开的灰度图像的数量决定了合并通道时可用的颜色模式。如果打开了 3 个图像可以将它们合并为一个 RGB 模式的图像；如果打开了 4 个图像，则可以将他们合并为一个 CMYK 图像。以 RGB 模式图像为例，进行通道合并，其中过程如图 7-107 至图 7-109 所示。

图 7-107 “通道”面板菜单

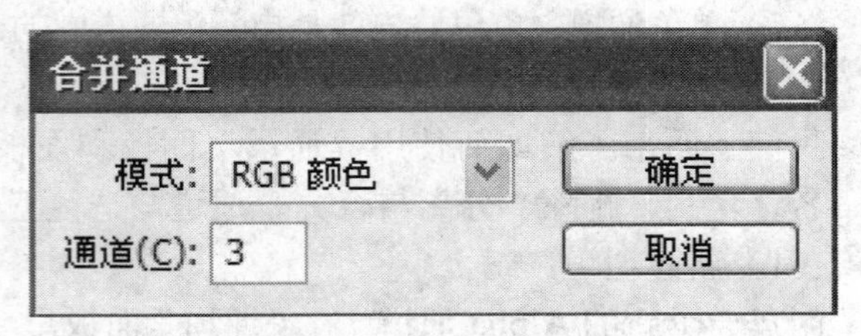

图 7-108 “合并通道”对话框

图 7-109 “合并 RGB 通道”对话框

7. Alpha 通道与选区的互相转换

（1）将选区保存到 Alpha 通道中

单击“通道”面板中的“创建新通道”按钮，可以新建一个 Alpha 通道。如果在当前文档中创建了选区，则单击“将选区存储为通道”按钮，可以将选区保存到 Alpha 通道中。

（2）载入 Alpha 通道中的选区

在“通道”面板中，选择要载入选区的 Alpha 通道。单击“将通道作为选区载入”按钮，可将通道中的选区载入到图像中。按住 Ctrl 键单击 Alpha 通道可直接载入通道中的选区。这样操作的好处是不必来回切换通道。

技巧：通道中的白色区域可以作为选区载入，黑色区域不能载入选区，灰色部分可载入带有羽化效果的选区。颜色通道中也包含选区，载入方法与 Alpha 通道相同。

8. 通道的其他操作

（1）同时显示 Alpha 通道和图像

单击 Alpha 通道后，图像窗口只显示该通道的灰度图像。如果想要同时查看图像内容，可单击复合通道前的眼睛图标，Photoshop 会显示图像并以一种颜色替代 Alpha 通道中的灰度图像，这种状态就类似于快速蒙版模式下的选区一样。

（2）使用其他工具编辑通道

使用绘图或编辑工具来编辑，用白色来增加通道范围，用黑色来减少通道范围；还可以使用不同透明度的绘图工具和色彩来做出不同透明度的通道。

（3）同时编辑多个通道

当使用【色阶】命令（快捷键 Ctrl+L）和【曲线】命令（快捷键 Ctrl+M）调整图像时，需要选择所要编辑的通道，但这时只能选择一个通道；利用“通道”面板，可以强制使用【色阶】和【曲线】命令同时调整多个通道。方法是：首先选中要调整的一个通道，然后按住 Shift 键，单击另外的通道，再单击复合通道前面的 图标，使它显示。同时选中 RG 两个通道，如图 7-110 所示，此时可以同时调整 RG 两个通道的色彩，这对调整一些特别的颜色非常有用。

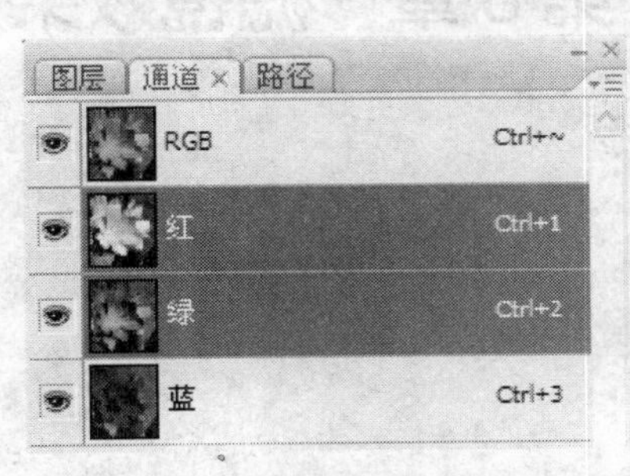

图 7-110　同时选中 RG 两个通道

（4）对单个通道添加滤镜效果

利用“通道”面板，我们可以对单一的通道添加滤镜效果。使用通道的这一功能，可以用来去除数码相机拍摄的相片中的杂质。

技巧：在“通道”面板中，仔细观察每一个通道，找到相片中的杂质主要集中在哪一个通道，选择这一通道，执行【滤镜】|【模糊】|【高斯模糊】命令，这样就保证了相片不会失去很多的图像细节。为了提高相片的质量，还可以对有很少杂质的其他通道添加滤镜锐化，选择其中的通道执行【滤镜】|【锐化】|【USM 锐化】命令，来锐化杂质。

7.3.5　习题训练

1．通道的功能有哪些？通道的分类有哪些？
2．如何对通道进行编辑？
3．如何对通道进行分离与合并？
4．利用通道进行抠图，原始素材小狗图片如图 7-111 所示，最终效果图如图 7-112 所示。

图 7-111　小狗图片

图 7-112　最终效果图

第 8 章　滤镜效果

8.1　标准滤镜

8.1.1　任务布置

使用滤镜的实质是将整幅图像或选区中的图像进行特殊处理，将各个像素的色度和位置数值进行随机或预定义的计算，从而改变图像的形状。Photoshop CS2 系统默认的滤镜分为 13 个滤镜组，其相应的菜单命令均放在“滤镜”菜单中。另外，Photoshop CS3 还可以使用外部滤镜，例如，KPT、Eye Candy、Ulead Gif.Plusing 滤镜等。

Photoshop CS3 在滤镜方面有了较大的改进。对于风格化、画笔描边、素描、纹理、艺术效果和扭曲（部分）几个滤镜的对话框进行了合成，使操作更加方便。而且，还可以非常方便地在各滤镜之间进行切换。

8.1.2　任务分析

1. 滤镜的作用范围和滤镜对话框中的预览

（1）滤镜的作用范围：如果图像中创建了选区，则滤镜的作用范围是当前可见图层选区中的图像，否则是整个当前可见图层的图像。

（2）滤镜对话框中的预览：单击滤镜的菜单命令后，会调出一个相应的对话框。例如，单击【滤镜】|【模糊】|【高斯模糊】菜单命令，调出【高斯模糊】对话框，如图 8-1 所示。在对话框中均有预览框，可以直接看到图像加工的效果。一些对话框中有“预览”复选框，选中它后，可以在画布中看到图像经过滤镜处理后的预览效果。单击按钮，可以使显示框中的图像显示百分比变小；单击按钮，可以使显示框中的图像显示百分比增加。

图 8-1　【高斯模糊】对话框

2. 重复使用刚刚使用过的滤镜

当刚刚使用过一次滤镜后，在“滤镜”菜单中的第一个子菜单命令是刚刚使用过的滤镜名称，其快捷键是 Ctrl+F。

（1）按 Ctrl+F 快捷键，可以再次执行刚刚使用过的滤镜，对滤镜效果进行叠加。

（2）按 Ctrl+Alt+F 快捷键，可以重新打开刚刚执行的滤镜对话框。

（3）按 Shift+Ctrl+F 快捷键，可以调出【渐隐】对话框，如图 8-2 所示。利用它可以调整图像的不透明度和图像混合模式。

（4）按 Ctrl+Z 快捷键，可以在使用滤镜后的图像与使用滤镜前的图像之间切换。

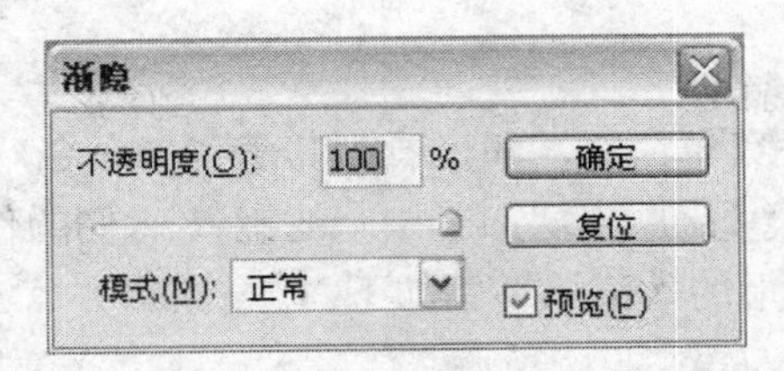

图 8-2　【渐隐】对话框

3. 滤镜使用技巧

使用滤镜处理图像时常采用如下一些技巧。

（1）对于较大的或分辨度较高的图像，在进行滤镜处理时会占用较大的内存，速度会较慢。为了减小内存的使用量，加快处理速度，可以分别对单个通道进行滤镜处理，然后再合并图像。也可以在低分辨率情况下进行滤镜处理，记下滤镜对话框的处理数据，再对高分辨率图像进行一次性滤镜处理。

（2）可以对图像进行不同滤镜的叠加多重处理。还可以将多个使用滤镜的过程录制成动作（Action），然后可以一次使用多个滤镜对图像进行加工处理。

（3）图像经过滤镜处理后，会在图像边缘处出现一些毛边。这时可以对图像边缘进行适量的羽化处理，使图像的边缘平滑。

8.1.3　实施步骤

1. 模糊滤镜

单击【滤镜】|【模糊】菜单命令，即可看到其子菜单命令，如图 8-3 所示。由图中可以看出模糊滤镜组有 11 个滤镜（比原来增加了 3 个滤镜）。它们的作用主要是减小图像相邻像素间的对比度，将颜色变化较大的区域平均化，以达到柔化图像和模糊图像的目的。

（1）动感模糊滤镜：它可以使图像的模糊具有动态的效果。例如，打开一幅向日葵图像，创建选中荷花的选区，如图 8-4 所示。单击【滤镜】|【模糊】|【动态模糊】菜单命令，调出【动态模糊】对话框，如图 8-5 所示。进行设置后，单击【确定】按钮，即可将图像动感模糊。

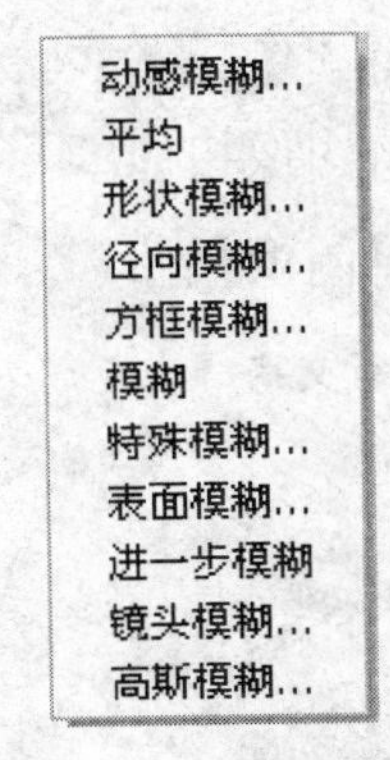

图 8-3　【模糊】菜单

图 8-4　原图像

图 8-5　【动态模糊】对话框

（2）径向模糊滤镜：它可以产生旋转或缩放模糊效果。单击【滤镜】|【模糊】|【径向模糊】菜单命令，调出【径向模糊】对话框。按照图 8-6 所示进行设置，再单击【确定】按钮，即可将图 8-4 所示图像（取消选区）加工成如图 8-7 所示的图像。可以用鼠标在该对话框内的“中心模糊”显示框内拖曳调整模糊的中心点。

2. 扭曲滤镜

单击【滤镜】|【扭曲】菜单命令，即可看到其子菜单命令，如图 8-8 所示。由图中可以看出扭曲滤镜组有 13 个滤镜（比原来增加了 1 个滤镜）。它们的作用主要是按照某种几何方式将图像扭曲，产生三维或变形的效果。举例如下。

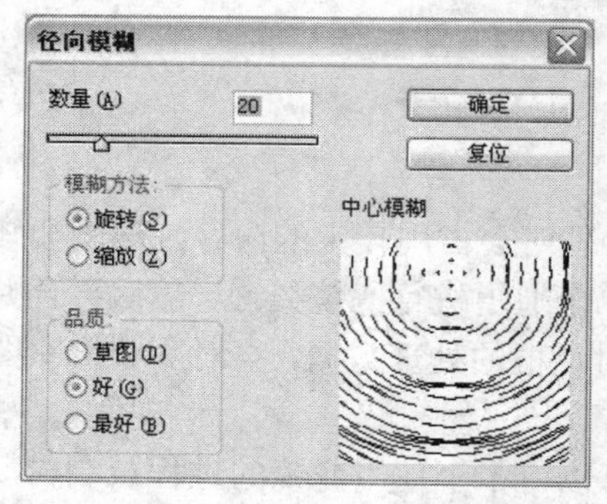

图 8-6 【径向模糊】对话框

图 8-7 径向模糊后的图像

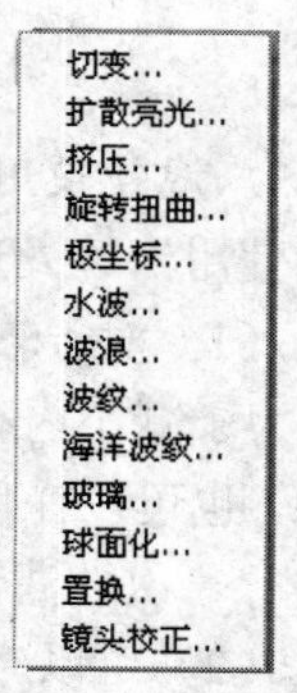

图 8-8 【扭曲】菜单

（1）波浪滤镜：它可将图像呈波浪式效果。单击【滤镜】|【扭曲】|【波浪】菜单命令，调出【波浪】对话框。按照图 8-9 所示进行设置，再单击【确定】按钮，即可将一幅如图 8-10 所示的图像加工成如图 8-11 左图所示的图像。如果选择了“三角形”单选项，则滤镜处理后的效果如图 8-11 右图所示。

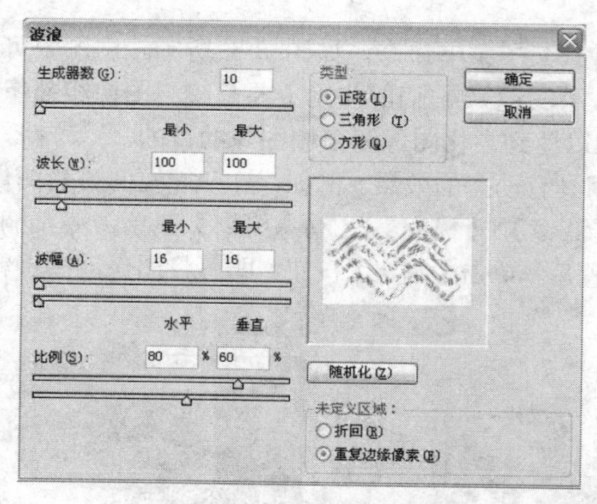

图 8-9 【波浪】对话框

按某种几何方式将图像扭曲
按某种几何方式将图像扭曲
按某种几何方式将图像扭曲
按某种几何方式将图像扭曲
按某种几何方式将图像扭曲

图 8-10 输入 5 行文字

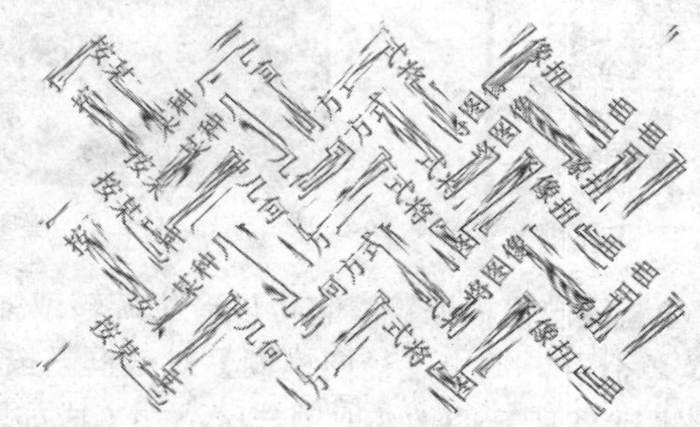

图 8-11 波浪滤镜处理后的效果

（2）球面化滤镜：它可以使图像产生向外凸起的效果。单击【滤镜】|【扭曲】|【球面化】菜单命令，调出【球面化】对话框。在图 8-10 中间创建一个圆形区域，选中文字所在的图层，按照图 8-12 所示设置【球面化】对话框，再单击【确定】按钮，即可将图像加工成如图 8-13 所示的图像。

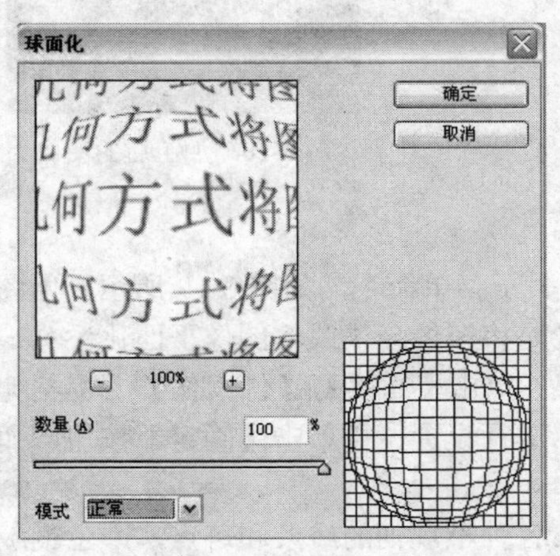

图 8-12　【球面化】对话框

按某种几何方式将图像扭曲
按某种几何方式将图像扭曲
按某种几何方式将图像扭曲
按某种几何方式将图像扭曲
按某种几何方式将图像扭曲

图 8-13　将选区内的图像球面化处理

3. 风格化滤镜

单击【滤镜】|【风格化】菜单命令，即可看到其子菜单命令（风格化滤镜组有 9 个滤镜），如图 8-14 所示。它们的作用主要是通过移动和置换图像的像素来提高图像像素的对比度，使图像产生刮风或其他风格的效果。举例如下。

（1）浮雕效果滤镜：它可以勾画各区域的边界，降低边界周围的颜色值，产生浮雕效果。单击【滤镜】|【风格化】|【浮雕效果】菜单命令，调出【浮雕效果】对话框。按照图 8-15 所示进行设置，单击【确定】按钮，即可将图 8-4 所示图像中选区内的向日葵图像加工成如图 8-16 所示的图像。

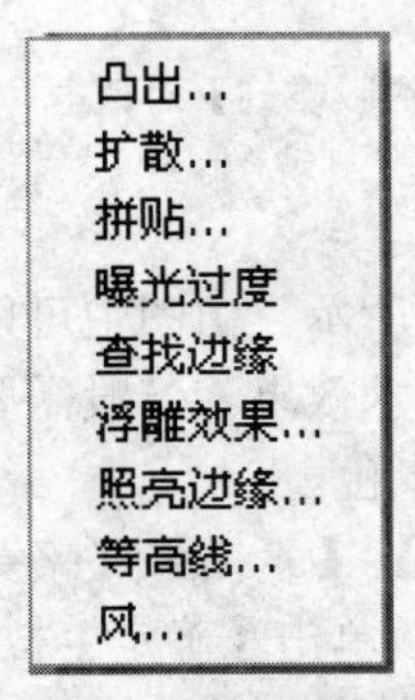

图 8-14　【风格化】菜单

图 8-15　【浮雕效果】对话框

图 8-16　加工后的图像

（2）凸出滤镜：它可以将图像分为一系列大小相同的三维立体块或立方体，并叠放在一起，产生凸出的三维效果。单击【滤镜】|【风格化】|【凸出】菜单命令，调出【凸出】对话框。按照图 8-17 所示进行设置，再单击【确定】按钮，即可将图 8-4 所示图像中选区内的向日葵图像加工成如图 8-18 所示的图像。

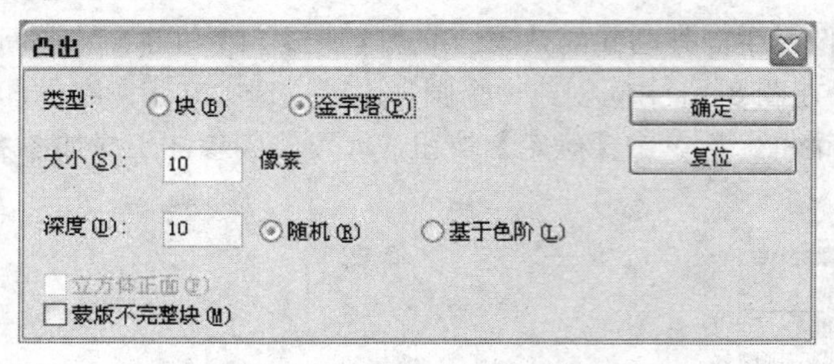

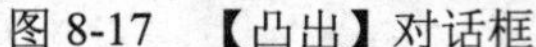
图 8-17 【凸出】对话框

图 8-18 加工后的图像

4. 像素化滤镜

单击【滤镜】|【像素化】菜单命令，即可看到其子菜单命令，如图 8-19 所示。由图中可以看出像素化滤镜组有 7 个滤镜。它们的作用主要是将图像分块或将图像平面化。

（1）晶格化滤镜：它可以使图像产生晶格效果。单击【滤镜】|【像素化】|【晶格化】菜单命令，调出【晶格化】对话框。按照图 8-20 所示进行设置，再单击【确定】按钮，即可将图 8-4 所示图像加工成晶格化图像。

（2）铜版雕刻滤镜：它可以在图像上随机分布各种不规则的线条和斑点，产生铜版雕刻的效果。单击【滤镜】|【像素化】|【铜版雕刻】菜单命令，调出【铜版雕刻】对话框。按照图 8-21 所示进行设置，单击【确定】按钮，即可将图 8-4 所示图像加工成铜版雕刻图像。

彩块化
彩色半调...
晶格化...
点状化...
碎片
铜版雕刻...
马赛克...

图 8-19 【像素化】菜单

图 8-20 【晶格化】对话框

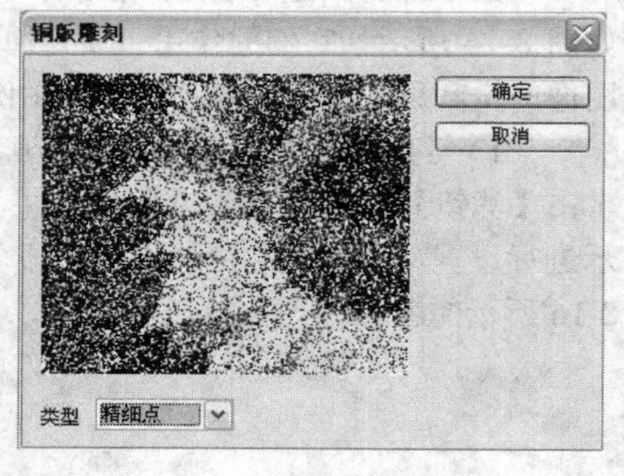

图 8-21 【铜版雕刻】对话框

5. 素描滤镜

单击【滤镜】|【素描】菜单命令，即可看到其菜单命令，如图 8-22 所示。由图中可以看出素描滤镜组有 14 个滤镜。它们的作用主要是用来模拟素描和速写等艺术效果。一般需要与前景色和背景色配合使用，所以在使用该滤镜前，应设置好前景色和背景色。

（1）铬黄渐变滤镜：可以用来模拟铬黄渐变绘画效果。单击【滤镜】|【素描】|【铬黄渐变】菜单命令，调出【铬黄渐变】对话框，如图 8-23 所示。进行设置后，单击【确定】按钮，即可完成图像的加工。单击该对话框内中间一栏中的不同小图像或者在右边的下拉列表框中选则不同的选项，可以在许多滤镜之间进行切换，非常方便。

（2）影印滤镜：它可以产生模拟影印的效果。其前景色用来填充高亮度区，背景色用来填充低亮度区。单击【滤镜】|【素描】|【影印】菜单命令，可以调出【影印】对话框，如图 8-24 所示，进行设置后，单击【确定】按钮，即可完成图 8-4 所示图像的加工。

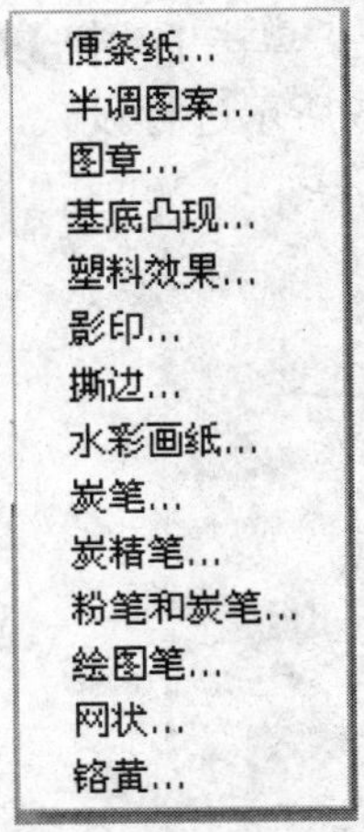

便条纸…
半调图案…
图章…
基底凸现…
塑料效果…
影印…
撕边…
水彩画纸…
炭笔…
炭精笔…
粉笔和炭笔…
绘图笔…
网状…
铬黄…

图 8-22　【素描】菜单

图 8-23　【铬黄渐变】对话框

图 8-24　【影印】对话框

6. 纹理滤镜

单击【滤镜】|【纹理】菜单命令，即可看到其子菜单命令，如图 8-25 所示。纹理滤镜组有 6 个滤镜。它们的作用主要是给图像加上指定的纹理。

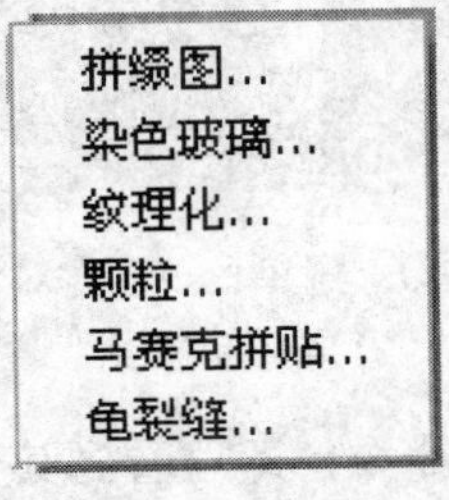

拼缀图…
染色玻璃…
纹理化…
颗粒…
马赛克拼贴…
龟裂缝…

图 8-25　【纹理】菜单

（1）马赛克拼贴滤镜：它可以将图像处理成马赛克拼贴图的效果。单击【滤镜】|【纹理】|【马赛克拼贴】菜单命令，调出【马赛克拼贴】对话框。按照图 8-26 所示进行设置，再单击【确定】按钮，即可完成图 8-4 所示图像的加工。

图 8-26 【马赛克拼贴】对话框

（2）龟裂缝滤镜：它可以在图像中产生不规则的龟裂缝效果。单击【滤镜】|【纹理】|【龟裂缝】菜单命令，调出【龟裂缝】对话框。按照图 8-27 所示进行设置，再单击【确定】按钮，即可完成图 8-4 所示图像的加工。

图 8-27 “染色玻璃”对话框

7. 画笔描边滤镜

单击【滤镜】|【画笔描边】菜单命令，即可看到其子菜单命令，如图 8-28 所示。由图中可以看出画笔描边滤镜组有 8 个滤镜。它们的作用主要是对图像边缘进行强化处理，产生喷溅

等效果。

（1）喷溅滤镜：它可以产生图像边缘有笔墨飞溅的效果，好象用喷枪在图像的边缘喷涂一些彩色笔墨一样。单击【滤镜】|【画笔描边】|【喷溅】菜单命令，调出【喷溅】对话框，按照图 8-29 所示进行设置，再单击【确定】按钮，即可完成图 8-4 所示图像的喷溅加工。

喷溅...
喷色描边...
墨水轮廓...
强化的边缘...
成角的线条...
深色线条...
烟灰墨...
阴影线...

图 8-28　【画笔描边】子菜单

图 8-29　【喷溅】对话框

（2）喷色描边滤镜：它可以产生图像的边缘有喷色的效果。单击【滤镜】|【画笔描边】|【喷色描边】菜单命令，调出【喷色描边】对话框。也可以在图 8-29 所示对话框内单击“喷色描边”图示，或者在下拉列表框中选择“喷色描边”选项，切换到【喷色描边】对话框。对于其他的相关滤镜，也可以采用这种方法来切换相应的对话框。

8.1.4　能力拓展

1. 渲染滤镜

单击【滤镜】|【渲染】菜单命令，即可看到其菜单命令，如图 8-30 所示。由图中可以看出渲染滤镜组有 5 个滤镜。它们的作用主要是给图像加入不同的光源，模拟产生不同的光照效果。

（1）分层云彩滤镜：它可以通过随机抽取前景色和背景色，替换图像中一些像素的颜色，使图像产生柔和云彩的效果。单击【滤镜】|【渲染】|【分层云彩】菜单命令，即可将图 8-4 的图像加工成如图 8-31 所示的图像。

云彩
光照效果...
分层云彩
纤维...
镜头光晕...

图 8-30　【渲染】菜单

图 8-31　加工后的图像

（2）光照效果滤镜：该滤镜的功能很强大，运用恰当可以产生极佳的效果。单击【滤镜】|【渲染】|【光照效果】菜单命令，调出【光照效果】对话框。按照图 8-32 所示进行设置，再单击【确定】按钮，即可将图 8-4 所示图像加工成如图 8-33 所示的图像。关于光照效果滤镜的具体使用方法可参看相关的案例。

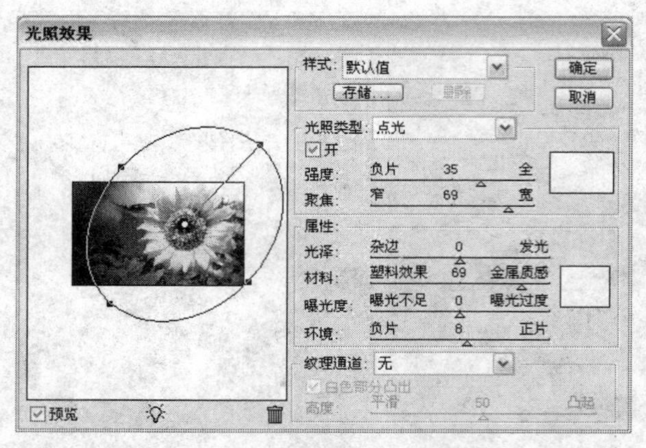

图 8-32 【光照效果】对话框

图 8-33 加工后的图像

2. 艺术效果滤镜

单击【滤镜】|【艺术效果】菜单命令，即可看到其子菜单命令。艺术效果滤镜组有 15 个滤镜。它们的作用主要是用来处理计算机绘制的图像，去除计算机绘图的痕迹，使图像看起来更像人工绘制的。

（1）绘画涂抹滤镜：它可以模拟绘画笔，在图像上绘图，产生指定画笔的涂抹效果。单击【滤镜】|【艺术效果】|【塑料包装】菜单命令，调出【塑料包装】对话框，如图 8-34 所示。进行设置后单击【确定】按钮，即可完成图像的加工处理。

图 8-34 【塑料包装】对话框

（2）单击【滤镜】|【艺术效果】|【绘画涂抹】菜单命令，调出【绘画涂抹】对话框。进行设置后单击【确定】按钮，即可完成图像的加工处理。单击图 8-34 所示【塑料包装】对话

框内的“绘画涂抹”小图像，或者在右边的下拉列表框中选择“绘画涂抹”选项，都可以调出【绘画涂抹】对话框。

3. 杂色滤镜

单击【滤镜】|【杂色】菜单命令，即可看到其子菜单命令，如图 8-35 所示。

由图中可以看出杂色滤镜组有 5 个滤镜。它们的作用主要是给图像添加或去除杂点。

（1）添加杂色滤镜：它可以给图像随机地添加一些细小的混合色杂点。单击【滤镜】|【杂色】|【添加杂色】菜单命令，调出【添加杂色】对话框，如图 8-36 所示。进行设置后单击【确定】按钮，即可完成图像的加工处理。

（2）中间值滤镜：它可将图像中中间值附近的像素用附近的像素替代。单击【滤镜】|【杂色】|【中间值】菜单命令，调出【中间值】对话框，如图 8-37 所示。进行设置后单击【确定】按钮，即可完成图像的加工处理。

中间值...
减少杂色...
去斑
添加杂色...
蒙尘与划痕...

图 8-35　【杂色】菜单

图 8-36　【添加杂色】对话框

图 8-37　【中间值】对话框

8.1.5　习题训练

1. 简述滤镜的一般使用方法。重复刚刚使用过的滤镜的方法是什么？
2. 风格化滤镜组有几种滤镜？通过操作或查看帮助信息，说出各个滤镜的作用。

8.2　高级滤镜

8.2.1　任务布置

滤镜主要用来实现图像的各种特殊效果，它在 Photoshop 中具有非常神奇的作用。所有的 Photoshop 滤镜都按分类放置在【滤镜】菜单中，使用时只需从该菜单中执行相应的滤镜命令即可。

8.2.2　任务分析

滤镜的操作非常简单，但是真正应用起来却较难恰到好处。如果想在最适当的时候将滤镜应用到最恰当的位置上，除了需要有美术功底之外，还要看用户对滤镜的熟悉程度、操控能力和是否具有丰富的想像力，而且滤镜通常需要与通道、图层等联合使用，才能取得更好的艺术效果，所以，要想更有效地使用滤镜功能，就必须在实际工作和学习中多运用，从而在实践中积累更多的经验，创作出令人满意的电脑艺术作品。

8.2.3 实施步骤

1. 锐化滤镜

单击【滤镜】|【锐化】菜单命令，即可看到其子菜单命令。锐化滤镜组有 4 个滤镜。它们的作用主要是增加图像相邻像素间的对比度，减少甚至消除图像的模糊，以达到使图像轮廓分明和更清晰的目的。

2. Digimarc（作品保护）滤镜

单击【滤镜】|【数字水印】菜单命令，即可看到其子菜单命令。数字水印滤镜组有 2 个滤镜。它们的作用是给图像加入或读取著作权信息。

（1）嵌入水印滤镜：它主要用来给图像加入含有著作权信息的数字水印。这种水印是以杂纹形式加入到图像中的，不会影响图像的特征，但将保留在计算机图像或印刷物中保留。要在图像中嵌入水印，必须先到 Digimarc 公司网站注册，并获得一个 Creator ID，然后将该 ID 号和著作权信息插入到图像中，完成嵌入水印的任务。

（2）读取水印滤镜：它主要用来读取图像中的数字水印。当图像嵌入数字水印时，系统会在图像的标题栏或状态栏显示一个“C”标记。执行该滤镜后，系统会自动查找图像的数字水印，如果找到水印 ID，则会根据该 ID 号，通过网络链接到 Digimarc 公司的网站，查找该图像的有关信息。

3. 杂色滤镜

单击【滤镜】|【杂色】菜单命令，即可看到其子菜单命令，如图 8-38 所示。由图中可以看出杂色滤镜组有 5 个滤镜。它们的作用主要是给图像添加或去除杂点。

（1）添加杂色滤镜：它可以给图像随机地添加一些细小的混合色杂点。单击【滤镜】|【杂色】|【添加杂色】菜单命令，调出“添加杂色”对话框，如图 8-39 所示。进行设置后单击“确定”按钮，即可完成图像的加工处理。

（2）中间值滤镜：它可将图像中中间值的像素用附近的像素替代。单击【滤镜】|【杂色】|【中间值】菜单命令，调出【中间值】对话框，如图 8-40 所示。进行设置后单击【确定】按钮，即可完成图像的加工处理。

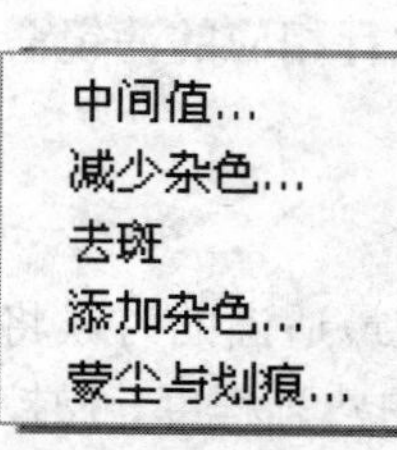

图 8-38 【杂色】菜单

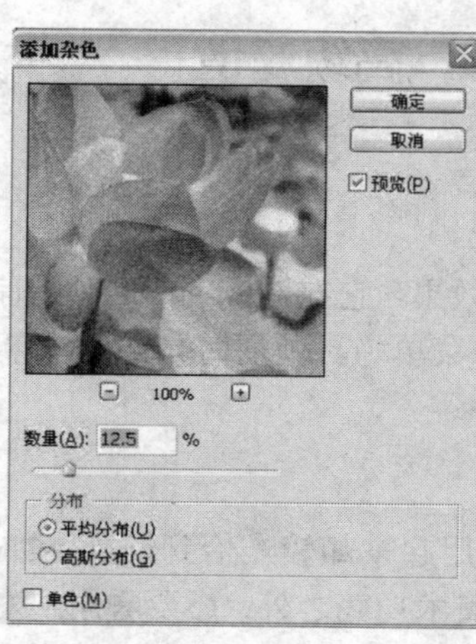

图 8-39 【添加杂色】对话框

图 8-40 【中间值】对话框

8.2.4　能力拓展

其他滤镜

单击【滤镜】|【其他】菜单命令，即可看到其子菜单命令。【其他】滤镜组有 5 个滤镜，如图 8-41 所示。它们的作用主要是用来修饰图像的一些细节部分，用户也可以创建自己的滤镜。

（1）高反差保留滤镜：它可以删除图像中色调变化平缓的部分，保留色调高反差部分，使图像的阴影消失，使亮点突出。单击【滤镜】|【其他】|【高反差保留】菜单命令，调出【高反差保留】对话框。设置半径之后，单击【确定】按钮，即可完成图像的加工处理。

（2）自定滤镜：可以用它创建自己的锐化、模糊或浮雕等效果的滤镜。单击【滤镜】|【其他】|【自定】菜单命令，调出【自定】对话框，如图 8-42 所示。进行设置后单击【确定】按钮，即可完成图像的加工处理。【自定】对话框中各选项的作用如下。

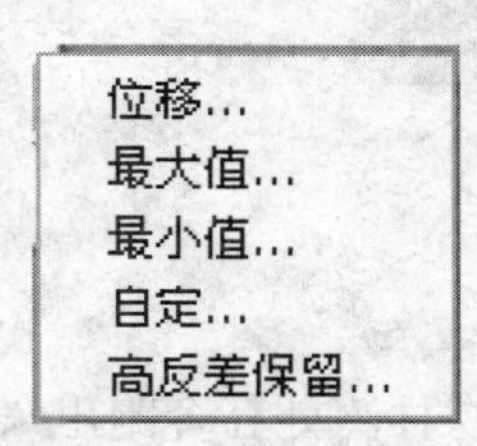

图 8-41　【其他】菜单

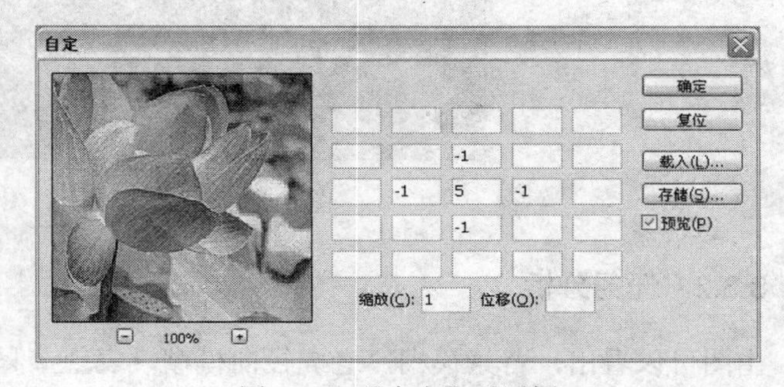

图 8-42　【自定】对话框

- 5×5 的文本框：中间的文本框代表目标像素，四周的文本框代表目标像素周围对应位置的像素。通过改变文本框中的数值（-999～+999），来改变图像的整体色调。文本框中的数值表示了该位置像素亮度增加的倍数。

系统会将图像各像素的亮度值（Y）与对应位置文本框中的数值（S）相乘，再将其值与像素原来的亮度值相加，然后除以缩放量（SF），最后与位移量（WY）相加，即（Y×S+Y）/SF+WY。计算出来的数值作为相应像素的亮度值，用以改变图像的亮度。

- “缩放”文本框：用来输入缩放量，其取值范围是 1～9999。
- “位移”文本框：用来输入位移量，其取值范围是-9999～+9999。
- “载入”按钮：可以载入外部用户自定义的滤镜。
- “存储”按钮：可以将设置好的自定义滤镜存储。

8.2.5　习题训练

1．通过实际操作，说明“抽出”对话框中各选项的作用。

2．通过实际操作，说明“液化”对话框中各选项的作用。

3．如果要调整图像中某一范围内颜色的亮度和饱和度，应如何操作？

4．利用“变化”对话框，可以进行哪些图像参数的调整？“变化”对话框中各选项的作用是什么？

8.3 综合应用实例

8.3.1 任务布置

制作“森林之王”图像，如图 8-43 所示。

图 8-43 “森林之王”图像

8.3.2 任务分析

由图可以看出，背景模糊，老虎径向模糊，表现一只老虎从森林深处狂奔跑出来的效果，彰显出森林之王的霸气。制作该图像使用了“森林”图像和“老虎”图像，如图 8-44 和图 8-45 所示，使用了“高斯模糊”和“径向模糊”滤镜等技术。该图像的制作方法如下。

图 8-44 森林图像

图 8-45 老虎图像

8.3.3 实施步骤

（1）制作森林图像

①打开如图 8-44 所示的“森林”图像（宽为 450 像素、高为 600 像素）和图 8-45 所示的“老虎”图像（宽为 400 像素、高为 500 像素）。

②新建一个宽为 900 像素、高为 600 像素，模式为 RGB 颜色，背景为白色，名称为“森林之王”的画布窗口。

③单击工具箱中的“移动工具”按钮，用鼠标将“森林”图像中的图像两次拖曳到新建的“森林之王”画布窗口内，然后将该画布中的两幅森林图像水平排列，如图 8-46 所示。此时，“图层”调板内增加了“图层 1”和“图层 2”两个图层。

图 8-46　两幅森林图像水平排列

④选中“图层”调板内的“图层 2”图层（放置右边的森林图像），单击【编辑】|【变换】|【水平翻转】菜单命令，将右边的森林图像水平翻转，效果如图 8-47 所示。

⑤单击【图层】|【合并可见图层】菜单命令，将“图层”调板内的三个图层合并到“背景”图层中。

⑥选中“图层”调板中的“背景”图层，单击【滤镜】|【模糊】|【高斯模糊】菜单命令，调出【高斯模糊】对话框，设置半径为 3.5。单击【确定】按钮，即可获得背景模糊的效果，如图 8-48 所示。

图 8-47　右边森林图像水平翻转

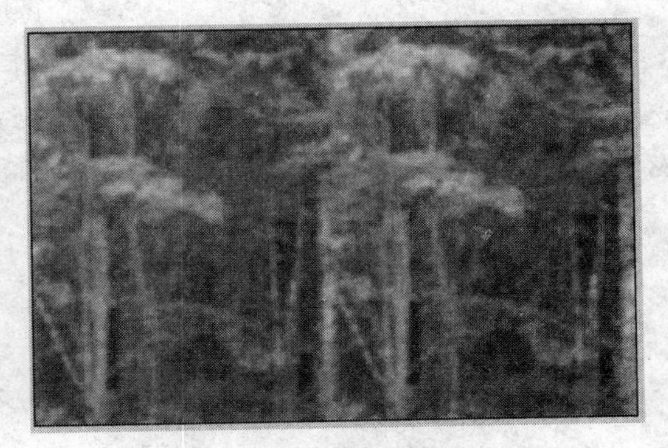

图 8-48　森林图像高斯模糊处理

（2）制作飞奔老虎

①单击工具箱中的“魔棒工具”按钮，设置容差为 30，单击图 8-45 所示的老虎图像背景，创建选区。然后，按住 Shift 键，再多次单击老虎图像背景，将老虎的整个背景图像选中。如果创建的选区有选中老虎本身或没有选中背景的，可按住 Shift 键或 Alt 键，使用工具箱中的矩形选框工具进行选区的修正，最后效果如图 8-49 所示。

②单击【选择】|【反向】菜单命令，使选区选中老虎，如图 8-50 所示。然后，使用工具箱中的移动工具，将选中的老虎拖曳到图 8-48 所示的森林图像中。此时，“图层”调板中会增加一个有老虎图像的图层“图层 1”。

图 8-49　创建背景选区

图 8-50　选中老虎的选区

③选中“图层”调板中的“图层 1”图层，单击【编辑】|【自由变换】菜单命令，将老虎图像调小，并调整它的位置，如图 8-51 所示。

图 8-51　添加和调整老虎图像

④选中“图层”调板中的“图层 1”图层，单击【滤镜】|【模糊】|【径向模糊】菜单命令，调出【径向模糊】对话框。设置数量 25，模糊方法为“缩放”，品质为“好”。用鼠标在该对话框内的“中心模糊”显示框内拖曳调整模糊的中心点，然后单击【确定】按钮，即可获得老虎狂奔的效果，如图 8-43 所示。

8.3.4 能力拓展

制作“飞雪”图像

1. 任务布置

“飞雪”图像如图 8-52 所示。

图 8-52　“飞雪”图像

2. 任务分析

它是将一幅如图 8-53 所示的风景图像通过滤镜处理而成的。制作它使用了“点状化”和“动感模糊”滤镜等技术。该图像的制作方法如下。

3. 实施步骤

（1）单击【文件】|【打开】菜单命令，打开一幅如图 8-53 所示的风景图像。单击【图像】|【图像大小】菜单命令，调出【图像大小】对话框，利用该对话框将图像宽度增加为 640 像素，高度不变。

图 8-53　风景图像

（2）单击“图层”调板中的“创建新的图层”按钮，在“背景”图层之上添加一个新的常规图层。将该图层的名称改为“雪”。

（3）设置前景色为黑色，按 Alt+Delete 快捷键，将“雪”图层填充为黑色。

（4）选中“雪”图层。单击【滤镜】|【像素化】|【点状化】菜单命令，调出【点状化】对话框，设置“单元格大小”为 5，如图 8-54 所示，单击【确定】按钮。

（5）单击【滤镜】|【模糊】|【动感模糊】菜单命令，调出【动感模糊】对话框。在该对话框内，设置角度为-45 度，距离为 10 像素，如图 8-55 所示。单击【确定】按钮。

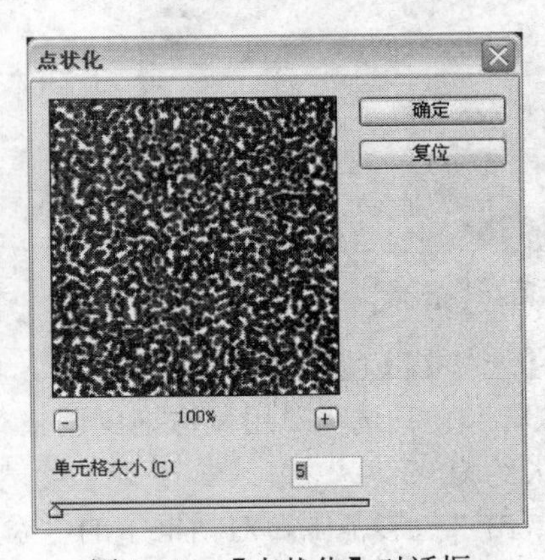

图 8-54　【点状化】对话框

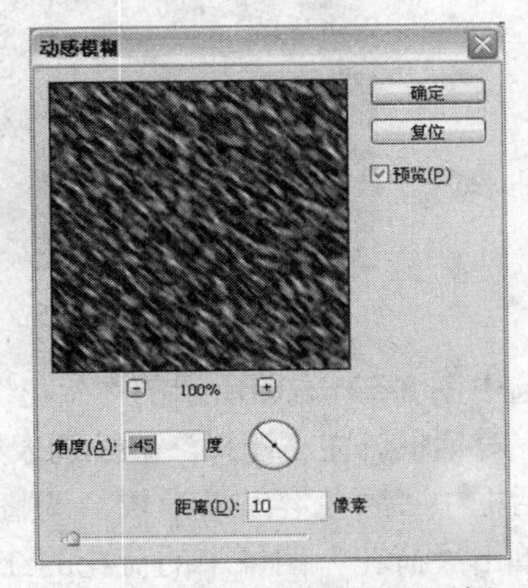

图 8-55　【动感模糊】对话框

（6）选中“雪”图层。在“图层”调板中的“设置图层的混合模式”下拉列表框内选择“滤色”选项，即可产生下雪的效果，如图 8-52 所示。

制作“水中玻璃花”图像

1. 任务布置

“水中玻璃花”图像如图 8-56 所示。

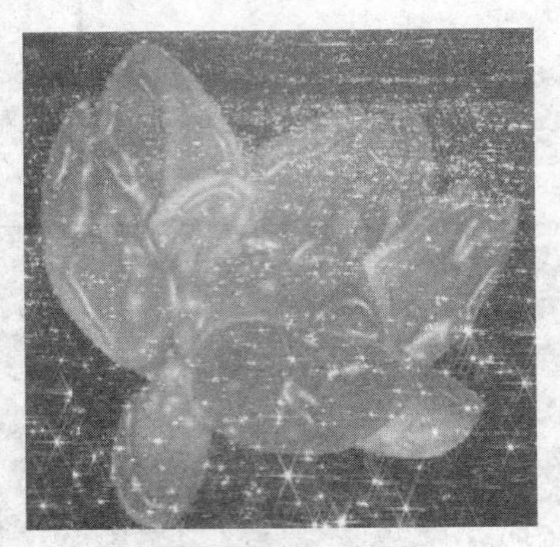

图 8-56 “水中玻璃花”图像

2. 任务分析

可以看到在晶莹闪烁的蓝色水中有一朵玻璃花图像，具有凹凸的立体感。制作它使用了“塑料包装”滤镜，设置混合模式等技术。该图像的制作方法如下。

3. 实施步骤

（1）添加荷花图像

①打开一幅“海洋”图像和一幅“荷花”图像，如图 8-57 所示，调整“海洋”图像的大小为宽 300 像素，高 300 像素。

图 8-57 “海洋”和“荷花”图像

②选中图 8-57 右图所示的“荷花”图像。单击【选择】|【色彩范围】菜单命令，调出“色彩范围”对话框。在“选择”下拉列表框中选择“取样颜色”选项。用鼠标拖曳调整“色彩范围”对话框中“颜色容差”滑块，调整它的数值，大约为 93。

③单击“荷花”图像中的荷花的红色部分，再单击“色彩范围”对话框中的“添加取样”按钮，然后单击“荷花”图像中颜色深一些处，确定选取的颜色。此时的【色彩范围】对话框如图 8-58 所示。单击【确定】按钮，即可创建选区，将红色的荷花图像选中，如图 8-59 所示。

图 8-58　【色彩范围】对话框

图 8-59　创建选区

④使用工具箱中的“矩形选框工具”，按住 Shift 键，同时拖曳鼠标，添加没有选中的图像；按住 Alt 键，同时拖曳鼠标，清除多余选中的图像。最后，画布窗口中的图像效果如图 8-60 所示。

⑤单击【选择】|【修改】|【收缩】菜单命令，调出【收缩选区】对话框，设置收缩量为 2 个像素，如图 8-61 所示。单击【确定】按钮，将选区收缩 1 个像素。

图 8-60　修整选区

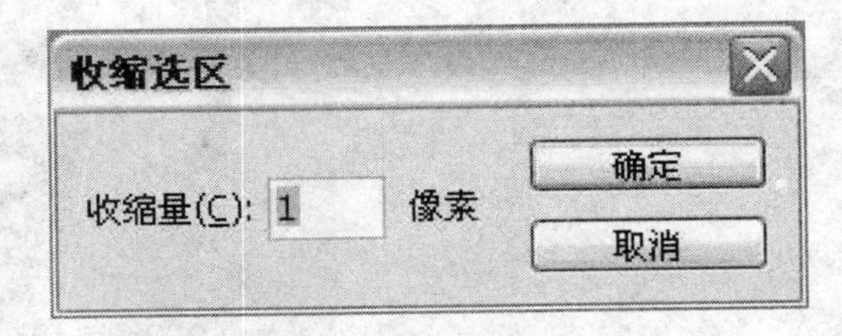

图 8-61　【收缩选区】对话框

⑥单击【编辑】|【拷贝】菜单命令，将选中的荷花图像复制到剪贴板中。

⑦选中图 8-57 左图所示的图像“海洋”。单击【编辑】|【粘贴】菜单命令，将剪贴板中的荷花图像粘贴到“海洋”图像中。同时，在“图层”调板内增加一个“图层 1”图层，放置粘贴的荷花图像。

⑧单击【编辑】|【自由变换】菜单命令，调整荷花图像的大小与位置。按 Enter 键，完成荷花图像的调整。

（2）制作玻璃花

①按住 Ctrl 键，单击“图层”调板内的“图层 1”图层，创建选区，选中荷花图像。

②单击【滤镜】|【艺术效果】|【塑料包装】菜单命令，调出【塑料包装】对话框。设置高光强度为 25，细节为 9，平滑度为 7，如图 8-62 所示。单击【确定】按钮，完成滤镜处理的操作。

③单击“图层”调板中粘贴的荷花图像所在的图层。设置图层混合模式为“变亮”模式。此时的画布如图 8-56 所示。

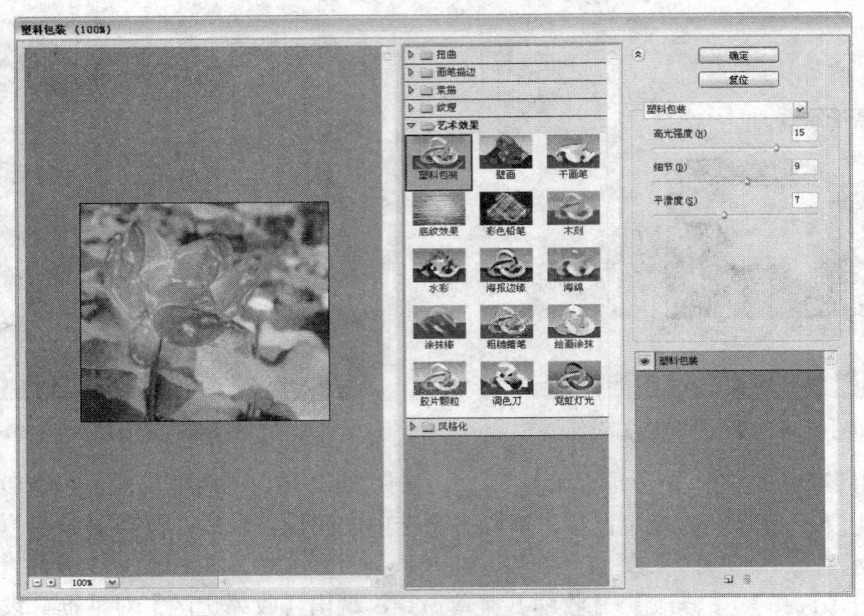

图 8-62 【塑料包装】对话框

制作“放大的回忆”图像

1. 任务布置

“放大的回忆”图像如图 8-63 所示。

图 8-63 “放大的回忆”图像

2. 任务分析

可以看出，图像的背景是一幅非常美丽的绘制的风景图像，在背景图像之上有一个圆球状的图像，该图像中一对情人在绿水流淌的小溪旁相依相随，小溪中一对填鹅头顶着头，构成一个心的图案，象征着一对情人心连着心。该图像是对图 8-64 所示风景图像加工而成的。制作该图像使用了创建选区、复制粘贴图像、球面化扭曲滤镜等技术。它的制作方法如下。

3. 实施步骤

（1）打开图 8-64 所示的风景图像（高 450 像素，宽 576 像素）。

图 8-64　风景图像

（2）使用工具箱中的椭圆选框工具，在画布中创建一个圆形选区。单击【编辑】|【拷贝】菜单命令，将选区内的图像复制到剪切板中。

（3）单击【图像】|【图像大小】菜单命令，调出【图像大小】对话框，选中“约束比例”复选框，在“高度”文本框中输入 100，在“宽度”文本框中输入 280。单击【确定】按钮，将图像按原来的比例缩小。

（4）单击【编辑】|【粘贴】菜单命令，将剪切板中的图像粘贴到风景图像之中。单击【编辑】|【自由变换】菜单命令，适当调整粘贴图像的大小和位置。

（5）选中“图层”调板内的“图层 1”图层（粘贴图像所在的图层），单击【滤镜】|【扭曲】|【球面化】菜单命令，调出【球面化】对话框，按照图 8-65 所示进行设置，再单击【确定】按钮，将粘贴的图像进行球面化扭曲路径处理。至此，图像制作完毕。

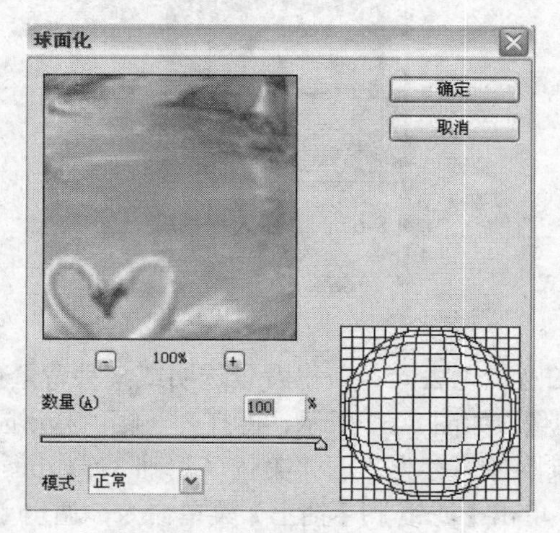

图 8-65　【球面化】对话框

制作“丽人美景”图像

1. 任务布置

“丽人美景”图像如图 8-66 所示。

图 8-66 “丽人美景”图像

2. 任务分析

可以看到，在美丽的苏州园林的小湖旁，一个少女婷婷玉立，陶醉在美丽的风景之中。

该图像是将图 8-67 所示“丽人”图像中的人物图像抽取出来，复制粘贴到图 8-68 所示的苏州园林风景图像当中形成的。制作该图像主要使用了“抽出”滤镜，采用这种方法，可以实现在异地留影的愿望。该图像的制作方法如下。

图 8-67 “丽人”图像

3. 实施步骤

（1）抽出丽人图像

图像的抽出是将图像的背景色去除，获得背景透明或某种背景色的图像。

①打开一幅“丽人”图像，如图 8-67 所示，再打开一幅“苏州园林”风景图像，如图 8-68 所示。将“苏州园林”风景图像另存为“丽人美景（基础 3-5）.pds”图像文件。

②选中“丽人”图像。单击【滤镜】|【抽出】菜单命令，调出【抽出】对话框，如图 8-69 所示。该对话框中间显示的是要加工的当前整个图像（图像中没有创建选区）或 选区中的图像，左边是加工使用的抽出工具，右边是对话框的选项栏。将鼠标指针移到中间的画面时，鼠标指针呈圆形形状。将鼠标指针移到抽出工具，即可显示出它的名称，在窗口的上边会显示它的作用。

图 8-68　“苏州园林”风景图像

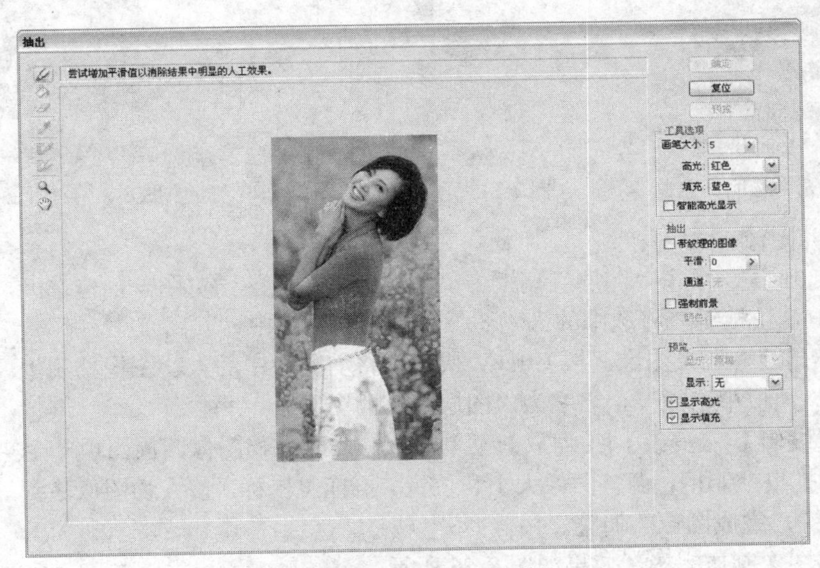

图 8-69　【抽出】对话框

③在【抽出】对话框右边选项栏的“画笔大小”文本框内输入 10。还可以改变“高光”和“填充”下拉列表框中的选项，从而改变用“边缘高光器工具”绘制轮廓线和用“填充工具”填充要抽出的图像时使用的颜色。这里选择轮廓线颜色为绿色，填充色为红色。

④单击“边缘高光器工具”按钮，再将鼠标指针移到图像内，沿着人物图像的边缘拖曳，绘出一个要抽出的图像的绿色半透明的轮廓线。轮廓线尽量不要将要抽出的图像覆盖，轮廓线与图像边缘之间不要有空隙（露出背景色）。

⑤绘制完后，还可以将画笔调小（例如调整为 10），再使用“边缘高光器工具”进行补画。也可以单击“橡皮擦工具”按钮，在轮廓线上拖曳鼠标，擦除覆盖了背景图像的轮廓线。

⑥不选中“强制前景”复选框，单击“填充工具”按钮，再单击轮廓线围住的图像，即可给轮廓线内的图像填充一层半透明的红色。此时的图像如图 8-70 所示。单击【预览】按钮，即可看到抽出的图像，如图 8-71 所示。

⑦如果抽出的图像其边缘有杂色或不清楚，图像有残缺的现象，可使用清除工具和边缘修饰工具来处理。为了使修饰更细致，可使用缩放工具和抓手工具。

⑧单击【确定】按钮，即可将选中的图像抽出。此时，可以使用工具箱中的工具进一步擦除多余的背景图像。

⑨单击【编辑】|【变换】|【水平翻转】菜单命令，将抽出的丽人图像水平翻转，如图 8-72 所示。

图 8-70　填充半透明的蓝色

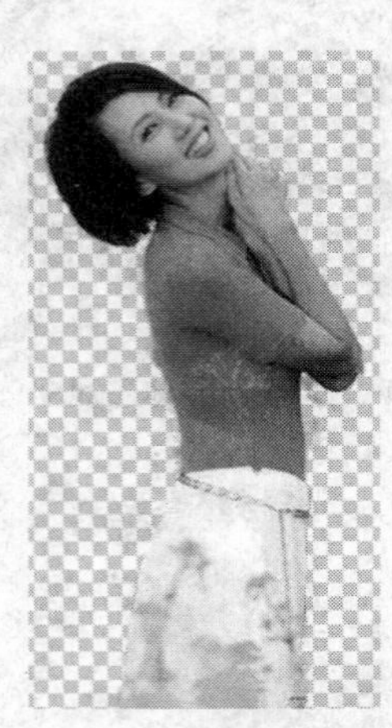

图 8-71　预览抽出的图像

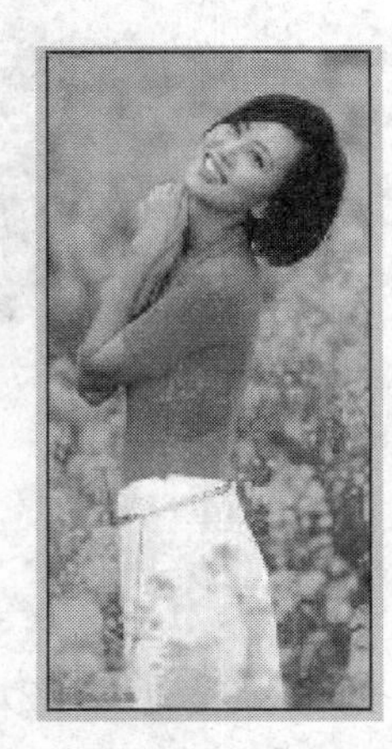

图 8-72　水平翻转图像

（2）合并图像

①按住 Ctrl 键，单击“图层”调板中“图层 1”图层的预览图，创建选区，将人物图像选中。按 Ctrl+C 快捷键，将选中的人物图像复制到剪贴板中。

②选中苏州园林风景图像，按 Ctrl+V 快捷键将剪贴板中的人物图像粘贴到风景图像中。同时，“图层”调板中增加一个名字为“图层 1”的图层。

③单击【编辑】|【变换】|【缩放】菜单命令，此时人物图像四周出现一个矩形和 8 个控制柄。用鼠标拖曳控制柄，调整图像大小和位置。再拖曳鼠标，使人物图像移到下边合适的位置。按 Enter 键，完成图像的调整。

至此，该图像制作完毕，效果如图 8-66 所示。

8.3.5　习题训练

1. 制作一幅“鹰击长空”图像，如图 8-73 左图所示，它是一幅高速飞行的鹰图像。该图像是在如图 8-73 右图所示的“鹰”图像和“云图”图像基础之上加工制作而成的。制作该图像使用了“径向模糊”滤镜等技术。

图 8-73　“鹰击长空”图像和“鹰”图像

2．制作一幅“水中卡通”图像，如图 8-74 所示。制作该图像使用了图 8-57 所示的“海洋”图像和图 8-75 所示的“洋娃娃”图像。

图 8-74　“水中卡通”图像

图 8-75　“洋娃娃”图像

3．参考“森林之王”图像的制作方法，制作如图 8-76 所示的“老虎飞奔”图象。

4．制作一幅“声音传播”图像，如图 8-77 所示。由图可以看出，它的背景图像是白色到浅蓝色之间变化的圆形波纹，像是水波一样，象征声音的传播与水波传播一样。在水波纹背景图像之上，是由内向外逐渐变大并旋转变大的一圈圈文字。

图 8-76　“老虎飞奔”图像

图 8-77　“声音传播”图像

5．制作一幅“气球迎飞雪”图像，如图 8-78 所示，它是将一幅如图 8-79 所示的热气球图像通过滤镜处理而成的。制作该图像可以有多种方法。

图 8-78　“气球迎飞雪”图像

图 8-79　热气球图像

6．制作一幅“旋转文字”图像，如图 8-80 所示。可以看出在黄色背景之上，“旋转文字”4 个文字以某点为中心旋转了一周。

7．利用纹理等滤镜，制作砂岩、画布、砖墙、粗麻布、毛发、木纹等纹理图像。

8．利用镜头光晕渲染滤镜，给图 8-81 所示图像加镜头光晕，效果如图 8-82 所示。

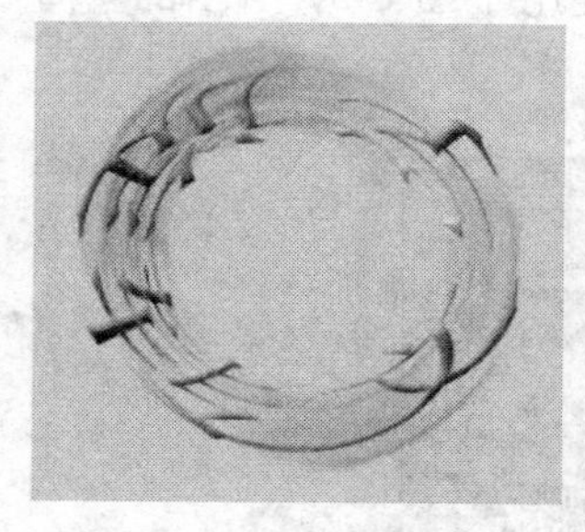

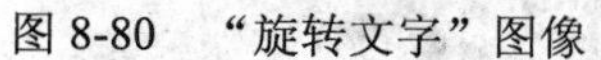

图 8-80 “旋转文字”图像

图 8-81 夜景图像

图 8-82 加镜头光晕效果

9．制作一幅“风景丽人”图像，如图 8-83 所示，在一幅风景图像中映射出一幅非常漂亮的丽人头像，具有凹凸的立体感。它是通过对图 8-84 所示的两幅图像加工制作而成的。制作该图像使用了“浮雕效果”滤镜等技术。

图 8-83 “风景丽人”图像

图 8-84 “风景”图像和“佳丽”图像

10．制作一幅“风景丽人”图像，如图 8-85 所示，它是在本章制作的“丽人美景”图像的基础之上，利用图 8-86 所示的“丽人”图像和图 8-87 所示的“小船”图像加工而成的。

图 8-85 “风景丽人”图像

图 8-86 “丽人”图像

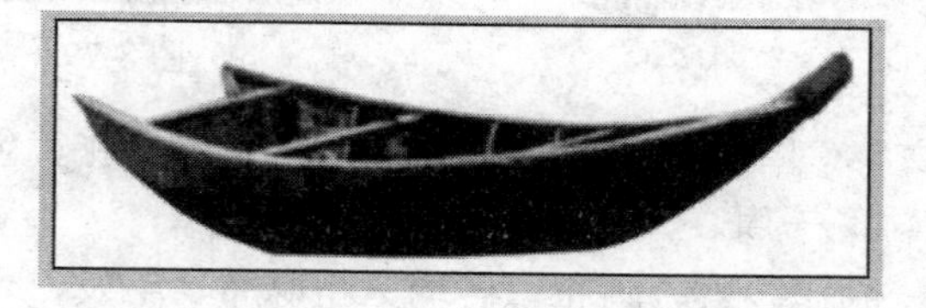

图 8-87 “小船”图像

第 9 章　网站制作

9.1　商业网站制作

从网页这个名称可以发现，它是用网络技术来实现的一种“文书”，一种保持了大众信息接受习惯的传播方式。事实也正是如此，由于制作和传播所花费的时间和精力远远少于传统媒体，并为人乐于接受，这种电子文书越来越多地承担起传播信息的重任。从发展趋势来看，网页是超越电视、报纸、杂志等媒体的全方位信息工程，是传播设计的中坚武器，是广告宣传、企业经营、文化交流等活动的基本手段。

随着信息化程度的不断深入，社会越来越追求更加新鲜、更加充满独特性和情趣化的感觉。网页界面设计为适应时代，符合最新的艺术审美的理想形象，设计人员将全部的热情投入到了设计创新中，所有平面设计中所体现的新奇、独特和大胆在网页界面中都有所反映和存在。而且在多媒体技术较为成熟的今天，网页界面又包含了更为丰富的元素。优秀的网页作品能够简单明了而又准确地传达信息，并以其艺术性瞬间扣住人心，留下深刻的印象。

9.1.1　任务布置

网页制作的工具很多，Photoshop 因其图像处理的强大功能在网页制作中也发挥着巨大的作用。正确使用 Photoshop 处理图像可以增加网页的美观，提高网页的下载速度，提高网页的制作效率。下面我们利用 Photoshop 来制作图 9-1 所示的网站。

9.1.2　任务分析

我们可以把图 9-1 所示的页界面中的图形图像进行划分，它主要包括主体图、辅助图、导航图标、标志、广“告、动画中的静态图等等。主体图指的是直接传达内容的图，如标题图、产品照片、新闻照片；辅助图指的是为了达到版面的艺术效果而设计的图形图像，它不直接传达内容，有烘托主题、渲染气氛的作用，如背景图。简而言之，网页界面中的图形图像设计是所有关于“图”的设计。 也就是说网页界面以图形图像为主，文字为辅，或将文字视为图形图像的一部分，这种网页界面体现了很强的艺术效果和独特的风格，成为网页界面设计发展的趋势之一。它尤其适合于那些既非门户网站，也非政府职能网站的公司形象、艺术设计类网站。由此也可以看出图形图像在网页界面设计中发挥着越来越重要的作用。图 9-1 所示的网站也明确的表现了这一点。

9.1.3　实施步骤

1. 新建文件

（1）打开 Photoshop，创建新画布，大小设置为 900×650 像素，其他属性设置如图 9-2 所示。

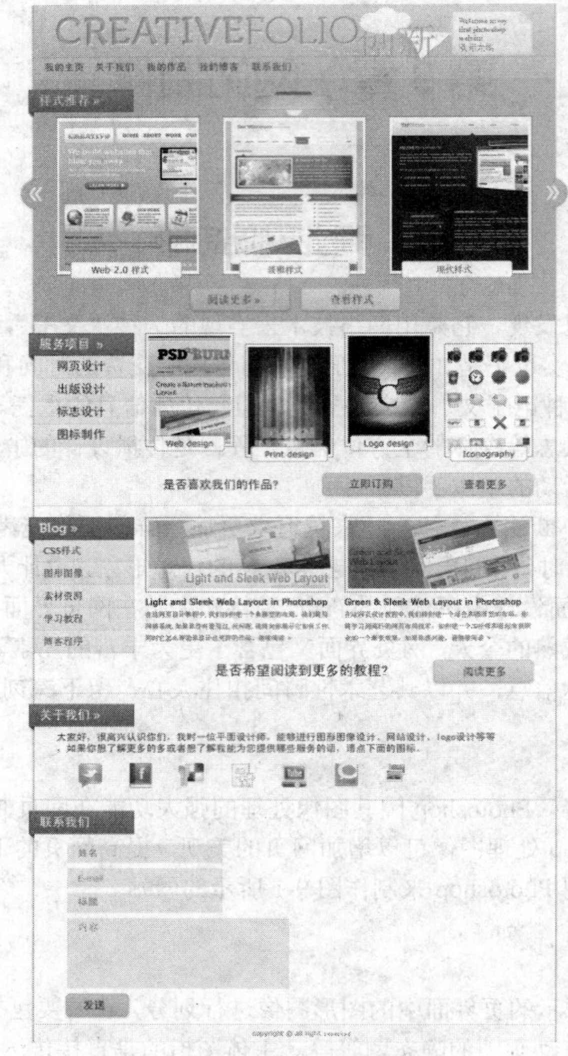

图 9-1 网站效果图

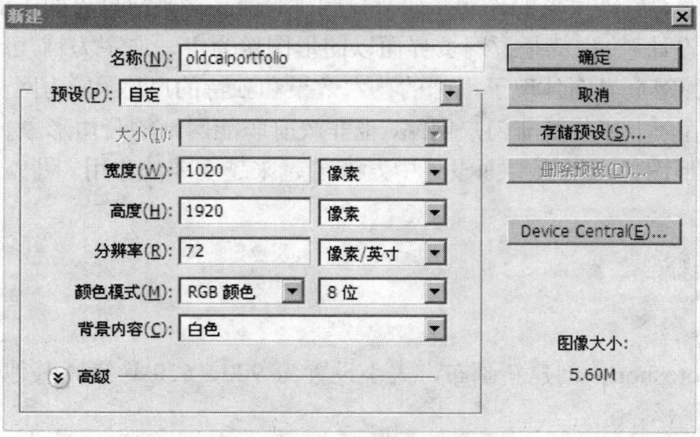

新建

名称(N): oldcaiportfolio

预设(P): 自定

大小(I):

宽度(W): 1020 像素

高度(H): 1920 像素

分辨率(R): 72 像素/英寸

颜色模式(M): RGB 颜色 8 位

背景内容(C): 白色

高级

确定

取消

存储预设(S)...

删除预设(D)...

Device Central(E)...

图像大小:

5.60M

图 9-2 新建文件

2. 建立背景

（1）选择工具箱中的【矩形工具】工具，绘制一个大小为 1920px×940px 白色矩形。命名此层“bg”，双击 bg 图层，打开图层样式窗口的设置，对图层应用外发光和描边样式。参数设置分别如图 9-3 和图 9-4 所示。

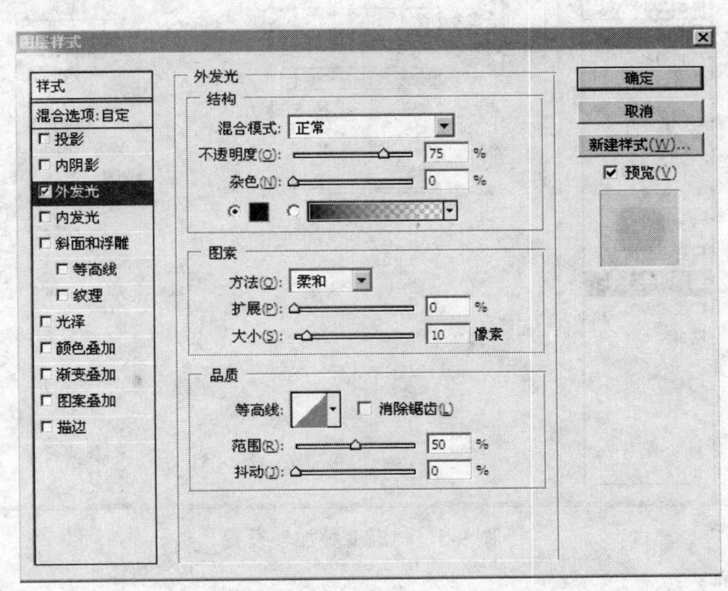

图 9-3　外发光设置

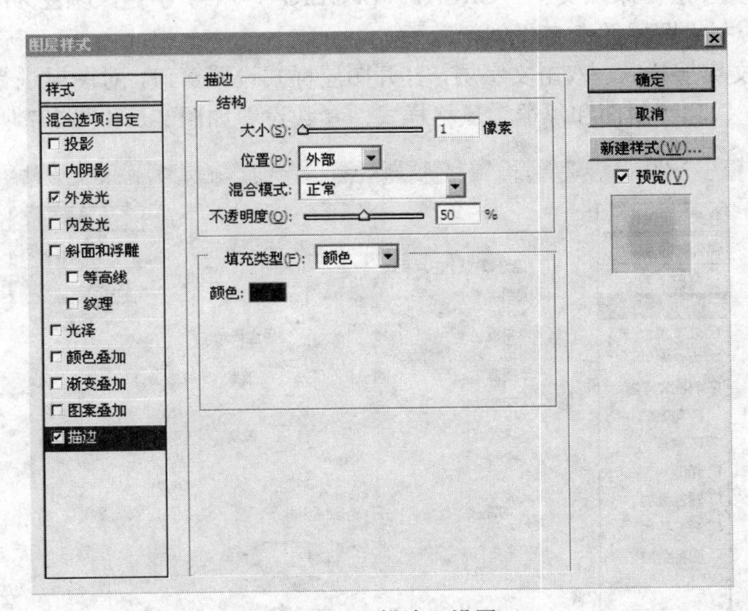

图 9-4　“描边”设置

3. 绘制网页头部

（1）创建一个新组并将其命名为“head”。选择【矩形工具】，创建一个矩形的颜色，该形状的十六进制颜色值为“#aedee1”。命名此层“header bg”，执行“图层”面板中【添加图层样式】命令按钮中的“投影”命令，在弹出的样式对话框中，做如图 9-5 所示设置。

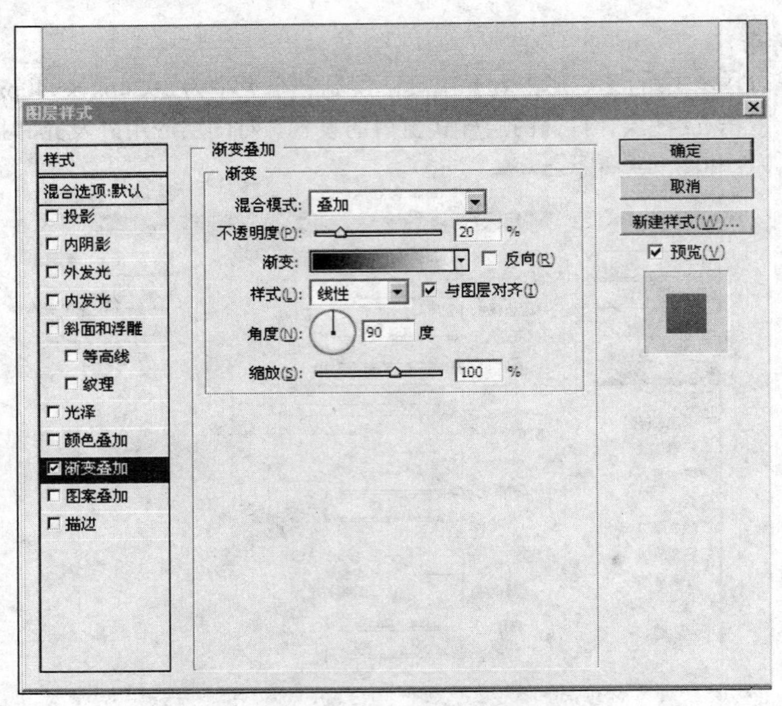

图 9-5 “渐变叠加”设置

4. 设置网站名称

（1）新建文字层。添加文字“CREATIVEFOLIO”，字号为 24，颜色为#93b99b，字体为宋体；再新建一文字图层并命名“创新”。

（2）设置文字层样式。双击文字层，打开图层样式设置窗口，对图层进行设置，使用“内阴影”、“内发光”和“斜面和浮雕”风格样式，参数设置如图 9-6 和图 9-7 所示。

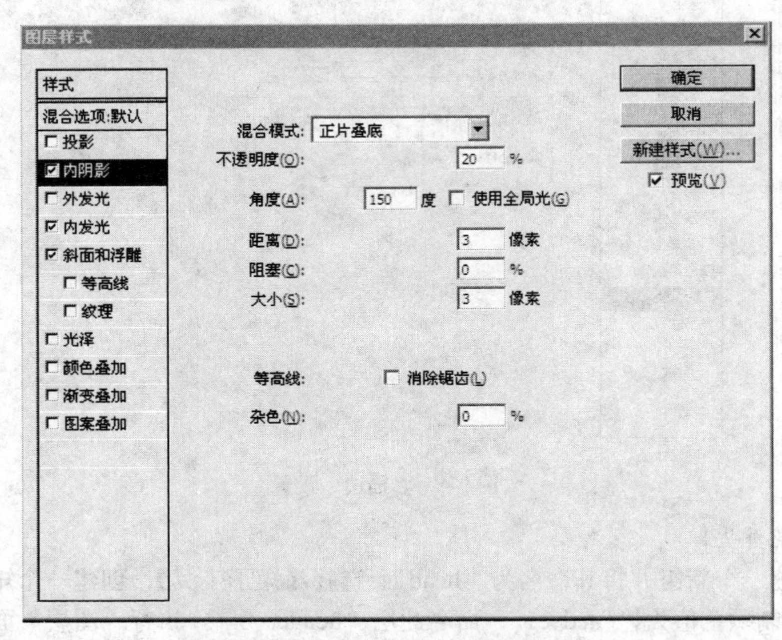

图 9-6 设置文字“内阴影”效果

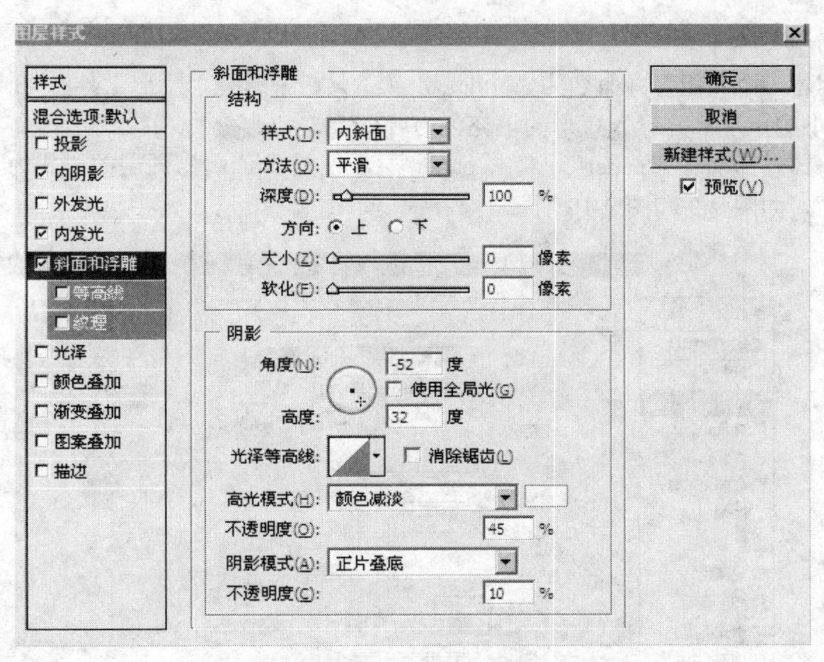

图 9-7　设置文字“斜面和浮雕”效果

5. 绘制云块

（1）创建一个新组并将其命名为“cloud”。然后选择椭圆工具，按住 Shift 键绘制一些白色大小不同的圆。

（2）使用移动工具将绘制好的大大小小的圆排列形成云。设置“cloud”的透明值为 80%，图层和云的效果如图 9-8 所示。

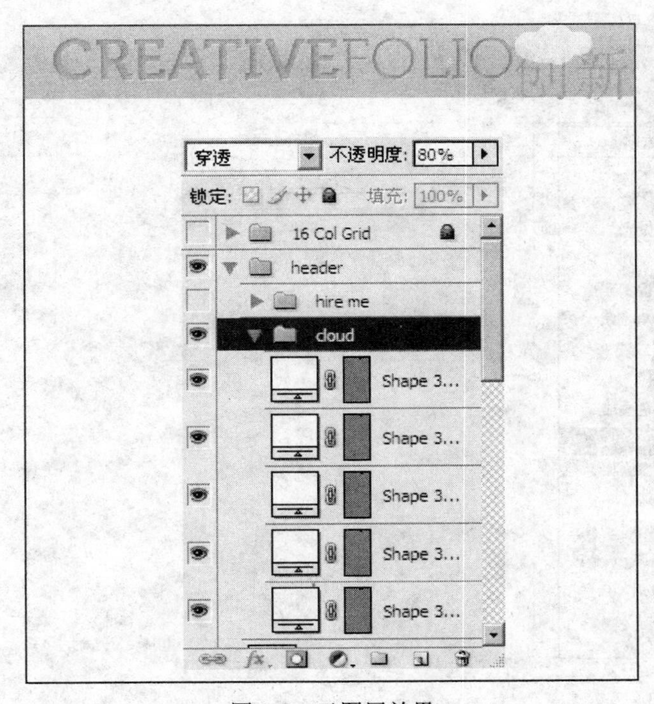

图 9-8　云图层效果

6. 绘制布告牌

（1）创建一个新组，并命名为“bullet”，从工具栏中选择“矩形工具”，在网页头部的右边绘制一个小的矩形，并设置矩形的填充色为#f7efda。

（2）将该层命名为“paper”，双击 paper 层，设置“paper”图层的样式为“内阴影”和“渐变叠加”。如图 9-9 和图 9-10 所示。

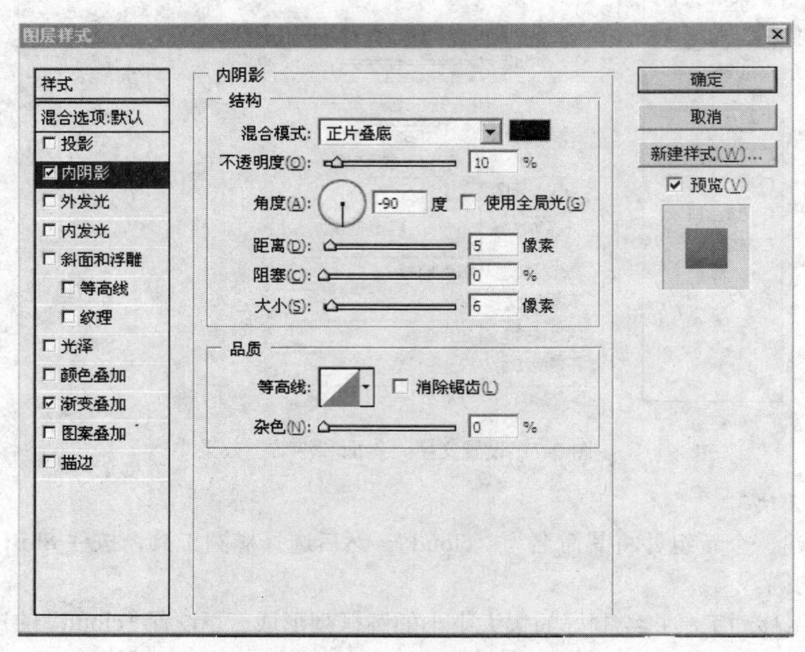

图 9-9 “内阴影”设置

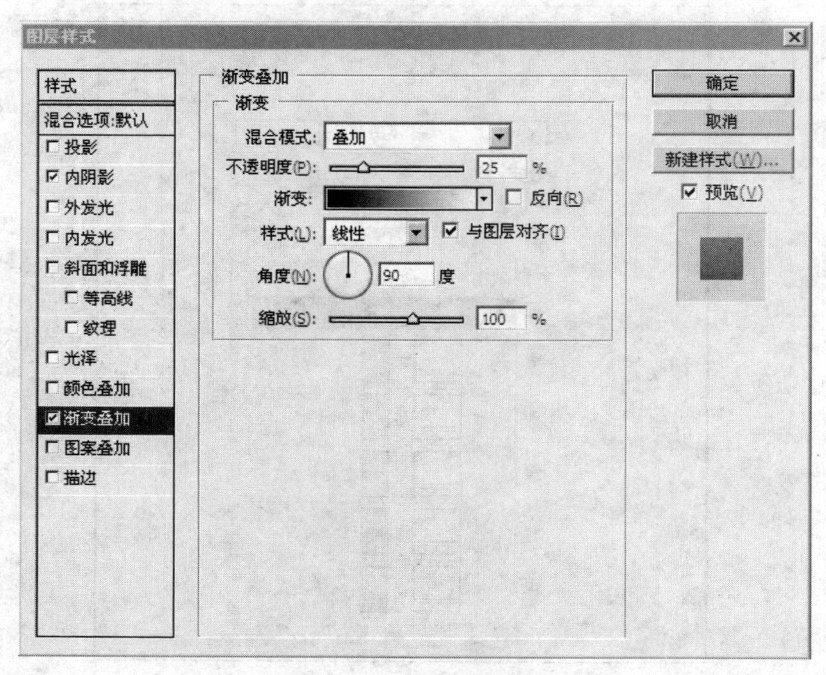

图 9-10 “渐变叠加”设置

（3）为纸张增加弯角效果。从工具栏中选择钢笔工具，设置钢笔工具的属性为“形状图层”和“从路径区域减去”，再运用钢笔工具在黄色的长方形上方绘制一个三角形，如图 9-11 所示。

图 9-11　钢笔工具

（4）创建一个新的层，命名为“corner”，使用钢笔工具创建一个三角形，并使用颜色#f1e9d3 填充三角形，双击图层“corner”并设置图层的样式为“渐变叠加”，效果如图 9-12 所示。

图 9-12　折角效果图

（5）为图片转角增加阴影。在“corner”层下面创建一个新的层，使用钢笔工具绘制一个黑色的三角形，在新建的图层上单击鼠标右键，选择【转换为智能对象】，从菜单中选择【滤镜】|【模糊】|【高斯模糊】命令，并设置半径的值为 2 个像素；再为该层设置蒙版，运用工具箱中的黑色笔刷工具将纸张右边角上方的阴影擦除；将该层命名为“shadow”，设置它的透明度为 15%，最终效果如图 9-13 所示。

图 9-13　折角阴影效果

（6）为纸张增加噪音。现在我们要添加一点噪音到纸上，让它看起来更具真实感，单击 paper 图层的矢量层，创建一个新的图层，选择白色#ffffff，并用工具箱中的颜料桶工具填充。再将该层转换成智能对象，然后选择【滤镜】|【杂色】|【添加杂色】命令，设置参数如图 9-14 所示，再将该层命名为“noise”，设置样式为“正片叠底”，透明度设置为 15%，效果如图 9-15 所示。

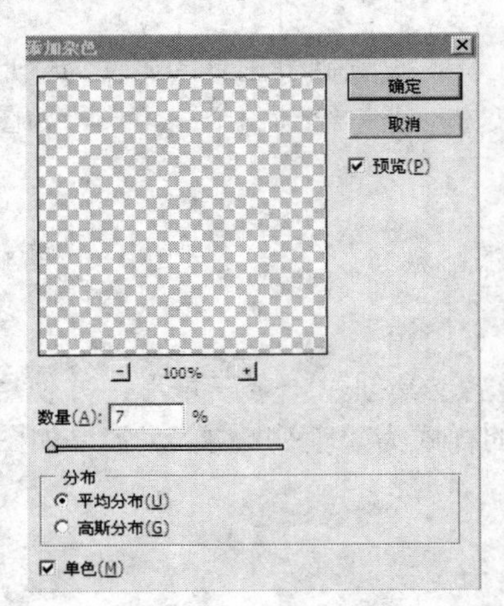

图 9-14　添加杂色

图 9-15　正片叠底效果图

（7）在布告牌上输入文字

选择横排文字输入工具，在布告牌上输入文字，并将文字的字体颜色设置为#514c3f，五号仿宋字体，加粗，如图 9-16 所示。

图 9-16　布告牌效果图

7. 添加一个纸飞机

（1）用 Photoshop 打开本章素材库中的 airplane.jpg 文件，运用工具箱的移动工具将飞机图像移动到文档中；将飞机图像所在的层命名为“airplane”，并将该层转换为“智能对象”，

（2）选择【编辑】菜单中的【自由变换】命令，在按住 Shift 键的同时，改变飞机图像的尺寸，并将其旋转到合适的角度；选择【旋转滤镜】|【杂色】|【添加杂色】命令，为其添加滤镜，滤镜的参数如图 9-17 所示。

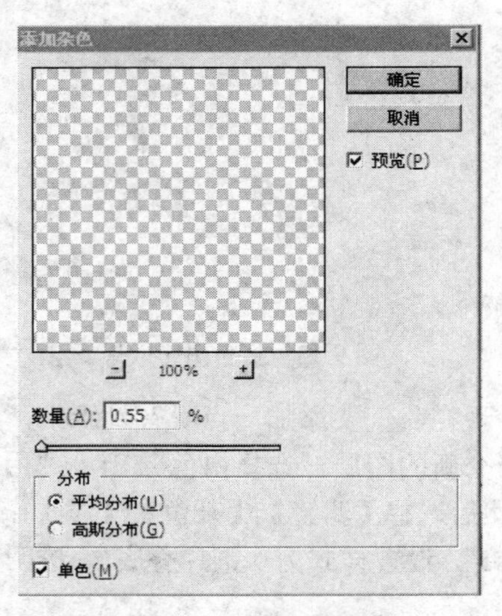

图 9-17　添加杂色

（3） 双击“airplane”层，设置层样式为“投影”，样式参数如图 9-18 所示。

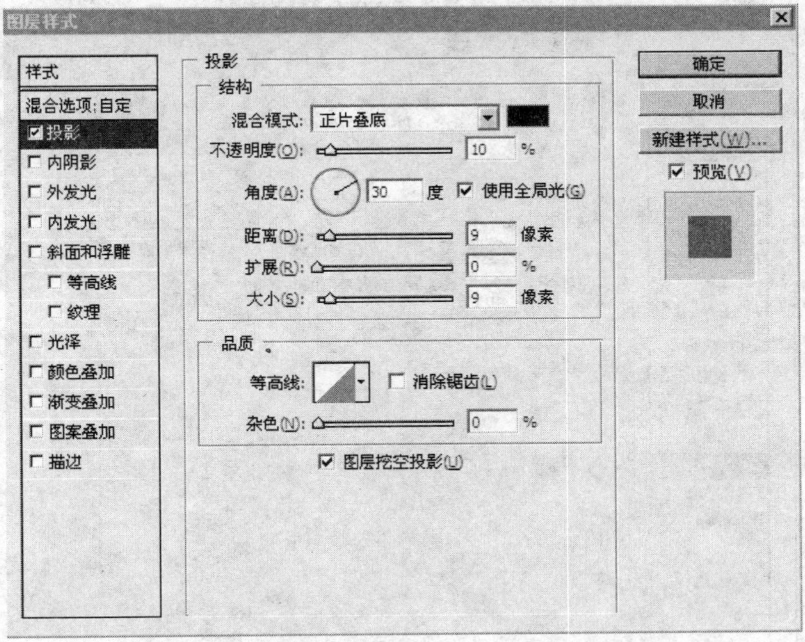

图 9-18　设置“投影”

8. 为纸飞机添加一个运动轨迹

（1）新建一个新的图层，命名为“line”，并将该层放置于“paperplane”层下，打开本章素材库中的 dashline.jpg 文件。

（2）运用工具箱中的移动工具，将虚线图像移动到“飞机”后面，调整其到合适的位置，效果如图 9-19 所示。

图 9-19　飞机效果

9. 创建导航条

（1）在“header”组下，创建一个名为导航栏新组。用工具栏中的矩形工具，绘制一个 940×40 的长方形，填充色为“c0e332”，将该层命名为“navigation bar bg”。

（2）双击“navigation bar bg”层，设置层的样式为“渐变叠加”，设置参数如图 9-20 所示。

10. 绘制并设置导航的边线

（1）新建一个图层，命名为“1px dark line”，选择线形工具绘制一个大小为 1px 的水平线，颜色设置为#7e961d。

（2）按 Ctrl+J 快捷键复制这个层，然后移动新线底部的导航栏。

11. 设置导航线边线的深度

（1）用线条工具重新绘制一条直线，颜色为#d8fd42，大小为 1px。

（2）命名该层为“1px light line”，然后将该层放在线“1px dark line”层下面。

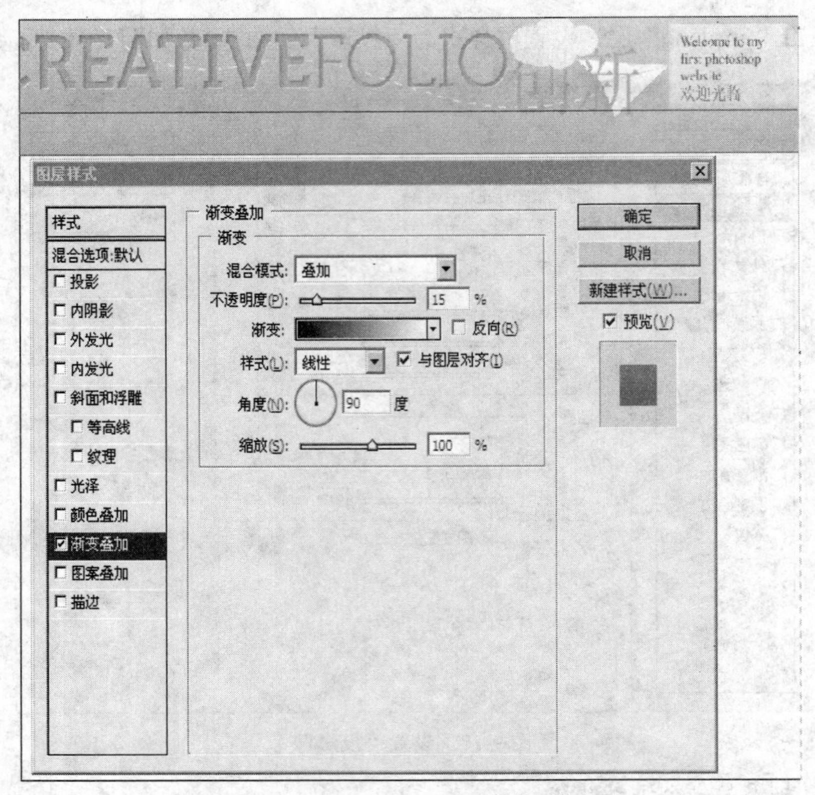

图 9-20 “渐变叠加”设置

（3）复制层“1px light line”，并调整线的位置如图 9-21 所示。

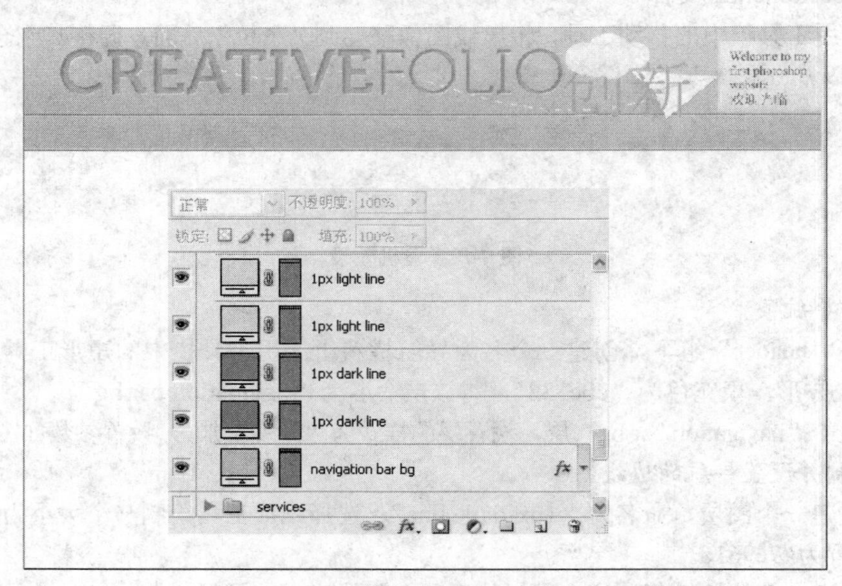

图 9-21 导航线效果

12. 制作导航菜单选项

选择工具箱的文字工具，在导航条上依次输入“我的主页”，“关于我们”，“我的作品”，“我的博客”，“联系我们”，字体为黑体，字号为 18，效果如图 9-22 所示。

图 9-22　导航菜单

13. 绘制内容区域

（1）在“navigation bar”组上创建了一新组，命名为“featured”。

（2）创建一个新的图层，并命名为“featured area bg”，选择工具箱中的矩形工具，绘制一个长 940px，宽 450px 大小的矩形框，填充色为#e6b633。

（3）运用工具箱的直线绘图工具，在黄色的矩形框的底端，分别绘制两条水平直线，一条线设置颜色为#755c18，宽度为 1px，另一条线颜色设置为#ffdf87，宽度也为 1px，调整两条水平线的位置如图 9-23 所示。

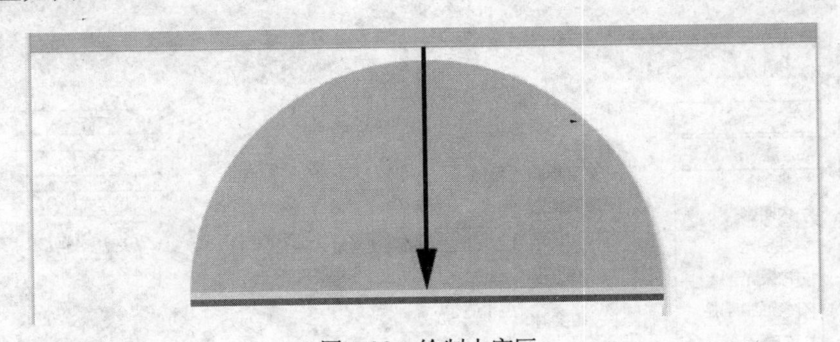

图 9-23　绘制内容区

14. 为内容区增加“杂色”效果

（1）选择层“featured area bg”，选中黄色的矩形框，创建一个新的图层“noise”，用颜色(# ffffff)填充。

（2）将该层转换成智能对象。

（3）选择【滤镜】|【杂色】|【添加杂色】命令，设置杂色数量为 7。

（4）设置层的混合模式为“叠加”，透明度设置为 25%，效果如图 9-24 所示。

图 9-24 内容区杂色效果

15. 创建蓝色的标题栏

（1）新建一个层组，名为“blue bar”。

（2）选择工具箱中的矩形工具，绘制一个填充色为“#1e92e4”的矩形框，并将该层命名为“bluebar”，双击 bluebar 图层，对图层设置样式为“渐变叠加”和“颜色填充”，如图 9-25 和图 9-26 所示。

图 9-25 标题栏“渐变叠加”

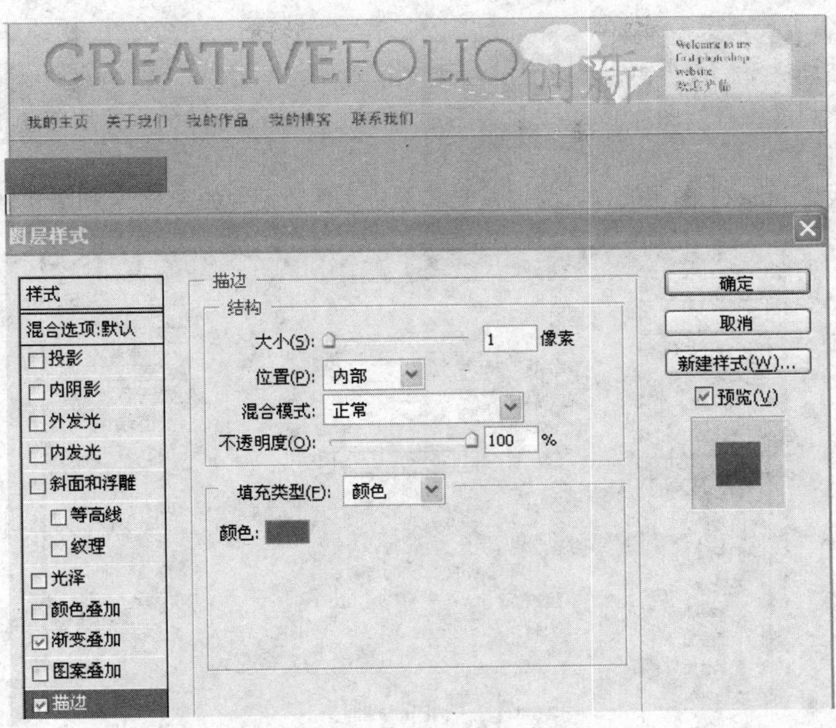

图 9-26　标题栏描边设置

16. 为标题栏创建 3D 效果

创建新的层命名为“triangle”，选择钢笔工具在蓝色矩形框的左下角绘制一个小的三角形，调整位置，使得蓝色的导航条显得有 3d 效果。

（1）双击图层“triangle”，设置其图层样式为“渐变叠加”。

（2）运用工具箱的文字工具为标题栏添加标题，字体为黑体，颜色为#ffffff，效果如图 9-27 所示。

图 9-27　3d 效果

17. 在内容区域添加图像

（1）新建一个层文件夹，命名“image”。

（2）素材库中打开图片 image1 设置图片为：高 290px，宽 260px，用移动工具将图片移动到合适的位置。

（3）设置 image1 图层的样式为内发光和描边，参数设置如图 9-28 和图 9-29 所示。

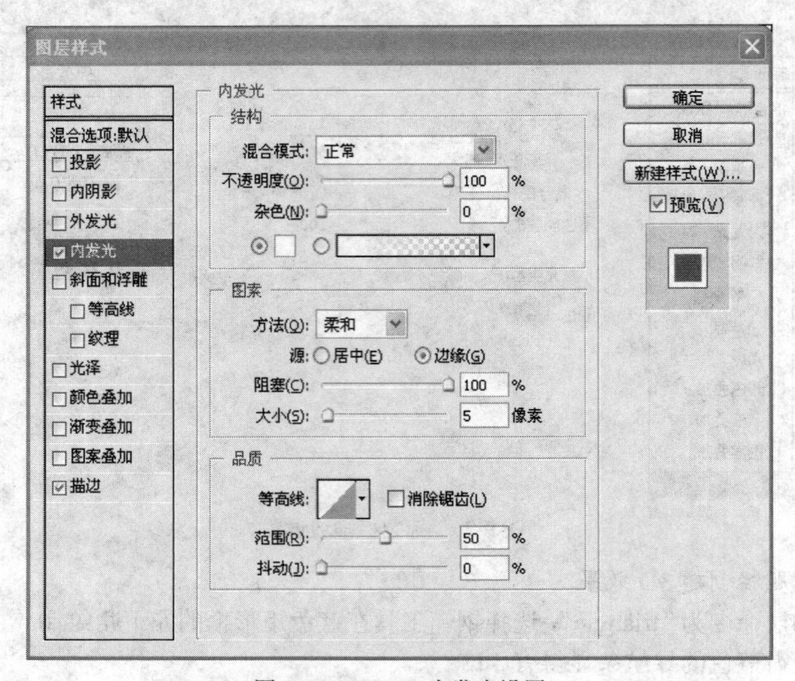

图 9-28　image1 内发光设置

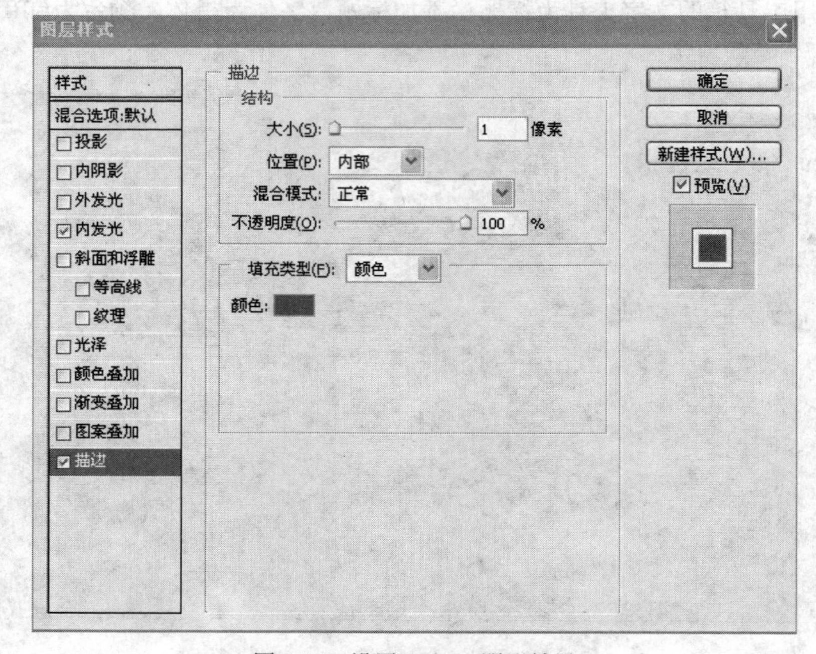

图 9-29　设置 image1 阴影效果

（4）按照同样的方法打开 image2、image3，设置方法同 image1，最终效果如图 9-31 所示。

图 9-30　效果图

18．绘制“阅读更多”按钮

（1）新建一个层文件夹，命名“button”。

（2）选择“圆角矩形工具”绘制一个圆角矩形，圆角矩形的半径大小为 6px，填充颜色为#f8c539。

（3）执行“图层”面板中【添加图层样式】命令按钮中的“投影”、“渐变叠加”和“描边”命令，在弹出的样式对话框中，做如图 9-31 至图 9-33 设置。

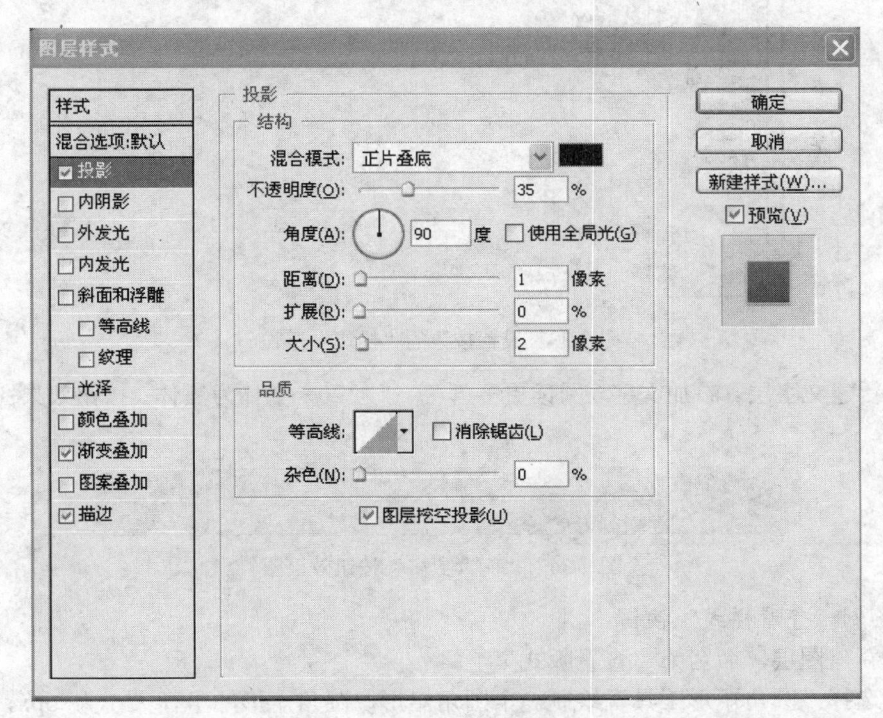

图 9-31　设置按钮的“投影”样式

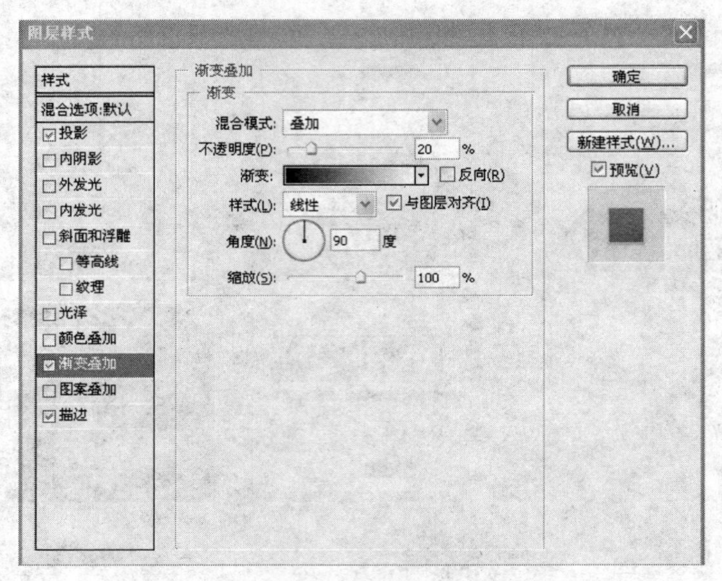

图 9-32 设置按钮的“渐变叠加”样式

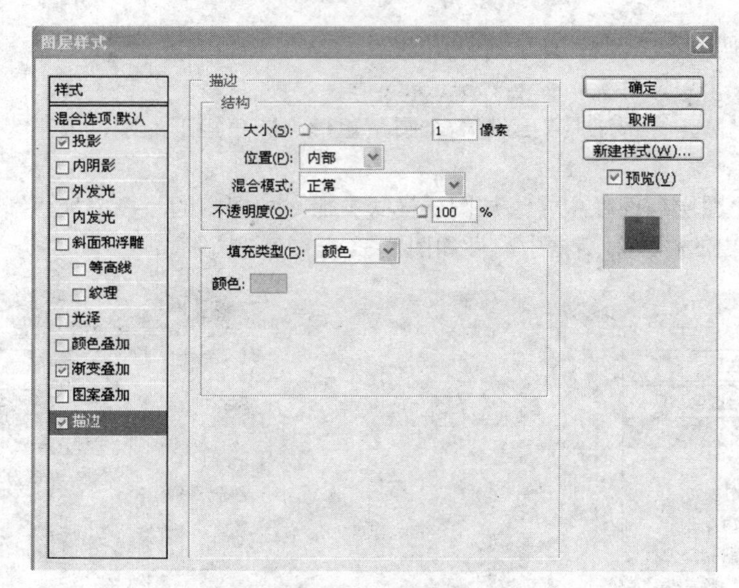

图 9-33 设置按钮的“描边”样式

（4）新建文字层。添加文字“阅读更多”，字号为 20，字体为黑体；按钮效果图如图 9-34 所示。

图 9-34 “阅读更多”按钮效果图

19. 绘制“查看样式”按钮

（1）新建图层，命名为“查看版式”。

（2）选择“圆角矩形工具”绘制一个圆角矩形，圆角矩形的半径大小为 6px，填充颜色为#dfd7c0。

（3）执行“图层”面板中【添加图层样式】命令按钮中的 “投影”、“渐变叠加”和“描边”命令，参数设置方法同按钮“阅读更多”。

（4）新建文字层。添加文字“查看版式”，字号为 20，字体为黑体；按钮效果图如图 9-35 所示。

图 9-35　“查看版式”按钮效果图

20. 绘制一个灯，照亮中间的图片

（1）执行“图层”调板中的【创建新组】命令，为新组命名“lamp”，新建图层，命名“wood”，选择工具箱中的矩形工具绘制一个小的圆角矩形，圆角矩形的半径为 7px，填充颜色为#8f631e；

（2）执行“图层”面板中【添加图层样式】命令按钮中的“内阴影”、“内发光”、“渐变叠加”和“描边”命令，在弹出的样式对话框中，做如图 9-36 至图 9-39 所示设置。

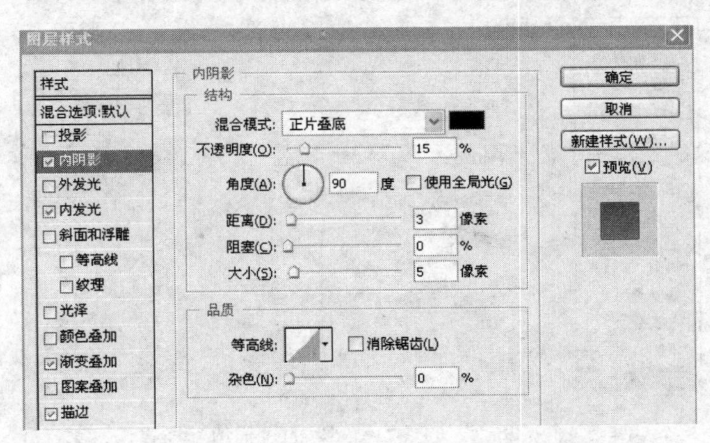

图 9-36　设置层“wood”的“内阴影”样式

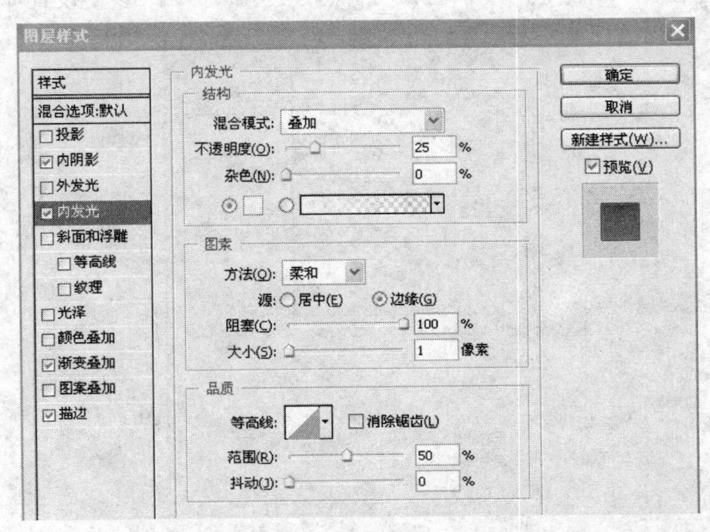

图 9-37　设置层“wood”的“内发光”样式

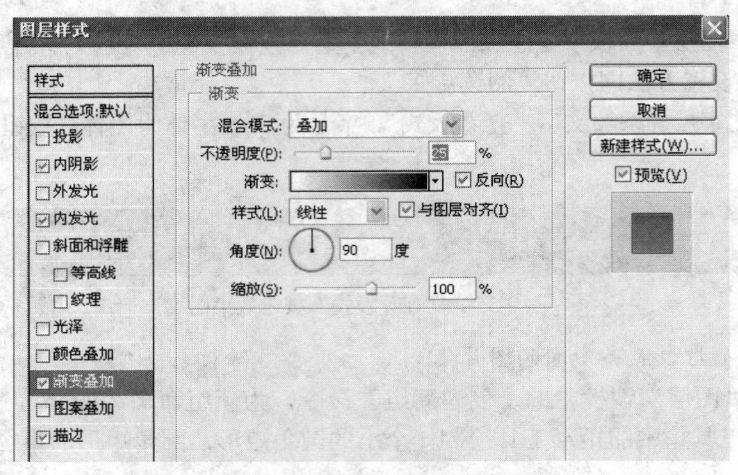

图 9-38 设置层“wood”的“渐变叠加”样式

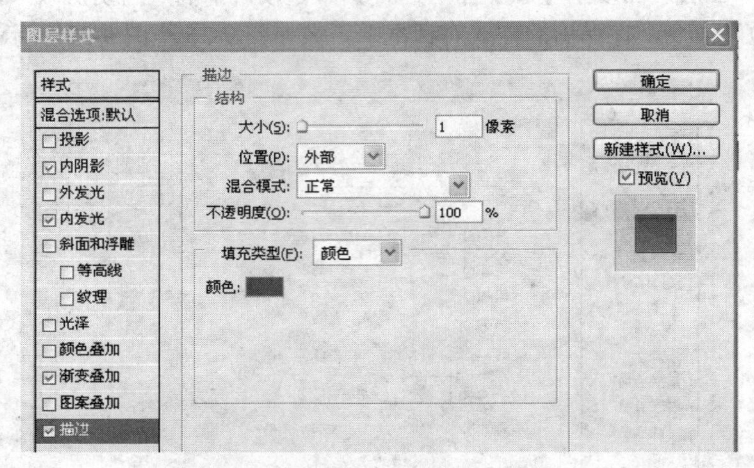

图 9-39 设置层“wood”的“描边”样式

（3）执行滤镜菜单【滤镜】|【杂色】|【添加杂色】命令，参数设置如图 9-40 所示。

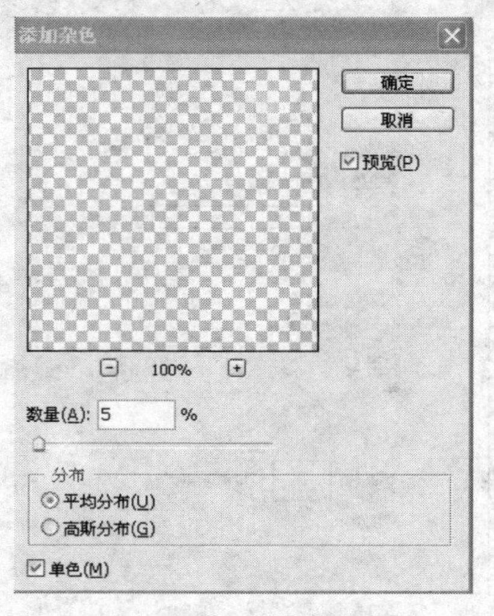

图 9-40 设置杂色滤镜

（4）设置本滤镜层的混合模式为“正片叠底”，透明度为 35%，效果如图 9-41 所示。

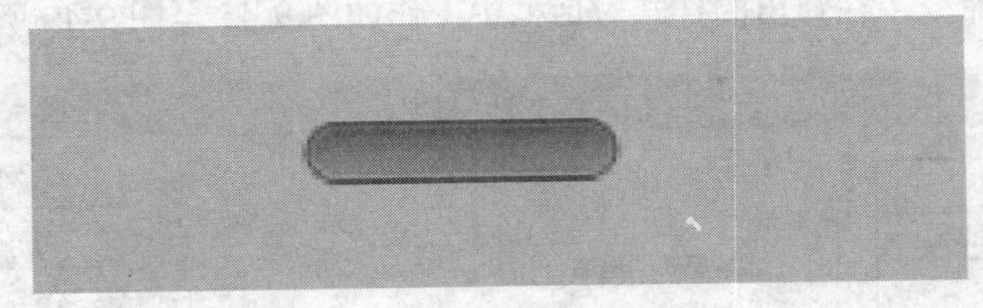

图 9-41　灯头效果

21. 绘制灯的阴影

（1）执行“图层”调板中的【创建图层】命令，新建图层，命名“shape6”，选择工具箱中的矩形工具绘制一个小的圆角矩形，圆角矩形的半径为 12px，填充颜色为#9ce340；如图 9-42 所示。

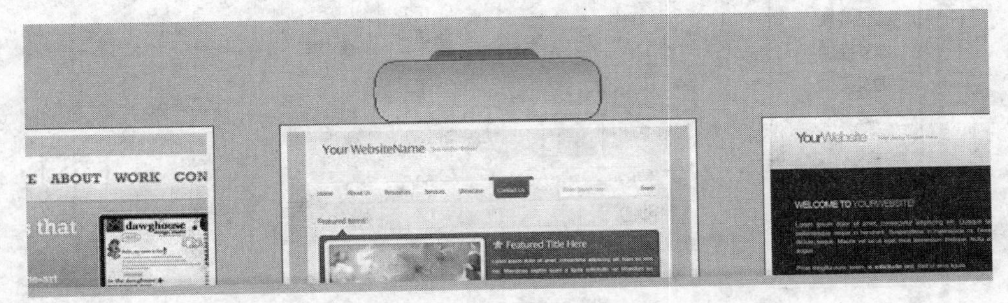

图 9-42　绘制灯的阴影

（2）选择工具箱的矩形选择工具，属性选择“从选取中减去”，按图 9-43 所显示的位置拖动矩形选择工具，删除图中多余的部分，效果如图 9-44 所示。

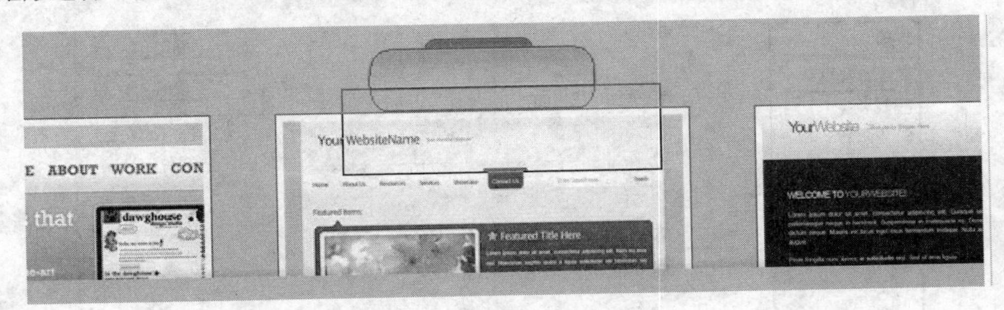

图 9-43　删除多余效果

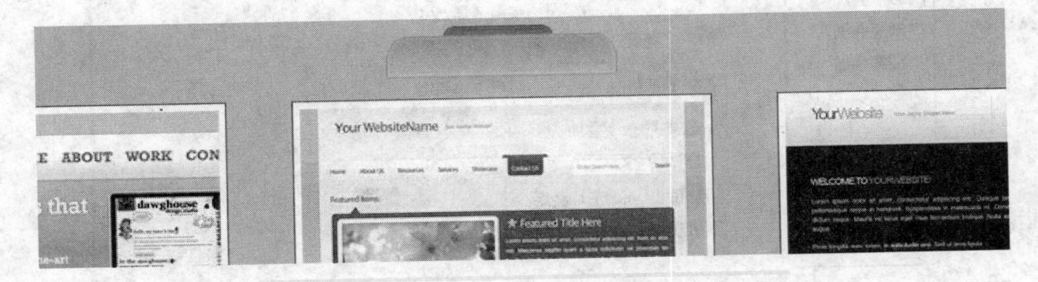

图 9-44　灯帽

（3）执行“图层”面板中【添加图层样式】命令中的“内发光”、“斜面和浮雕”、“渐变叠加”和“描边”命令，在弹出的样式对话框中，作如图 9-45 至图 9-49 所示设置。

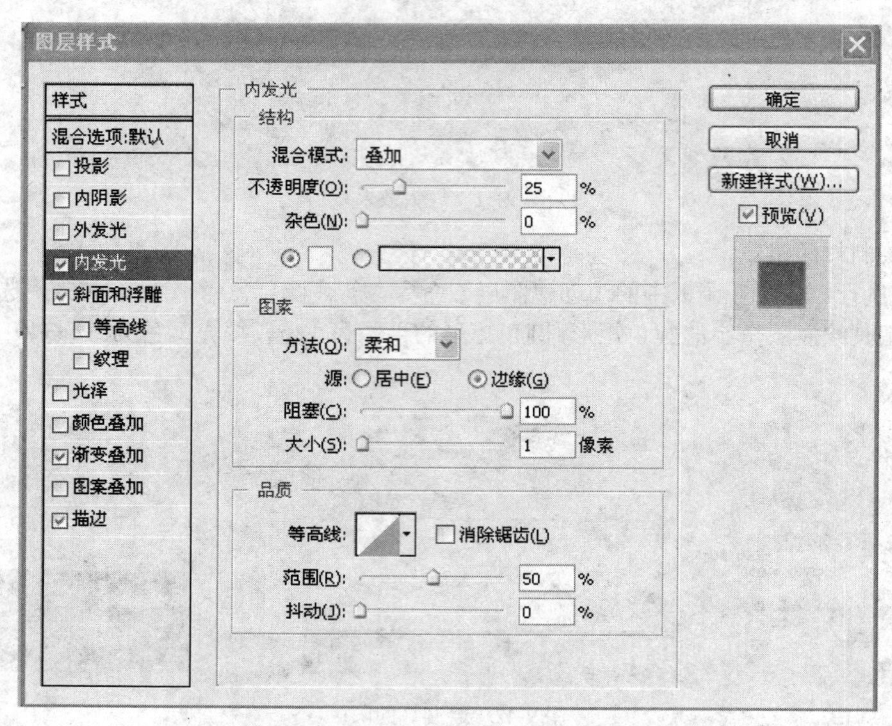

图 9-45　设置 shape6 的“内发光”效果

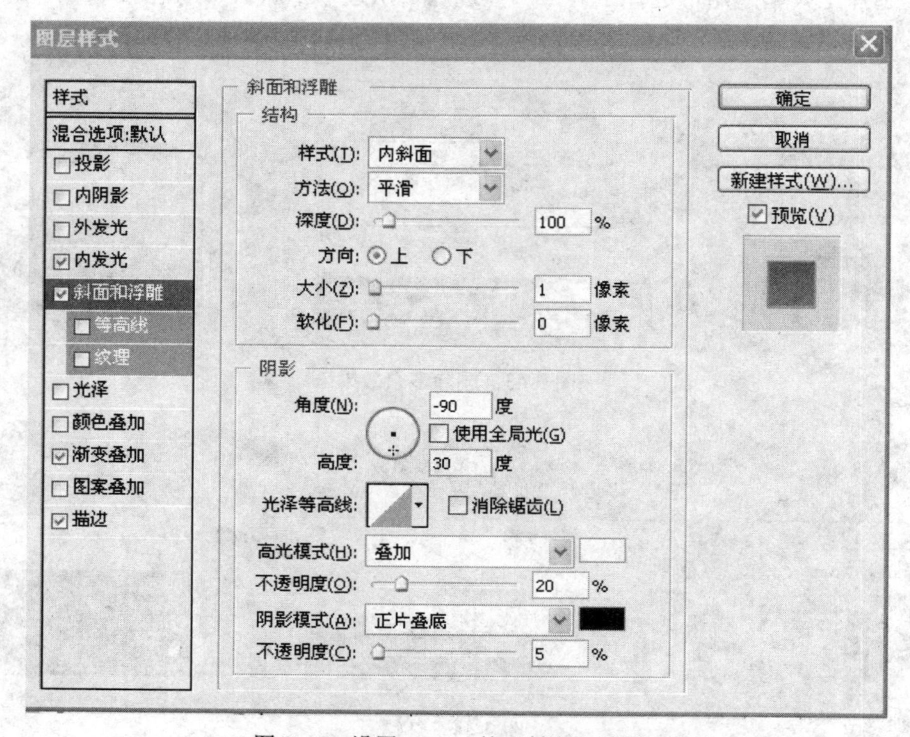

图 9-46　设置 shape6 的“斜面和浮雕”效果

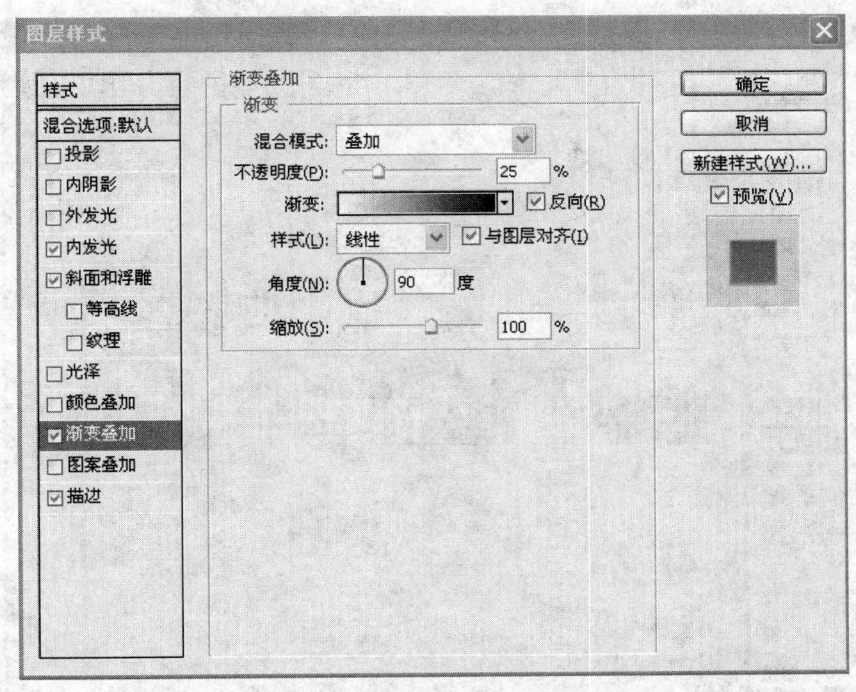

图 9-47　设置 shape6 的“渐变叠加”效果

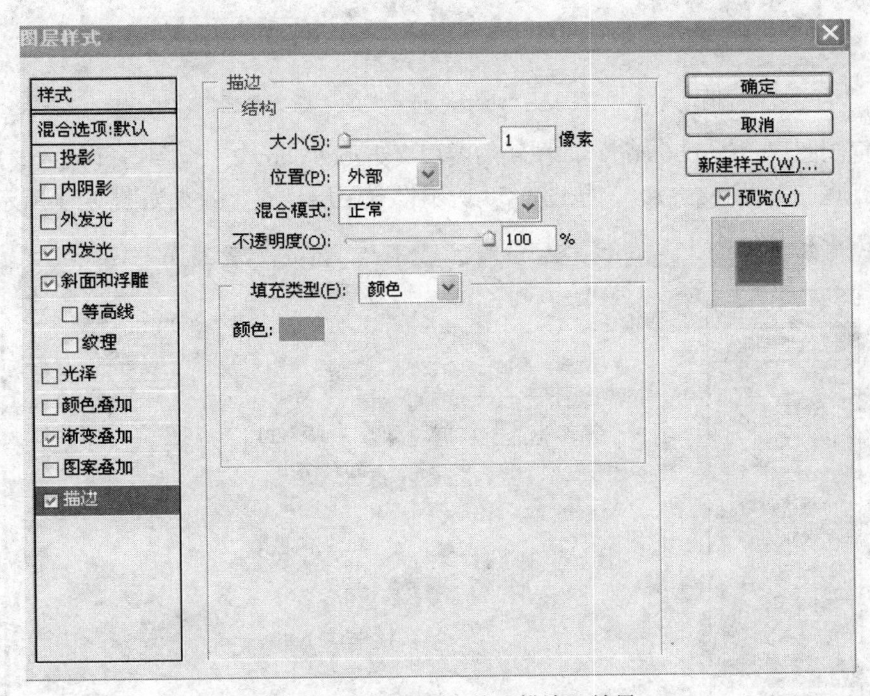

图 9-48　设置 shape6 的“描边”效果

（4）复制 shape6 层，建立新的图层“shape6 copy”在“图层”面板中将填充值设置为 0%，在图层“shape6 copy”上单击鼠标的右键，从弹出的对话框中选择【清除图层样式】。

（5）双击图层“shape6 copy”，设置图层样式为“渐变叠加”，渐变颜色如图 9-49 所示。

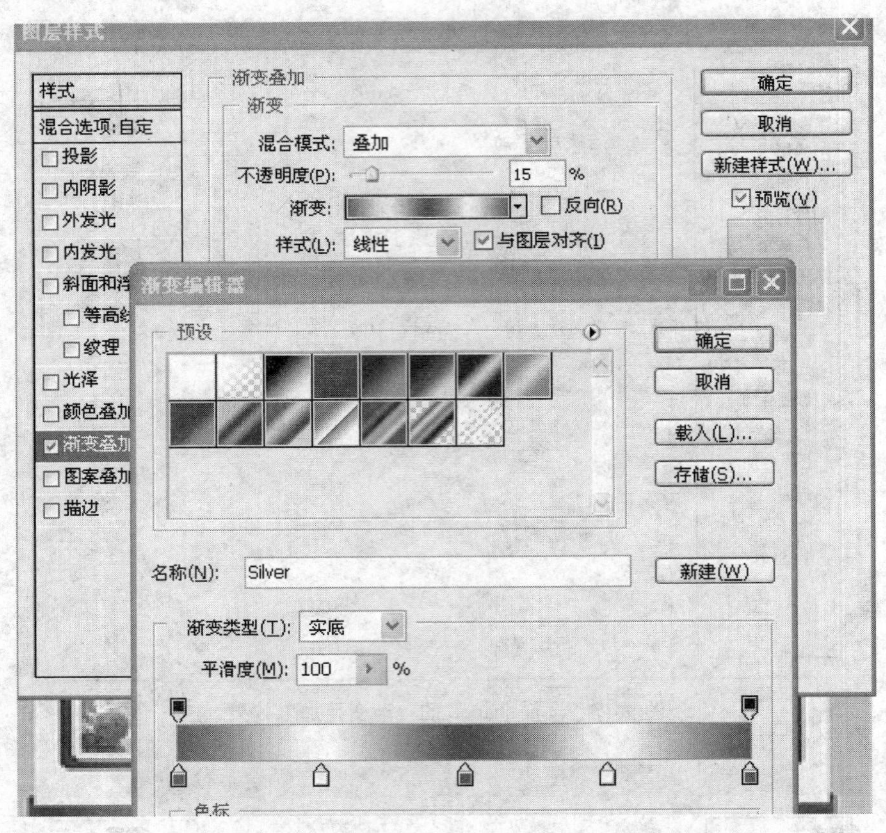

图 9-49　设置图层“shape6 copy”的“渐变叠加”效果

（6）复制图层“shape6 copy”，在新的图层“shape6 copy 2”上单击鼠标右键，选择“混合选项”选项中的“渐变叠加”，按图 9-50 所示设置图层样式，效果如图 9-51 所示。

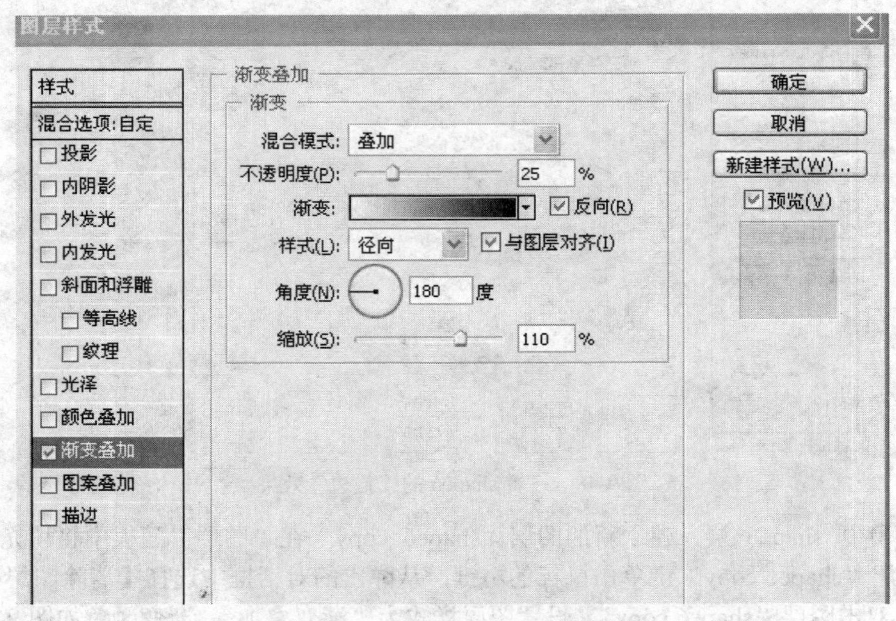

图 9-50　设置图层“shape6 copy 2”的“渐变叠加”效果

图 9-51　加了渐变叠加效果后的效果

（7）给灯罩增加杂色效果：执行滤镜菜单【滤镜】|【杂色】|【添加杂色】命令，参数设置如图 9-53 所示。

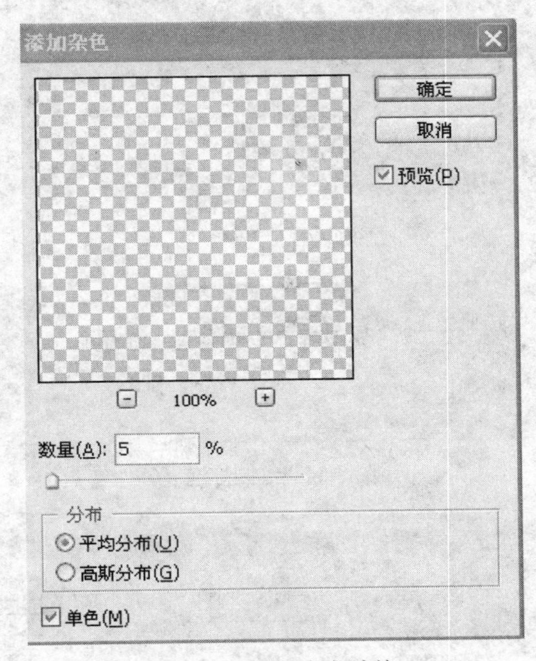

图 9-52　设置杂色滤镜

（8）设置本滤镜层的混合模式为“正片叠底”，透明度为 15%。

22. 给灯罩增加点深度

（1）复制层“shape1”，并将此层放置在“noise”层的上方。

（2）清除层的样式，并将形状的填充颜色改成#eef8e2。

（3）执行编辑菜单【变换】|【自由变换】命令，调整形状的宽度和位置。

（4）添加遮罩层：选择【图层】|【遮罩层】|【显示所有】命令，选择工具箱中的渐变工具，设置渐变模式为线性渐变，拖动渐变工具进行遮罩。

（5）设置层的的混合模式为“叠加”，透明度的值为 15%。最终效果如图 9-53 所示。

23. 绘制“灯泡”

（1）在层 shape1 下，建立新的图层，命名为“light bulb”，选择工具箱的椭圆工具，在按住 Shift 键的同时，绘制如图 9-54 所示的圆。

（2）执行“图层”面板中【添加图层样式】命令按钮中的“内发光”、“渐变叠加”和“描边”命令，在弹出的样式对话框中，设置如图 9-55 至图 9-57 所示。

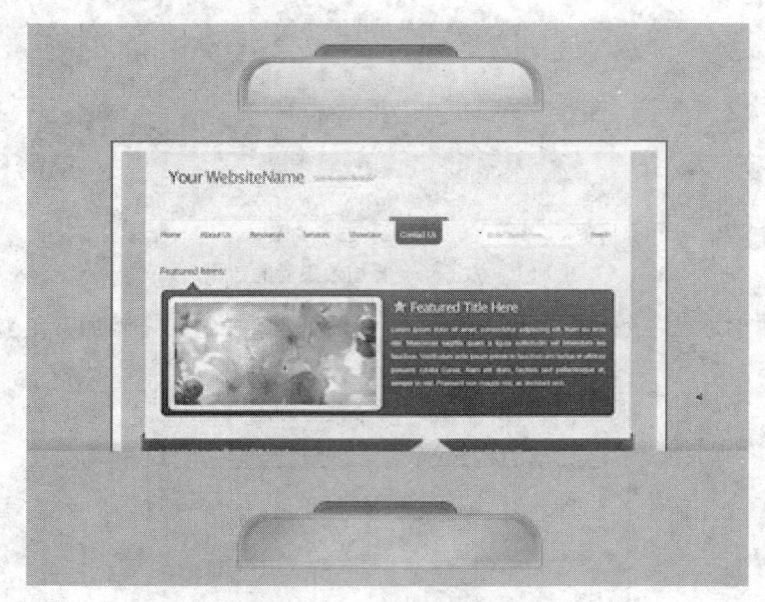

图 9-53 遮罩效果

图 9-54 绘制灯泡

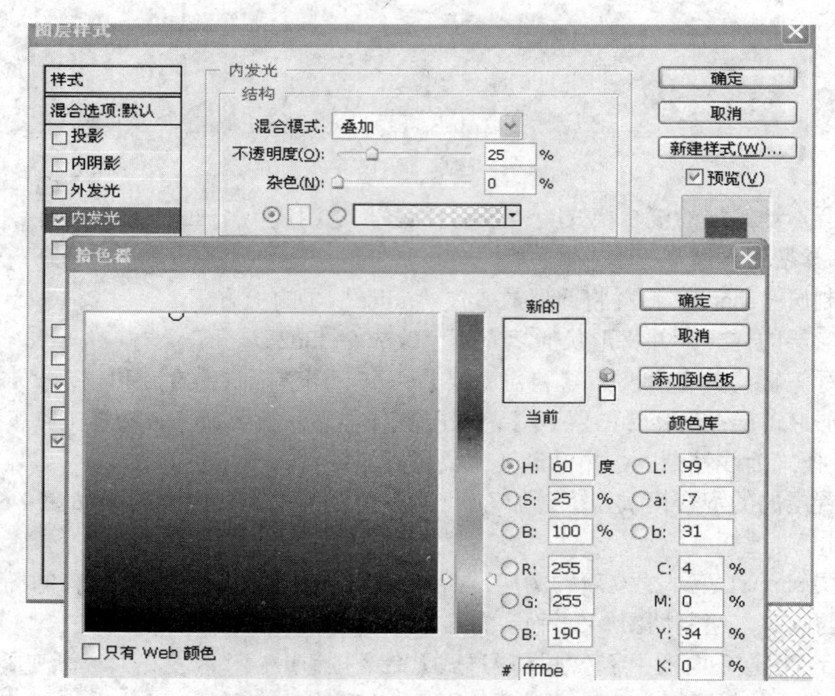

图 9-55 设置灯泡的“内发光”效果

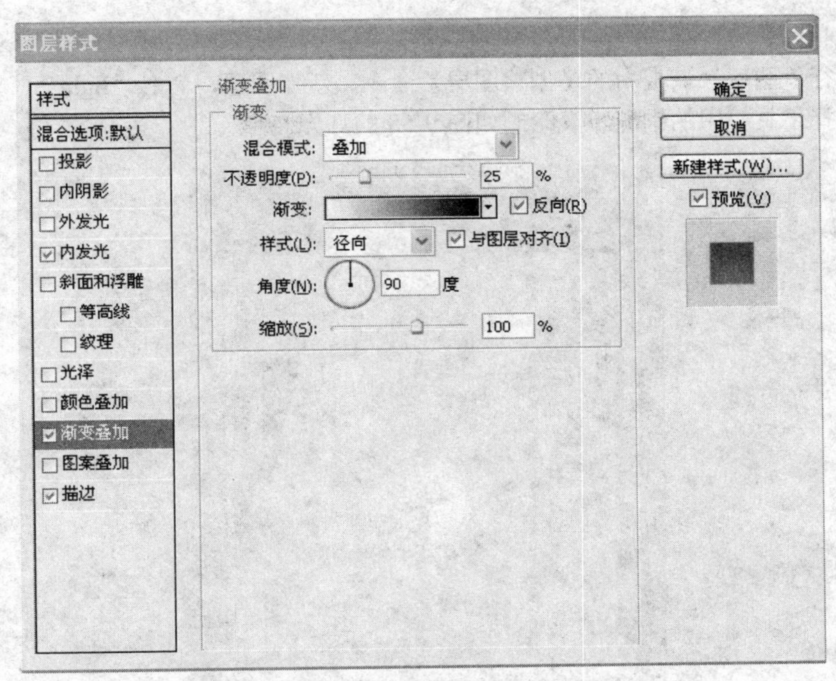

图 9-56　设置灯泡的“渐变叠加”效果

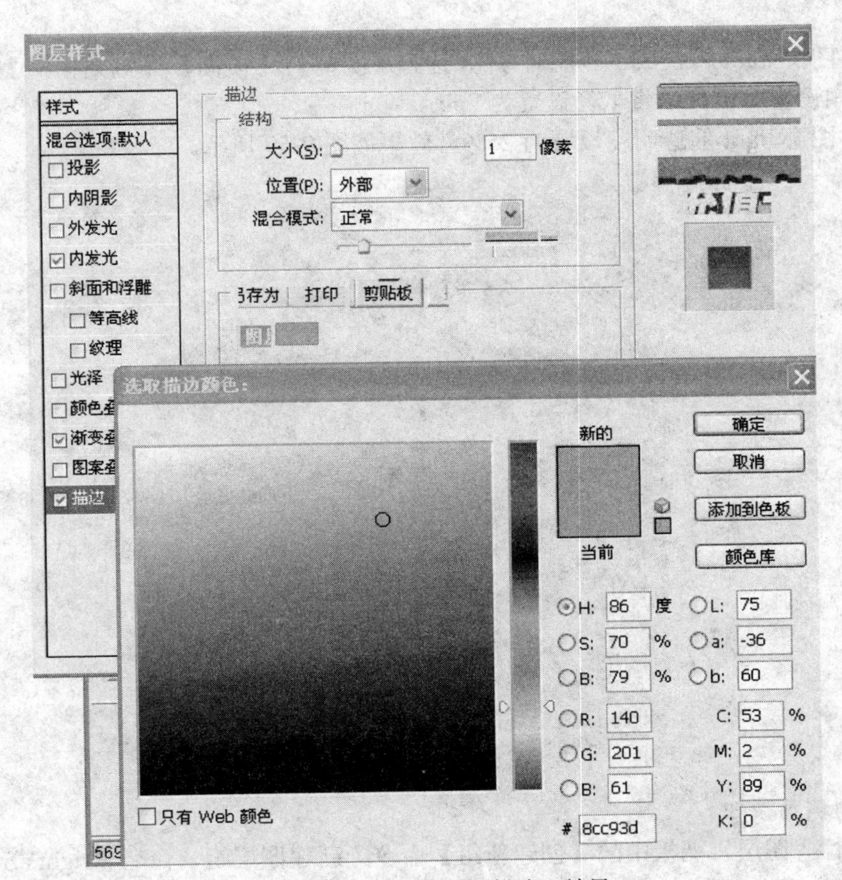

图 9-57　设置灯泡的“描边”效果

24. 绘制灯光

（1）执行“图层”调板中的【创建图层】命令，新建图层，命名“light”。

（2）选择工具箱中的钢笔工具绘制如图 9-58 的灯光。

图 9-58 绘制灯光

（3）将图层 light 转换成“智能对象”，选择【滤镜】|【模糊】|【高斯模糊】命令，在弹出的高斯模糊设置对话框中将半径设置为 7pix。

（4）将图层 light 的透明度设置为 25%。效果如图 9-59 所示。

图 9-59 灯光滤镜

25. 绘制翻页按钮

（1）执行“图层”调板中的【创建新组】命令，新建图层组，命名“right arrow”，新建一个图层命名为“circle”。

（2）运用工具箱中的椭圆工具绘制一个圆，填充色为#e6b633，如图 9-60 所示。

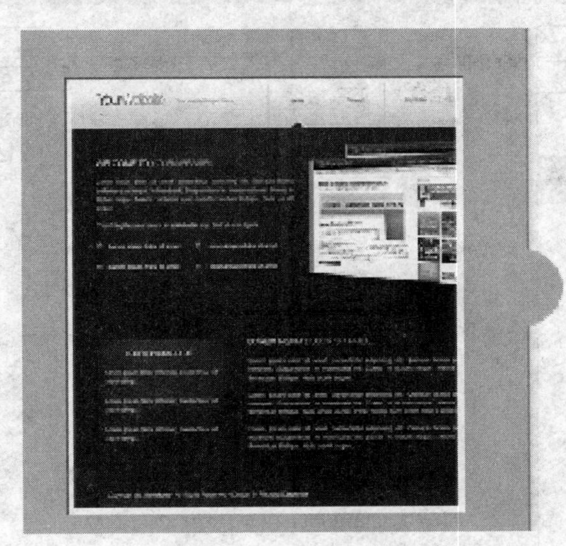

图 9-60　绘制翻页按钮

（3）再为图层 circle 添加杂色滤镜，选择【滤镜】|【杂色】|【添加杂色】命令，在弹出的【添加杂色】对话框中设置参数如图 9-61 所示。

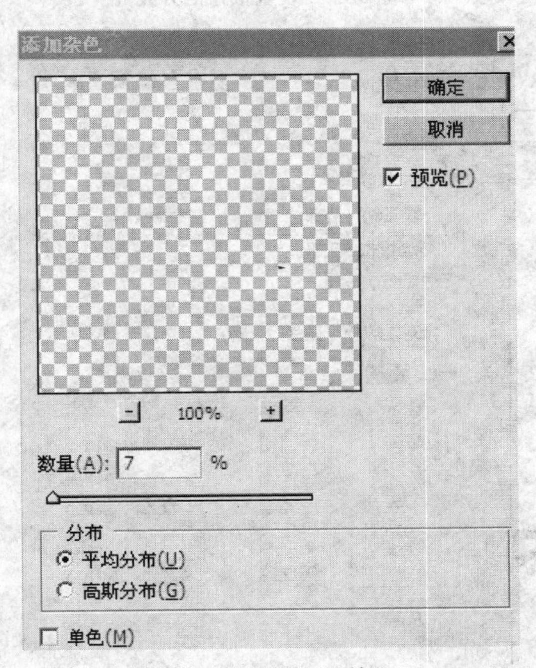

图 9-61　杂色对话框

26. 为圆绘制描边

（1）复制层“circle”，命名为“stroke”，并将层移动到“circle”层的下方。

（2）执行“图层”面板中【添加图层样式】命令按钮中的“外发光”、和“描边”命令，在弹出的样式对话框中，设置如图 9-62 和图 9-63 所示。

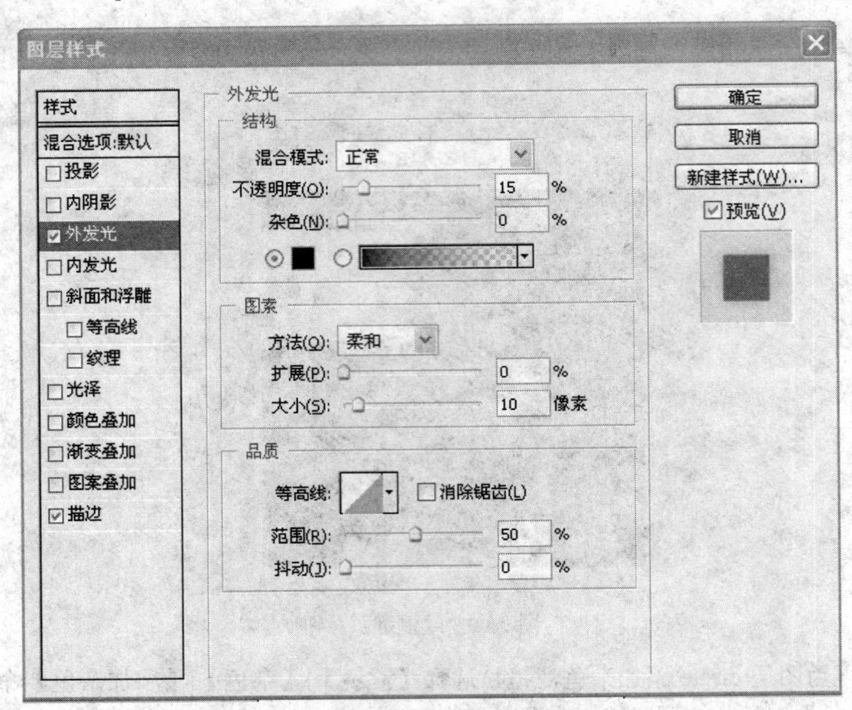

图 9-62　设置按钮的外发光

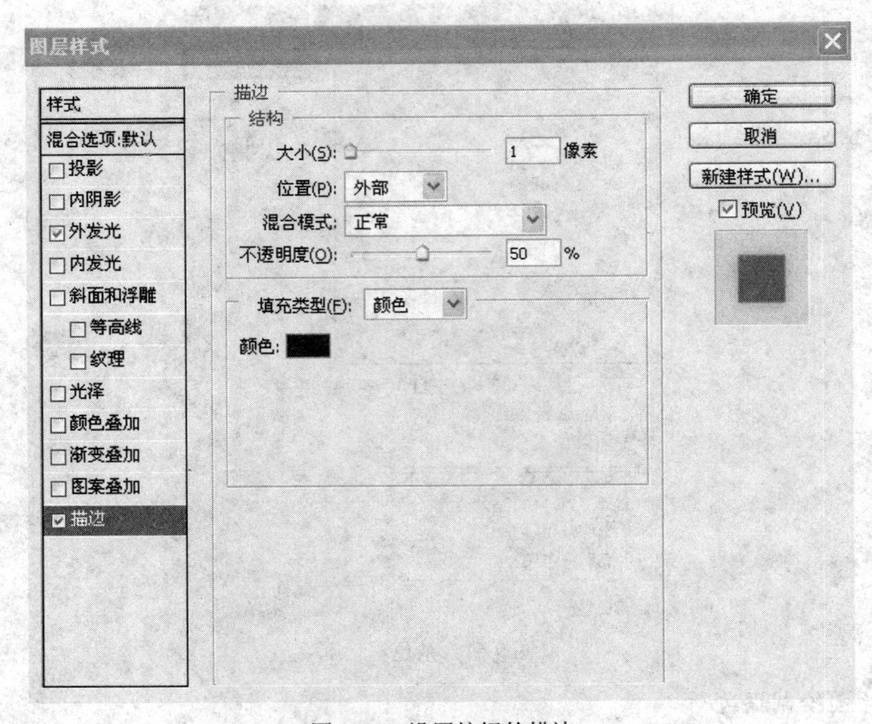

图 9-63　设置按钮的描边

（3）添加遮罩层：选择【图层】|【遮罩层】|【显示所有】命令，选择工具箱中的渐变工具，设置渐变模式为线性渐变，从圆的左边拖动渐变工具到右边进行遮罩。效果如图 9-64 所示。

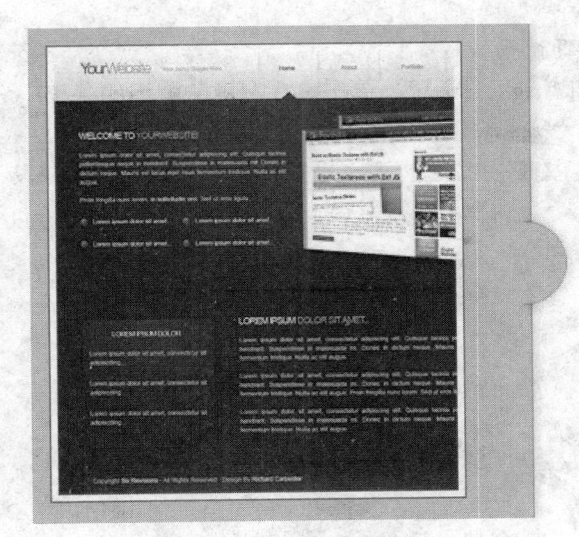

图 9-64　翻页按钮效果

27. 绘制箭头

（1）选择工具箱中【自定形状工具】，在属性栏【形状】一项中，设置形状为“箭头 2”，如图 9-65 所示。

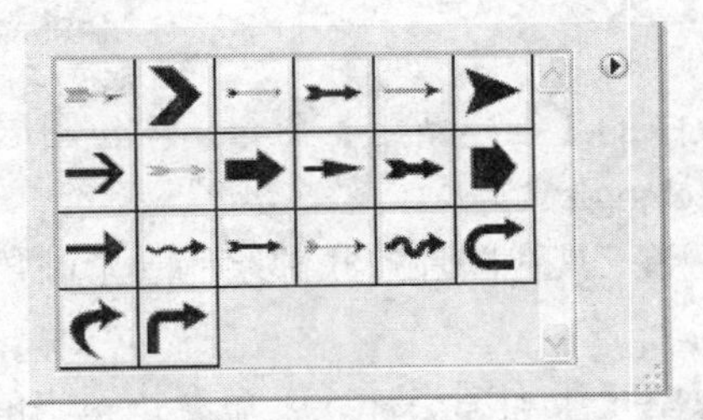

图 9-65　箭头形状

（2）在圆上绘制两个箭头，调整箭头的位置和大小，效果如图 9-66 所示。

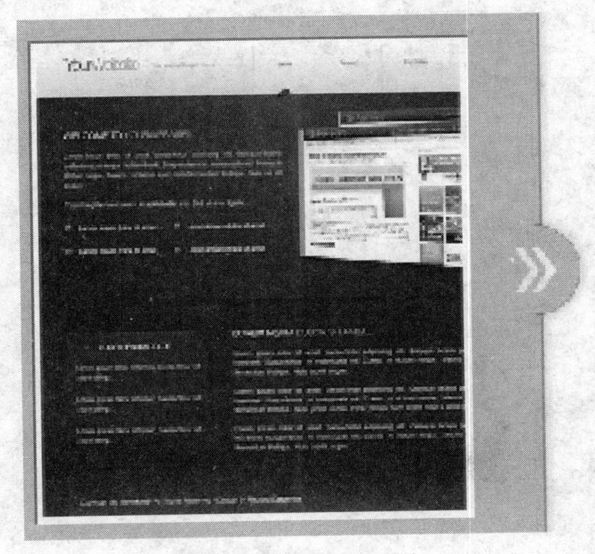

图 9-66　按钮效果图

28. 绘制左边的翻页箭头

（1）选择文件夹组“right arrow”，单击鼠标右键从弹出的菜单中选择【复制文件组】，命名为“left arrow”。

（2）选择【编辑】|【变换路径】|【水平翻转】命令，再运用移动工具将其移动到左边如图 9-67 所示的位置。

图 9-67　左边的翻页按钮

29. 给图像添加名称

（1）执行“图层”调板中的【创建新组】命令，新建图层组，命名“image name”，新建一个图层命名为“rounded rectangle”。

（2）运用工具箱中的矩形工具在图片的底部绘制一个圆角矩形，填充色为#ffffff，设置圆角半径大小为 5px。

（3）执行“图层”面板中【添加图层样式】命令按钮中的“描边”命令，在弹出的样式对话框中，设置如图 9-68 所示。

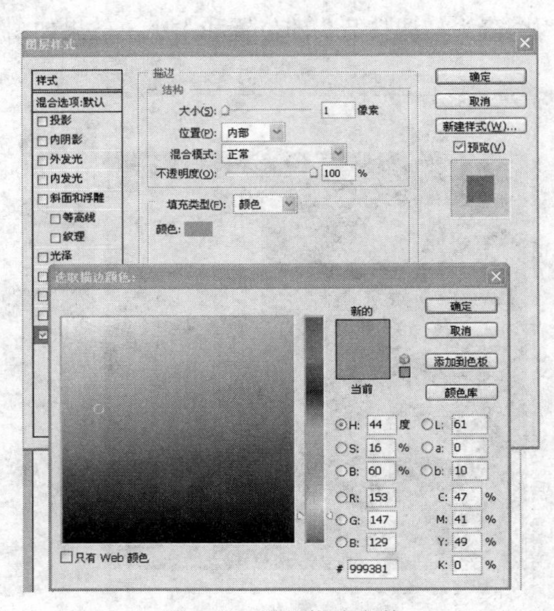

图 9-68　设置描边参数

（4）选择工具箱中的文字工具，在圆角矩形框中输入“清爽样式”，字体设置为黑体，大小为18点，颜色为#38352c。

（5）按照同样的方法，制作其他两个图片的文字框，并输入文字“web2.0样式”、“现代样式”。最终效果如9-69所示。

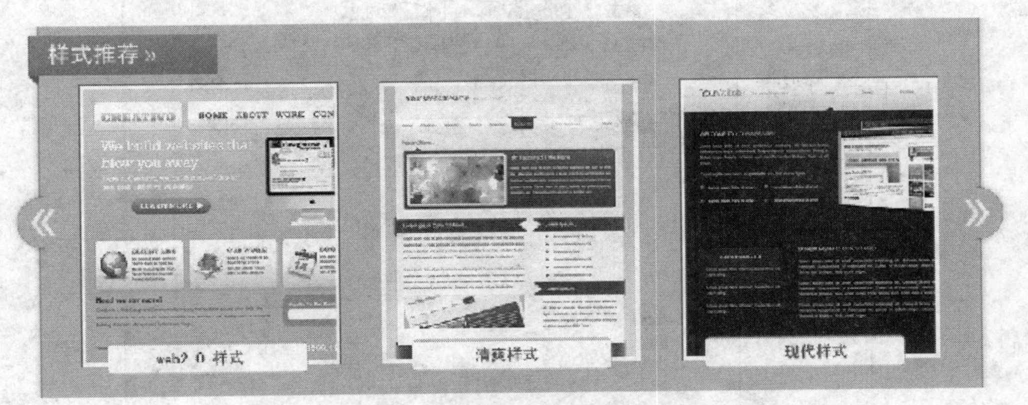

图9-69　图像名称效果

30. 创建“服务内容”版块

（1）执行“图层”调板中的【创建新组】命令，新建图层组，命名“services”，新建一个图层命名为“services bg”

（2）运用工具箱中的矩形工具在图片的底部绘制一个矩形区域，填充色为#e6e2d5。

（3）设置层“services bg”的透明度为25%。

（4）复制图层组“blue bar”，并将复制后的层组移动到层组“services”中。

（5）选用工具箱中的文字工具将文字“样式推荐”改成“服务项目”。效果如图9-70所示。

图9-70　服务项目

31. 创建“服务内容”版块的导航条

（1）执行“图层”调板中的【创建新组】命令，新建一个图层组，命名“navagation”。

（2）在层组“navigation”下创建一个新的层，命名为“rectangle1”，运用工具箱中的矩形工具在蓝色导航条的底部绘制一个矩形区域，填充色为#edeadf。

（3）执行“图层”面板中【添加图层样式】命令按钮中的“渐变叠加”命令，在弹出的样式对话框中，做如图9-71所示的设置。

（4）复制层rectangle1三次，依次命名为“rectangle2”、“rectangle3”、“rectangle4”，运用移动工具排列四个矩形的位置如图9-72所示。

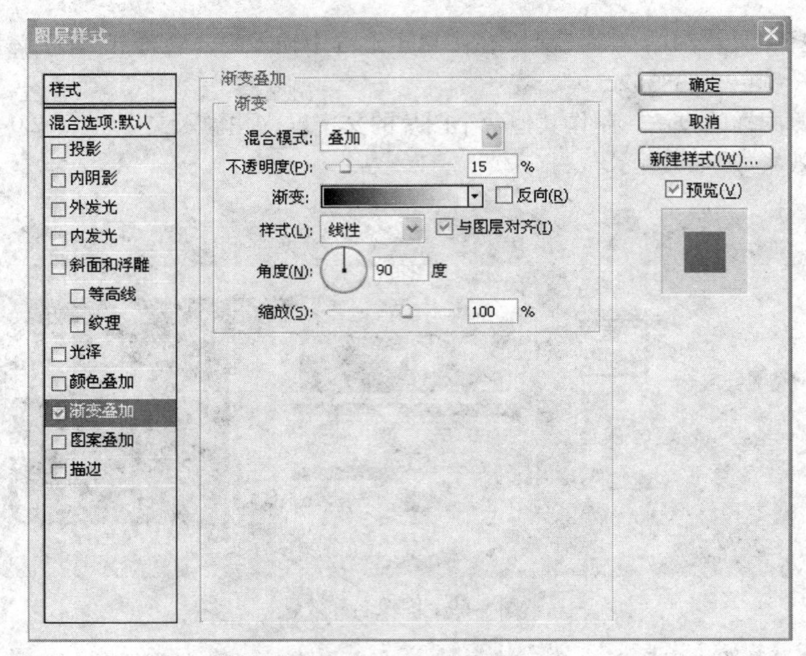

图 9-71 设置“渐变叠加”

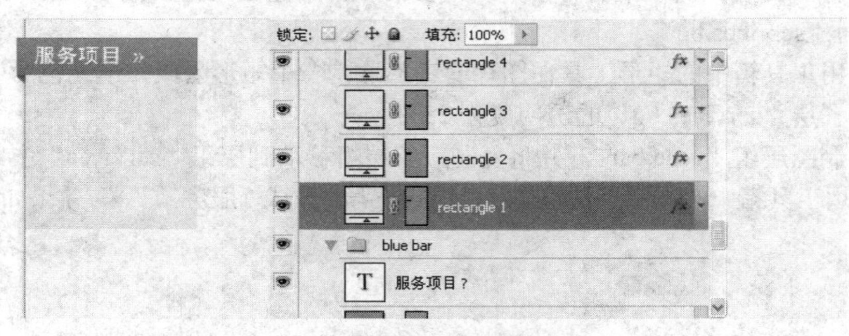

图 9-72 菜单层

（5）绘制分割条。选用工具箱中的直线工具在矩形块中绘制五条粗细为 1px，颜色为 #d9d6c9 的直线，并选中五条直线所在的层将其组合成一个群组，命名为“separators”，效果如图 9-73 所示。

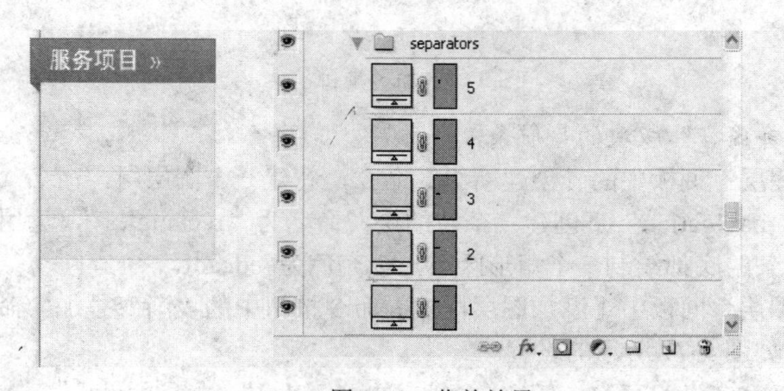

图 9-73 菜单效果

（6）运用文字工具分别输入“网页设计”、“出版设计”、“标志设计”、“图标制作”，字体为黑体，大小为 22px，颜色为#38352c。效果如图 9-74 所示。

图 9-74　服务项目菜单

32. 在内容区域添加图像

（1）在层组“images”下，新建一个层，命名“1“；

（2）从本章素材库中打开图片 image4 设置图片为：高 290px，宽 220px，用移动工具将图片移动到合适的位置。

（3）设置 image4 图层的样式为“内发光”和“描边”，参数设置如图 9-75 和图 9-76 所示。

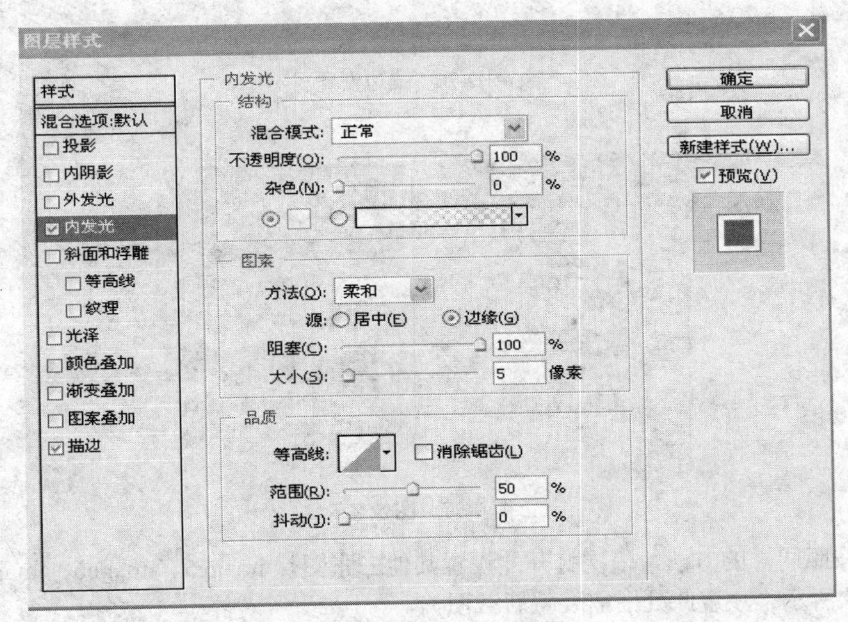

图 9-75　“内发光”设置

（4）给图像添加名称。

①在图层文件夹 1，新建一个图层命名为“rounded rectangle”。

②运用工具箱中的矩形工具在图片的底部绘制一个圆角矩形，填充色为#ffffff，设置圆角半径大小为 5px。

③执行“图层”面板中【添加图层样式】命令按钮中的 “描边”命令，在弹出的样式对话框中，将描边的颜色设置为#999381，其他的值不变。

④运用文字工具在圆角矩形中输入“网页设计”，字体为黑体，大小为 15，颜色为#38352c，调整位置如图 9-77 所示。

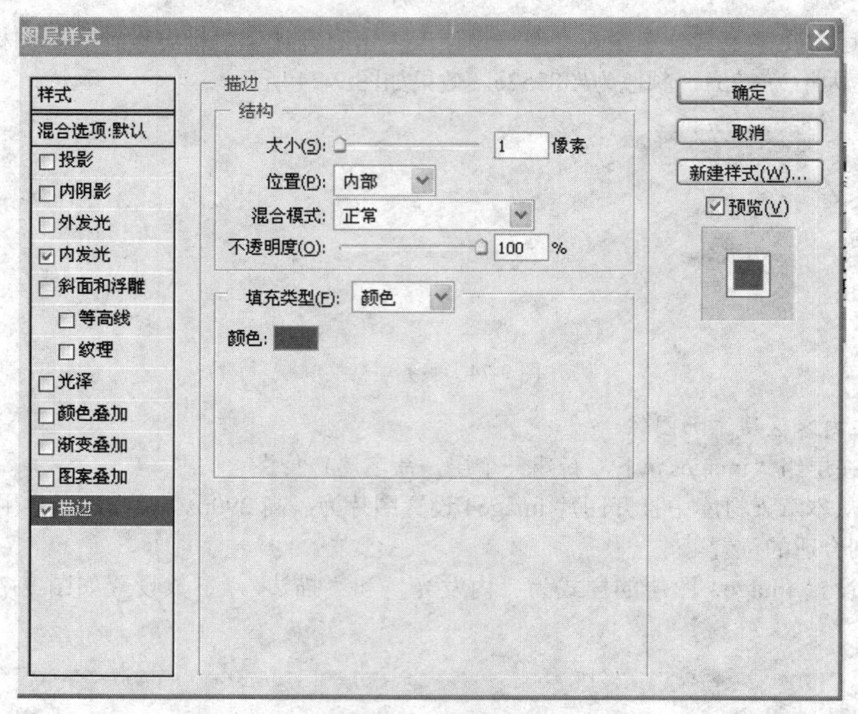

图 9-76 描边设置

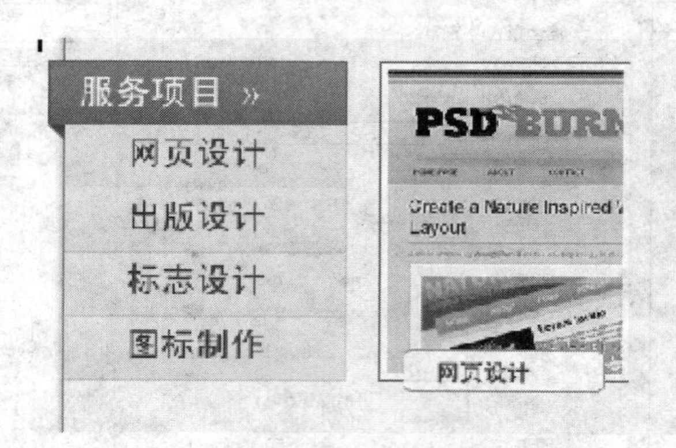

图 9-77 图像名称

（5）按照同样的方法，依次打开并设置其他三张图片 image5、image6、image7，最终效果如图 9-78 所示（注意此处图需要重新截图）。

图 9-78 图像名称及排列

33. 在图像下增加两个用来交互的按钮

（1）在 services 层文件夹下，新建一个层文件夹，命名“buttons“；

（2）选择“圆角矩形工具”绘制一个圆角矩形，半径大小为 6px，填充颜色为#f8c539。

（3）执行“图层”面板中【添加图层样式】命令按钮中的“投影”、“渐变叠加”和“描边”命令，在弹出的样式对话框中，设置如图 9-79 至图 9-81 所示。

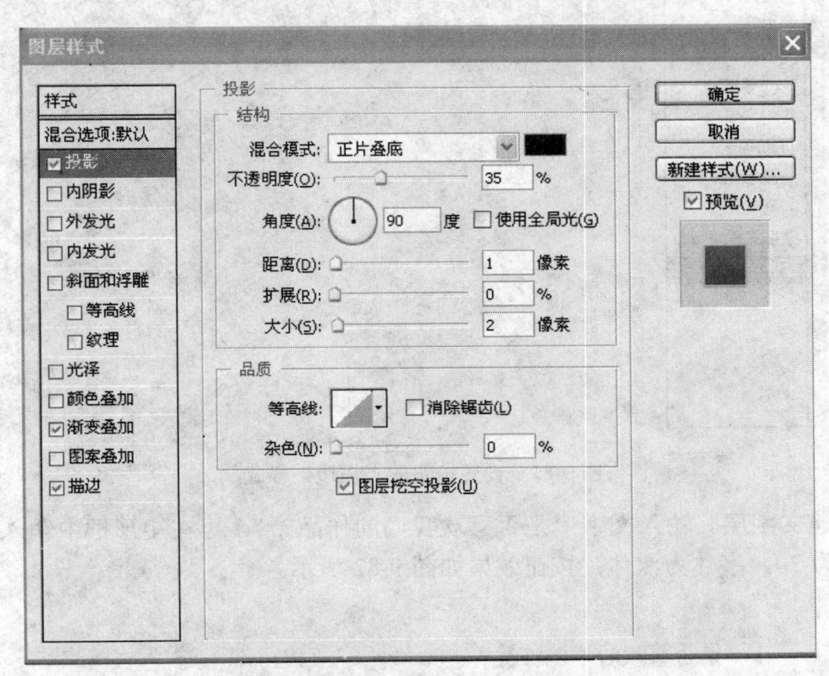

图 9-79　设置按钮的“投影”样式

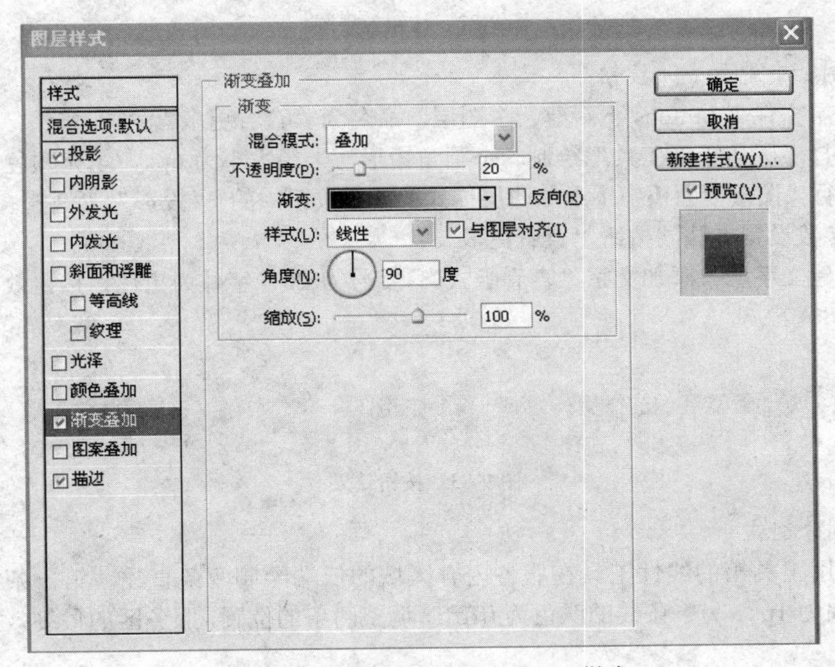

图 9-80　设置按钮的“渐变叠加”样式

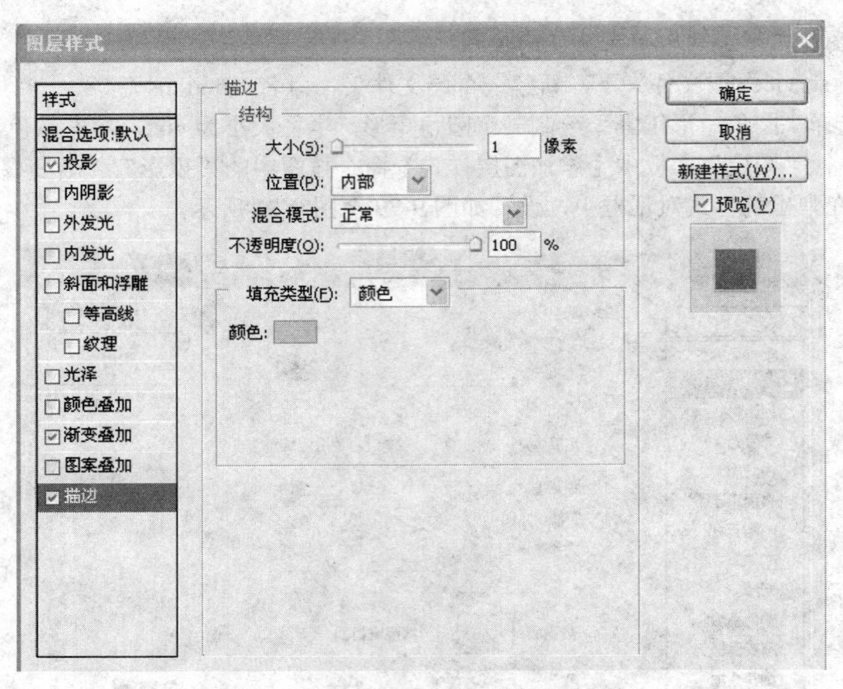

图 9-81　设置按钮的“描边”样式

（4）新建文字层。输入文字“是否喜欢我们的作品？”，再在矩形框中输入文字“立即订购”，字号为 20，字体为黑体；按钮效果如图 9-82 所示。

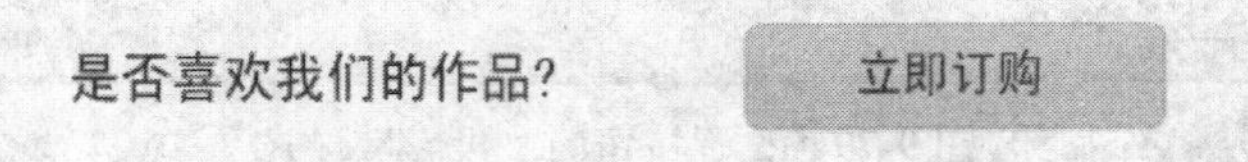

图 9-82　按钮效果图

34. 绘制“查看更多”按钮

（1）在层文件夹 buttons 下新建一个图层，命名为“查看更多”。

（2）选择“圆角矩形工具”绘制一个圆角矩形，半径大小为 6px，填充颜色为#dfd7c0。

（3）执行“图层”面板中【添加图层样式】命令按钮中的 “投影”、“渐变叠加”和“描边”命令，参数设置方法同按钮“查看更多”。

（4）新建文字层。添加文字“查看版式”，字号为 20，字体为黑体；按钮效果如图 9-83 所示。

图 9-83　按钮效果

35. 绘制分割线

（1）运用工具箱的线性工具在服务内容区域的低端绘制两条直线，第一条线的颜色为#c0bcb1，粗细为 1px，另一条线的颜色为#ffffff，调整两条的位置，服务区的最终效果如图 9-84 所示。

图 9-84　分割线

36. 制作 blog 内容区

（1）执行“图层”调板中的【创建新组】命令，新建图层组，命名“blog”，新建一个图层命名为“blog bg”。

（2）运用工具箱中的矩形工具在图片的底部绘制一个高度为 345px 的矩形区域，填充色为#f8f5ec。

（3）设置层“servicesbg”的透明度为 25%。

（4）复制图层组“blue bar”，并将复制后的层组移动到层组“blog”中。

（5）选用工具箱中的文字工具将文字改成“Blog”。效果如图 9-85 所示。

图 9-85　Blog 标题

37. 创建“服务内容”版块的导航条

（1）在层组 blog 下新建一个图层组，命名“navagation”。

（2）在层组“navigation”下创建一个新的层命名为“rectangle1”，运用工具箱中的矩形工具在蓝色导航条的底部绘制一个矩形区域，填充色为#edeadf。

（3）执行“图层”面板中【添加图层样式】命令按钮中的 “ 渐变叠加”命令，在弹出的样式对话框中，做如图 9-86 所示的设置。

（4）复制层 rectangle1 四次，依次命名为 rectangle2、rectangle3、rectangle4、rectangle5，运用移动工具排列四个矩形的位置。

（5）绘制分割条。选用工具箱中的直线工具在矩形块中绘制五条粗细为 1px，颜色为#d9d6c9 的直线，并选中五条直线所在的层将其组合成一个群组，命名为“separator”，效果如图 9-87 所示。

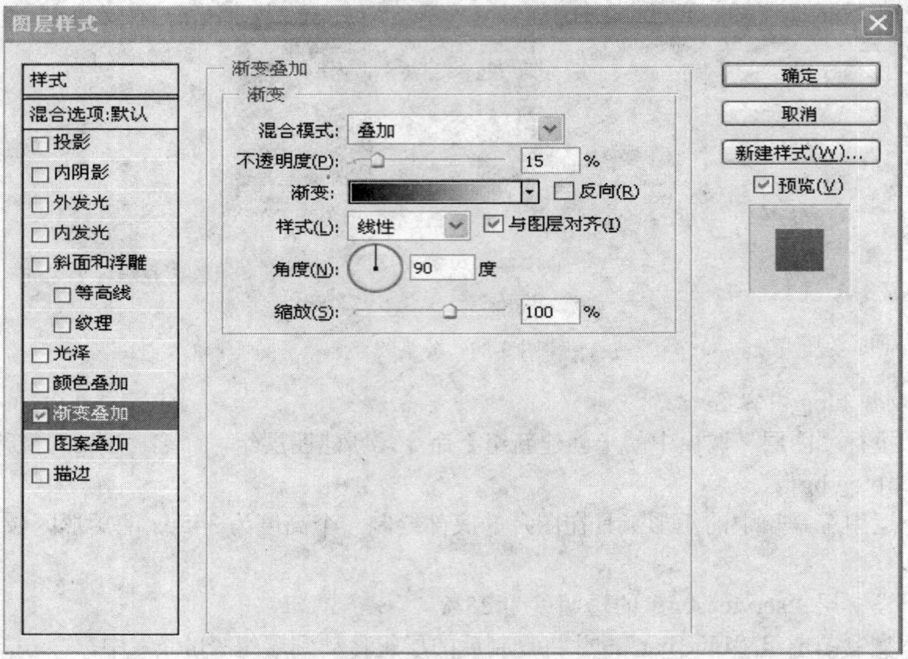

图 9-86 设置渐变叠加

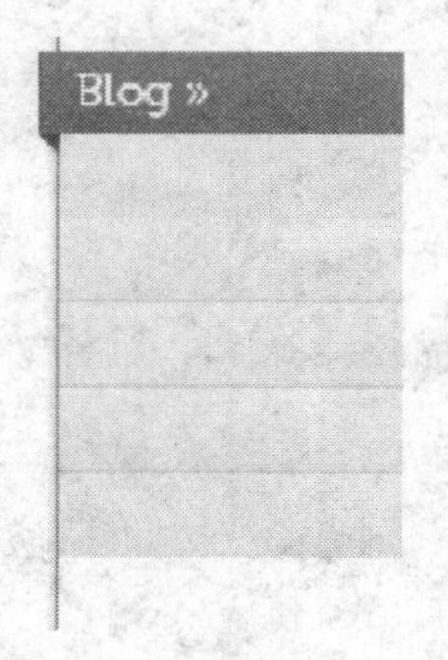

图 9-87 菜单分隔条

（6）运用文字工具分别输入“css 样式”、“图形图像”、“素材资源”、“学习教程”、“博客程序”，字体为黑体，大小为 22px，颜色为#38352c。效果如图 9-88 所示。

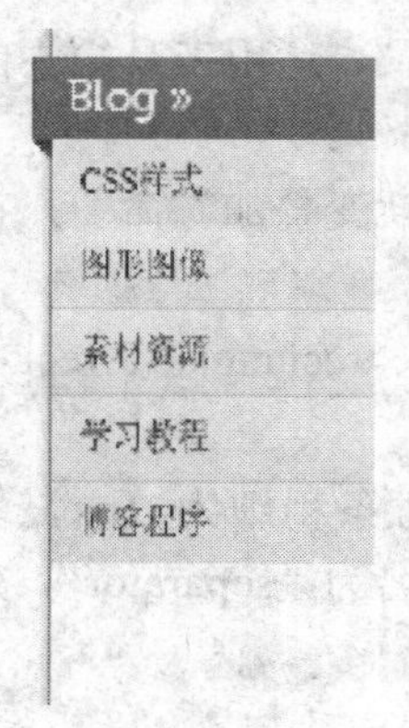

图 9-88 Blog 菜单

38. 绘制博客内容

（1）在层组 blog 下新建一个图层组，命名“post”。

（2）在 blog 区域里面增加两幅图片 blogpic1、blogpic2，设置两幅图片的宽 340px，高 140px。

（3）分别选择两幅图片所在的层，执行“图层”面板中【添加图层样式】命令按钮中的“内发光”和“描边”命令，在弹出的样式对话框中，设置如图 9-89 和图 9-90 所示。

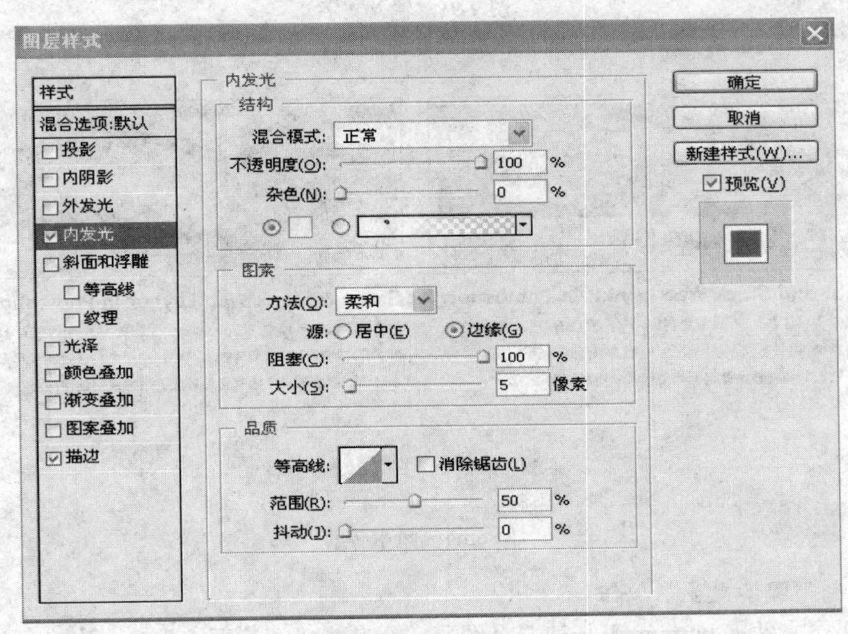

图 9-89　设置图片的“内发光”

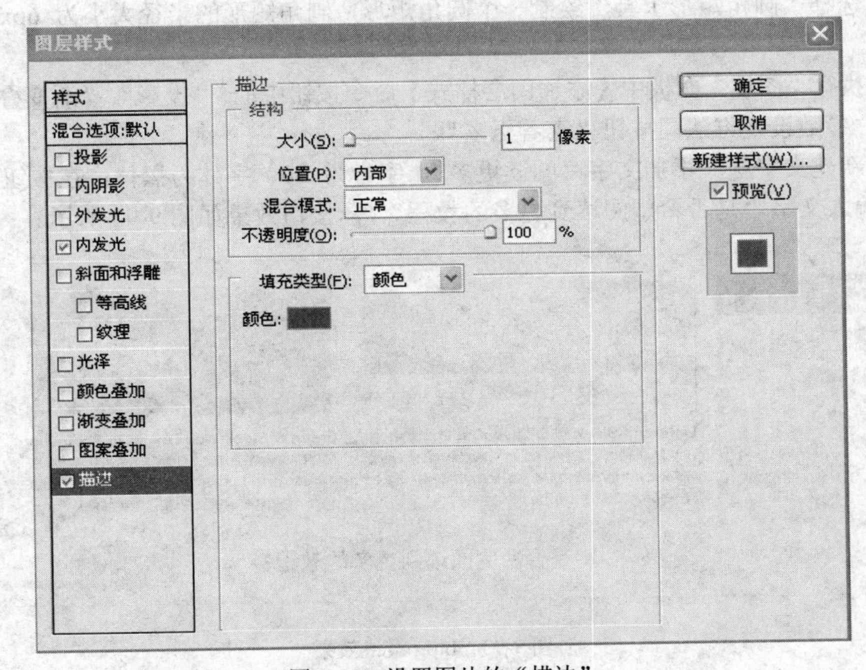

图 9-90　设置图片的“描边”

（4）运用文字工具在图片下方分别输入如图 9-91 所示的文字，字体为黑体，大小为 22px，颜色为#38352c。最终效果如图 9-92 所示。

在这网页设计教程中，我们将创建一个典雅型的布局。我们将用网格系统。如果你没有使用过，没问题，我将向你展示它如何工作，同时它怎么帮助你设计出更好的作品。继续阅读 »

在这网页设计教程中，我们将创建一个绿色和圆滑型的布局。你将学习到流行的网页布局技术，如创建一个3D丝带和看起来很职业的一个渐变效果，如果你感兴趣，请继续阅读 »

图 9-91　输入文字

Light and Sleek Web Layout in Photoshop

在这网页设计教程中，我们将创建一个典雅型的布局。我们将用网格系统。如果你没有使用过，没问题，我将向你展示它如何工作，同时它怎么帮助你设计出更好的作品。继续阅读 »

Green & Sleek Web Layout in Photoshop

在这网页设计教程中，我们将创建一个绿色和圆滑型的布局。你将学习到流行的网页布局技术，如创建一个3D丝带和看起来很职业的一个渐变效果，如果你感兴趣，请继续阅读 »

图 9-92　图文效果

39. 绘制“阅读更多”按钮

（1）在层文件夹 buttons 下新建一个图层，命名为“阅读更多”。

（2）选择“圆角矩形工具”绘制一个圆角矩形，圆角矩形的半径大小为 6px，填充颜色为#dfd7c0。

（3）执行“图层”面板中【添加图层样式】命令按钮中的 “投影”、“渐变叠加”和“描边”命令，参数设置方法同按钮“查看更多”。

（4）新建文字层。添加文字“阅读更多”，字号为 20，字体为黑体；在按钮的左边运用文字工具输入文字“是否希望阅读到更多的教程？”，按钮效果如图 9-93 所示。

图 9-93　blog 最终效果

40. 绘制关于作者介绍内容模块

（1）在层组 blog 下新建一个图层组，命名“about”。

（2）在层组 about 下创建一个新的层命名为“rectangle1”，运用工具箱中的矩形工具在蓝色导航条的底部绘制一个矩形区域，填充色为#edeadf。设置该层的透明度为 25%。

（3）复制层组“blue bar”，将其放置在层组“about”下面，选中层组“blue bar”中的文字层，用工具箱中的文字工具将文字改成“关于我们”。

（4）选择工具箱的文字工具在作者介绍模块输入文字“大家好，我是…”，字号为 20，字体为黑体。

（5）打开素材库，将所示的七张图片打开，并排列好位置，效果如图 9-94 所示。

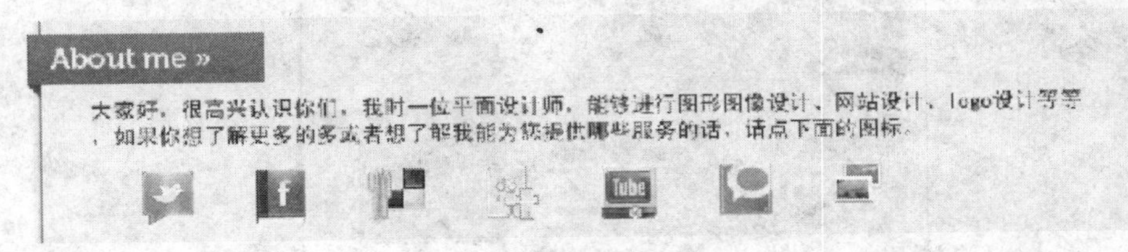

图 9-94　作者介绍

（6）最后，在作者介绍区域增加分割线，粗细为 1px。

41. 绘制互动内容模块

（1）在层组 blog 下新建一个图层组，命名“contact”。

（2）在层组“about”下创建一个新的层命名为“rectangle1”，运用工具箱中的矩形工具在蓝色导航条的底部绘制一个矩形区域，高度 450px，填充色为#edeadf。设置该层的透明度为 25%。

（3）复制层组“blue bar”，将其放置在层组“about”下面，选中层组“blue bar”中的文字层，用工具箱中的文字工具将文字改成“联系我们”。

（4）运用工具箱中的矩形工具绘制四个表单区域，将表单依次命名为“姓名”、“E-mail”、“标题“、“内容”。

（5）制作交互按钮。复制前面步骤完成的图层组“buttons”，将按钮文字改成“发送”，效果如图 9-95 所示。

图 9-95　联系我们

42. 绘制版权区域

（1）执行“图层”调板中的【创建新组】命令，新建图层组，命名“foot”，新建一个图层命名为“foot bg”，设置层的透明度为 25%。

（2）运用工具箱中的矩形工具在图片的底部绘制一个高度为 30px 的矩形区域，填充色为#e6e2d5。

（3）运用工具箱中的直线工具绘制两条直线作为分割线，粗细为 1px。

（4）运用工具箱中的文字工具输入版权内容，字体为黑体，颜色为#595753。最终效果如图 9-96 所示。

图 9-96 最终效果图

9.1.4 能力拓展

由于目前所见即所得类型的工具越来越多，使用也越来越方便，所以制作网页已经变成了一件轻松的工作，不像以前要手工编写一行行的源代码那样。一般初学者经过短暂的学习就可以学会制作网页，于是他们认为网页制作非常简单，就匆匆忙忙制作自己的网站，可是做出来之后与别人一比，才发现自己的网站非常粗糙，这是为什么呢？常言道：“心急吃不了热豆腐”。建立一个网站就像盖一幢大楼一样，它是一个系统工程，有自己特定的工作流程，你只有遵循这个步骤，按部就班地一步步来，才能设计出一个满意的网站。

1. 确定网站主题

网站主题就是你建立的网站所要包含的主要内容，一个网站必须要有一个明确的主题。特别是对于个人网站，你不可能像综合网站那样做得内容大而全，包罗万象。你没有这个能力，也没这个精力，所以必须要找准一个自己最感兴趣的内容，做深、做透，办出自己的特色，这样才能给用户留下深刻的印象。网站的主题无定则，只要是你感兴趣的，任何内容都可以，但主题要鲜明，在你的主题范围内内容做到大而全、精而深。

2. 搜集材料

明确了网站的主题以后，你就要围绕主题开始搜集材料了。常言道："巧妇难为无米之炊"。要想让自己的网站有血有肉，能够吸引住用户，你就要尽量搜集材料，搜集得材料越多，以后制作网站就越容易。材料既可以从图书、报纸、光盘、多媒体上得来，也可以从互联网上搜集，然后把搜集的材料去粗取精，去伪存真，作为自己制作网页的素材。

3. 规划网站

一个网站设计得成功与否，很大程度上决定于设计者的规划水平，规划网站就像设计师设计大楼一样，图纸设计好了，才能建成一座漂亮的楼房。网站规划包含的内容很多，如网站的结构、栏目的设置、网站的风格、颜色搭配、版面布局、文字图片的运用等，你只有在制作网页之前把这些方面都考虑到了，才能在制作时驾轻就熟，胸有成竹。也只有如此制作出来的网页才能有个性、有特色，具有吸引力。如何规划网站的每一项具体内容，我们在下面会有详细介绍。

4. 选择合适的制作工具

尽管选择什么样的工具并不会影响你设计网页的好坏，但是一款功能强大、使用简单的软件往往可以起到事半功倍的效果。网页制作涉及的工具比较多，首先就是网页制作工具了，目前大多数网民选用的都是所见即所得的编辑工具，这其中的优秀者当然是 Dreamweaver 和 FrontPage 了，如果是初学者，FrontPage2000 是首选。除此之外，还有图片编辑工具，如 Photoshop、Photoimpact 等；动画制作工具，如 Flash、Cool3d、GifAnimator 等；还有网页特效工具，如有声有色等，网上有许多这方面的软件，你可以根据需要灵活运用。

5. 制作网页

材料有了，工具也选好了，下面就需要按照规划一步步地把自己的想法变成现实了，这是一个复杂而细致的过程，一定要按照先大后小、先简单后复杂来进行制作。所谓先大后小，就是说在制作网页时，先把大的结构设计好，然后再逐步完善小的结构设计。所谓先简单后复杂，就是先设计出简单的内容，然后再设计复杂的内容，以便出现问题时好修改。在制作网页时要多灵活运用模板，这样可以大大提高制作效率。

6. 上传测试

网页制作完成后，最后要发布到 Web 服务器上，才能够让全世界的朋友观看，现在上传的工具有很多，有些网页制作工具本身就带有 FTP 功能，利用这些FTP 工具，你可以很方便地把网站发布到自己申请的主页存放服务器上。网站上传以后，你要在浏览器中打开自己的网站，逐页逐个链接的进行测试，发现问题，及时修改，然后再上传测试。全部测试完毕就可以把你的网址告诉给朋友，让他们来浏览了。

7. 推广宣传

网页做好之后，还要不断地进行宣传，这样才能让更多的朋友认识它，提高网站的访问率和知名度。推广的方法有很多，例如到搜索引擎上注册、与别的网站交换链接、加入广告链等。

8. 维护更新

网站要注意经常维护更新内容，保持内容的新鲜，不要一做好就放在那里不变了，只有不断地给它补充新的内容，才能够吸引住浏览者。

制作网页各个软件的分工协作问题

9.1.5 习题训练

运用网页制作工具，尝试制作如图 9-97 所示的网站。

图 9-97 网站首页

9.2 杂志平台制作

9.2.1 任务布置

小蔡所在的广告部最近接到一个任务，要为一杂志公司制作一个网站平台，经过前期沟通，页面美工由美术设计师在课程负责人的协助下设计 PSD 原图，网页设计师根据 PSD 原图切片处理首页及各子页面。客户需求如下：①版面要分出头、中、底三个部分；②首页内容包括杂志标志、突出杂志特色的文字、相关的图片等，首页应突出信息量大的特点，网站的主要栏目在首页中都可以找到，重点突出杂志特色资源和图片，注意添加与杂志平台相关的扩展资源和专业相关知识的展示，营造出资源非常丰富的效果，电子期刊平台效果如图 9-98 所示。

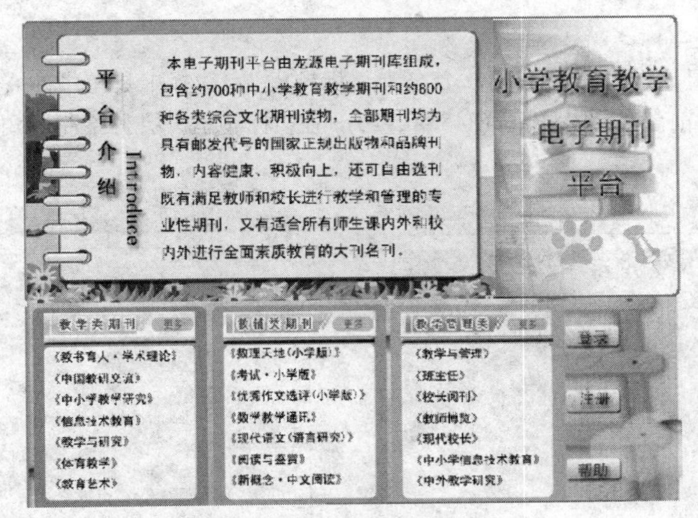

图 9-98　电子期刊平台首页

9.2.2　任务分析

制作和设计一个优秀但又不失传播功能的杂志网站，需要从设计和制作中不断注意各种问题，集中、鲜明地突出网站的行业特点，不断排除累赘和不明确的因素，注网站的行业特性和传播特性。

本网站首页的版面设计中需要考虑杂志 logo、banner、导航、小标题、背景与文字，学科特性、特定的受众群体；在网站首页设计与制作中，为了突出学科的特性，运用了 Photoshop 中图层属性设置、载入选区、粘贴及颜色改变，移动工具及圆角矩形；在子页的设计中为了突出精品课程的教学特性，在设计时候使用了 Photoshop 中的图层属性、变形工具、简便工具与横排文字等；最终完成平台首页模板，再在模板基础上，进行切片、优化图像、存储为 Web 格式等制作网页过程，设计制作网页，完成最后效果。

9.2.3　实施步骤

1．新建文件

（1）打开 Photoshop，创建新画布，大小设置为 900×650 像素，其他属性设置如图 9-99 所示。

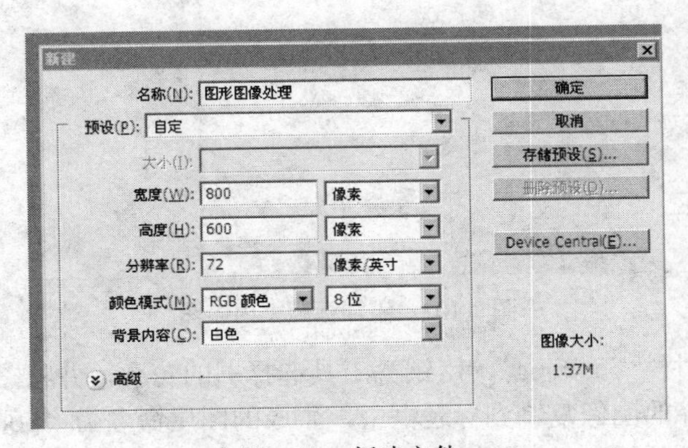

图 9-99　新建文件

2. 建立标题框

（1）打开标尺显示，新建图层，命名为“标题框”，选择工具箱中的【圆角矩形工具】，倒角半径设为 10，前景色设为 RGB(245,40,110)，在“标题框”层上绘制圆角矩形，如图 9-100 所示。

图 9-100 绘制圆角矩形

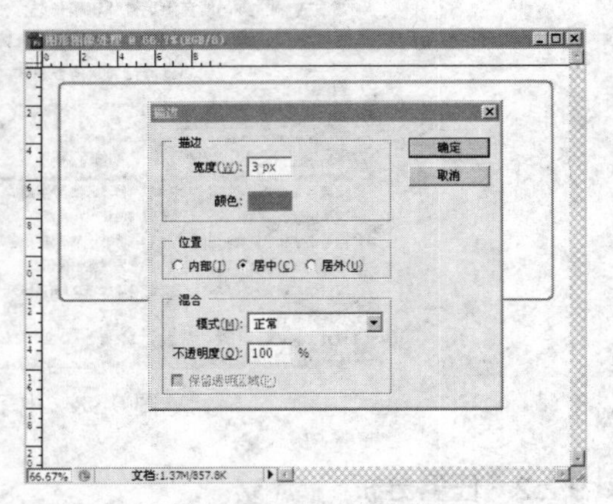

图 9-101 绘制标题框

（2）按住键盘上的 Ctrl 键，单击“标题框”图层，得到选区，将内部删除，执行菜单【编辑】|【描边】命令，描边宽度为“3 像素”；结果如图 9-101 所示。

3. 添加标题框内容

（1）打开素材文件“第九章素材(标题背景的.jpg)”，使用移动工具将其添加到标题框中，生成的图层命名为“标题背景”。

（2）再打开素材“标题背景 2.jpg”，将其添加到标题框中，生成的图层命名为“标题背景 2”。

单击“图层”面板中的【添加矢量蒙版】命令，添加图层蒙版。选择工具箱中的渐变工具，将渐变颜色设置为白色到黑色，由“背景图层 2”图层右下方向左上方渐变，结果如图 9-102 所示。

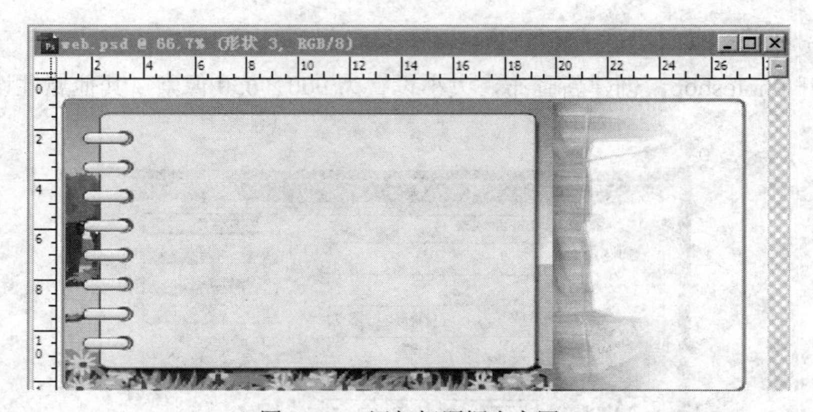

图 9-102 添加标题框内容图

（3）再次打开素材“book.jpg”，用钢笔工具选择书的轮廓，并将路径转化成选区，设置羽化半径为 3，将选择的图像复制到标题框中，生成的图层命名为“book”；单击“图层”面板中的【添加矢量蒙版】命令，添加图层蒙版。选择工具箱中的渐变工具，将渐变颜色设置为白色到黑色，由“背景图层 2”图层径向渐变，结果如图 9-103 所示。

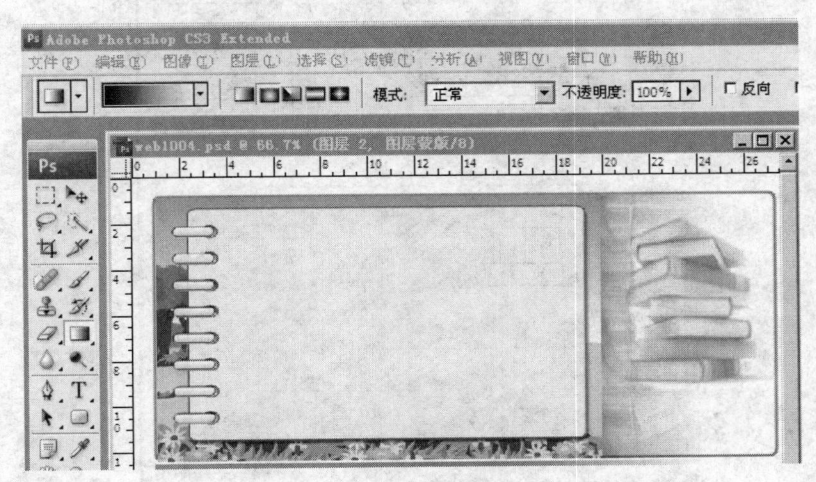

图 9-103　标题框蒙版图

（4）新建文字层。添加文字“平台介绍”，字号为 24，字体为宋体；再为图层“平台介绍”添加“投影”图层样式。执行“图层”面板中【添加图层样式】命令按钮中的“投影”命令，在弹出的样式对话框中，做如图 9-104 所示设置。

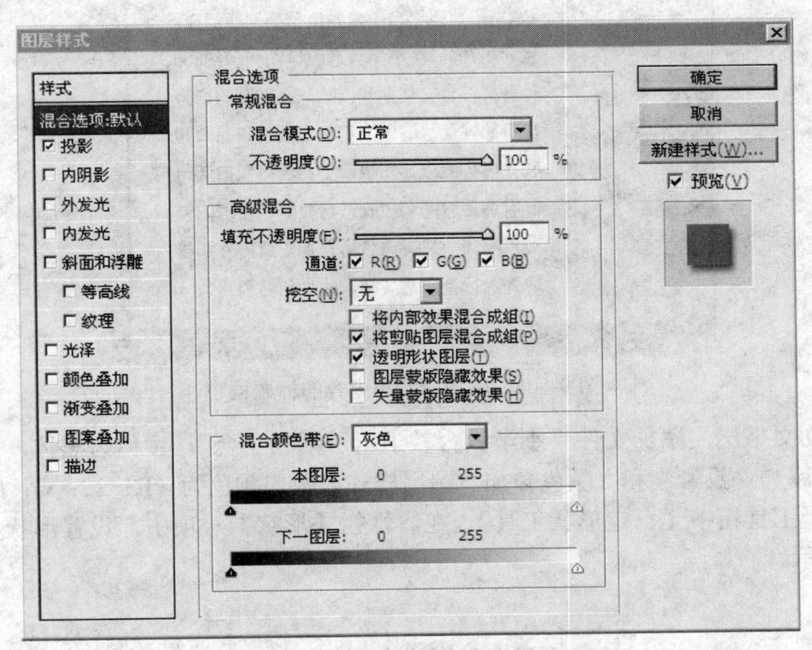

图 9-104　【图层样式】对话框

（5）新建图层，命名为“线条”，选择【矩形】工具，绘制一矩形，填充渐变色设置如图 9-105 所示。

（6）再次新建图层，添加文字“introduce”，字号为 24，字体为宋体；再为图层“introduce”添加“投影”图层样式。执行“图层”面板中【添加图层样式】命令按钮中的“投影”命令，新建图层“content”，文字为“平台介绍内容”，调整好各部分位置，结果如图 9-106 所示。

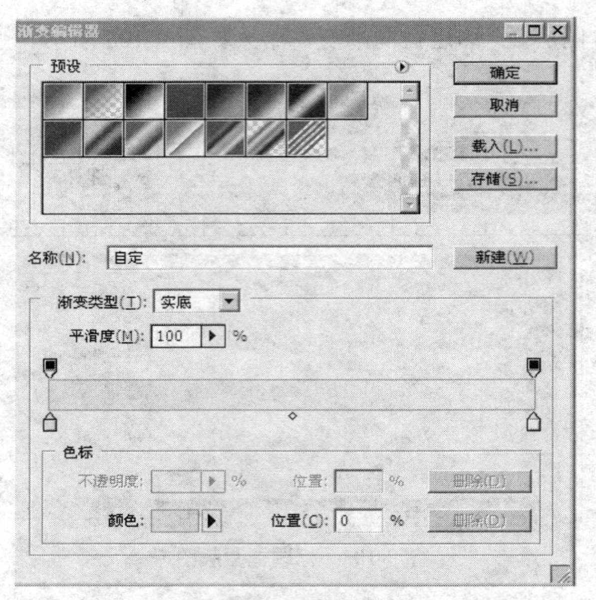

图 9-105　颜色渐变器设置

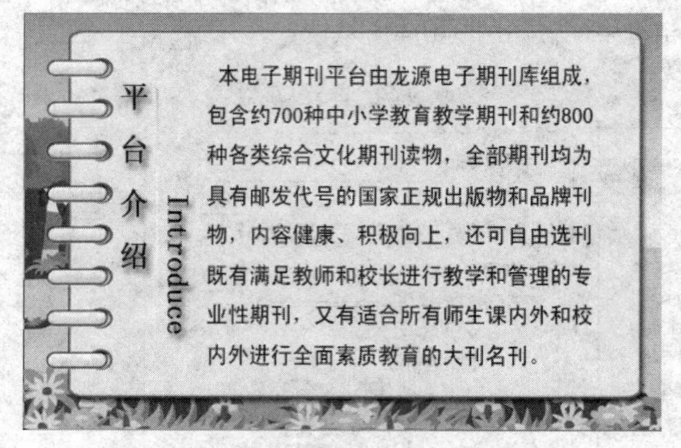

图 9-106　添加标题和内容的标题框

（7）建立文字层，添加文件“小学教育教学电子期刊平台”，字体为黑体，字号为 32；并为该文字层添加“投影”和“颜色叠加”图层样式，叠加颜色为（R：12；G：61；B：21），

（8）选择工具箱中【自定形状工具】，在属性栏【形状】一项中，设置形状为“图钉”，如图 9-107 所示。

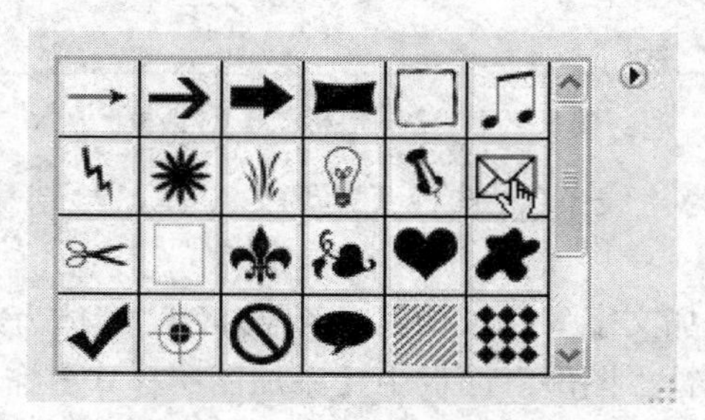

图 9-107　设置形状

（9）用同样的方法，用【自定形状工具】选择不同的形状，绘制另外图案，最终结果如图 9-108 所示。

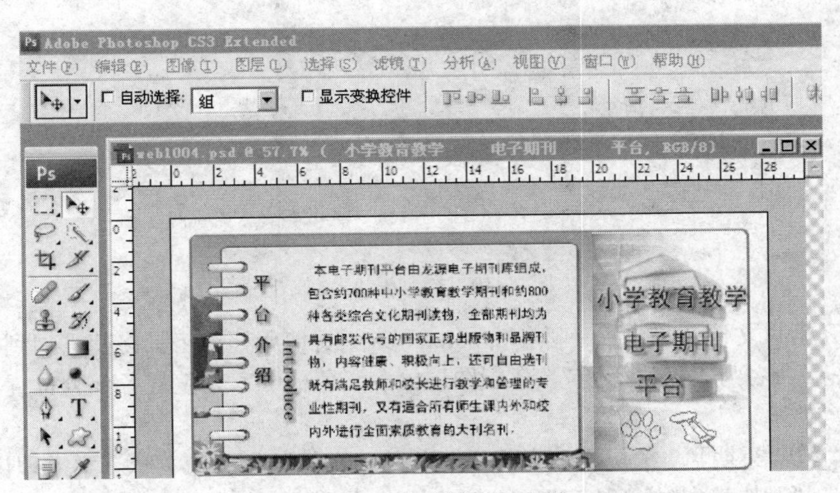

图 9-108 自选图形的绘制

4. 绘制网页下部分框架

选区，填充渐变色为由红色到白色，打开素材库中的"梯子.jpg，用工具箱的选取工具选取后，拖至网页下部分的框架内，调整位置，最终如图 9-109 所示。

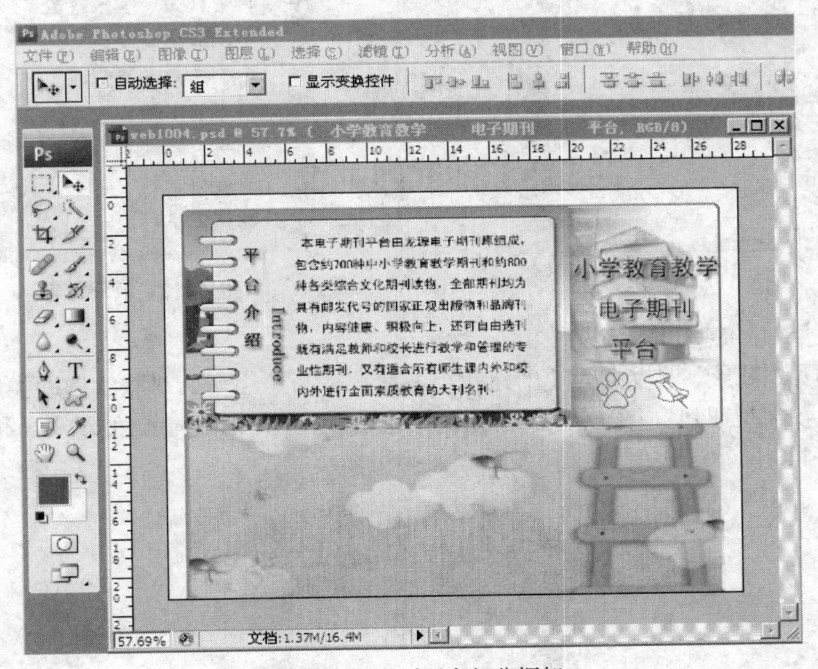

图 9-109 网页下半部分框架

5. 创建"教学类期刊"板块内容

（1）执行"图层调板"中的【创建新组】命令，为新组命名"教学类期刊"，新建图层，命名"教学类期刊"，在该层上绘制两个圆角矩形，分别填充颜色 cf7922 和白色，调整位置，如图 9-110 所示。

图 9-110　绘制板块背景

（2）打开素材文件“第九章素材（jiaoxuelei.jpg）”，使用移动工具将其添加到板块背景框中，生成的图层命名为“板块标题”。建立图层绘制绿色横线；调整好各部分位置，效果如图 9-111 所示。

（3）将“教学类期刊”板块添加完整，文字内容分别为“《教书育人·学术理论》”、“《中国教研交流》”、“《中小学教学研究》”、“《信息技术教育》”、“《教学与研究》”、“《体育教学》”效果如图 9-112 所示。

图 9-111　板块标头

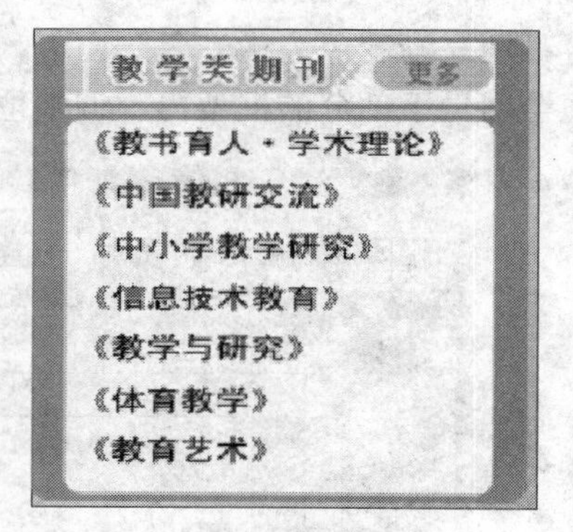

图 9-112　板块内容

6. 创建“教学类期刊”板块内容

（1）执行“图层”调板中的【创建新组】命令，为新组命名“教学辅助类期刊”，新建图层，命名“教学类期刊”，在该层上绘制两个圆角矩形，分别填充颜色 cf7922 和白色，调整位置，如图 9-113 所示。

图 9-113　绘制板块背景

（2）打开素材文件“第九章素材（jiaoxuefurzhulei.jpg）”，使用移动工具将其添加到板块背景框中，生成的图层命名为“教辅类板块标题”。建立图层绘制绿色横线；设置图层样式如图 9-114 所示，调整好各部分位置，效果如图 9-115 所示。

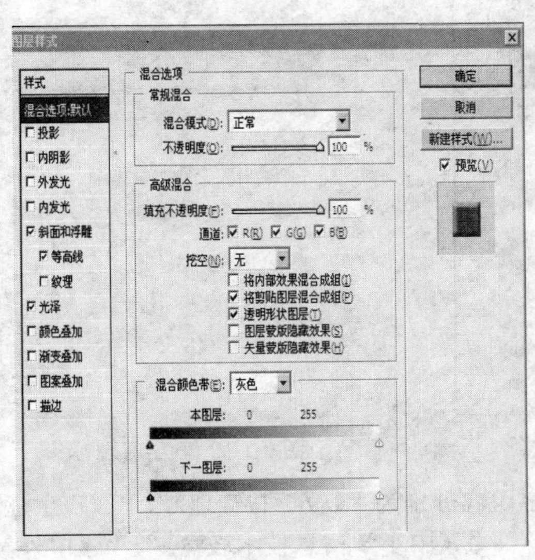

图 9-114　图层样式对话框

图 9-115　板块标头

（3）将“教辅类期刊”板块添加完整，文字内容分别为“《数理天地(小学版)》”、“《考试·小学版》”、“《优秀作文选评(小学版)》”、“《数学教学通讯》”、“《现代语文(语言研究)》”、“《阅读与鉴赏(小学)》”、“《新概念·中文阅读》”。结果如图 9-116 所示。

7. 创建“教学管理类期刊”板块内容

（1）执行“图层”调板中的【创建新组】命令，为新组命名“教学管理类期刊”，新建图层，命名“教学类期刊”，在该层上绘制两个圆角矩形，分别填充颜色 cf7922 和白色，调整位置，如图 9-117 所示。

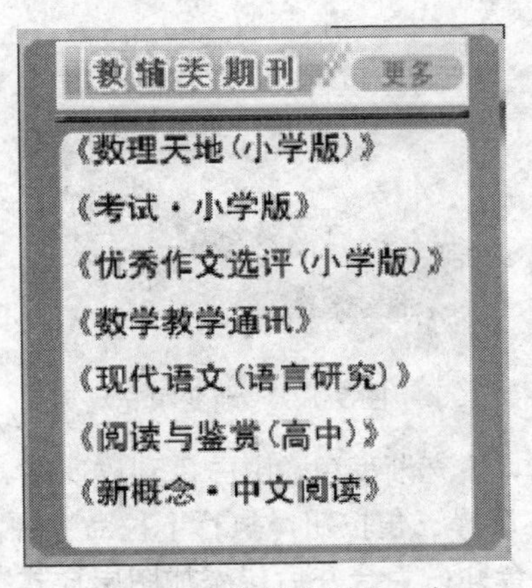

图 9-116　教辅类板块内容

图 9-117　绘制板块背景

（2）打开素材文件“第九章素材(jiaoxueguanlilei.jpg)”，使用移动工具将其添加到板块背景框中，生成的图层命名为“教辅类板块标题”。建立图层绘制橙色横线；设置图层样式如图 9-118 所示，调整好各部分位置，效果如图 9-119 所示。

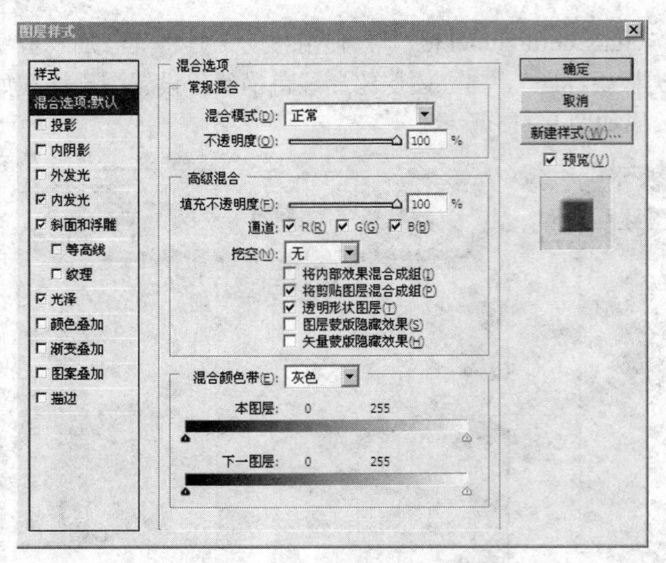

图 9-118 【图层样式对话框】

图 9-119 教学管理标头

（3）将“教辅类期刊”板块添加完整，文字内容分别为“《教学与管理》”、“《班主任》”、“《校长阅刊》”、“《教师博览》”、“《现代校长》”、“《中小学信息技术教育》”、“《中外教学研究》”。结果如图 9-120 所示。

8. 绘制导航按钮

（1）新建图层，命名为“导航按钮 1”，选择【圆角矩形】工具，依据参考线，绘制圆角矩形，填充渐变色，由黑色到白色，如图 9-121 所示。

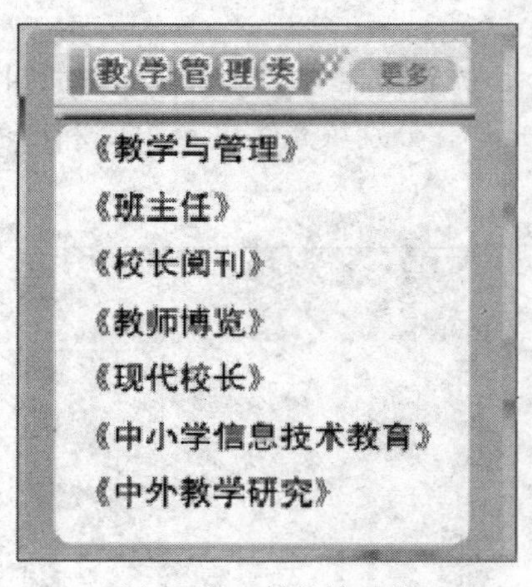

图 9-120 教学管理类

图 9-121 渐变填充

（2）再次新建图层，用同样的方法绘制圆角矩形，填充渐变色，由白色到玫瑰红（R：192；G：199；B：41），选择图层，在“图层”调板右上方选择三角按钮，执行下拉命令中的【向下合并】，如图 9-122 所示，将其与图层“导航按钮 1”合并；为合并后层添加图层样式【阴影】，设置阴影“大小”为 2，“距离”也为 2，其余设置默认，结果如图 9-123 所示。

（3）建立文字层，输入文字“注册”，添加【阴影】样式，再次与“导航按钮 1”图层合并，结果如图 9-124 所示。

用同样的方法，制作其他三个导航按钮，调整大小、位置，最终效果如图 9-125 所示。

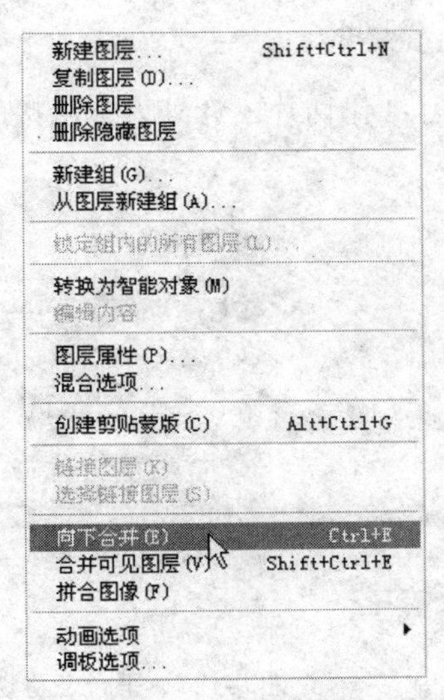

图 9-122 图层合并

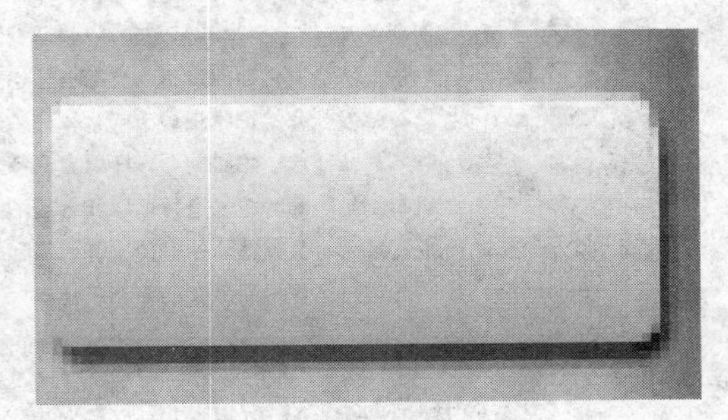

图 9-123 图层合并

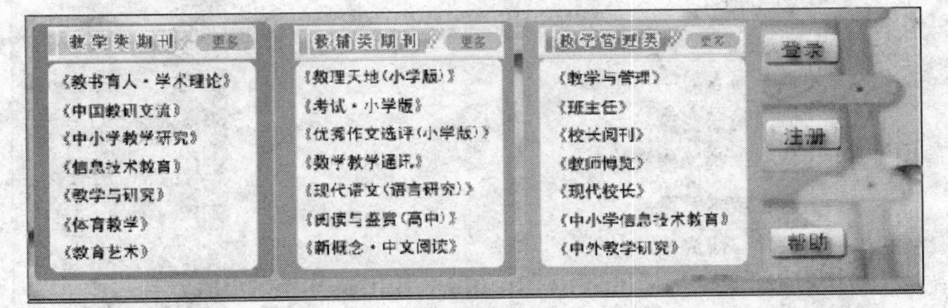

图 9-124

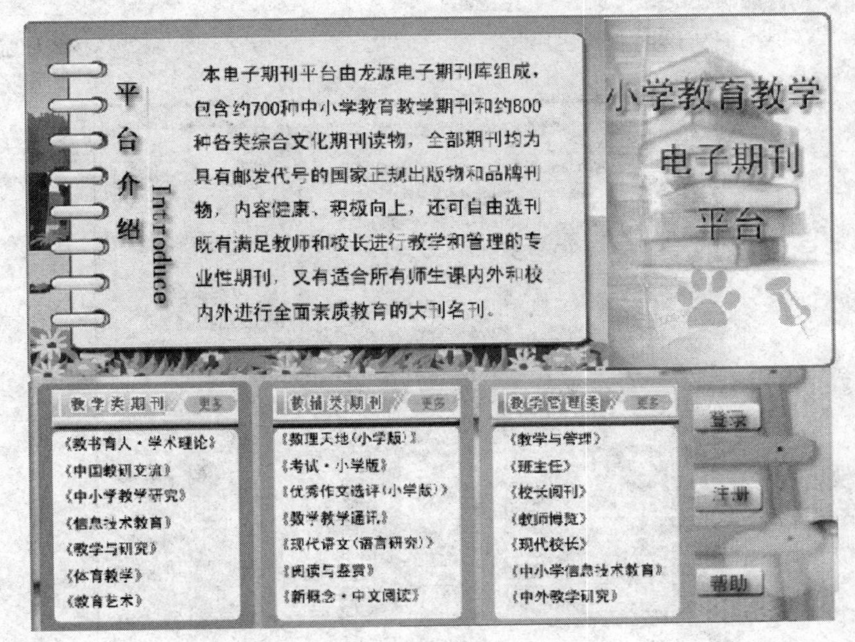

图 9-125

9. 为主页切片

（1）选择工具箱中【切片】工具，对主页模板进行细化切片；计划设置链接的部分详细切割为用户切片。如图 9-126 至图 9-130 所示。

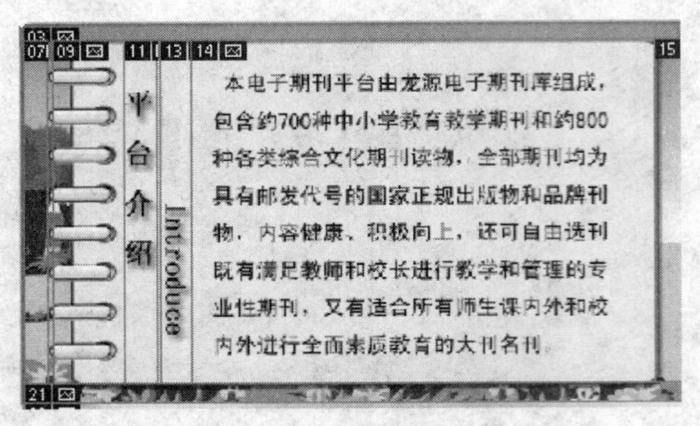

图 9-126 平台介绍切片

图 9-127 平台名称切片

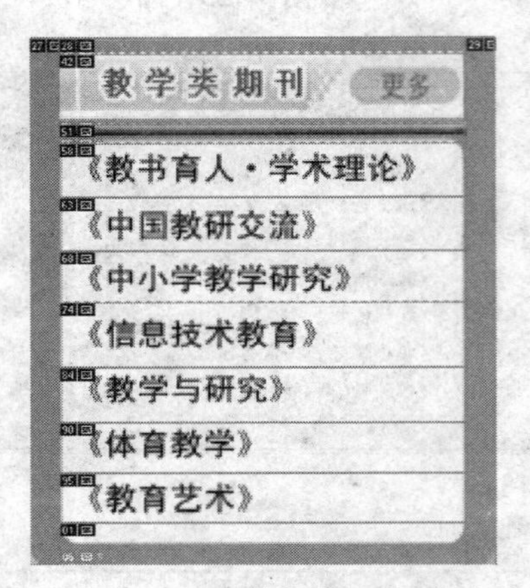

图 9-128 板块切片

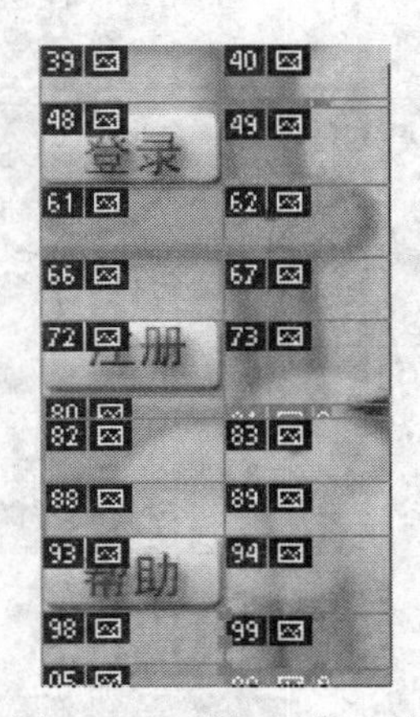

图 9-129 按钮导航切片

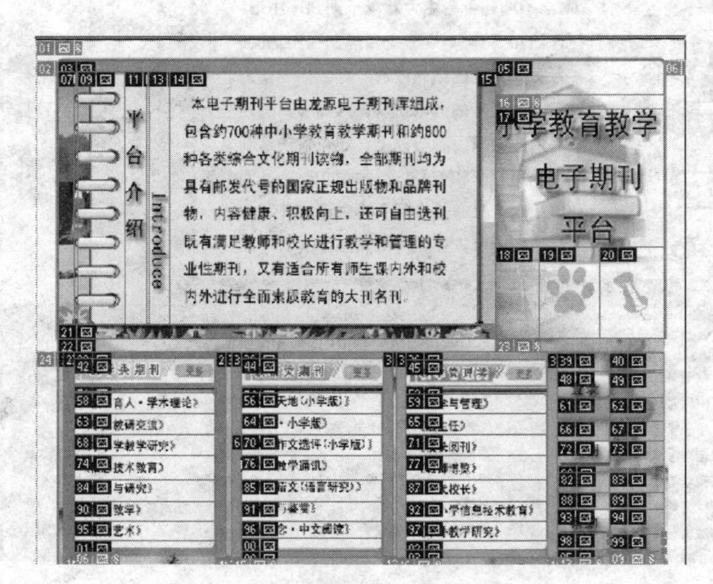

图 9-130 主页切片

9.2.4　能力拓展

Photoshop CS3 中的图形工具和功能简化了大多数 Web 设计任务，可以使用文本、绘图和绘画工具向版面中添加内容，可以设计和制作在 Web 上使用的静态或动态的图像。还可以使用切片工具，将页面版式或复杂图形划分为多个区域，并指定独立的压缩设置（从而获得较小的文件）。可以将图像分为切片、超链接和 HTML 文字，优化切片并将图像存储为一个 Web 页面。

1. 切片的使用和编辑

切片是根据图层、参考线、精确选择区域或用切片工具创建的一块矩形图像区域，利用 Photoshop 使用切片工具将图像分割成许多功能区域。在存储网页图像和 HTML 文件时，每个切片都会作为独立文件存储，并具有其自己的设置和颜色调板，并且在关联的 Web 页中会保留所创建的正确的链接、翻转效果以及动画效果。

在处理包含不同类型数据的图像时，切片也非常有用。例如，如果希望为图像的某个区域加上动画效果（需要 GIF 格式），但想以 JPEG 格式优化图像的其余部分，则可以使用切片来隔离动画。

（1）使用工具箱中的切片工具

①选取【切片】工具。任何现有的薄片将自动显示出来。如图 9-131 所示。

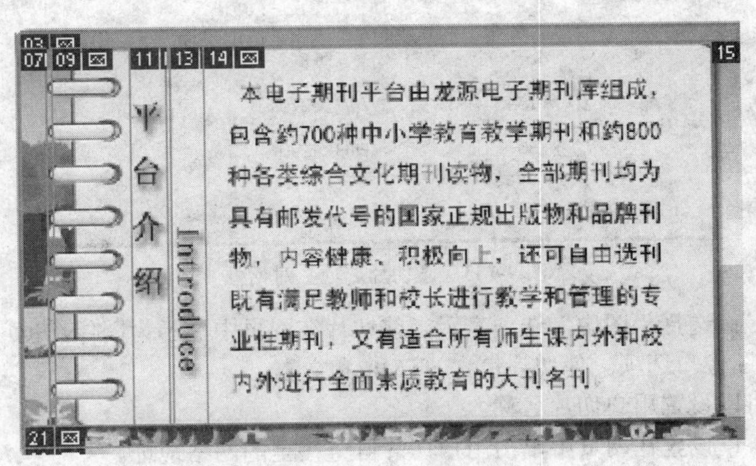

图 9-131

②在任务栏中可进行设定。选取选项栏中的样式设置，如图 9-132 所示。

图 9-132　工具选项栏

"正常"：在拖移时确定切片比例。

"固定长宽比"：设置高宽比。输入整数或小数作为长宽比。例如，若要创建一个宽度是高度两倍的切片，则输入宽度 2 和高度 1。

"固定大小"：指定切片的高度和宽度，输入整数像素值。

③在图像上预定位置拖拉出薄片。使用【切片】工具，在自动切片 01 的左上角向右下角拖出矩形边框。松开鼠标，Photoshop 会生成一个编号为 02 的自动切片（在切片左上角显示灰色数字），左侧和下方会自动形成编号为 01、04、05、06、07 的用户切片，每创建一个新的用户切片，自动切片就会重新标注数字

2. 编辑切片

编辑切片的步骤如下：

（1）选择【切片选取】工具。

（2）在所需编辑的切片上双击鼠标左键，打开【切片选项】对话框。如图 9-133 所示。

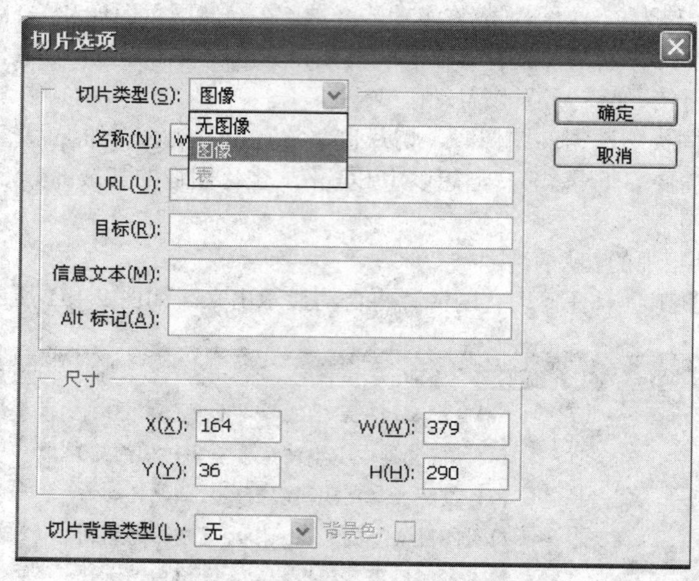

图 9-133 【切片选项】对话框

"切片类型"：选择"图像"选项表示当前切片在网页中显示为图像。也可在后面弹出的菜单中选择"无图像"选项。使切片包含 HTML 和文本。

"名称"：可以设置用户切片名称。

"URL"：可以设置在网页中单击用户切片可链接至的网络地址。

"目标"：在网页中单击用户切片时，在网络浏览器中弹出一个新窗口打开链接网页。否则网络浏览器在当前窗口中打开链接网页。

"信息文本"：其中的内容是在网络浏览器中，将鼠标移动至该切片时，在"信息文本"中输入的文字出现在浏览器的状态栏中。

"Alt 标记"：在网络浏览器中，将鼠标移动至该切片时，弹出的提示内容。

"尺寸"："X"、"Y"值为用户切片坐标。"W"、"H"值为用户切片的宽度和高度。

"切片背景类型"：可选择不同的切片背景和不同的背景颜色。

3. 优化图像切片

在使用【存储为 Web 和设备所用格式】命令存储优化的文件时，可以选择为图像生成 HTML 文件。此文件包含在 Web 浏览器中，显示图像所必需的所有信息。可以使用【存储为 Web 所用格式】对话框来优化图像切片。

（1）执行菜单【文件】|【存储为 Web 和设备所用格式】命令，弹出如图 9-134 所示对话框。

图 9-134　优化图像选项

（2）在【存储为 Web 和设备所用格式】对话框中左上方的标签行中：

原稿：用来查看未优化的图像。

优化：对话框中显示优化后的图像效果。

双联：对话框中分为两个窗口，分别展示原始图像和优化后的图像效果。

四联：对话框中分为 4 个窗口，分别展示原始图像和 3 种优化后的图像效果。

（3）在【存储为 Web 所用格式】对话框中右侧的选项及命令区域：

选取的文件格式很大程度上取决于图像的特性。选择【优化】选项，才可以对图像进行优化设置。

GIF 格式：GIF 是用于压缩具有单调颜色和清晰细节的图像（如艺术线条、徽标或带文字的插图）的标准格式。

PNG-8 格式：与 GIF 格式一样，PNG-8 格式可有效地压缩纯色区域，同时保留清晰的细节。PNG-8 和 GIF 文件支持 8 位颜色，因此它们可以显示多达 256 种颜色。

JPEG 格式：可以选择保存图像切片的格式。JPEG 是用于压缩连续色调图像（如照片）的标准格式。

在“品质”框中，设置允许降低图像质量对图像进行压缩的比例。

勾选“连续”选项，允许使用多种途径下载。

设置“模糊”值，可以在用户切片图像中产生模糊效果。

单击“杂边”框右侧的按钮，可以选择适当的颜色作为用户切片图像的背景（只有在当前图像有透明效果时，才能看出效果）。其中“吸管颜色”命令是指使用吸管工具下方的色块颜色。

PNG-24 格式：PNG-24 适合于压缩连续色调图像。使用 PNG-24 的优点在于可在图像中保留多达 256 个透明度级别。

λ 格式：WBMP 格式是用于优化移动设备图像的标准格式。WBMP 支持 1 位颜色，即 WBMP 图像只包含黑色和白色像素。

（4）选择切片选择工具，在按住 Shift 键的同时，选中切片。单击【存储】按钮。弹出【将优化结果存储为】对话框。如图 9-135 所示。

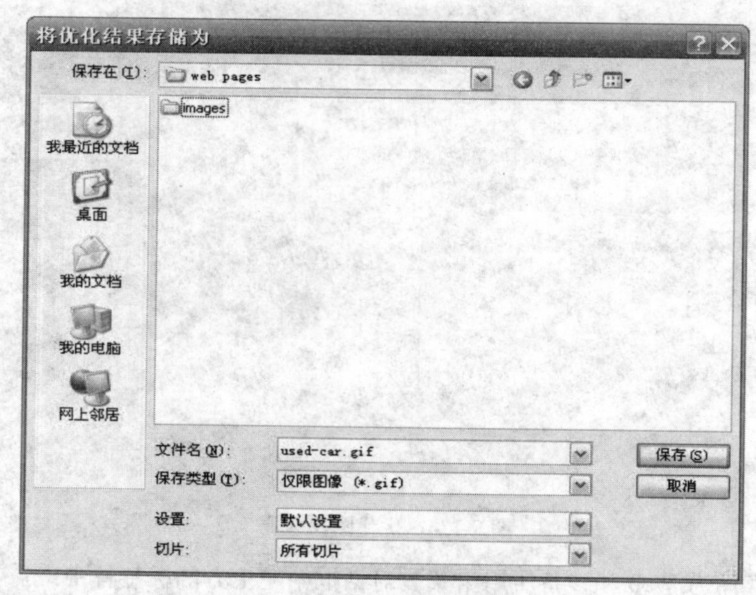

图 9-135　优化结果存储

（5）创建一个新的名称为“Web Pages”的文件夹，保留自定的名称，保存类型选择“仅限图像”，切片选择“选中的切片”。

设定完成后，单击【保存】按钮。在硬盘中找到刚刚创建的文件夹，可看到生成的分别包含切片的图像文件。

（6）执行菜单【文件】|【存储】命令，将完成的工作存储起来。

9.2.5　习题训练

一、选择题

1. 当使用 JPEG 作为优化图像的格式时：

   A. JPEG 虽然不能支持动画，但比其他的优化文件格式（GIF 和 PNG）所产生的文件一定小

   B. 当图像颜色数量限制在 256 色以下时，JPEG 文件总比 GIF 的大一些

   C. 图像质量百分比值越高，文件尺寸越大

   D. 图像质量百分比值越高，文件尺寸越小

2. 如果设定了翻转中某个状态的效果，则：

   A. 在动画面板上制作的动画适用于所有的滚动状态

   B. 动画不能应用在滚动状态上

   C. 在动画面板制作的动画仅适用当前的滚动状态

D．同一动画不能赋予多个滚动状态

3．在制作网页时，如果文件中有大面积相同的颜色，最好存储为哪种格式？

A．GIF　　B．EPS　　C．JPEG　　D．TIFF

4．在切片面板中：

A．使用无图像形式可在切片割图位置上添加 HTML 文本

B．可以任意将切片位置设为图像形式或无图像形式

C．进行多个裁切后，所有的切片要么全部是图像形式，要么全部是无图像形式

D．以上都不对

5．如果一幅图像制作了滚动效果，则：

A．只需将该图像优化存储为 GIF 格式即可保持所有效果

B．只需将该图像优化存储为 JPEG 格式即可保持所有效果

C．需要将该图像存储为 HTML 格式

D．存储为以上任意格式均可

二、思考题

1．在创建 GIF 动画时，插入关键帧是否会改变帧延迟？

2．什么是切片？用切片工具能够做什么？

3．练习在一幅图像中切片工具的使用并用切片工具创建各种链接。

4．Web 照片画廊共有几种创建样式？分别是怎样的效果？

9.3　风景区网站制作

9.3.1　任务布置

由于互联网上旅游服务的信息全面，且获取方式简便，人们纷纷转向从网上获取旅游景点信息、确定旅游路线、报名参加旅游团队、订门票、订酒店等。这使得国内旅游行业网站在近几年有了爆炸式的增长，几乎所有旅游景区都有了自己的网站，翡翠湖风景区现也需要制作一个景区网站，经过前期的共同分析，制作需求为：网站的定位应该是以介绍旅游景点、旅游指南为主，以旅游景点为核心，为旅游者提供更便捷、直观的旅游服务。要求美工设计优秀，有独立后台系统偏重景区展，留有后期的网上订票系统接口，网站主页面效果图如图 9-136 所示。

9.3.2　任务分析

早先的网页页面设计一般是以 Dreamweaver 为中心，由 Photoshop 或 Flash 等软件来提供各种素材，如图片、动画、文字等。自从 Photoshop 出现了“切图”等专为网页设计所定制的功能后，设计的中心已慢慢转向了 Photoshop。因为 Photoshop 本身以图像为基础的特性，决定了他能对版面施以更精确的控制，使网页的页面能够更加灵活和生动的布局，这几乎完全解放了网页设计师的创作灵感，不再受方方正正的网页表格所约束。从网站需求分析可以看出，景区类的网站由于是旅游指南和旅游景点为主，而景区的景点众多，不能一一展示，因此在设计的时候要留有区域作为图片展示区域，同时对于景区景点的介绍也需要留出位置，同时根据客户需求，在适当的位置留有后期扩充的区域。现在我们要制作的是“翡翠湖公园”首页的主体部分，主体部分包括标题、主展示图片和导航条。

图 9-136 网站首页效果图

9.3.3 实施步骤

1. 新建文件

（1）打开 Photoshop CS3，执行菜单【文件】|【新建】命令，在新建对话框中设置名称为“翡翠湖公园”，宽度为 777、高度为 800，对于网页来说，一般只用于屏幕显示，所以分辨率为 72、颜色模式为“RGB 颜色”，其他参数保持默认。

2. 建立标题框

（1）按 Ctrl+A 快捷键全选页面，执行菜单【编辑】|【填充】命令将页面填为纯黑色。

（2）新建图层，命名为“标题框”，选择工具箱中的【矩形工具】，前景色十六进制颜色值设置为#246b34，一种厚重的深绿色。绘制一个如图 9-137 所示长方形 A。

（3）使用选择工具箱中的“直接选择工具”将该矢量形状扭曲成如图 9-137 中 B 所示外观。

3. 添加标题框内容

使用横排文字工具，输入“翡翠湖公园”字样，字体为“方正流行体简体”。再输入 feicuiGarden，字体为 Bickham Script Pro，字号均为 30 点，文字布局如图 9-138 所示。

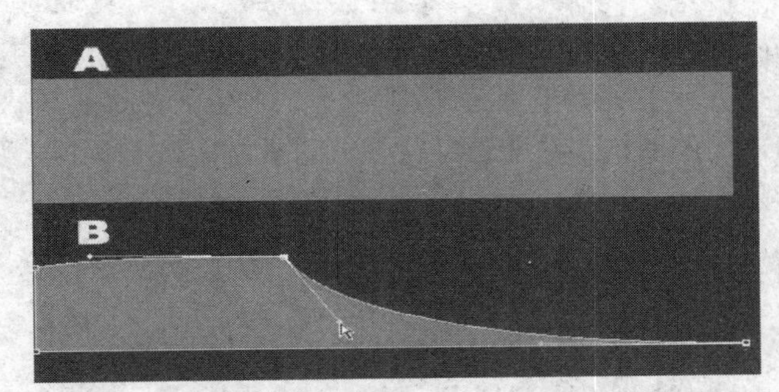

图 9-137　标题背景变形

图 9-138　标题

4. 添加网页左侧背景图片

（1）打开素材库中的 leftbg.jpg。这是一张花卉原始素材，采用了微距加上 2.8 的大光圈，实现了浅景深的背景模糊效果，也可以使用模糊工具或镜头模糊滤镜实现类似的效果，如图 9-139 所示。

图 9-139　模糊效果

（2）我们对图片进行简单的处理，执行菜单【图像】|【调整】|【色阶】，从两侧向中间调整黑色和白色滑块的位置以使图片主体更加突出，更富有感染力。原素材本身是 16:9 宽屏的，我们使用选区工具加删除键进行适当的裁切，如图 9-140 所示。

图 9-140　色阶调整

（3）为了增加花卉的现代感和时尚感，我们进一步对图片进行加工，随意找一张图片，执行菜单【滤镜】|【像素化】|【马赛克】，数值调大，产生大色块的马赛克效果。然后通过素材或自己制作一张扭曲后的网格，这些都是待合成的素材，如图 9-141 所示。

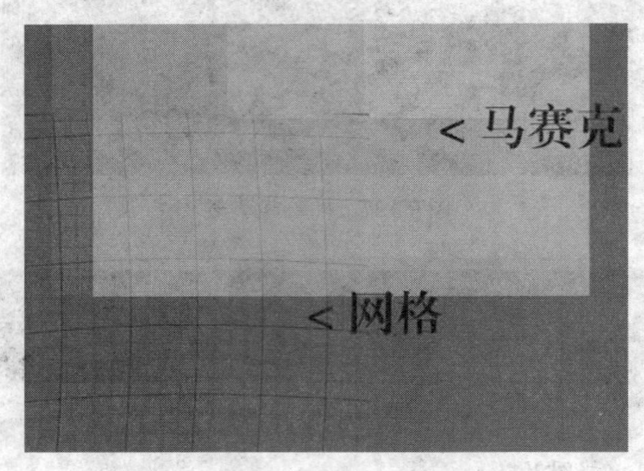

图 9-141 马赛克效果

（4）现在有网格、花卉和马赛克三层图片，网格放在最上层，将图层的混合模式设为“颜色加深”，不透明度设为 68%。花卉层的混合模式设为“强光”，马赛克图层不变，三者的合成效果如图 9-142 所示。

图 9-142 图片合成

5. 制作首页的导航条部分

（1）选择工具箱中的“矩形工具”绘制一个长方形，注意该长方形不要画满，留一些黑边在周围，黑边上窄下粗，使其具有一定的层次感。设置十六进制颜色值为#c8fcc5，一种清淡的绿色，如图 9-143 所示。

（2）新建五个文字图层，选择工具箱中的“文字工具”分别输入文字“首页”、“娱乐”、“休息”、“饮食”、“花园”。

6. 制作网站右边文字区域

（1）在页面的右侧用矢量“矩形工具”绘制一个淡绿色的背景填充，该绿色的十六进制值为#eefded，几乎接近于白色，这是为了突出前景深绿色的文字。

图 9-143　绘制矩形

（2）新建文字层“花园介绍”，设置十六进制颜色值为#054d00，布局的位置效果如图 9-144 所示。

图 9-144　景区介绍

7. 制作文字下方在线视频播放区

（1）在文字的下面是播放在线视频的地方，我们这里插入一些图片进行占位。图片推荐在 Adobe Stock Photos CS3 中进行查找，这是 Adobe 提供的一个庞大的图片素材库，包含在 Adobe Bridge CS3 中，低质量的图片小样是完全免费的。因为网页需较高的下载速度，因此低质量的照片反而更适合于网页设计师。需要注意的是，该搜索功能暂时还不支持中文，所以这里我们搜索“bridge”来下载一些关于桥的照片，并将其保存在本章素材库中，如图 9-145 所示。

（2）打开本章素材库中下载的图片，将图片按照图 9-146 所示进行图片合成。

（3）在图片的左侧用矩形工具绘制一矩形，十六进制颜色值设置为#246b34，高度同左侧的图片。

（4）新建一文字图层，名位“翡翠剪影”，字体为“方正古隶简体”。

（5）在下面绘制深灰色矩形，十六进制颜色值为#2a2a2a。输入文字 feicui Garden，字体为 Trajan Pro，作为中间的隔断和装饰，如图 9-147 所示。

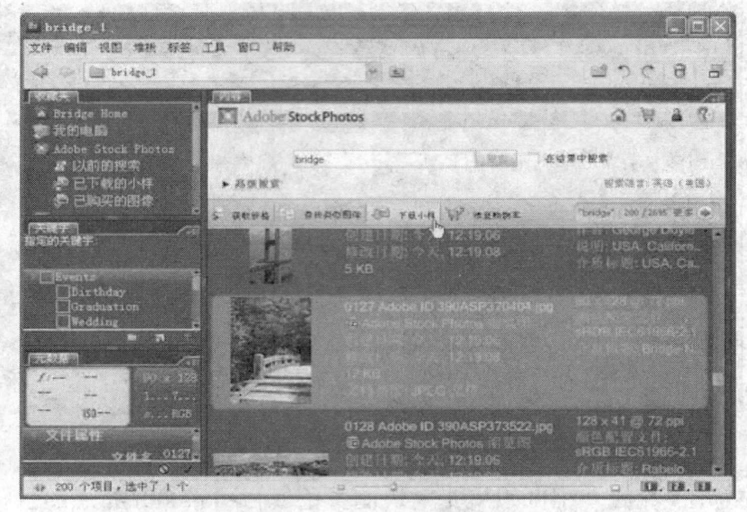

图 9-145 素材库

图 9-146 图片合成

图 9-147 隔断

8. 绘制网页下半部分框架

（1）运用工具箱中的“矩形工具”绘制一个较浅的灰色矩形，十六进制值为#7a7a7a。在该矩形上面再并排绘制两个颜色更浅的灰色矩形，十六进制值为#efefef。这些矩形的绘制主要是用来布局，频繁的使用灰色有两个原因，一是因为灰色通常在设计中表示高级，另外，网页的主体过于鲜艳，使用灰色可以平衡一下，以避免“抢了主角儿的戏”，如图 9-148 所示。

图 9-148　下部框架

（2）新建一图层“茶壶”，打开本章素材库中的茶壶图片，在茶壶层上右击，选择【混合选项】，设置“描边”的参数为大小 6 像素，位置为“内部”，“内部”描边可以保证四个角均为直角，描边的十六进制颜色值为#067f18，如图 9-149 所示。

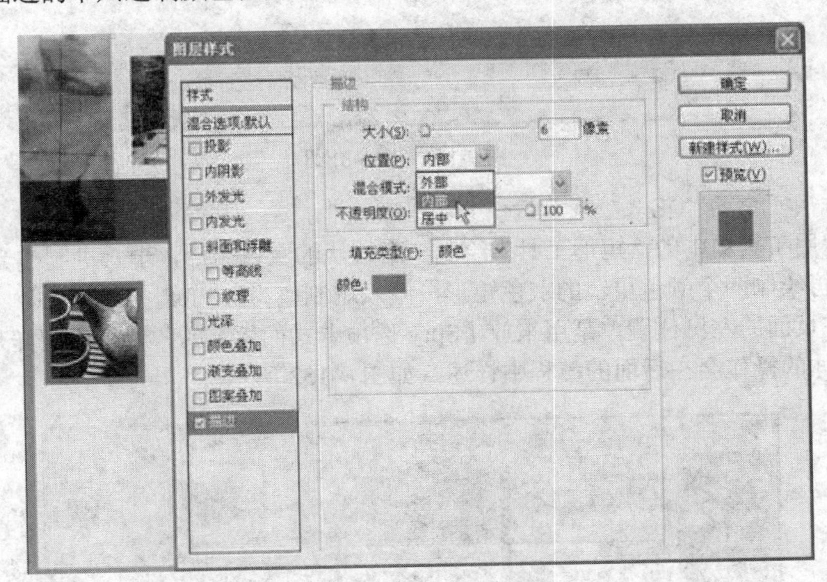

图 9-149　图片描边

（3）新建一图层“棋子”，打开本章素材库中的棋子图片，在茶壶层单击右键，选择【拷贝图层样式】，如图 9-150 所示。接下来再选择棋子层，单击右键选择【粘贴图层样式】，这样做可以保证两者的图层样式完全相同，并且更加快捷方便。

图 9-150 图片效果

（4）在添加文字“翡翠茶舍”和“翡翠棋坊”，字体为“方正古隶简体”，颜色值为#646464。介绍文字为“宋体”，大小“12 点”，消除锯齿的方法为“无”，这样设置可以保证非常清晰的小字，这类的清晰小字普遍应用于网页设计中，如图 9-151 所示。

图 9-151 文字介绍

9. 制作网页中的“花朵”展示区

（1）运用工具箱中的“矩形工具”绘制一个较浅的灰色矩形，十六进制值为#7a7a7a。在该矩形上面再绘制两个颜色更浅的灰色矩形，十六进制值为#efefef。

（2）在页面的左侧位置，是用来放【Spry 选项卡式面板】的，这里我同样是做了一个外观占位，具体的操作会在后面的教程中详述，如图 9-152 所示。

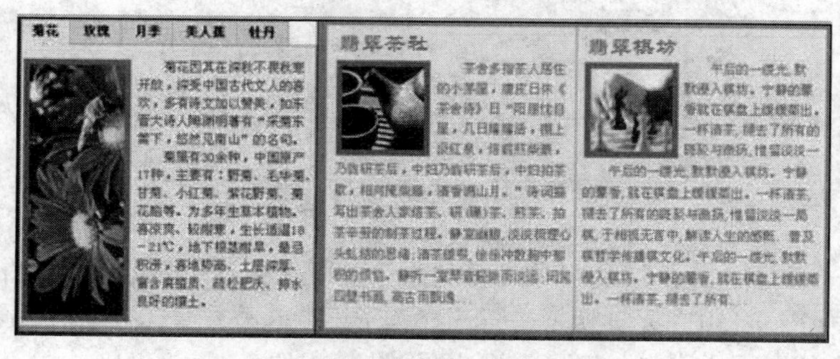

图 9-152 菊花介绍

（3）新建一图层“菊花”，打开本章素材库中的菊花图片，在茶壶层单击右键，选择【拷贝图层样式】，接下来再选择菊花层，单击右键选择【粘贴图层样式】。

（4）新建一文字图层，命名为“菊花介绍”，运用工具箱中的“文字工具”输入如图 9-151 所示的文字。

10. 制作网页版权区

（1）新建图层，命名为“灰色长条”，选择“矩形”工具，绘制一矩形，填充色设置为#2a2a2a。

（2）新建文字层，命名为“版权信息”，输入版权信息、地址、管理员和联系人的姓名，字号为 24，字体为宋体。如图 9-153 所示。

图 9-153 网页版权区

（3）为矩形描边。选择“灰色长条”层，单击右键从菜单中选择【混合选项】，在描边中设置大小为 3 像素，位置“内部”，颜色为较浅的灰色，十六进制颜色值为#7a7a7a，如图 9-154 所示。

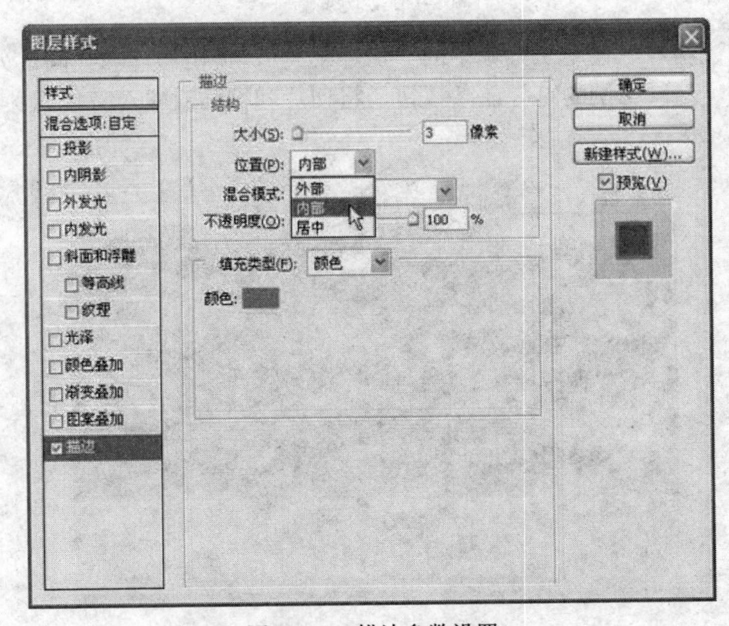

图 9-154 描边参数设置

11. 网页切片

切图是网页设计中非常重要的一环，它可以很方便地为我们标明哪些是图片区域，哪些是文本区域。另外，合理的切图还有利于加快网页的下载速度、设计复杂造型的网页以及对不同特点的图片进行分格式压缩等优点。

（1）标题切片。使用工具箱中的"切片工具"在标题部分左右各切一刀，使用"切片选择"工具双击右侧部分，在弹出的面板中设置切片类型为无图像。因为该部分是纯色，为了在网页中显示效果相同，设切片背景为黑色，这样该部分输出成网页后将由透明占位符和黑色背景色代替，如图 9-155 所示。

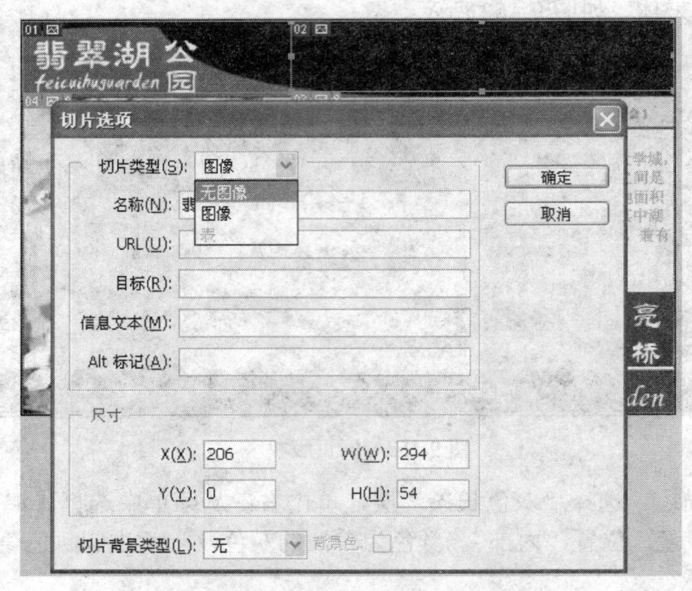

图 9-155 切片选项

（2）导航按钮切片。使用工具箱中的"切片工具"，使用切片的"固定大小"，设置宽度为 68，高度为 40，这次切割的是导航条按钮，将切片和被切对象对齐，避免切片之间重叠，如图 9-156 所示。

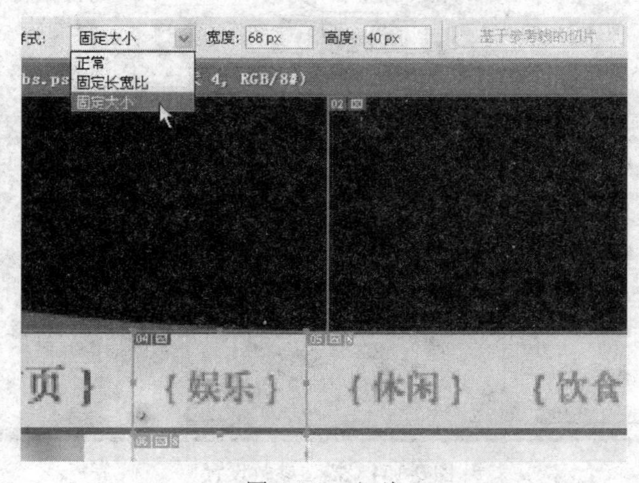

图 9-156 切片

（3）使用同样的方法将其他导航条按钮切割，注意最后一个“管委会”按钮是三个字，因此设置的切片宽度要大。需要注意的是，切割的时候要注意平衡，比如右侧切割了，那么左侧也要等高的切一刀，这样输出成网页的时候不容易乱，效果如图 9-157 所示。

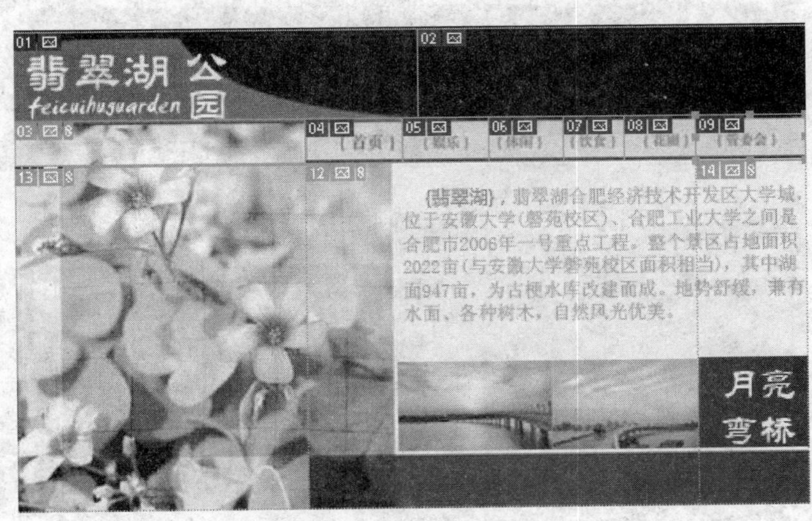

图 9-157　切片效果

（4）切割方法同上，注意切片左上角的编号并用相应的颜色标识，如图 9-158 所示。后面的方法基本相同，需要把在 Dreamweaver 中处理的纯色背景部分设为无图像，并以相应的切片背景色填充。如果某个图层的范围正好是要切割的大小，可以直接使用“基于图层的切片”功能。

图 9-158　基于图层的切片”

（5）执行菜单【存储为 Web 和设备所用格式】，该命令用于将 PSD 源文件输出成网页或是手机等设备所使用的格式。在对话框中进行简单的优化设置，确定后设置输出类型为“HTML 和图像”，并且要输出所有的切片。

尝试使用切图工具对已有的版面进行切割，并注意切割的技巧。

12. 用 Dreamweaver 编辑网页的导航图片

导航菜单在首页中占有非常重要的地位，它用于引领访问者找到需要的页面。所以一般来说，网页设计师通常将大量的精力用在导航菜单的设计上，而这里我们只是举个简单的例子来说明。

（1）用 Dreamweaver 打开网页，当鼠标单击后，您可以看到导航栏已经完成的切片，我们现在要制作的是鼠标移上时的翻转效果，如图 9-159 所示。

图 9-159　已完成的切片

（2）打开存储切片图像的目录，（一般是网页当前目录或是名为“images”的目录）。复制一个“娱乐”切片，并用 Photoshop 打开，如图 9-160 所示。

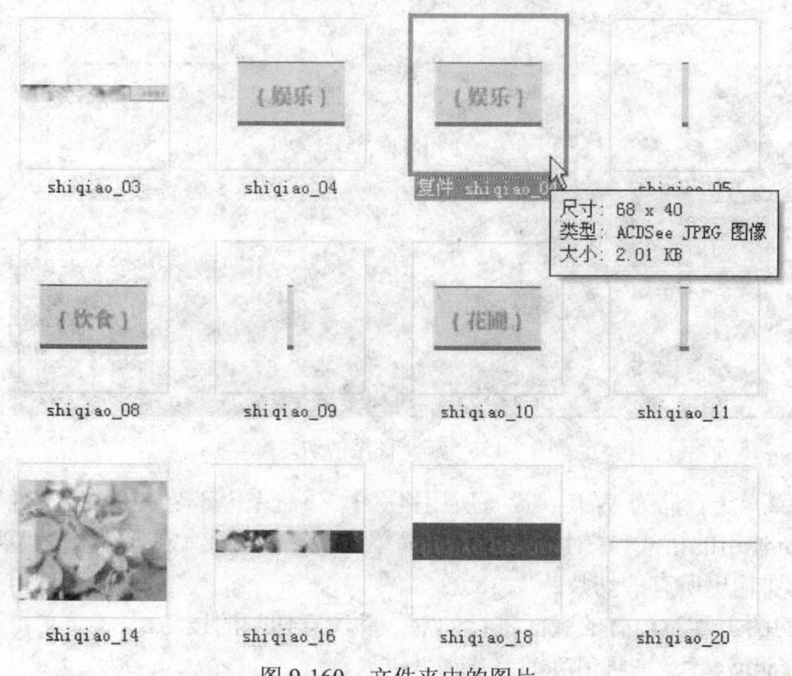

图 9-160　文件夹中的图片

（3）用“移动工具”选中括号，分别向左或向右移动，使括号离文字的距离变大。这样的操作可实现鼠标移到按钮上时，括号自动左右撑开的效果，如图 9-161 所示。

图 9-161　效果图

（4）打开 Dreamweaver，在我们设计的导航栏上选择“娱乐”切片并删除，执行【插入】|【图像对象】|【鼠标经过图像】命令，如图 9-162 所示。

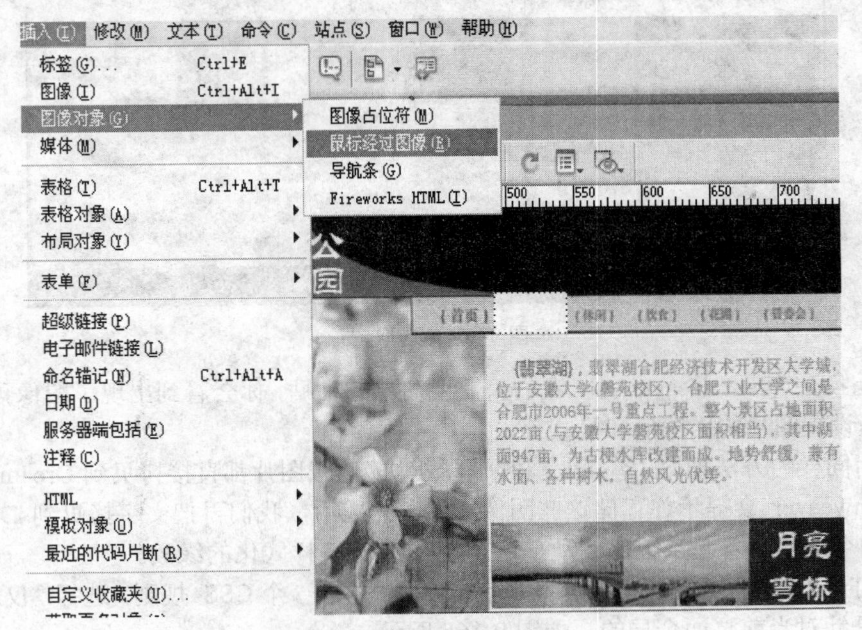

图 9-162　【鼠标经过图像】命令

（5）在该对话框中设置原始图像为原来的“娱乐”切片图像，而鼠标经过图像为复制并修改括号后的“娱乐”切片图像，当然您也可以加入自己的链接，如图 9-163 所示。

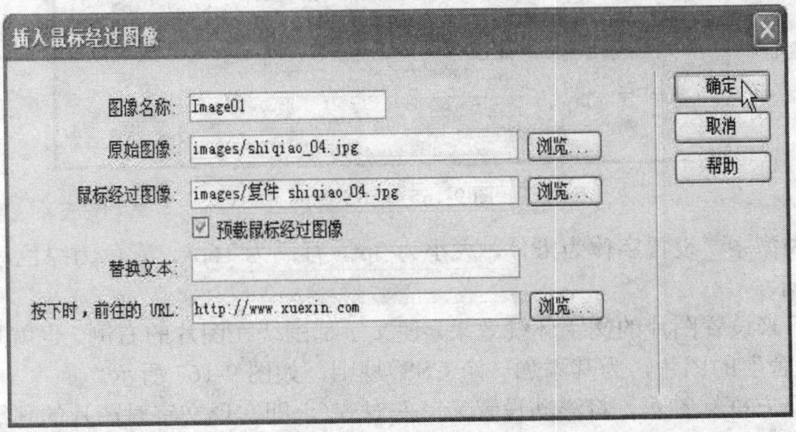

插入鼠标经过图像
图像名称: Image01
原始图像: images/shiqiao_04.jpg　浏览...
鼠标经过图像: images/复件 shiqiao_04.jpg　浏览...
☑ 预载鼠标经过图像
替换文本:
按下时，前往的 URL: http://www.xuexin.com　浏览...
确定　取消　帮助

图 9-163　设置鼠标经过效果

13. 页面排版

现在我们进行了网页设计的最后环节，需要对页面进行真正的排版。使用到 CSS 以及其他的一些常用技巧。在 CS3 版本中 Photoshop 和 Dreamweaver 的结合也更加紧密了。Spry 构件作为 Dreamweaver CS3 全新的理念，给用户带来耳目一新的视觉体验。在该部分当中，我们就涉及到这些方面的知识。

（1）打开 Photoshop，直接拷贝一部分图片，如框选“翡翠茶舍”区域并拷贝。当然因为是多层，你需要使用合并拷贝功能，如图 9-164 所示。

图 9-164　选取图片

（2）切换到 Dreamweaver 中，我们只需要简单的粘贴，你会看到出现了图像预览对话框，直接在这里设置图片的压缩值和格式等。

（3）用同样的方法把“翡翠茶舍”和“翡翠棋坊”两张图片都直接拷贝到 Dreamweaver 中，当然 Dreamweaver 会提示你存储这些图像文件。完成后，我们再把文字拷贝到 Dreamweaver 中，不过如今的文字看起来会比较乱，这是没有用 CSS 样式化的缘故。

（4）打开 CSS 样式面板，为标签 body，td，th 新建一个 CSS 规则，选择“仅对该文档”，这个 CSS 是针对当前页面全局的，如图 9-165 所示。

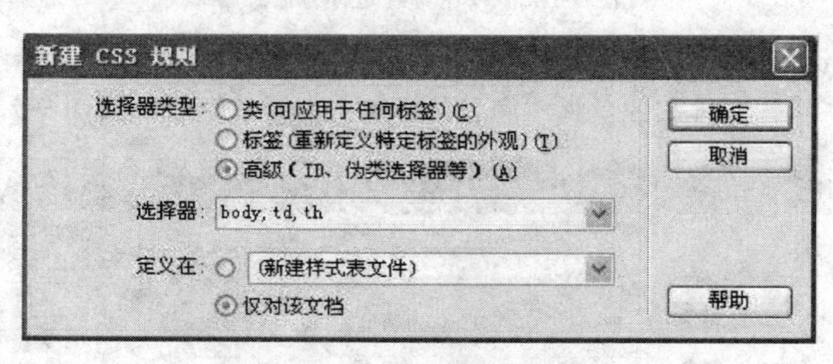

图 9-165　CSS 规则

（5）在类型中，设置字体为宋体，大小为 9pt，行高为 16px，颜色为绿色，修饰为“无”，如图 9-166 所示。

（6）接下来设置图片的文字环绕效果，使文字都围绕在图片的右侧，也就是文字左对齐。选择“翡翠茶舍”的图片，为其添加一个 CSS 规则，如图 9-167 所示。

（7）选择方框标签页，将浮动设置为“左对齐”，即实现文字对图片的环绕，如图 9-168 所示。其他页面元素的 CSS 设置方法类似，比如关于“翡翠湖公园”的介绍文字，因文字的粗细不同，可在 CSS 中设置两个类规则来进行样式化，这里就不再赘述了。

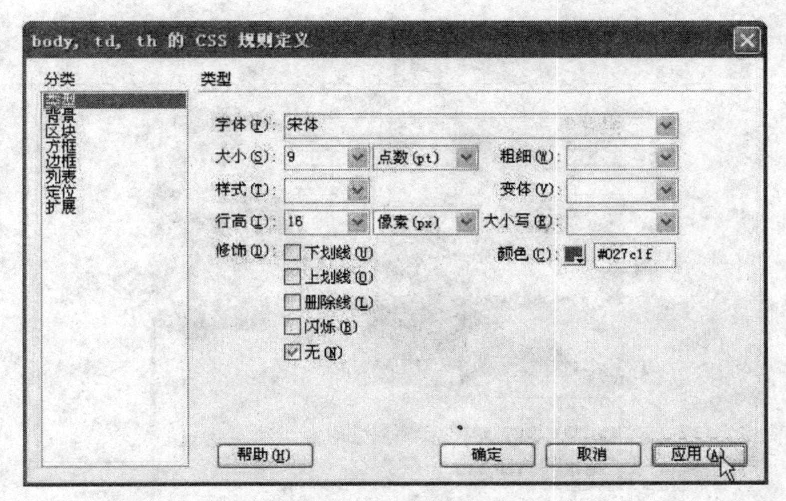

图 9-166　定义规则

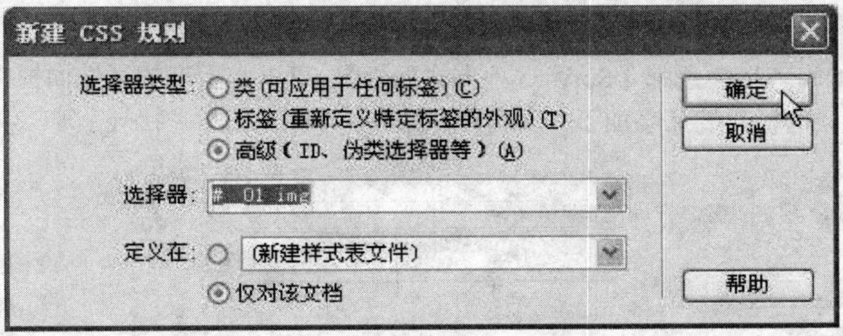

图 9-167　新建 css 规则

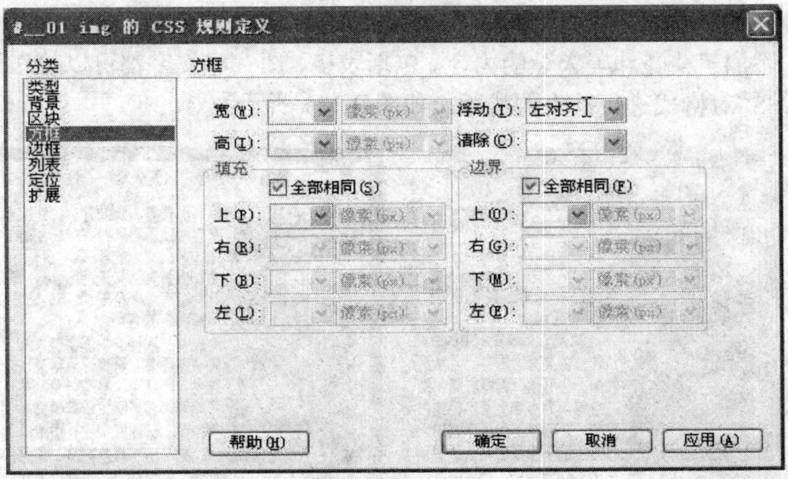

图 9-168　定义方框规则

（8）Spry 构件是 Dreamweaver CS3 新增的用户界面对象，包括 XML 驱动的列表和表格、折叠构件、选项卡式面板等元素。在 Spry 工具组中选择【Spry 选项卡式面板】，每一个选项卡都可以直接输入标签的名称和该选项卡的内容，这里我们输入“菊花”，如图 9-169 所示。

图 9-169 Spry 设置

（9）在编辑环境中选择【Spry 选项卡式面板】，可以在下方的属性面板中能够添加更多的选项卡标签，这里我们又添加了“玫瑰”、“月季”、“美人蕉”、“牡丹”等，如图 9-170 所示。

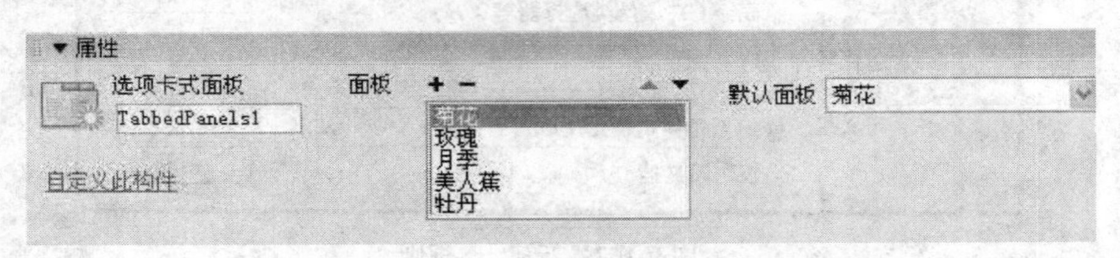

图 9-170 Spry 属性

（10） 在选项卡标签名称的旁边有一个小眼睛，单击后可以编辑该标签所包含的内容，比如这里我们添加了菊花和美人蕉的内容。包括表格、图片和文字都可以放在里面，当然我们仍需要使用 CSS 对格式进行基本的排版，如图 9-171 所示。

图 9-171 选项排版

（11）至此我们这个“翡翠湖公园”的首页就设计完成了，通过 Dreamweaver 和 CSS 的多道工序，我们仍然能够原汁原味的体现原始稿的设计初衷，可见 Adobe 软件之间的协作和兼容性是如此的完美。关于网页设计的话题还有很多，比如 Gif 动画、弹出式菜单、更多的 CSS 控制和链接控制，以后我们再详细讲解。

9.3.4　能力拓展

在制作网页的时候需要注意的细节。对于网站首页应该注意：采用大型图片或者 Flash，真正用户关心的信息在首页没有体现，需要多次点击；过大的 Flash 严重影响首页下载速度；首页有效信息量小；首页无标题；主页布局比较乱，重要信息没有得以重点体现；打开网页弹出多个窗口，影响正常浏览；追求“创意”效果，很难理解网站要表达的意思。普通页面应该注意的问题：重要信息不完整，如联系方式和产品介绍等；页面信息小，需要多次翻页；内容页面没有标题；部分内容陈旧，缺乏时效性；部分栏目无任何内容，过分注重美术效果，大量采用图片，影响网页下载速度；过分注重美观，有些连基本信息内容都用图片格式，影响基本信息获取；文字太小、文字颜色暗淡、采用深色页面背景等，影响正常视觉。

9.3.5　习题训练

一、选择题

1．在 Photoshop 中，单击“图层”控制面板中一个图层左边的图标，显示出图标时，表示将会（　　）这个图层和当前图层。

A．复制　　B．链接　　C．编组　　D．排列

2．（　　）滤镜可以通过增加相邻像素的对比度来聚焦模糊的图像。

A．风格化　　B．渲染　　C．锐化　　D．素描

3．利用以下（　　）命令可将文字转换为位图类型。

A．转换为段落文本　　B．转换为点文字

C．转换为形状　　D．栅格化

4．利用以下（　　）命令可以将彩色图像转换为相同颜色模式下的灰度图像，每个像素的明度值不变。

A．去色　　B．反相　　C．阈值　　D．渐变映射

5. 在 Photoshop 中，（　　）命令用于快速改善图像中曝光过度或曝光不足区域的对比度。

A．自动色阶　　B．暗调/高光　　C．自动对比度　　D．亮度/对比度

二、操作题

1．制作一个风景区的网站。

2．制作自己的博客网站。

第 10 章　综合设计

10.1　平面广告

平面广告因为传达信息简洁明了，能瞬间扣住人心，从而成为广告的主要表现手段之一。平面广告设计在创作上要求表现手段浓缩化和具有象征性，一幅优秀的平面广告设计具有充满时代意识的新奇感，并具有设计上独特的表现手法和感情。

平面广告就其形式而言，它只是传递信息的一种方式，是广告主与受众间的媒介，其结果是为了达到一定的商业经济目的。广告在经济高速发达的国家是不可或缺的。当然，广告作为现代人类生活的一种特殊产物，仁者见仁，智者见智，褒贬不一，但我们要正视一个事实，就是在人们的日常生活中随时都有可能接受到广告信息，翻开报纸、打开电视、网上冲浪，处处都会看到广告。可以说它已经渗透到我们生活的方方面面。现代都市里的人已习惯于这样的生活。

10.1.1　任务布置

概括地说，平面广告创作包括两个方面，即创意与表现。创意是指思维能力，表现是指造型能力。它们在概念上是有区别的，但在创造过程中又是统一的。道理很简单，只有一个想法，没有造型能力，即使想法再好也不可能把它表现出来。从另一个来说，没有创造力和审美意识，其想法是很荒唐的，不可行的。另外只有造型能力，缺乏创意思维，是不可能称其为广告设计的，因为广告有很强的功能性，最基本的功能就是传递信息，这个信息如何传递，所体现的就是创意思维能力。现代的广告已不仅是简单的告知功能，独到的创意思维，恰如其分的表现，是一则广告成功的关键。因此，两者既有不同，又相互统一，这两方面能力的培养具有很强的专业性。

甲骨文是中国已发现的古代文字中时代最早、体系较为完整的文字。甲骨文主要指殷墟甲骨文，又称为“殷墟文字”、“殷契”，是殷商时代刻在龟甲兽骨上的文字。随着国家文化部对非物质文化遗产的重视，中国传统文化再次掀起热潮。小王所在广告公司接到任务制作一幅以甲骨文为主题的传统文化公益广告。要求突出时代感和材质感，视觉冲击力强。

10.1.2　任务分析

公益广告通常由政府有关部门来做，广告公司和部分企业也参与了公益广告的资助，或完全由它们办理。在做公益广告的同时也可借此提高企业的形象，向社会展示企业的理念。这些都是由公益广告的社会性所决定的，使公益广告能很好地成为企业与社会公众沟通的渠道之一。公益广告是不以盈利为目的而为社会公众切身利益和社会风尚服务的广告。它具有社会的效益性、主题的现实性和表现的号召性三大特点。分析所提供的甲骨文和毛笔痕素材，且要求突出时代感和材质感，所以在色彩运用上要注重复古色搭配。

10.1.3　实施步骤

（1）启动 Photoshop CS3，新建一宽为 14 厘米，高为 20 厘米的文件。颜色模式为：RGB 模式。然后用朱红（C50，M100，Y100，K50）到黑色，在背景层上从左上角到右下角做一径向渐变。

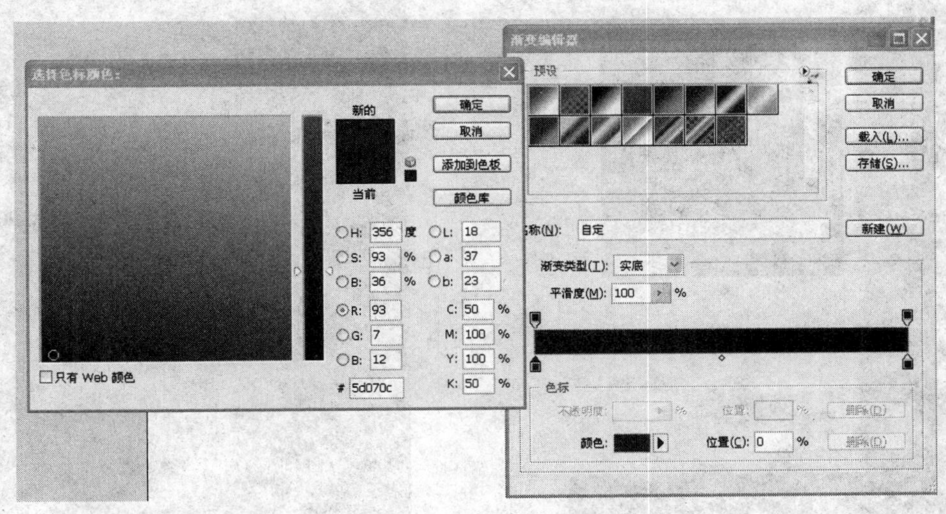

图 10-1　径向渐变

（2）打开素材“第十章素材-甲骨文”，用魔术橡皮擦工具去除白色背景，然后拖放到文件中，按 Ctrl+T 快捷键自由变化调整好大小与位置，将甲骨文字转换为选区，用前景色黑色填充，强化效果，并设置其图层不透明度为 30%，按 Ctrl+E 快捷键向下合并图层并命名为“背景图层”。

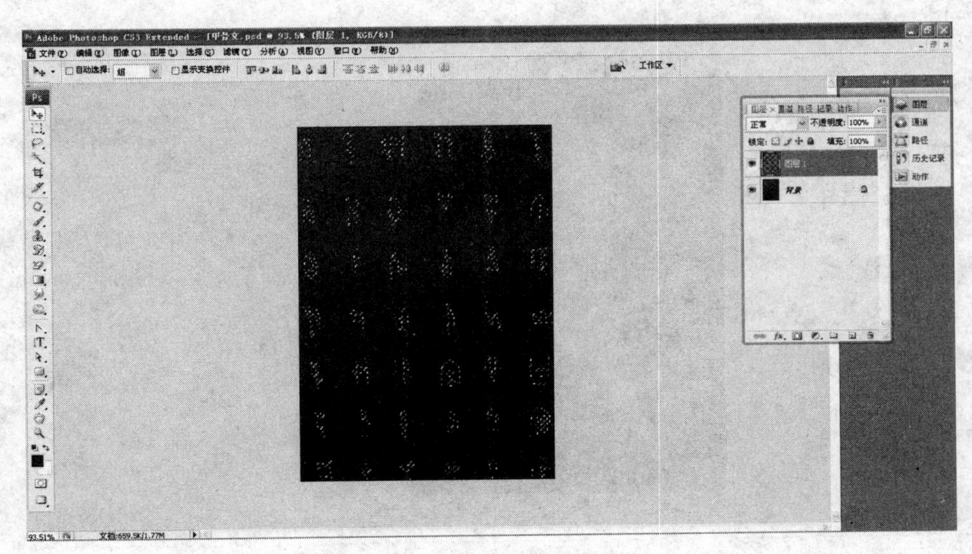

图 10-2　转化成选区

（3）给“背景图层”增加一个杂色、添加杂色滤镜，选择【滤镜】|【杂色】|【添加杂色】命令，设置数量为 8，高斯分布，单色。

（4）下面绘制甲骨图像的形状，在图层调板中新建一图层，命名为甲骨，使用钢笔工具绘制甲骨图像的形状，绘制完毕后将路径转换为选区，将其填充为土黄色（C20，M30，Y80），并取消该选区，如图 10-5 所示。

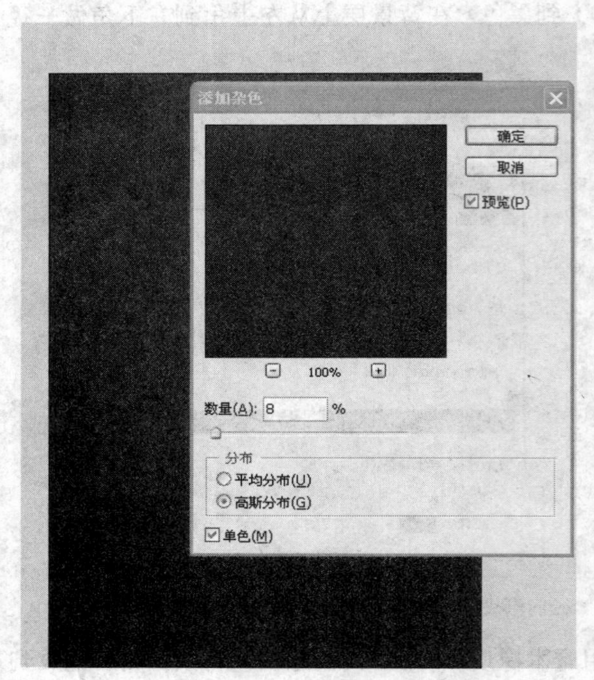

图 10-3 添加杂色

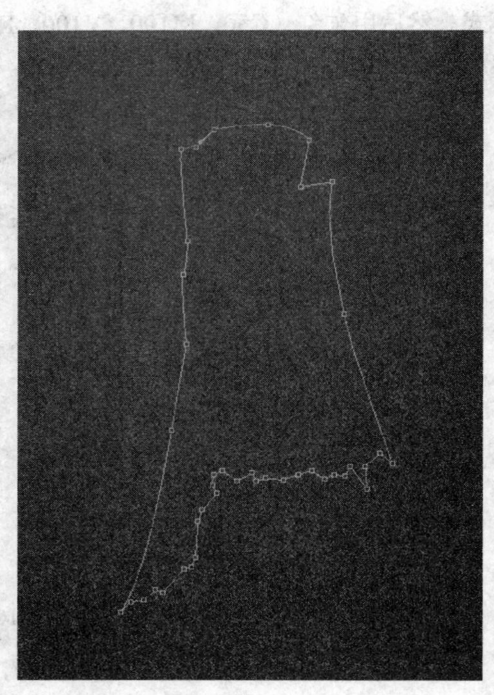

图 10-4 钢笔工具绘制路径

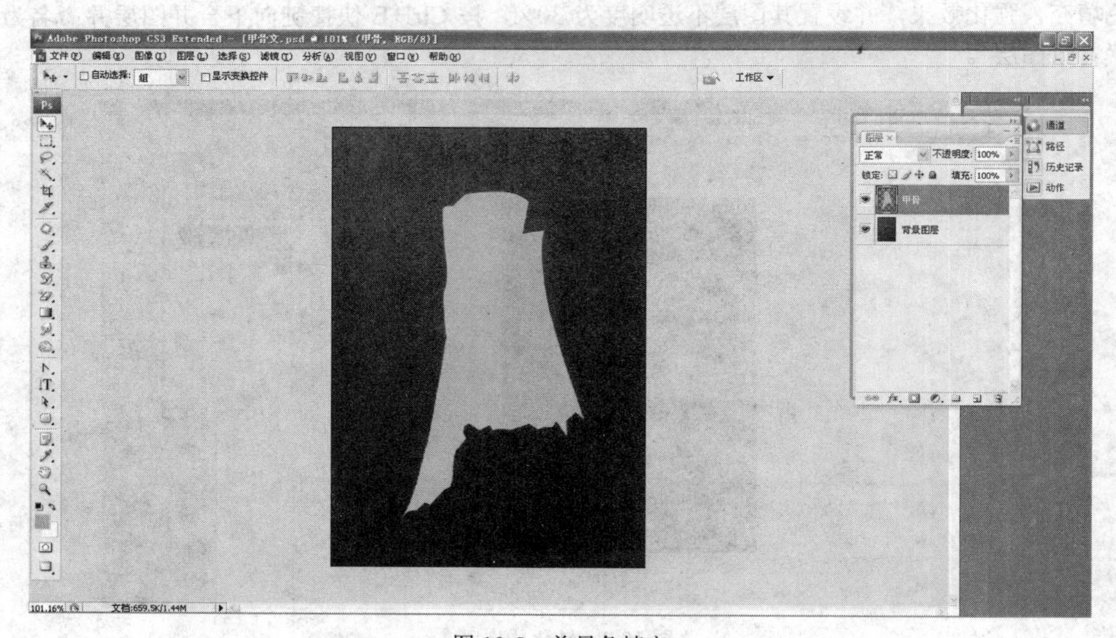

图 10-5 前景色填充

（5）复制甲骨图层，将下面的一层填充为黑色，做为阴影，命名为“阴影”，调整好位置。再将甲骨图层复制一层为甲骨副本，填充为暗红色（C60，M80，Y100，K50），为其添加图层蒙版，用画笔工具涂抹成如图 10-6 所示。

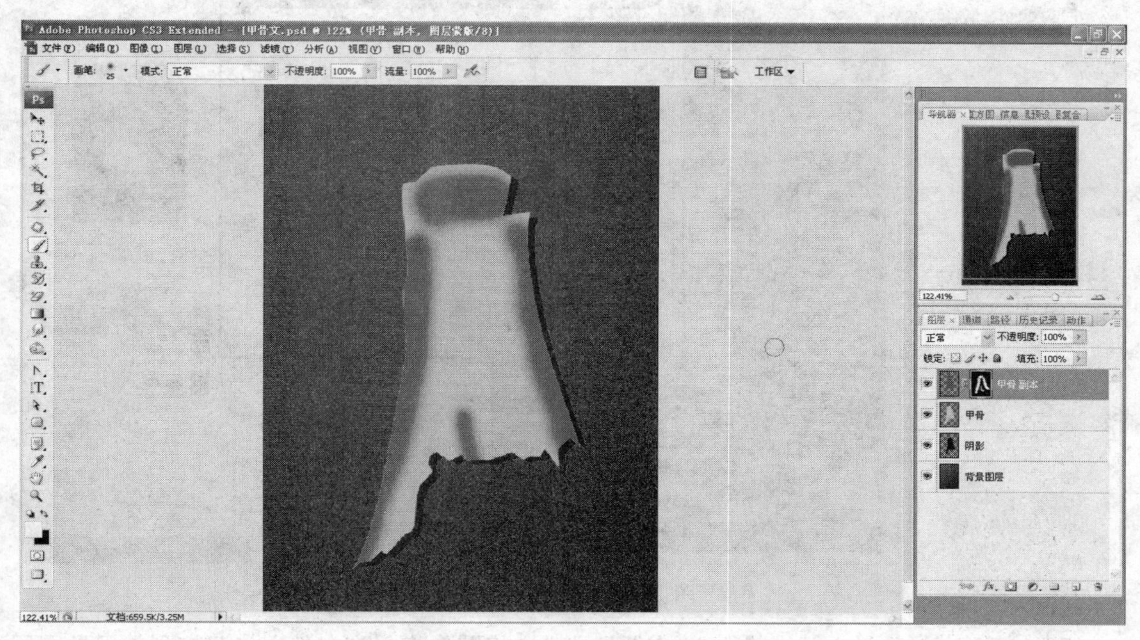

图 10-6　添加图层蒙版

（6）将这个甲骨副本图层与甲骨图层合并，增加一个杂色、添加杂色滤镜，选择【滤镜】|【杂色】|【添加杂色】命令，设置数量为 8，平均分布，单色，如图 10-7 所示。

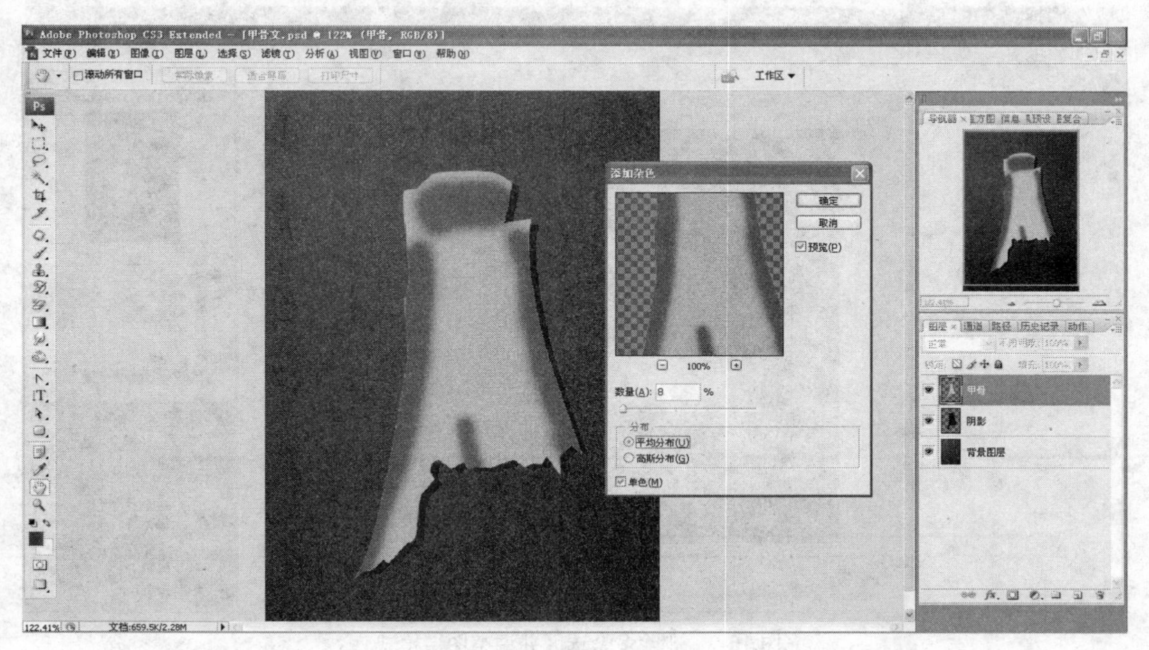

图 10-7 添加杂色

（7）为合并后的甲骨图层添加斜面和浮雕图层样式，设置深度为 1000，角度为 90，高度为 40，阴影模式中不透明度为 100，其他保持缺省，如图 10-8 所示。

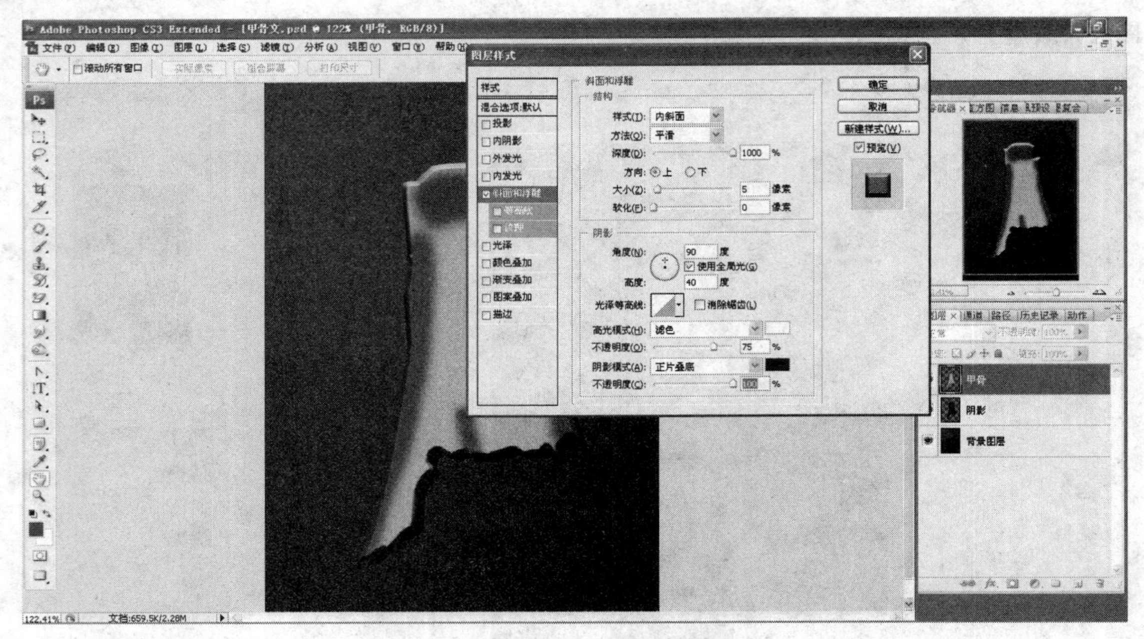

图 10-8 添加图层样式

（8）打开素材“第十章素材-旧羊皮纸”文件，将图像拖入到文件中，调整到与甲骨图层图像大小差不多，调出甲骨选区，按 Ctrl+Shift+I 快捷键反选，删除羊皮图像多余部分，并将图层模式设为强光模式。

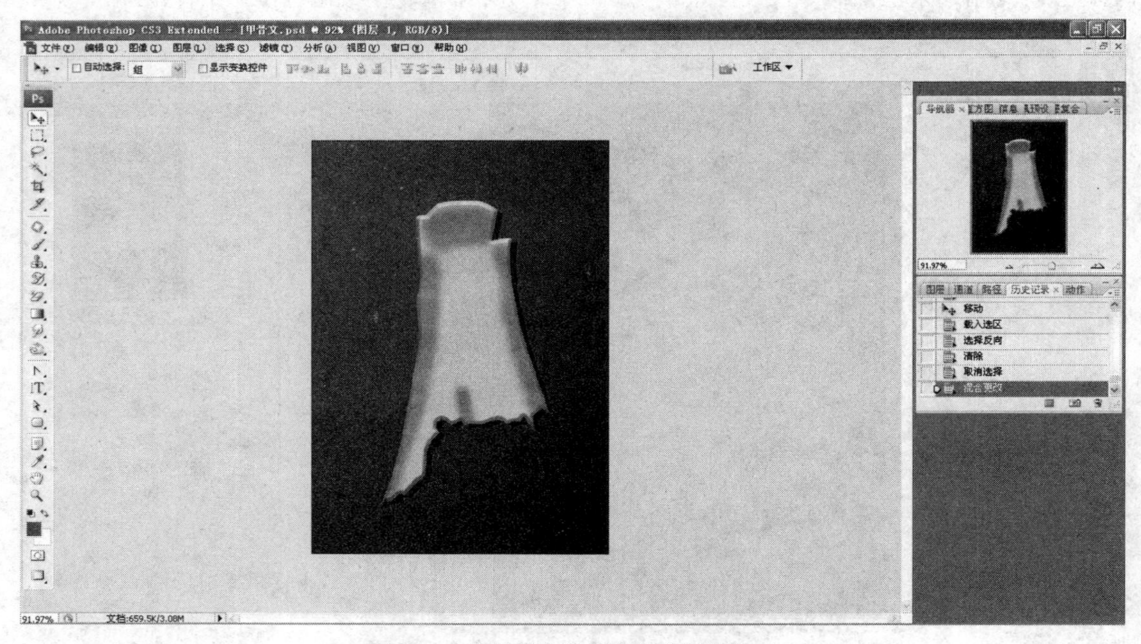

图 10-9 删除多余选区并调整图层模式

（9）选择羊皮图层，添加调整图层内的色彩平衡，选择【图像】|【调整】|【色彩平衡】命令，在对话框中，选择阴影时，色阶框中分别输入 0，0，13；选择中间调时，输入 20，-1，0；选择高光时，输入 13，-6，5。然后执行，【滤镜】|【锐化】|【智能锐化】命令，设置参数

为：数量为 45，半径为 7，其他不变，如图 10-11 所示。

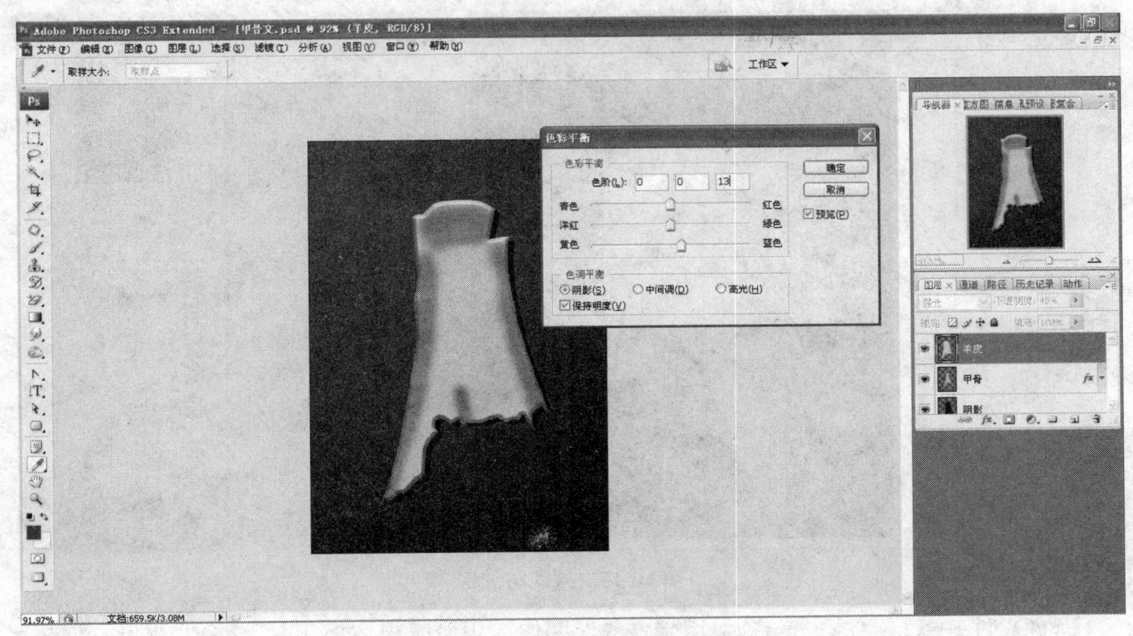

图 10-10　调整色彩平衡参数

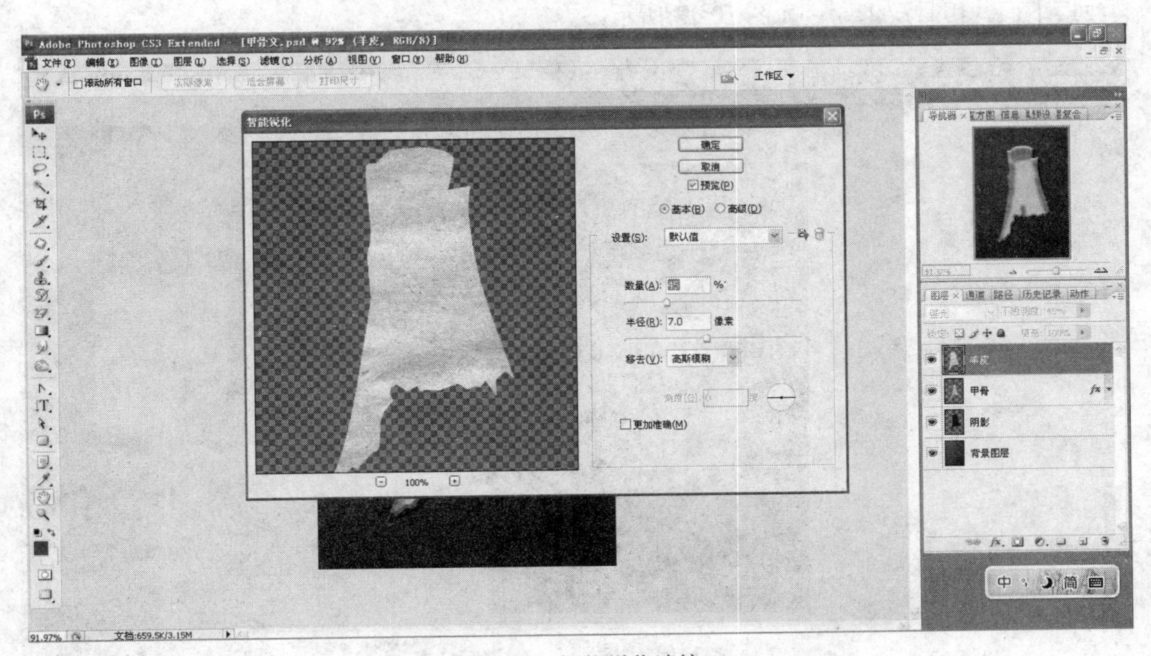

图 10-11 智能锐化滤镜

（10）使用减淡与加深工具调整好甲骨图层图像的亮部与暗部，使层次更加丰富。新建一图层，命名为“裂纹”，使用套索工具，绘制出甲骨的裂纹选区，填充为黑色。并用加深工具在甲骨层靠近裂纹的边缘适当加深。如图 10-12 所示。

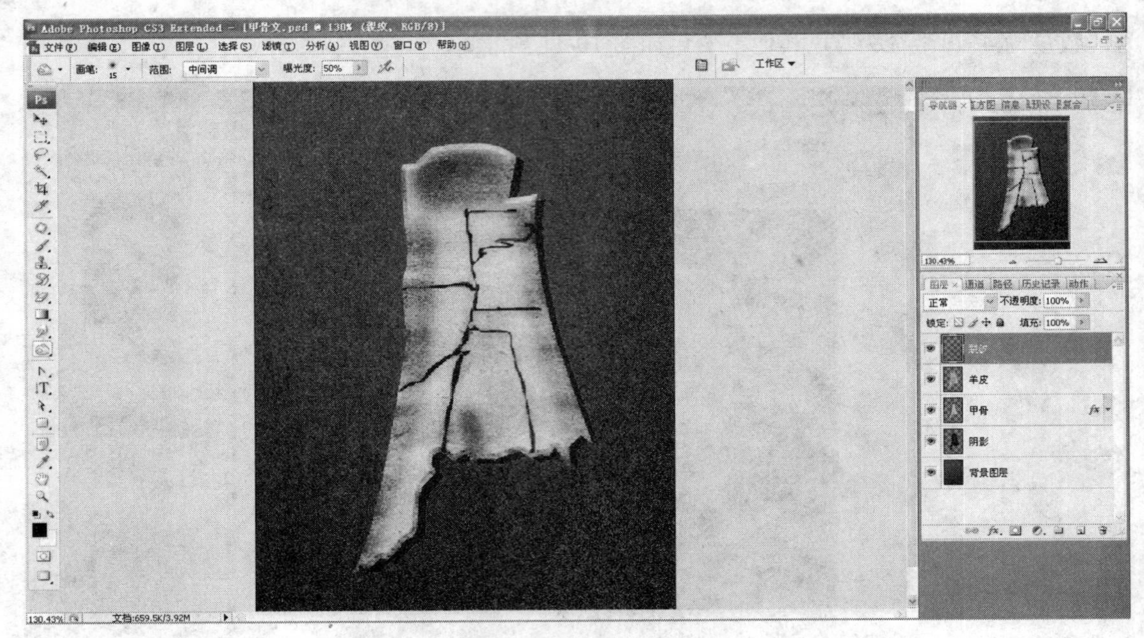

图 10-12 减淡与加深

（11）打开素材“第十章素材-甲骨文 2”图像，用魔术橡皮擦工具去掉背景，将文字拖放到文件中，调整好大小与位置，调出甲骨文文字的选区填充黑色加深，名为甲骨文，置于裂纹层下面，甲骨层上面。如图 10-13 所示。

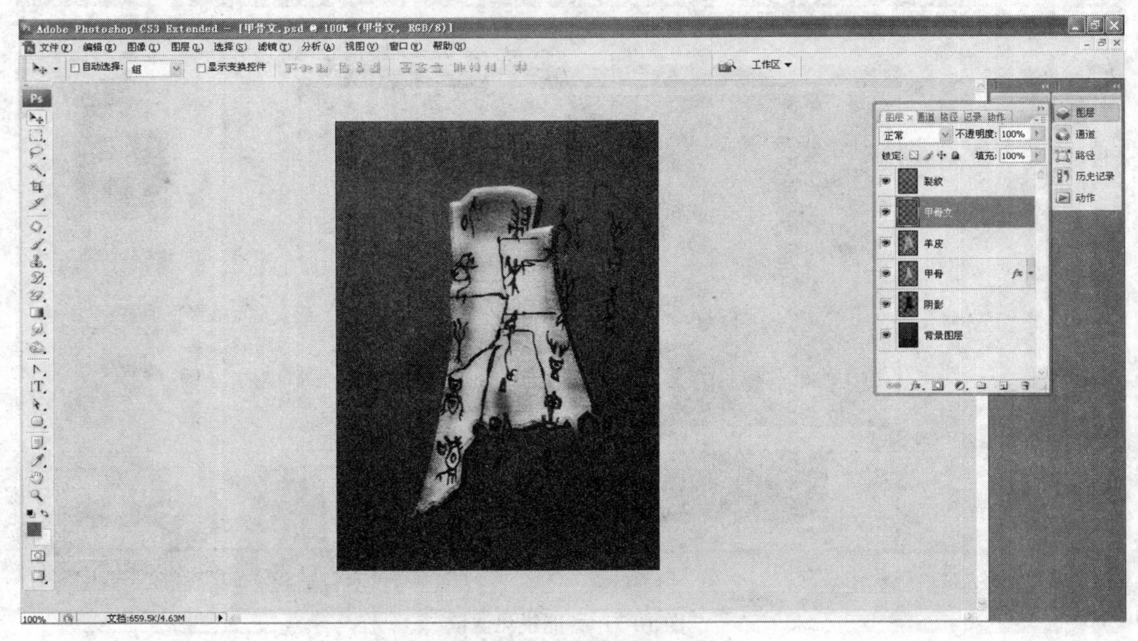

图 10-13 调整图层次序

（12）调出甲骨选区，把“甲骨文”图层作为当前工作图层，反选后删除多余部分，然后给“甲骨文”图层添加投影图层样式，设置阴影颜色为褐色（C50，M80，Y90，K20），如图 10-14 所示。

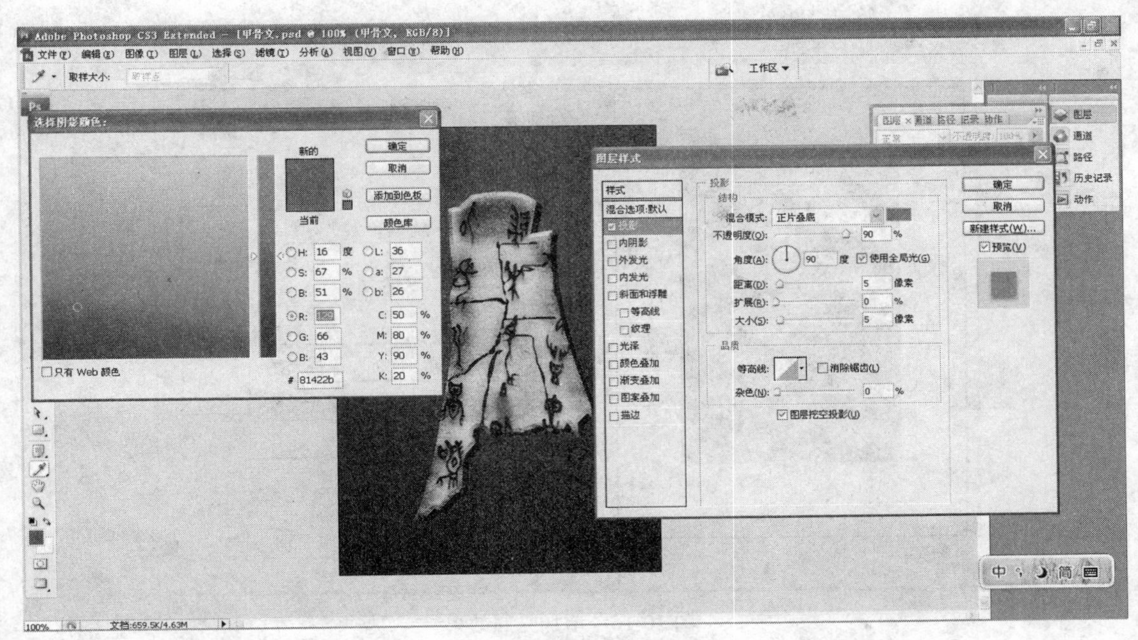

图 10-14　添加图层样式

（13）再给“甲骨文”图层添加斜面和浮雕图层样式，设置参数如图 10-15 所示。更改图层模式为线性加深。

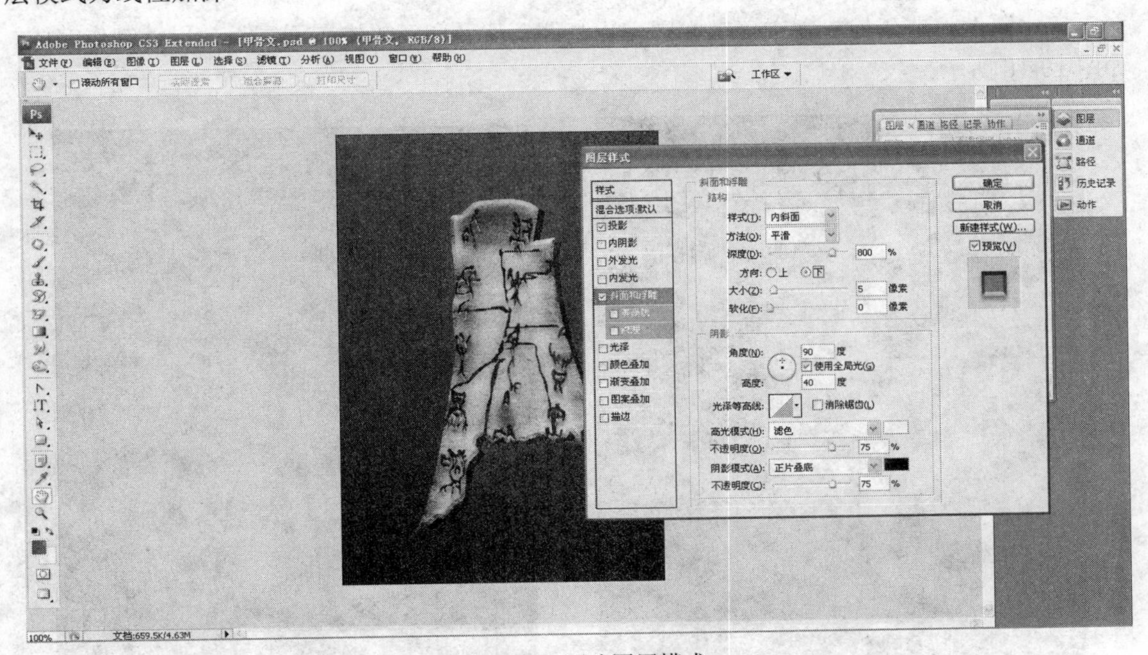

图 10-15　更改图层模式

（14）用渲染中的光照效果滤镜，给背景色增加一个光照效果，选择【滤镜】|【渲染】|【光照效果】命令，使中间的背景色亮起来，光照类型选择全光源，强度数值设置为 50，以衬托主要目标，如图 10-16 所示。

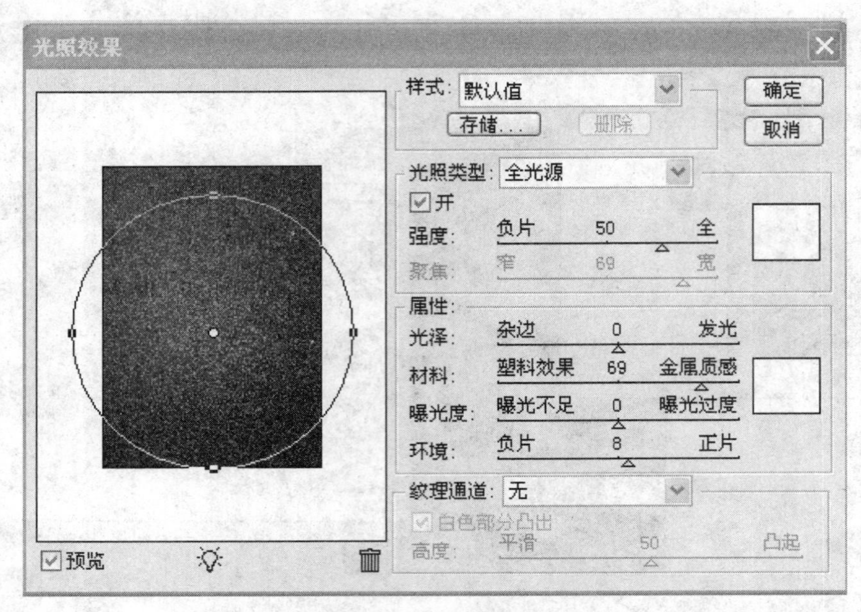

图 10-16　增加光照效果

（15）打开素材“第十章素材-毛笔痕”，调入一个毛笔痕的效果，将图层模式设为叠加，调整好大小与位置。用直排文字工具输入主题“爱护传统文化 展我中华底蕴……”，调整好颜色、字体、大小与位置，如图 10-17 所示。

（16）在右下角加上文字“观中国文化之渊源”及印章“中国元素”效果，制作完成。如图 10-18 所示。

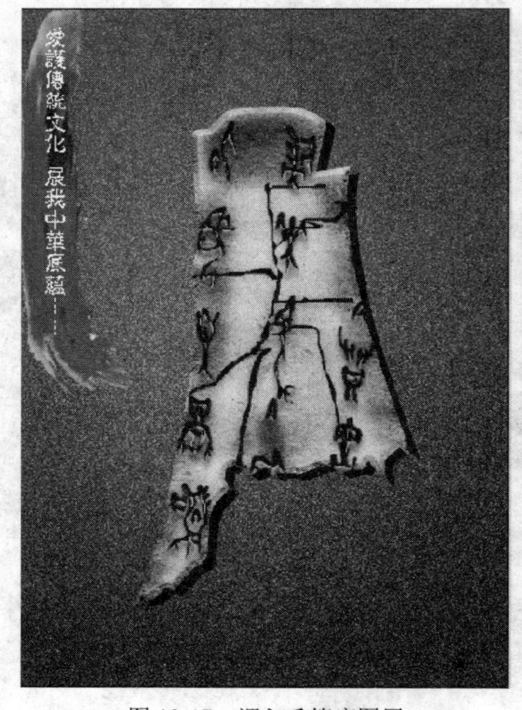

图 10-17　调入毛笔痕图层

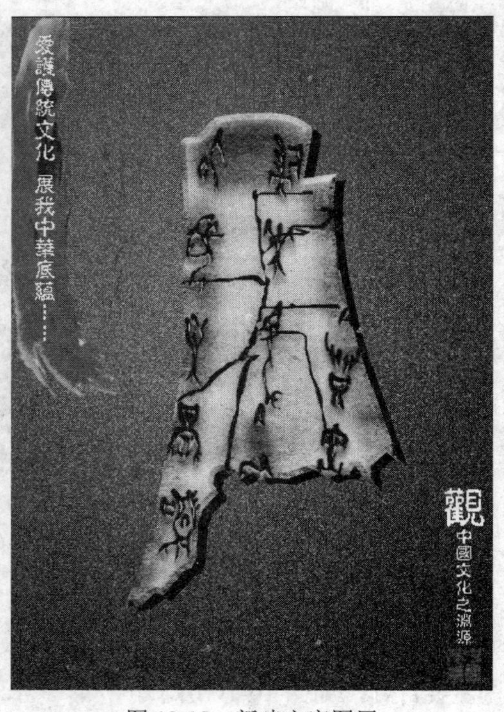

图 10-18　新建文字图层

10.1.4　能力拓展

这个案例是个综合性较强的设计，从最初接到任务开始，其创意的构思是个重要的过程。如何去表现以及通过什么色彩和材质去体现时代感，都是需要在动手之前重点思考的问题。在做任何一项设计之前均须有前期的草图构思，这样借助于软件的时候才有章可循，有据可依。

一、常见广告分类

（1）户外广告。宜于进行印象与知名广告，广告画面和文字力求简洁明快。

（2）招贴广告。旨在促动人们作出反应与行动，表现形式上更注重简洁明快，新异，动感与形式感的处理。

（3）消费广告。须有动人的图片，能表现使用者的地位、富有、才华与魅力，并给人以精神上的满足，从而形象地表现产品价值。

宣传是广告的目的，要从远处吸引观众，在一瞬间即可将信息展示完整，因而在构图的基本结构上要简而明了，尽量减略细节，让动人之处凝聚在一点。

二、构图小点滴

强烈的对比在造型艺术中，往往将它用于重要部分，构成画面的基本形式。色调的不均衡可从调整形体的大小进行补偿；形体的不均衡可从调整色调的深浅进行补偿。在构图中也往往需要在运动的前方留有更多的余地，否则就有障碍感。

一般画面的高潮，在于视觉中心，是节奏变化最强的部位，视觉中心并不一定是画面中央，而是指视觉上最有情趣的中心。总体架构决定着构图的基本形式，它应对画面一切复杂的形象作简洁的概括和归纳，排除杂乱，加强主体形象。构图的基本结构形式要求极端简约，通常有以下几种：

（1）正置三角形，给人以沉稳坚实稳定的感觉。

（2）圆形，总的触觉柔和具有内向，亲切感。

（3）S 形、V 形，晃晃不定的感觉，是一种活泼有动感的形式。

（4）线条形：水平线形使人开阔，平静；垂直线形给人严肃，庄重，静寂的感觉。

三、主要设计手法

1. 点设计法

利用画面有限的空间，把光集中在商品或人物背景的某一点上，而使背景其他部分相对较暗，以此突出主题。光点的表现与色彩及调子的关系密切，在设计中尤为重要，特别是在运用补色对比、冷暖对比、明暗对比及纯度对比时，注意掌握其对比关系的变化。这类的方法类型主要有：

（1）平推法

利用柔和渐变的手法，从画面的上下暗部来渐渐向中间亮部包围，或上暗下亮，下暗上亮等变化，或对角或独角的上暗下亮，下暗上亮等变化；或用同类色的推移，甚至可用喷笔而使画面明暗柔和。

（2）传统褪晕法

有用同类色的，或逐渐转化为对比色的，使主题在渐变中跳出，表现出商品的时代感。

2. 装饰设计法

（1）以文字为主，图文并茂。

（2）装饰画。以绘画为主，但不同于一般的绘画，是带有装饰风味的绘画。

（3）商品图案化装饰。利用商品本身的造型美、色彩美，把它组成图案，这样可以显示出商品的丰富多样性。

3. 比喻设计法

利用比喻的手法来宣传商品的特殊优点，以便把它表达得更加生动、鲜明、形象逼真。

4. 夸张设计法

描写对象的某些特点并加以极端的夸大手法。情节上的夸张、比例上的夸张及逆反心理的夸张多用为漫画、卡通及摄影的形式。

（1）戏剧性夸张。使画面更生动活泼，给人联想回味。

（2）超现实夸张。凭想象力来创造出新的形象感化消费者。

（3）对比性夸张。使主题更鲜明、强烈（常用来对糖果、酒类、鞋类、胶卷、化妆品等商品的宣传）。

（4）漫画性夸张。幽默风趣。

（5）逆反性夸张。抓住心理特点进行反面宣传，激起好奇心。

5. 线割设计法

用“线”来分割画面，把两种以上甚至几百种商品有机的组合成一个整体，用明确或不明确的线把画面分割开，依据商品主次把大小不同的商品排好。

线割对于在多种商品并列的前提下，保证突出重点或名牌产品起着协调的作用，使之变为一有机整体。它的分割形式有两种：直线分割和曲线分割。直线分割又分为：

（1）垂直分割，给人以稳定的感觉。

（2）水平分割，给人以平静沉着的感觉（它对于表现“静”的商品或空间有益；表现爱情场面或大自然风景往往采用水平分割）。

（3）曲线分割，这是现代广告设计的主要分割形式，如“圆”形分割，在形式上呈流动的，并有种完整、活泼、团结的感觉。

以上讲到的种种手法看似烦琐，其实不然。我们认真观察四周，就会发现到处都有这类的影子。多看多做多想才是关键。经验是靠慢慢积累的，广告设计讲究的是大胆创新，做一切常人不敢做的事，想一切常人没想过的事，不要被理论束缚了创意灵感。

10.1.5 习题训练

第 29 届奥林匹克运动会于 2008 年 8 月 8 日至 24 日在中国首都北京举行。此次奥运设置了三大理念：绿色奥运、科技奥运、人文奥运。现在请以“绿色奥运”为主题，制作一组“绿色奥运，绿色中国”的宣传海报。

操作步骤提示：启动 Photoshop CS3，打开素材“第十章素材-‘绿色中国’”文件夹里的所有图片。首先利用“蓝天草原、奥运标识”图片，将福娃和奥运标志单独作为选区，复制后移到蓝天草原中，用魔术橡皮擦工具 去掉白色背景，将两图层移动到适合位置，分别对每个图层添加“斜面与浮雕效果”如图 10-19 所示。

然后打开“树叶”、“中国地图”，同样的方法用魔术橡皮擦工具去掉白色的背景，借助“中国地图”的制作选区，转移到“树叶”图层，在“树叶”图层将制作的选区以外的内容删除，即可得到“中国地图”形状的“树叶”的绿色中国形象。其中的“中国地图”图层只是起到了一个转换选区的作用。如图 10-20 所示。

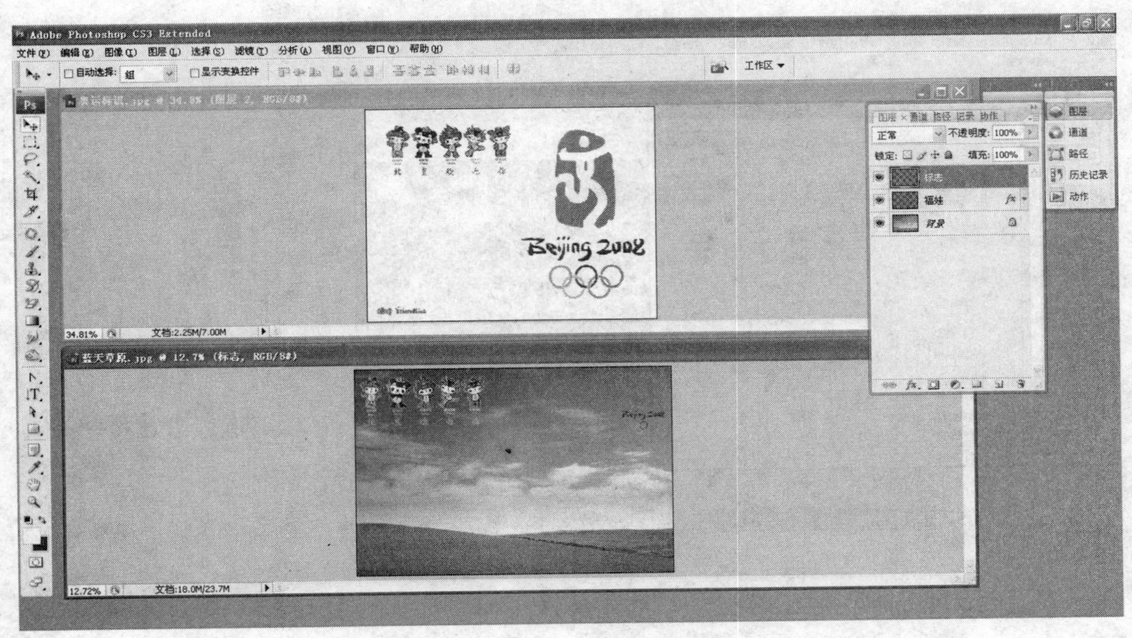

图 10-19　建立选区、复制粘贴选区内容

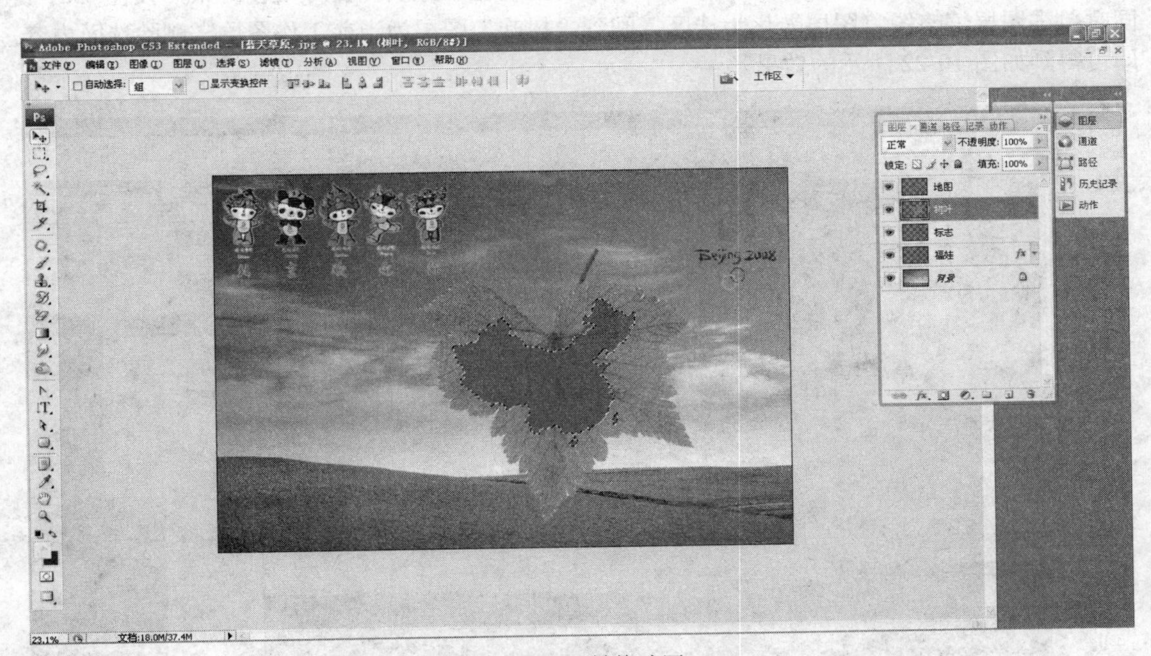

图 10-20　转换选区

制作出地图形状的选区后把“树叶”图层作为当前工作图层。选择【选择】|【反向】命令后按下 Delete 键，去掉“地图”图层的可见性，即可显选区范围内的树叶内容。给“树叶”图层添加“斜面和浮雕效果”，参数如图 10-21 所示。

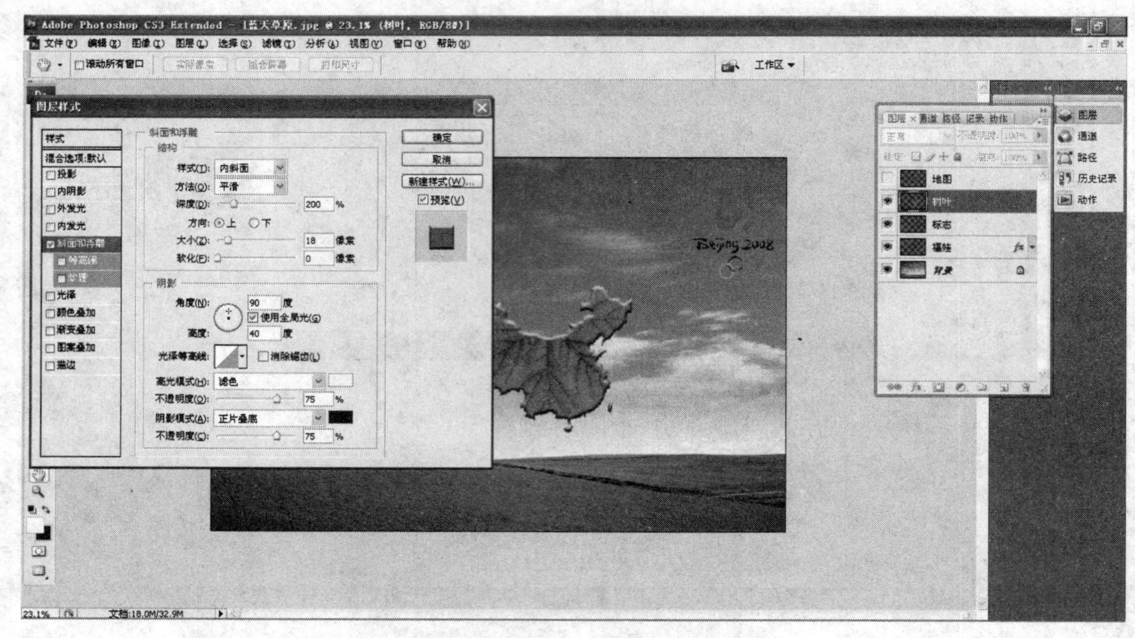

图 10-21 添加图层样式

运用同样的方法，将“五环”移动过来，首先用魔术橡皮擦去掉白色背景，按住 Ctrl 键同时单击图层缩略图将图层转化为选区，回到“树叶”图层为当前工作图层，删除选区内容，即可得到如图 10-22 所示的效果。

图 10-22 建立五环选区

单击文字工具，在背景下方打上“绿色奥运 绿色中国”字样，并将“标志”图层添加“斜面浮雕”效果。最终效果如图 10-23 所示。

图 10-23　建立文字图层

10.2　室内效果

近年来，室内设计发展前景可观，室内设计师已经成为一个备受关注的职业，装饰装修行业的迅猛发展，社会对于专业设计人员和专业技术人员的需求量也在逐年增加，而被媒体誉为“金色灰领职业”之一。由于我国室内设计专业人才的培养起步较晚，面对高速发展的行业，人才供应出现较大缺口。

目前，国内房地产和建筑装饰行业的起步与高速发展带来了难得的机遇。城市化建设的加快，住宅业的兴旺，国内外市场的进一步开放，在国内经济高速发展的大环境下，各地基础建设和房地产业生机勃勃，方兴未艾。设计是装饰行业的龙头和灵魂，室内装饰的风格、品位决定于设计。据有关部门数据，目前全国室内设计人才缺口达到 40 万人，国内相关专业的大学输送的人才毕业生无论从数量上还是质量上都远远满足不了市场的需要。装饰设计行业已成为最具潜力的朝阳产业之一，未来 20～50 年都处于一个高速上升的阶段，具有可持续发展的潜力。

10.2.1　任务布置

室内设计是指为满足一定的建造目的（包括人们对它使用功能的要求、视觉感受的要求）而进行的准备工作，对现有的建筑物内部空间进行深加工的增值准备工作。目的是为了让具体的物质材料在技术、经济等方面，在可行性的有限条件下形成能够成为合格产品的准备工作。需要工程技术上的知识，也需要艺术上的理论和技能。室内设计是从建筑设计中的装饰部分演变出来的。它是对建筑物内部环境的再创造。

小明所在环艺公司的设计部分工明确，小明负责室内设计效果图的后期处理，现要将由其他设计师用 3DMAX 完成渲染的室内效果图，用 Photoshop 软件进行后期加工再处理直至业主满意。经过与业主的再沟通，对渲染的客厅效果图提出以下意见：①整体客厅布局合理，但是光线较暗。②灯带的光照度不足，进而影响了材质的直观效果。效果图中整个客厅的色调偏暖，与要求的冷色调要求不符。

10.2.2 任务分析

在用三维软件出效果图的时候，由于渲染插件的特性各异，所出的效果图难免会有瑕疵，Photoshop 作为一个专业级的图像处理软件，它强大的功能就在于对图片的修饰与调整以及合成。针对这张室内客厅效果图业主提出的问题，可以选择 Photoshop 软件中的【图像】|【调整】菜单栏下的 23 个子命令进行修饰，同时这些命令也是图像调整与修饰的精髓。

10.2.3 实施步骤

（1）启动 Photoshop CS3，打开素材文件“第十章/室内客厅效果图”，这是使用 3ds max 软件渲染后的效果图，如图 10-24 所示。

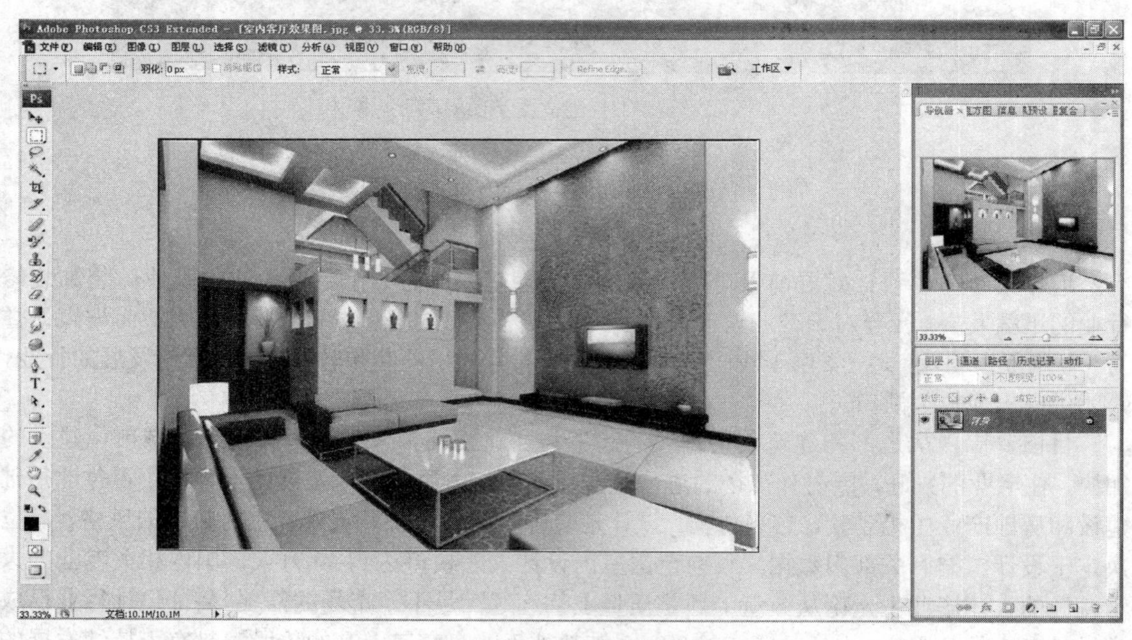

图 10-24 打开效果图初图

（2）选择【图像】|【调整】|【色彩平衡】进行色彩调整。色阶数值分别调整为：-15、+16、+15。可以降低图片中暖色调带来的过于强烈的“温暖”效果，还原玻璃的真实冷色调。如图 10-25 和图 10-26 所示。

（3）选择【图像】|【调整】|【色阶】进行色阶调整。或者使用 Ctrl+L 快捷键打开色阶面板。我们在使用色阶命令的时候可以有很多调整色的方法。比如可以直接移动直方图中的黑场、灰场或者白场调整，也可以用吸管在图片中设置白场、黑场（用吸管工具设置灰场的时候有一定的难度，要依据图片中色相具体而定，不建议初学者使用）。还有种最简便的方法就是选择面板上的“自动”，也能达到一定的效果。针对这张图，我们使用吸管设置黑场、白场的方法。首先我们选择黑场吸管，在图片中取最暗部的区域电视柜下方的脚踢墙，然后再设置沙发边的台灯为白场。如图 10-27 所示。

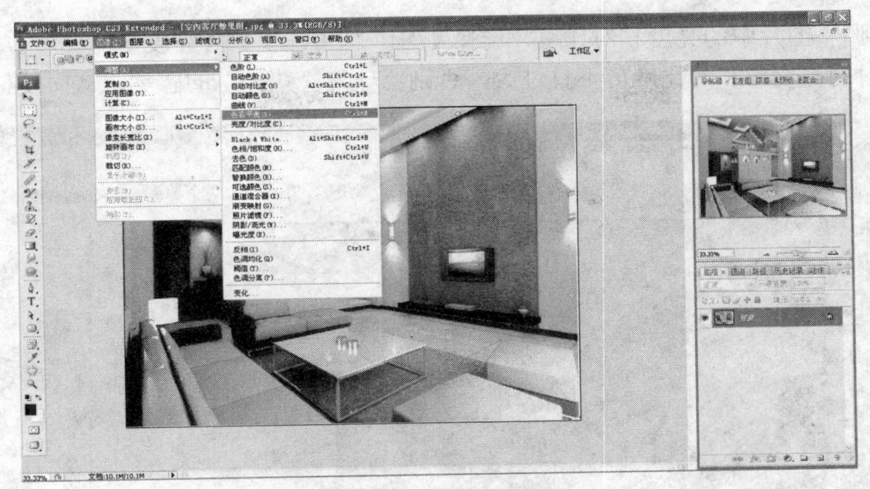

图 10-25　【图像】|【调整】|【色彩平衡】

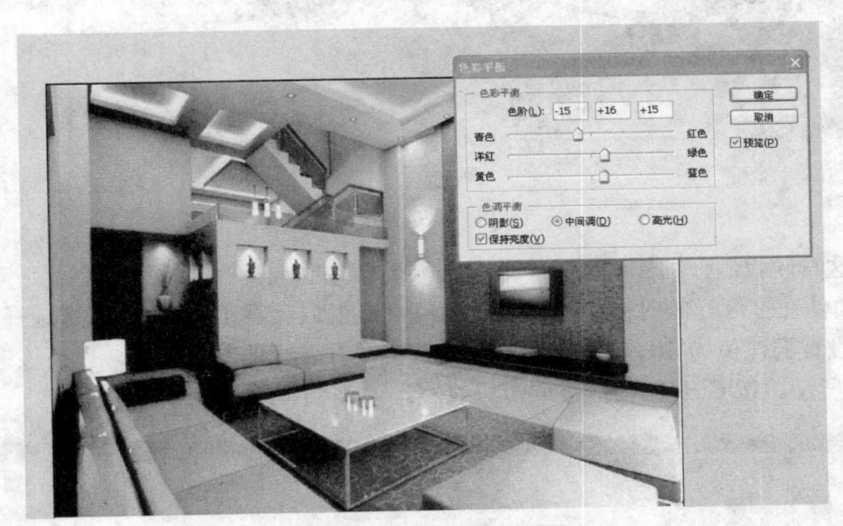

图 10-26　色彩平衡参数设置

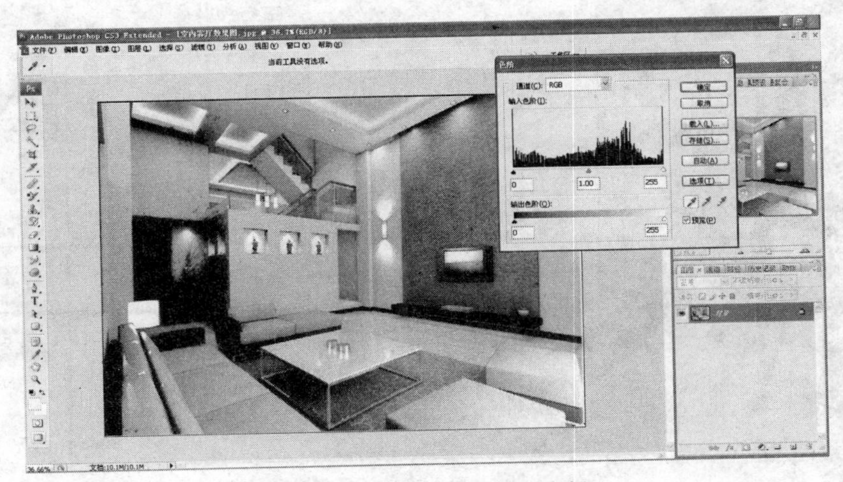

图 10-27　利用色阶设置黑白场

（4）调整图片中的亮度和对比度，选择【图像】|【调整】|【亮度与对比度】，如图 10-28 所示，此时的亮度值和对比度值不宜过大，否则会出现“花掉”的感觉，从而使材质镂空。

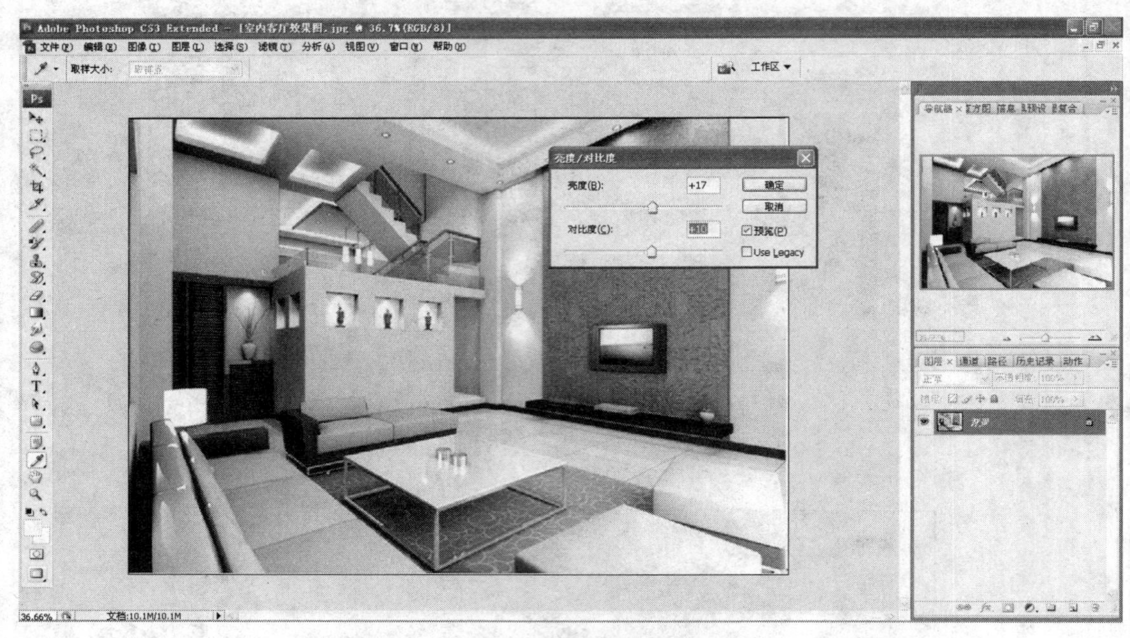

图 10-28 设置亮度与对比度

（5）这时候我们仔细看下图片中墙角处靠近槽井的天花板出现了一个“死角”，这是 3ds max 渲染插件在打灯光的时候没有照及的角度。我们用套索工具，并【选择】|【修改】|【羽化】，设置羽化值为 10，然后按 Ctrl+M 快捷键打开【曲线】面板，提高该选区的亮度。如图 10-29 所示。按 Ctrl+D 快捷键取消蚂蚁线。

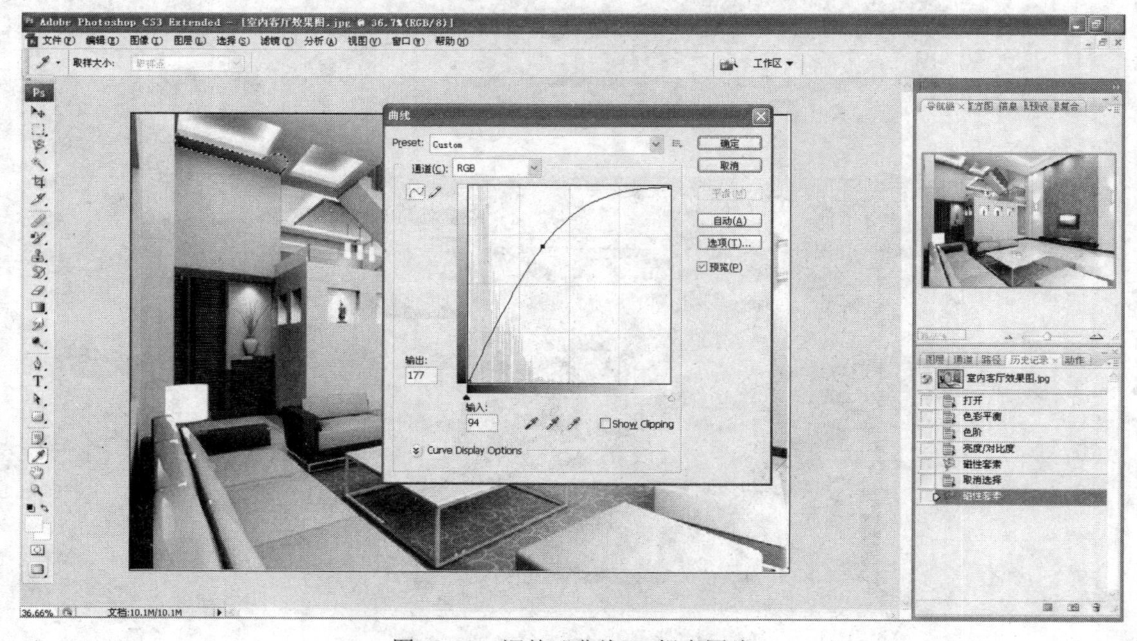

图 10-29 调整“曲线”，提亮图片

（6）对暗部的“死角”调整完毕后，对图片中的亮部进行提亮。选择【选择】|【色彩范围】，容差值设为 75，吸管吸取白色的墙壁，建立的选区如图 10-30 所示。

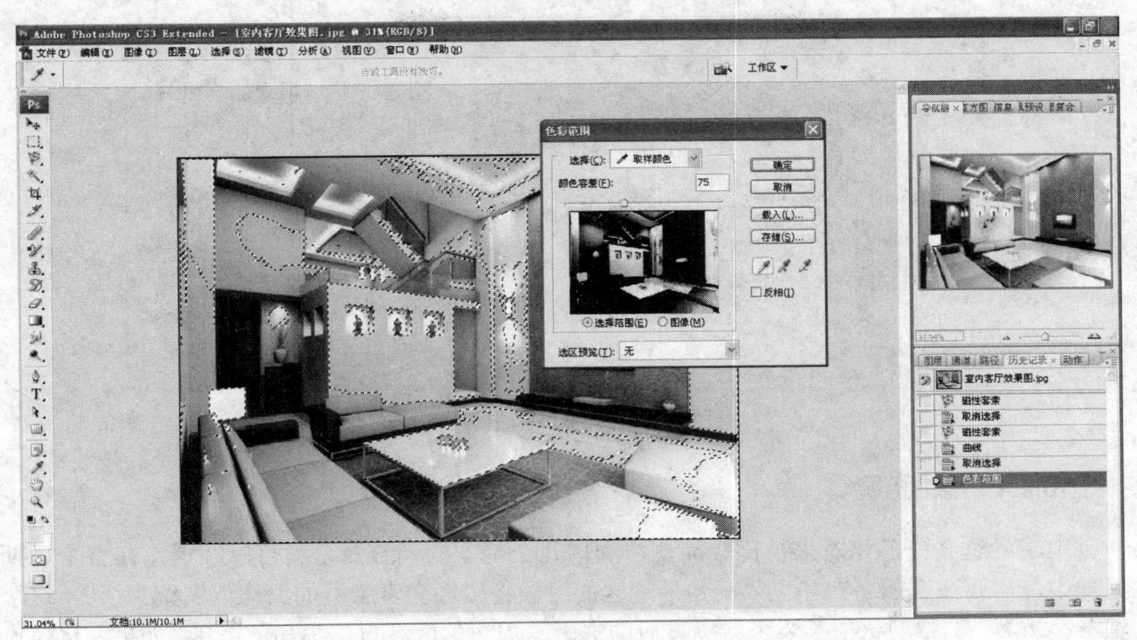

图 10-30　利用色彩范围建立特殊选区

（7）亮部区域选中以后，选择【图像】|【调整】|【亮度与对比度】，对选区的亮度值进行调整。亮度值为+20，对比度值为+10。如图 10-31 所示。

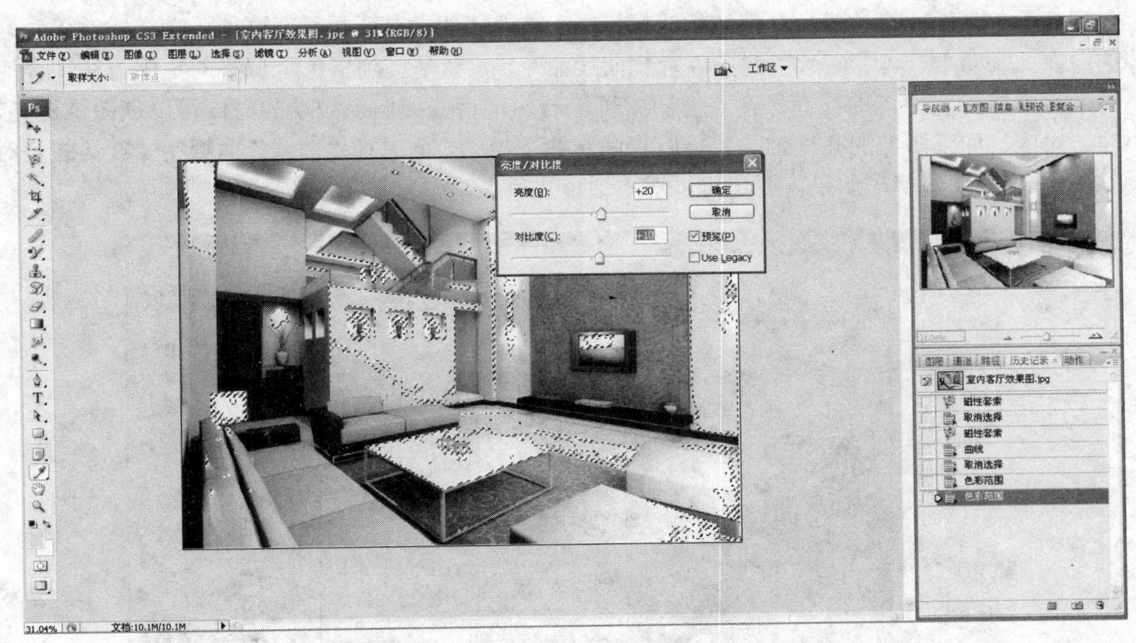

图 10-31　调整图片的亮度与对比度

（8）最终得到的效果图如图 10-32 所示。

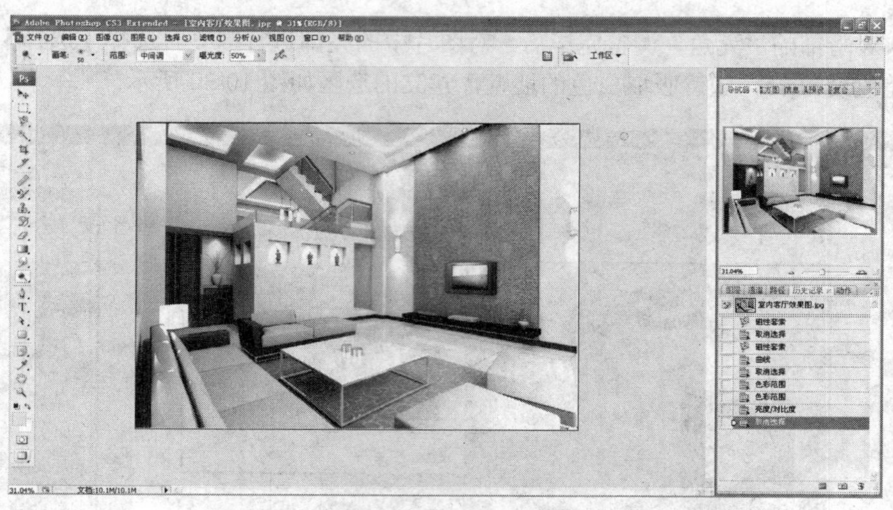

图 10-32 完成效果图的调整

10.2.4 能力拓展

小明的这个任务相对来说比较简单，利用几个基本的调整命令就可以实现，在整个后期处理中，需要注意的是在建立“死角”选区的时候将磁性套索工具的羽化值调整为 10，这个细节很重要，调整羽化值是为了将提亮后的选区与周边的区域自然柔和的衔接，如果羽化值设置为 0，调整的边缘痕迹非常明显。这里也可以使用工具箱中的减淡工具，对边缘进行细部修饰。在运用到“色彩平衡”命令时需要强调的是，色彩的调节其实就是 RGB 与 CMYK 之间的调节，或者说是加色模式与减色模式之间的调整，还可以从暖色调与暖色调之间的调整来理解，在对每种工具或命令理解的时候，要知其然还要知其所以然，这种思考模式对于学习这门课非常重要。其中还运用到了色阶和曲线命令，尤其是提到了色阶调整的集中方法在今后的学习中更加实用。曲线命令在直方图中可以看出，将曲线向上拉动的时候可以使图像提亮，与之对应，如果图像的亮度过高，可以将曲线往下拉动。同时在“曲线”面板中，默认的是对 RGB 通道进行调整，如果需要还可以对单通道进行调整，如图 10-33 所示。

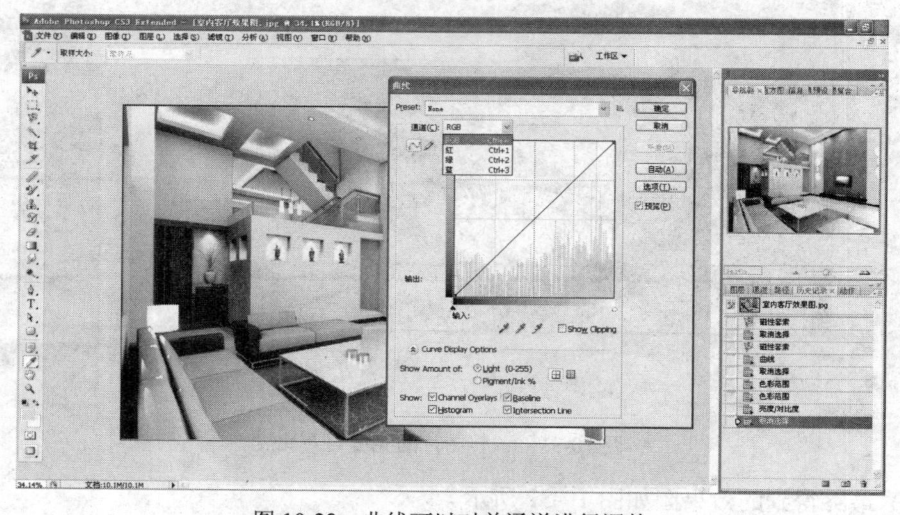

图 10-33 曲线可以对单通道进行调整

10.2.5　习题训练

后期处理一直是所有室内效果图必须经历的过程，一方面受到设计师自身的对三维软件的操作局限性，一方面是由于电脑的配置问题造成不能在 vary 渲染器中设置太高的级别和采样。接下来打开素材“第十章-室内效果”练习。

（1）启动 Photoshop CS3，如图 10-34 所示。

图 10-34　打开图片

（2）分析后得知，这张图片整体有点暗，墙体偏灰。首先解决这个问题。前面讲过对于提亮图像，可以用色阶或者曲线进行调整。对于提亮图像还可利用图层的混合模式完成：将背景图层复制，形成背景图层副本，图层的混合模式选为“滤色”模式，并将此图层的不透明度改为 65%，利用这种方法同样可以达到提亮图像的效果。如图 10-35 所示。

图 10-35　更改图层的混合模式

（3）为了保留原图的暖色调，把两图层合并再复制一层。被赋予白颜色的材质，在灯光运用得不是很好时候，渲染时白色的效果并不明显，白里面加一点点的蓝色会增加白色的效果。所以运用照片滤镜的方法可以弥补这种缺憾。选择【图像】|【调整】|【照片滤镜】，并将滤镜浓度设为 90%。如图 10-36 所示。

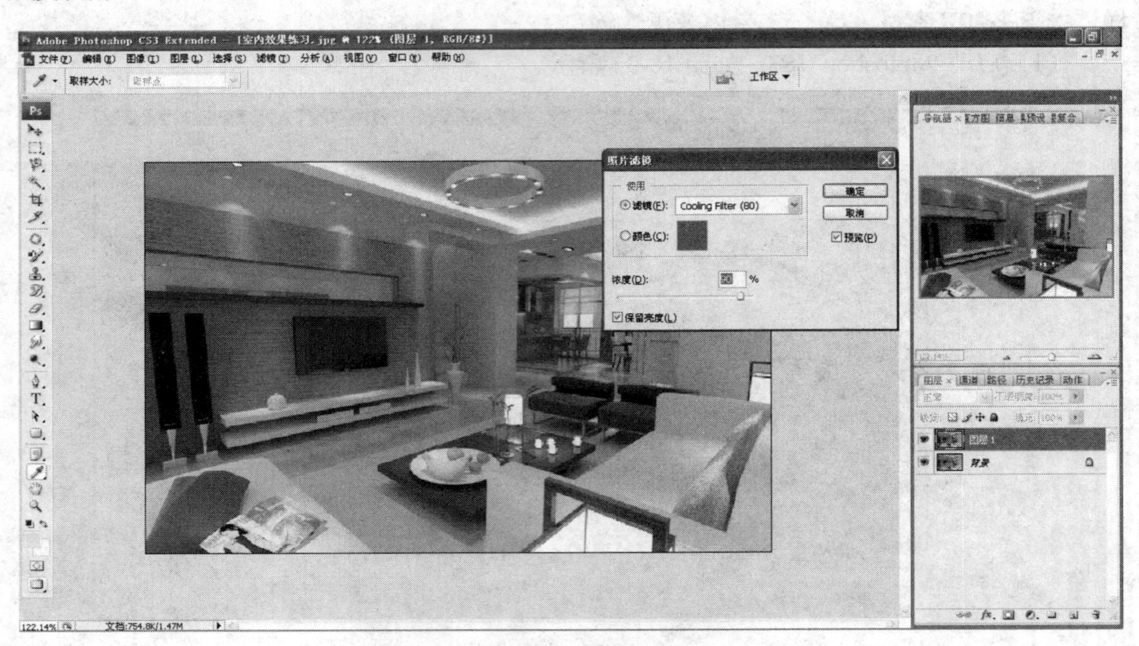

图 10-36　照片滤镜

（4）将图层 1 作为工作图层，给图层 1 添加蒙版，前景色和背景色为默认，在蒙版上做线性渐变，默认为白黑渐变，方向为从左到右，得到的效果如图 10-37 所示。

图 10-37　添加图层蒙版

（5）紧接着调整灯光的强度，运用“镜头光晕”做出射灯的效果。大家知道，如果直接在图层上调光晕，不是很直观，而且不好控制，所以新建一个图层，填充成黑色。然后选择【滤镜】|【渲染】|【镜头光晕】，亮度设为 65%，镜头类型为 50-300 毫米变焦。如图 10-38 所示。

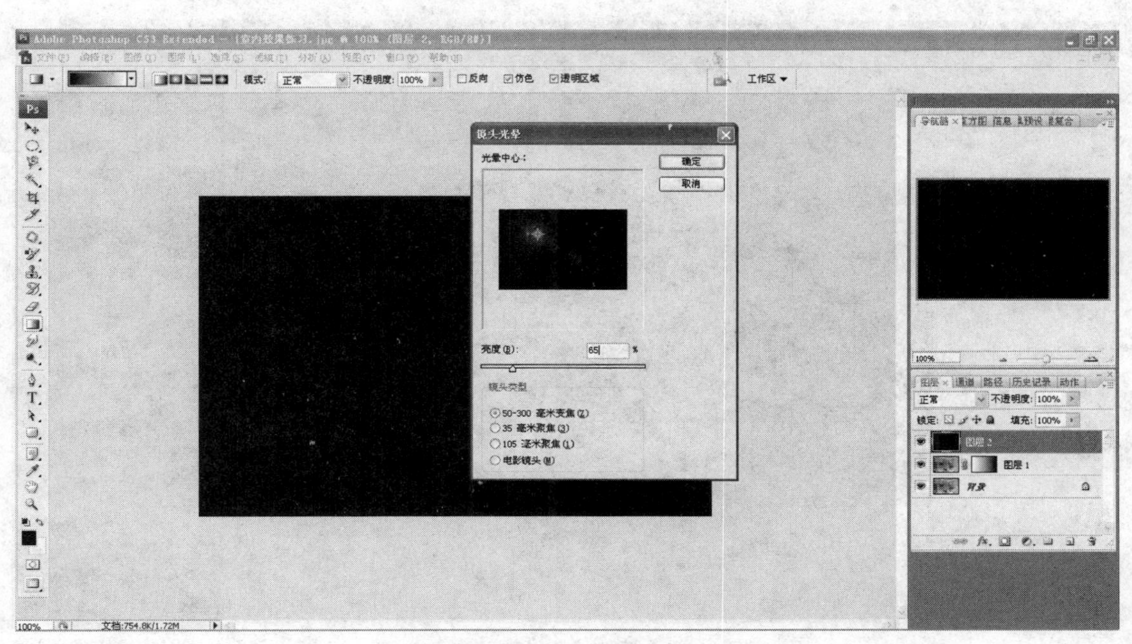

图 10-38　增加“镜头光晕”效果

（6）将图层的混合模式设为：线性减淡。如图 10-39 所示。

图 10-39　更改图层的混合模式

（7）用椭圆选框工具选中光亮区域，设置羽化值为 15。然后选择【选择】|【反向】或者按 Ctrl+Shift+I 快捷键反选，按下键盘上的 Delete 键，删除除了光亮区域以外的部分。如图 10-40 所示。

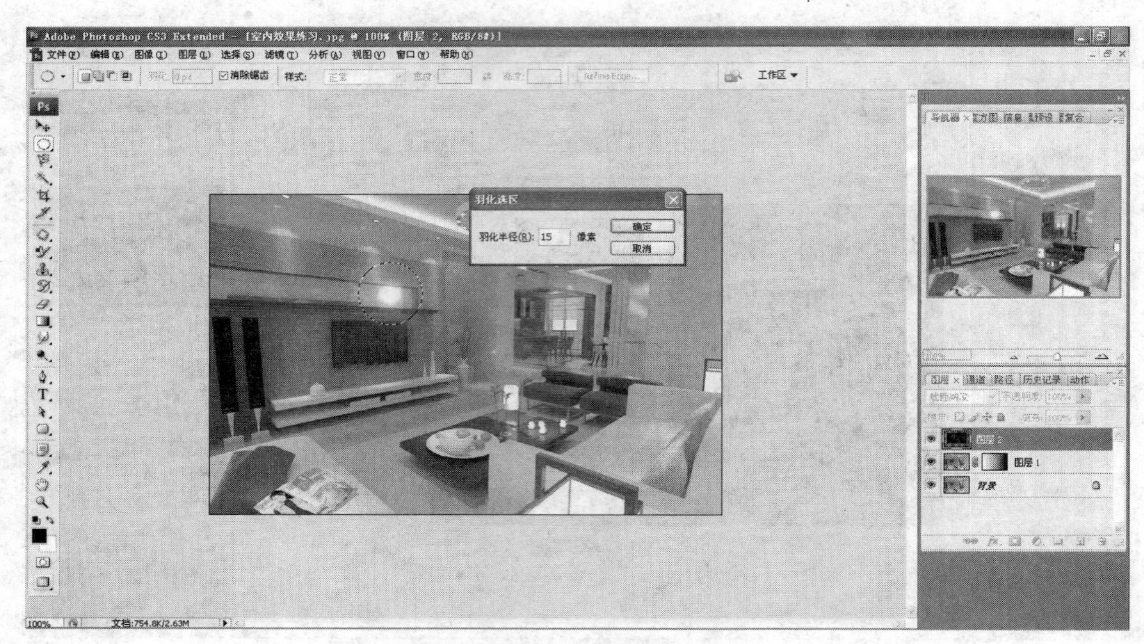

图 10-40 反选操作并删除多余选区

（8）选择【编辑】|【自由变换】或者按 Ctrl+T 快捷键，对光亮区域进行变形调整大小和位置，然后复制图层 2，放到有灯筒的位置。如图 10-41 所示。

图 10-41 自由变换

（9）最终效果图如图 10-42 所示。

图 10-42　最终效果

10.3　产品包装

随着时代的变迁，包装已成为产品与消费者之间沟通的重要桥梁，同时也是给人们提供多种生活方式的重要媒介。包装是一门综合性的科学，包装设计更带有综合性和交叉性，以及造型、图形、色彩、文字等视觉语言的传达，还涉及印刷工艺、成型工艺、消费心理学、市场营销学、技术美学等方面的知识运用，以便更科学、更合理地适应商品特点，迎合市场规律，满足消费者的需求。如图 10-43 所示。

图 10-43　产品包装设计展开图

10.3.1 任务布置

包装的目的是为了盛放产品，对其进行运输、分配和存储，为其提供保护并在市场上标识产品身份和体现产品特色。包装的设计以其独特方式向顾客传达出一种消费品的个性特色或功能用途，并最终达到产品营销的目地。出色的包装设计是创造成功品牌的关键，优秀的包装设计可以体现保护功能、美化产品、提高产品的附加值，包装设计通过包装的载体美化人们的生活，给社会环境添彩。因此，包装设计对商品而言是极其重要的。

小王所在广告公司受丹姿化妆品的委托，进行丹姿化妆品瓶子的外观设计以及丹姿化妆品包装袋的设计工作。化妆品的包装设计很重要，就像人一样，观察人时大家往往会注意到对方的衣着，然后才会观察别的。如果对方的衣着得体，那就会给人一个初始的好印象。一件商品要想有个好的销售额，那么产品的包装至关重要，一个好的包装会吸引顾客的眼光，商品因而有了销售。所以，产品的包装设计在整个的产业链中起到了承上启下的关键作用。

10.3.2 任务分析

通常人们注视物品的目光是从大到小的，所以首先注意的便是一件商品的最外包装，也就是袋子。一个袋子的美丑直接关系到人们的购买欲望，化妆品属于高档商品，人们花了钱，自然不希望买来的高档商品被一个普通的塑料袋子装着。所有人都有着或多或少的炫耀心里，作为装商品的袋子，人们自然希望它可以搭配得起它所装着的高档物品。所以，在进行设计之前，需要去市场调研了解市场上已经存在其他高档品牌或者奢侈品品牌化妆品的包装设计，掌握第一手的资料后展开设计构思以及创意策划。市场普通存在的化妆品外观如图 10-44 所示。

图 10-44　市场普遍存在的化妆品外观

10.3.3 实施步骤

1. 化妆品瓶子制作

（1）新建一个名为制作化妆品瓶子的文件，设置宽度和长度分别为 1024 和 770 像素，分辨率为 72 像素/英寸，背景颜色为白色。如图 10-45 所示。

（2）新建一个图层，选择圆角矩形工具，圆角半径为 8 个像素，准备画出瓶身的形状。具体设置如图 10-46 所示。

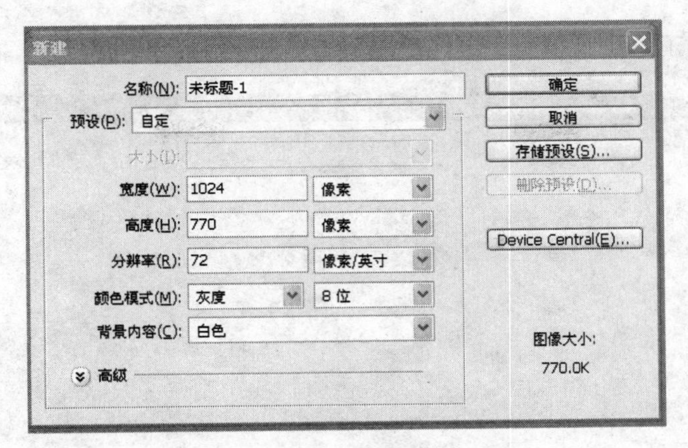

图 10-45　新建文档

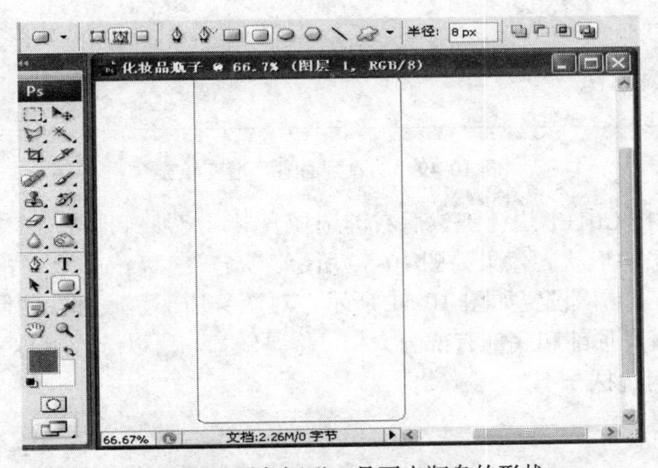

图 10-46　圆角矩形工具画出瓶身的形状

（3）新建路径，用钢笔工具画出瓶子轮廓并新建图层命名为“瓶身”。

（4）把刚刚画出的瓶身路径转化为选区。如图 10-47 所示。

（5）选择渐变工具，方式为线性，设置如图 10-48 所示，其中蓝色的 RGB 值均为 R：208 G：222 B：232。

图 10-47　将路径转化成选区

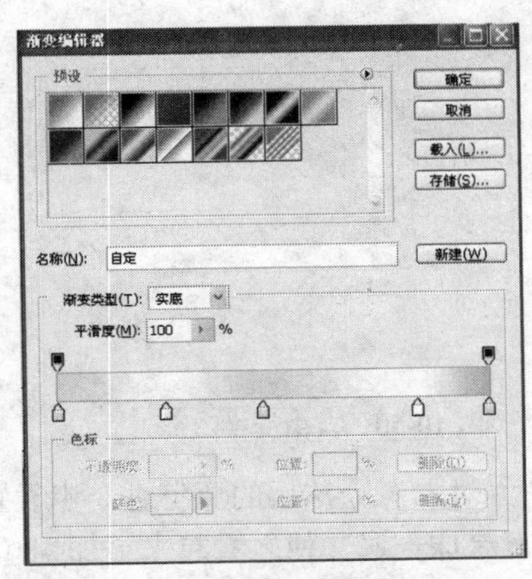

图 10-48　渐变编辑器的参数设置

（6）使用渐变工具进行填充，顺序从左到右。如图 10-49 所示。

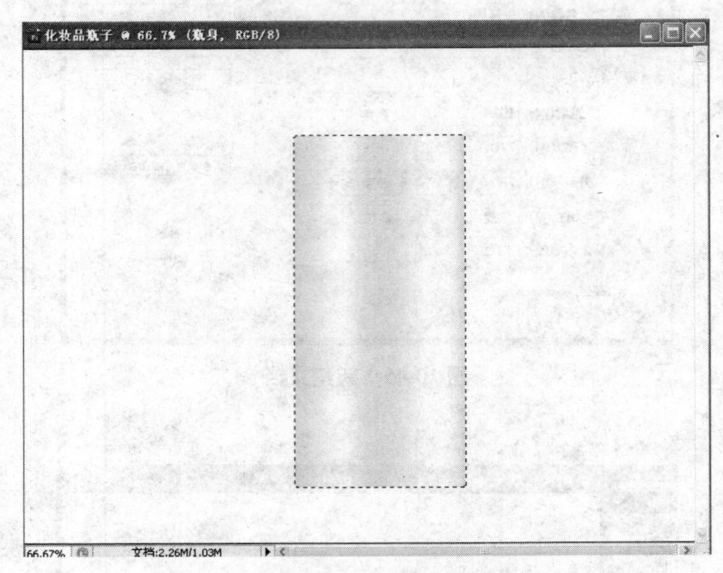

图 10-49　从左到右进行渐变填充

（7）选择瓶身按 Ctrl+T 快捷键然后右键选择变形，将瓶身顶部向上拉一点使之成弧形，以便看起来更像瓶子的形状。效果如图 10-50 所示。

（8）选择加深工具，设置如图 10-51 所示，对瓶身顶部、底部及两侧进行加深，使瓶身初具立体感。此时瓶身顶部和底部有部分太白，像是缺口，所以选择涂抹工具，把顶部和底部颜色较深的地方向两边抹一下。

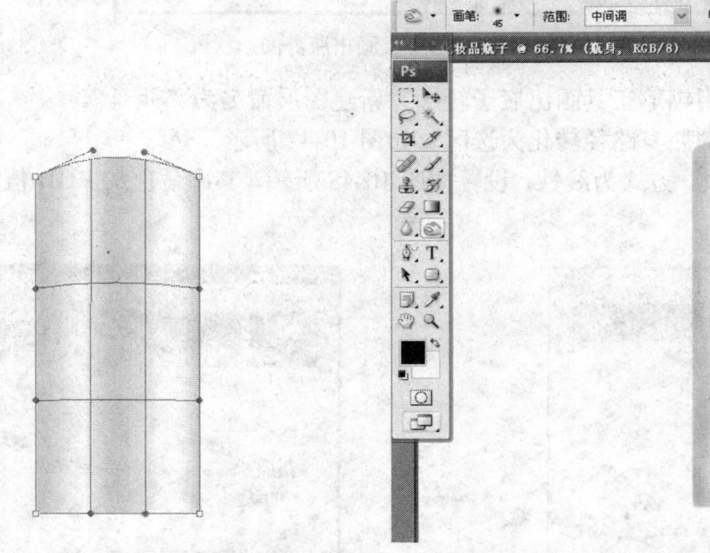

图 10-50　自由变换|变形　　　　图 10-51　加深工具，增加立体感

（9）对加深涂抹后的瓶身进一步设置，选择模糊工具，强度 50%，在瓶身的两条高光上从上到下涂抹一遍，使之看起来更加柔和自然，完成瓶身的设计。

（10）新建一个图层，命名为“瓶盖”，选择圆角矩形工具，圆角半径设为 5，在瓶身顶部画一个小矩形。接着把路径转化为选区，操作和瓶身一样，然后再进行填充。设置如图 10-52 所示。

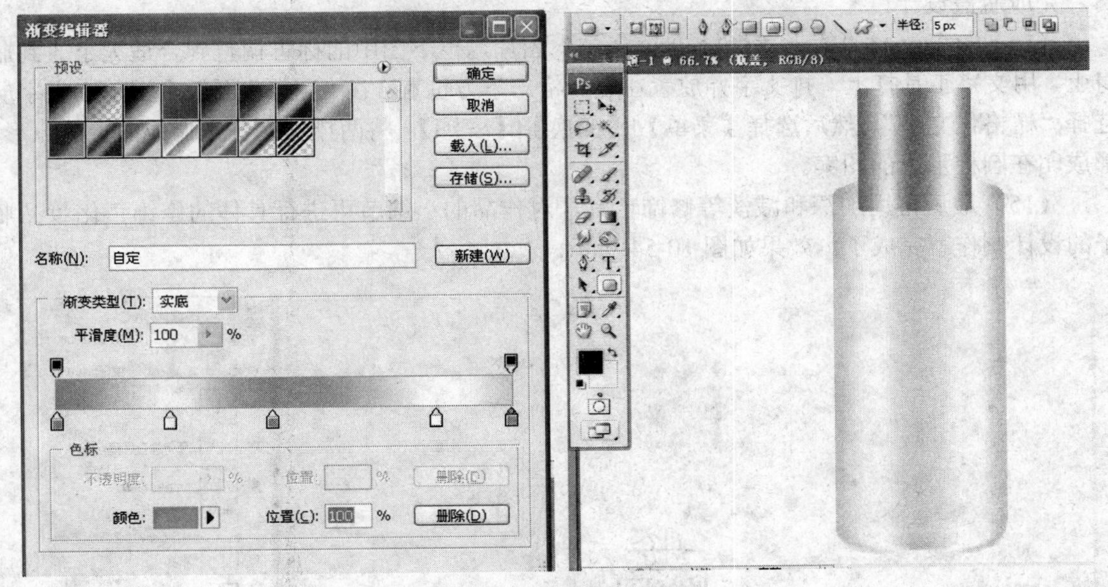

图 10-52　建立瓶盖图层

（11）将瓶盖置于瓶身下层，然后选择瓶盖按 Ctrl+T 快捷键右键选择变形，将瓶盖顶部向上拉一点使成弧形。

（12）变形后，瓶盖与瓶身有重叠的地方。在“图层”面板单击瓶身层再入选区，选择瓶盖层，按 Delete 键删除即可。再次选择加深工具，对瓶盖和瓶身结合的地方进行涂抹加深，使之完美结合。效果如图 10-53 所示。

图 10-53　调整瓶盖与瓶身的选区，并加深

（13）选择涂抹工具，与对瓶身的处理一样，把瓶盖顶部和底部颜色较深的地方向两边抹一下匀开。选择模糊工具，在瓶盖的两条高光上从上至下涂抹一遍，使之看起来更加柔和自然，完成瓶盖设计。

（14）打开素材“第十章素材-丹姿标志”图片，抠下图中的标志调整到合适大小放到瓶身上，用文字工具打上一排文字并放置在瓶身标志下方位置。在“图层”面板右键单击文字层选择“栅格化文字”，然后选择【菜单】|【变换】|【变形】，将两排文字分别调成向上的弧形，形成印在圆柱形上的图案。

（15）最后再用加深和减淡等修饰工具，对作品的小细节再进行具体的修饰，化妆品瓶子的设计制作就完成了。效果如图 10-54 所示。

图 10-54 最终效果图

2、包装袋的设计制作

接下来进行丹姿化妆品包装袋的设计，商品包装袋的设计理念于化妆品瓶子的设计是一样的，在主色上有些变化，因为是化妆品的外包装设计，从侧面传达了产品的功能可使肌肤变得如水一样透润、清爽。制作步骤如下：

（1）设计包装袋的正面

1）新建宽度为 12 厘米，高度为 15.5 厘米，分辨率为 120 像素/英寸，颜色为“RGB 模式”，背景内容为“白色”的文件。如图 10-55 所示。

2）将工具箱的前景色设置为橘黄色（M：50 Y：100），然后按 Alt+Delete 快捷键为新建文件的“背景层”填充设置的前景色。

3）单击工具箱的画笔工具，对画笔进行设置，间距设为 723%，新建“图层 1”，将工具箱中的前景色设置为白色。

4）按住 Shift 键，将鼠标光标移动到画面中的上方，按住左键向下拖动鼠标，绘制出如图 10-56 所示的虚线。

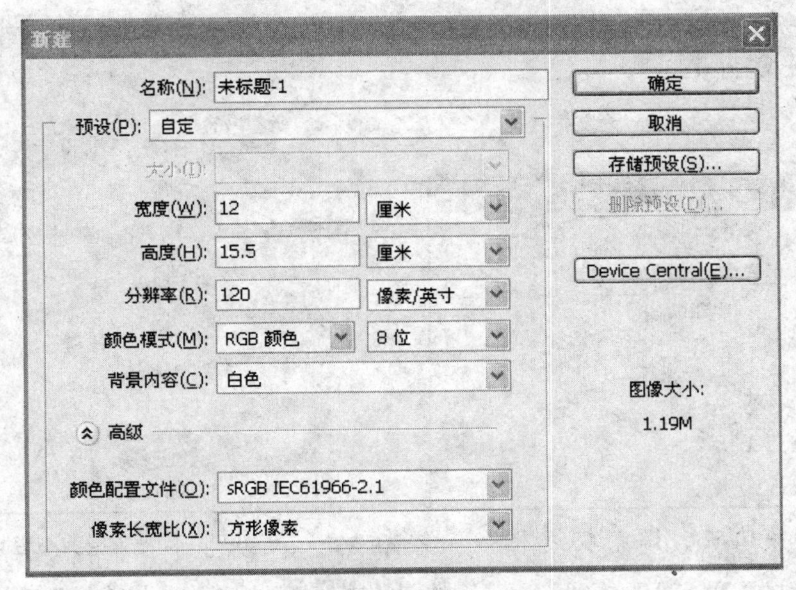

图 10-55　新建文档

图 10-56　填充并用画笔工具绘制虚线

5）单击工具箱中的矩形选区按钮，在画面中的白色虚线位置绘制出一个矩形选择区域，将绘制的虚线全部选择，然后单击“图层”面板中的“背景层”左侧的按钮隐藏“背景层”。

6）选择菜单栏中的【编辑】|【定义图案】命令，弹出【图案名称】对话框，设置为“点线”，单击【确定】按钮，将绘制的虚线定义为图案。

7）按 Delete 键删除选择区域内的虚线，再取消选区，然后将背景层显示出来。

8）选取菜单栏中的【编辑】|【填充】命令，在弹出的对话框中，选择下拉列表中【图案】选项，然后单击【自定义图案】，如图 10-57 所示，在模式栏参数“不透明度”设置为 70%，降低不透明度后的虚线效果如图 10-58 所示。

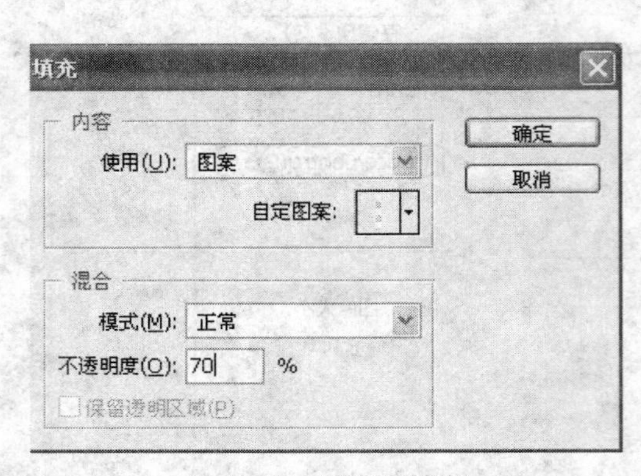

图 10-57 用图案填充

图 10-58 降低虚线的不透明度

9）打开素材“第十章素材-丹姿标志”的图片文件，运用“魔术橡皮擦”工具将图标抠出，移动到“未标题 1”中，将工具箱中的前景色设置为黑色，然后单击工具箱中的“横排文字工具”，在画面中依次输入所需的中文和英文字母，最终命名为“包装袋正面.psd”，正面图完成，效果如图 10-59 所示。

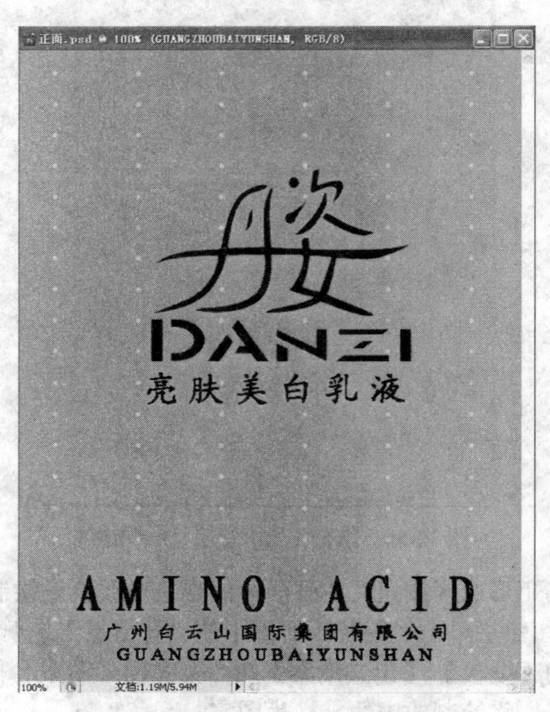

图 10-59 最终效果图

（2）设计包装袋侧面

1）新建宽度为 6 厘米，高度为 15.5 厘米，分辨率为 120 像素/英寸，颜色模式为“RGB 颜色”，背景内容为“白色”的文件。

2）将工具箱中的前景色设置为灰色（C：5，M：5，Y：5），再按 Alt+Delete 快捷键，为新建文件的背景层填充设置的前景色。如图 10-60 所示。

3）新建“图层 1”，再选取菜单栏中的【编辑】|【填充】命令，弹出【填充】对话框，设置正面所用的“点线”图案，其他设置为默认值。

4）单击“图层”面板左上角的锁定“图层 1”的透明像素，然后将工具箱中的前景色设置为灰色（K：30）。

5）按 Alt+Delete 快捷键，为虚线填充灰色，效果如图 10-61 所示。

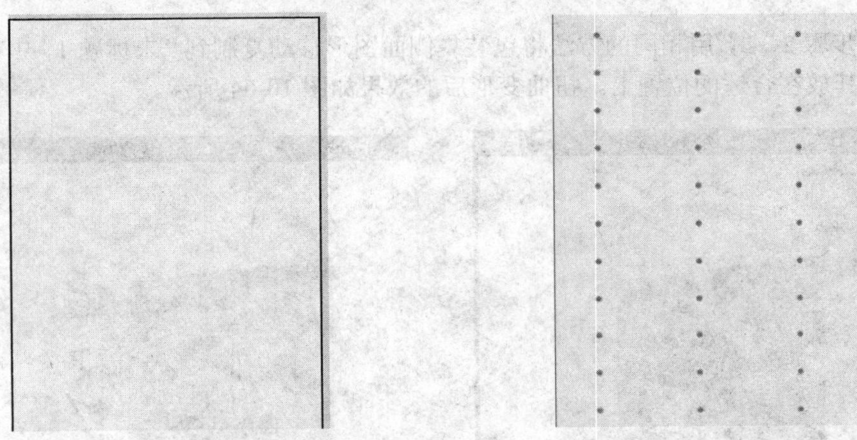

图 10-60　用灰色填充　　　　图 10-61　为虚线填充灰色

6）单击工具箱的“直排文字工具”，前景色设置为黑色，在画面中输入如图 10-62 所示的中文和英文字母。最终效果图命名为“包装袋侧面.psd”。

图 10-62　建立文字图层

（3）绘制立体效果图

1）新建宽度为 20 厘米，高度为 25 厘米，分辨率为 120 像素/英寸，颜色模式为“RGB 颜色”，背景为“白色”的文件。

2）在工作区将“包装袋正面.psd”文件所有图层合并为“背景层”。将包装袋正面图形移动复制到“未标题-1”文件中，生成“图层 1”。

3）选取菜单栏中的【编辑】|【变换】|【扭曲】命令，为图形添加变形框，将鼠标光标移动到变形框左侧中间的控制点上，按住左键向上拖拽鼠标，使其产生透视效果，形态如图 10-63 所示。

4）重复步骤 2～3，用相同的方法将包装袋侧面图形移动复制到“未标题 1”中，生成“图层 2”，并将其放在合适的位置上。扭曲变形后的效果如图 10-64 所示。

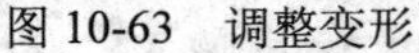

图 10-63 调整变形

图 10-64 扭曲变形

5）选择“矩形工具”，用矩形选框工具绘制矩形选区，然后调整其形状，并进行扭曲变形，新建“图层 3”，将工具箱中的前景色设置为深灰色（C：45，M：35，Y：35），按 Alt+Delete 快捷键为选区填充前景色。

6）按 Ctrl+D 快捷键，将选区区域去除，然后绘制出如图 10-65 所示的矩形区域。

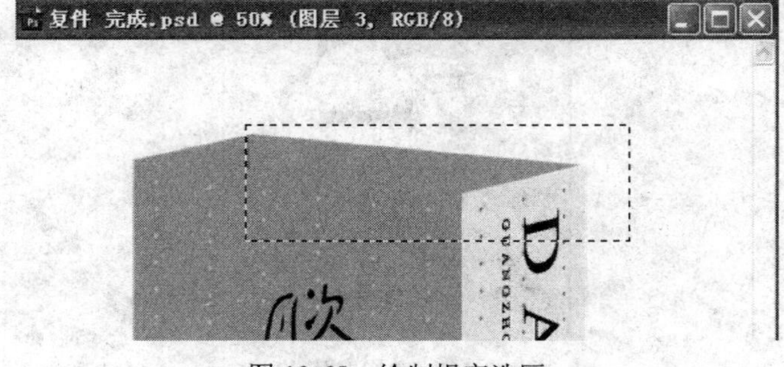

图 10-65 绘制提亮选区

7）选取菜单栏中的【图像】|【调整】|【亮度/对比度】命令，参数设置亮度为 55，然后单击【确定】按钮，这样的立体效果就表现出来了，如图 10-66 所示。

图 10-66　提高亮度

8）最终效果如图 10-67 所示。

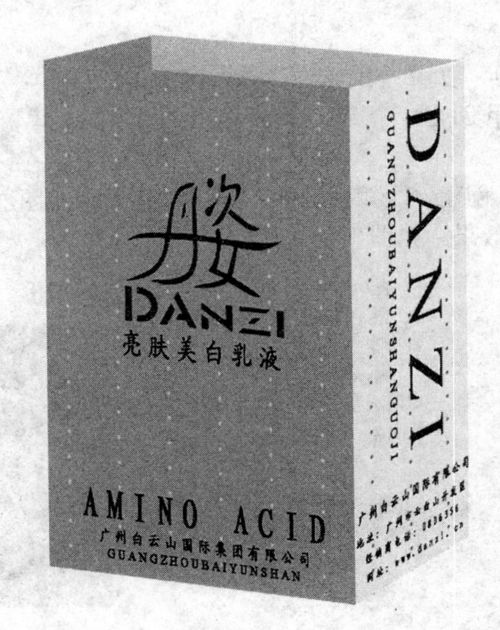

图 10-67　最终效果

10.3.4 能力拓展

提到 Photoshop，常见的思维模式都是认为这是一种平面处理软件，从而忽视了其在制作三维展示的立体图时的功能，这个案例的设计与制作可以改变某种固有的认知，关键是要能对基础的工具和命令加以综合的运用。只有在熟练的基础之上才可以进行设计创作。

在竞争激烈的商品市场上，要使商品具有明显区别于其他产品的视觉特征，更富有诱惑消费者的魅力，刺激和引导消费，以及增强人们对品牌的记忆，都离不开产品的包装设计，而在包装设计中，除了造型、材料等之外，色彩的设计与运用所占的地位极为重要。

为了更准确地掌握不同种类商品包装色彩设计的不同要求，我们可以将生活消费品划分为三大类别，分别提出色彩设计的具体要求：

第一类，奢侈品。如化妆品中的高档香水、香皂以及女性用的服饰品等；男性用的如香烟、酒类、高级糖果、巧克力、异国情调名贵特产等。这种商品特别要求独特的个性，色彩设计需要具有特殊的气氛感和高价、名贵感。例如法国高档香水或化妆品，要有神秘的魅力，不可思议的气氛，显示出巴黎的浪漫情调。这类产品无论包装体型或色彩都应设计得优雅大方。

第二类，日常生活所需的食品。例如罐头、饼干、调味品、咖啡、红茶等这类商品包装的色彩设计应具备两点特征：①引起消费者的食欲感。②要刻意突出产品形象，如矿泉水包装采用天蓝色，暗示凉爽和清纯，并用全透明的塑料瓶，充分显示产品的特征。目前国内这一类型的产品以广东的食品、饮料、矿泉水等较为成功。

第三类，大众化商品，如中低档化妆品、香皂、卫生防护用品等这类商品定位于大众化市场，其包装色彩设计要求：①要显示出易于亲近的气氛感。②要表现出商品的优质感。③能使消费者在短时间内辨别出该品牌。

因此，产品包装设计是一门综合的学科，这也对设计师的综合素质提出了更高的要求，好的创意和点子才是设计的源泉，设计作品才可通过设计工具具象化展示给消费者。

10.3.5 习题训练

如何使用 Photoshop 制作一个立体的软件产品包装盒子？

（1）首先运行 Photoshop 创建一个 500×500 像素的新文件，背景颜色为白色。如图 10-68 所示。

（2）使用矩形选框工具创建一个矩形选区，然后创建一个新图层，在新图层中我们使用渐变工具拉出一个线性渐变效果。如图 10-69 所示。

图 10-68 新建文档

图 10-69 线性填充

（3）现在制作盒子的一个侧面。按 Alt 键同时按下左键并拖动鼠标，切掉右边大部分的选区。新建一个图层，在剩下的选区内从右向左创建黑色到透明的线性渐变效果，并降低图层的不透明度，如图 10-70 所示。

（4）按 Ctrl+D 快捷键取消选择。新建一个图层，使用白色的画笔工具画出一些不规则的线段，如图 10-71 所示。

图 10-70　创建选区

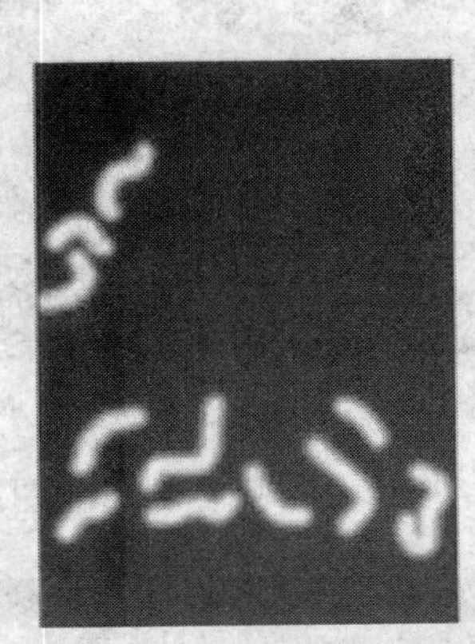

图 10-71　画笔画出不规则形

（5）执行【扭曲】|【水波】滤镜，设置数量：52、起伏：8、样式：水池波纹，如图 10-72 所示。

（6）设置图层混合模式为“叠加”，不透明度为 35%，效果如图 10-73 所示。

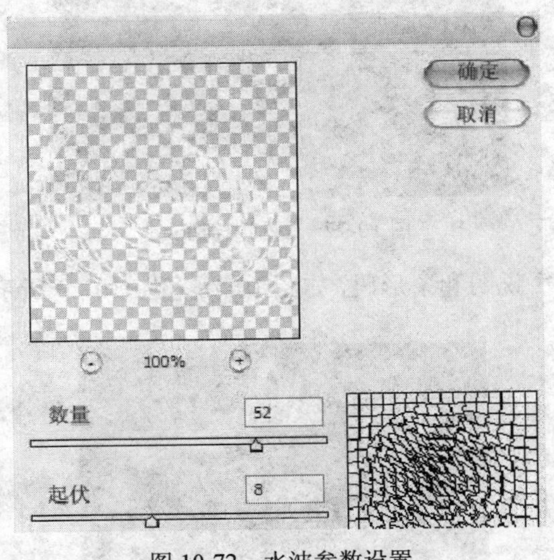

图 10-72　水波参数设置

图 10-73　更改混合模式以及不透明度

（7）找一个叶子素材复制到图片上，然后按 Ctrl+T 快捷键调整其大小和位置，如图 10-74 所示。

（8）使用魔棒工具选择叶子的其中一片叶尖，然后填充线性渐变效果，如图 10-75 所示。

（9）复制叶子的图层，然后选择“编辑—变换—垂直翻转”，按 Ctrl+T 快捷键设置大小和位置作为倒影，并设置不透明度为 20%，如图 10-76 所示。

图 10-74　调整叶子形状及大小

图 10-75　对叶子线性填充

（10）合并叶子和叶子倒影的图层，然后再复制一次，移动到左上角，如图 10-77 所示。

图 10-76　制作倒影

图 10-77　复制中缝 logo

（11）接下来就用文字工具在盒子上添加文字说明和条形码，如图 10-78 和图 10-79 所示。

图 10-78　添加文字

图 10-79　添加条形码

（12）添加完文字后，把所有图层都合并起来，然后使用矩形选框工具选取盒子的右侧面，按 Ctrl+Shift+J 快捷键把选定的部分剪切到新的图层，然后应用【编辑】|【变换】|【透视】，如图 10-80 所示。

图 10-80　变形调整透视关系

（13）按 Ctrl+J 快捷键复制一层作为倒影，应用【编辑】|【变换】|【垂直翻转】，并移动到下方，如图 10-81 所示。应用【编辑】|【变换】|【斜切】，使倒影贴近盒子的右侧面，如图 10-82 所示。

图 10-81　自由变换

图 10-82　斜切调整

（14）使用相同的透视变换方法，处理盒子左边的侧面，如图 10-83 和图 10-84 所示。

图 10-83　中缝自由变换

图 10-84　中缝斜切操作

（15）把两个倒影的图层合并起来，然后打开快速蒙版模式，使用渐变工具由上至下创建一个白色到透明的线性渐变，如图 10-85 所示。

（16）退出快速蒙版模式，按 Delete 键清除选区内容，最后合并所有图层，这个立体的软件包装盒子就完成了。最终效果如图 10-86 所示。

图 10-85　快速蒙版

图 10-86　最终效果

参考文献

[1] 周察金．Photoshop 平面制作．北京：高等教育出版社，2004．

[2] 张峰，龚毅．Photoshop CS 基础教程．合肥工业大学出版社，2008．

[3] 一线工作室．高手指引非常简单学会 Photoshop CS4 图像处理．北京：北京科海电子出版社，2009．

[4] 龙马工作室．新编 Photoshop CS4 中文版从入门到精通．北京：人民邮电出版社，2009．

[5] 高晓燕，廖浩得．新编中文 Photoshop CS4 实用教程．西北工业大学出版社，2009．

[6] 廖浩得，王璞．中文 Photoshop CS4 图像处理教程．西北工业大学出版社，2009．

[7] 李金明，李金荣．中文版 Photoshop CS4 完全自学教程．北京：人民邮电出版社，2009．

[8] 中国 Photoshop 资源网．

[9] http://designinstruct.com/web-design网站．

[10] 百度百科．